高等院校计算机应用系列教材

MySQL 数据库原理与应用
(微课版)

张星秋 编著

清华大学出版社
北京

内容简介

本书较全面地介绍了 MySQL 数据库的基础知识及其应用。全书共分为 17 章，主要内容包括数据库基础、初始 MySQL、MySQL 图形化管理工具、数据库操作、数据表操作、数据记录操作、数据查询、MySQL 函数、运算符、视图、存储程序、触发器、MySQL 权限与安全管理、数据备份与恢复、MySQL 日志、性能优化等。本书采用理论与实践相结合的方式，每章结合示例来阐述知识要点，章末进行本章小结，并辅以思考与练习巩固所学。

本书内容丰富、结构合理、思路清晰、语言简练流畅、示例翔实，既可作为高等院校数据库基础或数据库开发课程的教材，也可作为计算机软件开发人员、从事数据库管理与维护工作的专业人员、广大计算机爱好者的自学用书。

本书配套的电子课件、实例源文件、习题答案可以到 http://www.tupwk.com.cn/downpage 网站下载，也可以扫描前言中的二维码获取。扫描前言中的视频二维码可以直接观看教学视频。

本书封面贴有清华大学出版社防伪标签，无标签者不得销售。
版权所有，侵权必究。举报：010-62782989，beiqinquan@tup.tsinghua.edu.cn。

图书在版编目（CIP）数据

MySQL 数据库原理与应用：微课版 / 张星秋编著.
北京：清华大学出版社, 2024.7. -- (高等院校计算机应用系列教材). -- ISBN 978-7-302-66582-3
Ⅰ. TP311.132.3
中国国家版本馆 CIP 数据核字第 2024VD3411 号

责任编辑：胡辰浩
封面设计：高娟妮
版式设计：芃博文化
责任校对：孔祥亮
责任印制：丛怀宇

出版发行：清华大学出版社
网　　址：https://www.tup.com.cn, https://www.wqxuetang.com
地　　址：北京清华大学学研大厦 A 座　　邮　编：100084
社 总 机：010-83470000　　　　　　　　邮　购：010-62786544
投稿与读者服务：010-62776969, c-service@tup.tsinghua.edu.cn
质 量 反 馈：010-62772015, zhiliang@tup.tsinghua.edu.cn

印 装 者：河北鹏润印刷有限公司
经　　销：全国新华书店
开　　本：185mm×260mm　　　印　张：24　　　字　数：677 千字
版　　次：2024 年 9 月第 1 版　　印　次：2024 年 9 月第 1 次印刷
定　　价：79.00 元

产品编号：101297-01

前言

本书从一个新手的视角出发介绍 MySQL 8.0 数据库管理系统。MySQL 是一款非常优秀的自由软件，而且已经是世界上最流行的数据库之一。国内很多大型的企业都选择 MySQL 作为数据库，对 MySQL 数据库技术人员的需求旺盛，很多知名企业都在招聘技术能力强的 MySQL 数据库技术人员和管理人员，这些都证明了 MySQL 数据库的可靠性、实用性和受欢迎程度。

本书以 MySQL 8.0 版本为基础，针对初学者量身定做，内容注重实战，通过实例的操作与分析，引领读者快速学习和掌握 MySQL 开发和管理技术。全书内容分 17 章，各章主要内容如下。

第 1 章主要介绍数据库基础知识，包括数据库技术概述、数据库的体系结构、E-R 图和数据库设计过程与规范。

第 2 章主要介绍 MySQL 数据库的发展史、优势、应用环境和 MySQL 8.0 新特性，在 Windows 10 平台和 Linux 环境下安装和配置 MySQL，启动和登录 MySQL 数据库，以及如何学好 MySQL。

第 3 章介绍 MySQL 图形化管理工具，重点介绍 phpMyAdmin 和 Navicat 两款工具的使用。

第 4 章介绍 MySQL 数据库的基本操作，包括创建数据库、删除数据库和 MySQL 数据库存储引擎等内容。

第 5 章介绍 MySQL 数据表的基本操作，包括创建数据表、查看数据表结构、修改数据表和删除数据表等内容。

第 6 章介绍数据记录的基本操作，包括插入、修改、删除数据记录等操作。

第 7 章介绍如何查询数据表中的数据，包括基本查询语句、按条件查询、高级查询、聚合函数查询、连接查询、子查询、合并查询结果、定义表和字段的别名、使用正则表达式进行查询等内容。

第 8 章介绍 MySQL 函数，包括数学函数、字符串函数、日期和时间函数、条件判断函数、系统信息函数、加密函数和其他函数。

第 9 章介绍 MySQL 运算符，包括运算符介绍、算术运算符、比较运算符、逻辑运算符、位运算符、运算符的优先级及运算符示例等内容。

第 10 章介绍 MySQL 视图，包括视图的概念、创建视图、查看视图、修改视图、更新视图和删除视图等内容。

第 11 章介绍 MySQL 中的存储过程和函数，包括存储过程和函数的创建、调用、查看、修改和删除等内容。

第 12 章介绍 MySQL 触发器，包括创建触发器、查看触发器、触发器的使用和删除触发器等内容。

第 13 章介绍 MySQL 权限与安全管理，包括 MySQL 中的各种权限表、账户管理、权限管理和 MySQL 的访问控制机制等内容。

第 14 章介绍 MySQL 数据库的备份和恢复,包括数据备份、数据恢复、数据库迁移、数据表的导出和导入等内容。

第 15 章介绍 MySQL 日志,包括日志简介、二进制日志、错误日志、通用查询日志和慢查询日志等内容。

第 16 章介绍如何对 MySQL 进行性能优化,包括优化简介、优化查询、优化数据库结构和优化 MySQL 服务器等内容。

第 17 章介绍图书管理系统数据库的设计方法和实现过程,以及网上购物商城系统的实现。

本书内容丰富、结构合理、思路清晰、语言简练流畅、示例翔实。每一章的引言部分概述了本章的知识内容和学习目标。在每一章的正文中,结合所讲述的关键知识点,穿插了大量极富实用价值的示例。每一章末尾都安排了本章小结和有针对性的思考和练习,有助于读者巩固本章所学的基本概念和培养实际动手能力。

本书既可作为高等院校数据库基础或数据库开发课程的教材,也可作为计算机软件开发人员、从事数据库管理与维护工作的专业人员、广大计算机爱好者的自学用书。

本书由张星秋编写。在编写本书的过程中参考了相关文献,在此向这些文献的作者深表感谢。由于作者水平有限,书中难免有欠妥之处,恳请专家和广大读者批评指正。我们的电话是010-62796045,邮箱是 992116@qq.com。

本书配套的电子课件、实例源文件、习题答案可以到 http://www.tupwk.com.cn/downpage 网站下载,也可以扫描下方左侧的二维码获取。扫描下方右侧的二维码可以直接观看教学视频。

扫描下载　　　　　　　　扫一扫

配套资源　　　　　　　　看视频

编　者

2024 年 4 月于武汉

目　　录

第 1 章　数据库基础 ... 1
1.1　数据库概述 ... 1
- 1.1.1　数据库技术的发展 ... 1
- 1.1.2　数据库系统的组成 ... 2
- 1.1.3　数据模型与规范化 ... 2
- 1.1.4　结构化查询语言(SQL) ... 7

1.2　数据库的体系结构 ... 7
- 1.2.1　数据库三级模式 ... 8
- 1.2.2　三级模式之间的映射 ... 8

1.3　E-R 图 ... 9
- 1.3.1　实体和属性 ... 9
- 1.3.2　关系 ... 10
- 1.3.3　E-R 图设计原则 ... 10

1.4　数据库设计 ... 11
- 1.4.1　为实体建立数据表 ... 11
- 1.4.2　为表建立主键和外键 ... 11
- 1.4.3　为多对多关系建立数据表 ... 12
- 1.4.4　为字段选择合适的数据类型 ... 12
- 1.4.5　定义约束条件 ... 13

1.5　本章小结 ... 13
1.6　思考与练习 ... 14

第 2 章　初识 MySQL ... 15
2.1　MySQL 概述 ... 15
- 2.1.1　MySQL 的发展史 ... 15
- 2.1.2　MySQL 的优势 ... 16
- 2.1.3　MySQL 的应用环境 ... 16
- 2.1.4　MySQL 8.0 的新特性 ... 17

2.2　Windows 平台下安装与配置 MySQL ... 18
- 2.2.1　MySQL 服务器安装包的下载 ... 18
- 2.2.2　MySQL 服务器的安装 ... 20

2.3　启动服务器并登录 MySQL 服务器 ... 28
- 2.3.1　配置 Path 变量 ... 28
- 2.3.2　启动和停止 MySQL ... 30
- 2.3.3　连接和断开 MySQL ... 31
- 2.3.4　打开 MySQL 8.0 Command Line Client ... 32

2.4　Linux 平台下安装和配置 MySQL ... 32
- 2.4.1　下载并安装 MySQL ... 33
- 2.4.2　通过 apt 安装 MySQL 服务 ... 34

2.5　如何学好 MySQL ... 35
2.6　本章小结 ... 36
2.7　思考与练习 ... 36

第 3 章　MySQL 图形化管理工具 ... 37
3.1　MySQL 图形化管理工具概述 ... 37
3.2　phpMyAdmin ... 37
- 3.2.1　phpMyAdmin 简介 ... 37
- 3.2.2　安装 phpStudy ... 38
- 3.2.3　下载 phpMyAdmin ... 38
- 3.2.4　打开 phpMyAdmin ... 39
- 3.2.5　数据库操作管理 ... 40
- 3.2.6　管理数据表 ... 42
- 3.2.7　管理数据记录 ... 44
- 3.2.8　导入/导出数据 ... 48
- 3.2.9　设置编码格式 ... 49
- 3.2.10　添加服务器用户 ... 50
- 3.2.11　重置 MySQL 服务器登录密码 ... 52

3.3 Navicat ··· 53
　　3.3.1 下载Navicat ······································· 53
　　3.3.2 安装Navicat ······································· 54
　　3.3.3 服务器连接 ··· 56
　　3.3.4 创建数据库 ··· 57
　　3.3.5 新建数据表 ··· 58
　　3.3.6 添加数据记录 ······································ 60
　　3.3.7 导出/导入数据 ····································· 60
　　3.3.8 "工具"菜单 ··· 62
3.4 本章小结 ··· 70
3.5 思考与练习 ·· 70

第4章 数据库操作

4.1 关系数据库简介 ··· 71
　　4.1.1 关系数据库基础知识 ······························· 71
　　4.1.2 数据库常用对象 ···································· 72
　　4.1.3 系统数据库 ··· 72
4.2 操作数据库 ·· 73
　　4.2.1 创建数据库 ··· 73
　　4.2.2 查看数据库 ··· 76
　　4.2.3 选择数据库 ··· 77
　　4.2.4 修改数据库 ··· 77
　　4.2.5 删除数据库 ··· 78
4.3 存储引擎 ··· 79
　　4.3.1 MySQL存储引擎的概念 ··························· 79
　　4.3.2 MySQL支持的存储引擎 ··························· 80
　　4.3.3 InnoDB存储引擎 ·································· 81
　　4.3.4 MyISAM存储引擎 ································ 82
　　4.3.5 MEMORY存储引擎 ······························· 83
　　4.3.6 如何选择存储引擎 ································ 84
　　4.3.7 设置存储引擎 ······································ 84
4.4 本章小结 ··· 86
4.5 思考与练习 ·· 86

第5章 数据表操作

5.1 数据表基本操作 ··· 87
　　5.1.1 创建数据表 ··· 87
　　5.1.2 查看表结构 ··· 89
　　5.1.3 复制数据表 ··· 90
　　5.1.4 修改表结构 ··· 92

　　5.1.5 重命名数据表 ······································ 95
　　5.1.6 删除数据表 ··· 95
5.2 数据类型 ··· 96
　　5.2.1 数字类型 ·· 96
　　5.2.2 字符串类型 ··· 97
　　5.2.3 日期和时间类型 ···································· 98
　　5.2.4 如何选择数据类型 ································ 98
5.3 表约束操作 ·· 100
　　5.3.1 设置表字段的非空约束 ··························· 100
　　5.3.2 设置表字段的默认值 ····························· 101
　　5.3.3 设置表字段的唯一约束 ··························· 102
　　5.3.4 设置表字段的主键约束 ··························· 103
　　5.3.5 设置表字段值自动增加 ··························· 105
　　5.3.6 设置表字段的外键约束 ··························· 106
5.4 索引操作 ··· 108
　　5.4.1 索引概述 ·· 108
　　5.4.2 创建索引 ·· 109
　　5.4.3 删除索引 ·· 111
5.5 本章实战 ··· 112
5.6 本章小结 ··· 116
5.7 思考与练习 ·· 116

第6章 数据记录操作

6.1 插入数据记录 ··· 117
　　6.1.1 使用INSERT...VALUES语句
　　　　　插入单条记录 ······································ 117
　　6.1.2 使用INSERT...VALUES语句
　　　　　插入多条记录 ······································ 120
　　6.1.3 使用INSERT...SELECT语句
　　　　　插入结果集 ··· 120
　　6.1.4 使用REPLACE语句插入新
　　　　　数据记录 ·· 122
6.2 修改数据记录 ··· 123
6.3 删除表记录 ·· 124
　　6.3.1 使用DELETE语句删除表记录 ·················· 124
　　6.3.2 使用TRUNCATE语句清空表
　　　　　记录 ·· 125
6.4 本章实战 ··· 125
6.5 本章小结 ··· 129

6.6 思考与练习 129

第7章 数据查询 130
7.1 基本查询 130
7.1.1 SELECT语句 130
7.1.2 查询所有字段 132
7.1.3 查询指定字段 133
7.1.4 查询指定数据 133
7.2 按条件查询 134
7.2.1 带关系运算符的查询 134
7.2.2 带IN关键字的查询 134
7.2.3 带BETWEEN AND关键字的查询 135
7.2.4 空值查询 135
7.2.5 用关键字DISTINCT去除结果中的重复行 137
7.2.6 带LIKE关键字的查询 138
7.2.7 带AND关键字的多条件查询 138
7.2.8 带OR关键字的多条件查询 139
7.3 高级查询 140
7.3.1 对查询结果排序 140
7.3.2 分组查询 140
7.3.3 使用LIMIT限制查询结果数量 142
7.4 聚合函数查询 142
7.4.1 COUNT函数 142
7.4.2 SUM函数 143
7.4.3 AVG函数 143
7.4.4 MAX函数 144
7.4.5 MIN函数 144
7.5 连接查询 144
7.5.1 内连接查询 144
7.5.2 外连接查询 146
7.5.3 复合条件连接查询 148
7.6 子查询 149
7.6.1 带IN关键字的子查询 149
7.6.2 带比较运算符的子查询 150
7.6.3 带EXISTS关键字的子查询 150
7.6.4 带ANY关键字的子查询 151
7.6.5 带ALL关键字的子查询 152
7.7 合并查询结果 153
7.7.1 使用UNION关键字 153
7.7.2 使用UNION ALL关键字 154
7.8 定义表和字段的别名 154
7.8.1 为表取别名 154
7.8.2 为字段取别名 155
7.9 使用正则表达式查询 155
7.10 本章小结 158
7.11 思考与练习 158

第8章 MySQL函数 159
8.1 MySQL函数简介 159
8.2 数学函数 159
8.3 字符串函数 161
8.4 日期和时间函数 169
8.4.1 获取当前日期的函数和获取当前时间的函数 169
8.4.2 获取当前日期和时间的函数 169
8.4.3 UNIX时间戳函数 170
8.4.4 返回UTC日期的函数和返回UTC时间的函数 171
8.4.5 获取月份的函数 171
8.4.6 获取星期的函数 171
8.4.7 获取星期数的函数 172
8.4.8 获取天数的函数 173
8.4.9 获取年份、季度、小时、分钟和秒钟的函数 174
8.4.10 获取日期的指定值的函数 175
8.4.11 时间和秒钟转换的函数 175
8.4.12 计算日期和时间的函数 176
8.4.13 将日期和时间格式化的函数 178
8.5 条件判断函数 181
8.5.1 IF(expr,v1,v2)函数 181
8.5.2 IFNULL(v1,v2)函数 182
8.5.3 CASE函数 182
8.6 系统信息函数 183
8.6.1 获取MySQL版本号 183
8.6.2 获取用户名的函数 185
8.6.3 获取字符串的字符集和排序方式的函数 185

8.7	加密函数	186
8.8	窗口函数	187
8.9	MySQL函数的使用示例	188
8.10	本章小结	192
8.11	思考与练习	192

第9章 运算符 193

9.1	运算符概述	193
9.2	算术运算符	194
9.3	比较运算符	196
	9.3.1 常用的比较运算符	197
	9.3.2 特殊功能的比较运算符	199
9.4	逻辑运算符	203
9.5	位运算符	204
9.6	运算符的优先级	206
9.7	运算符综合示例	207
9.8	本章小结	209
9.9	思考与练习	210

第10章 视图 211

10.1	视图概述	211
	10.1.1 视图的含义	211
	10.1.2 视图的作用	212
10.2	创建视图	213
	10.2.1 创建视图的语法形式	213
	10.2.2 在单表上创建视图	214
	10.2.3 在多表上创建视图	214
10.3	查看视图	215
	10.3.1 使用DESCRIBE语句查看视图的基本信息	215
	10.3.2 使用SHOW TABLE STATUS语句查看视图的基本信息	216
	10.3.3 使用SHOW CREATE VIEW语句查看视图的详细信息	217
	10.3.4 在views表中查看视图的详细信息	217
10.4	修改视图	218
	10.4.1 使用CREATE OR REPLACE VIEW语句修改视图	218
	10.4.2 使用ALTER语句修改视图	218

10.5	更新视图	219
10.6	删除视图	221
10.7	本章实战	221
10.8	本章小结	224
10.9	思考与练习	225

第11章 存储程序 226

11.1	创建、调用存储过程和函数	226
	11.1.1 创建和调用存储过程	226
	11.1.2 创建和调用存储函数	231
	11.1.3 变量的使用	232
	11.1.4 定义条件和处理程序	233
	11.1.5 光标的使用	236
	11.1.6 流程控制的使用	237
11.2	查看存储过程和函数	241
	11.2.1 使用SHOW STATUS语句查看存储过程和函数的状态	241
	11.2.2 使用SHOW CREATE语句查看存储过程和函数的定义	241
	11.2.3 从information_schema.Routines表中查看存储过程和函数的信息	242
11.3	修改存储过程和函数	243
11.4	删除存储过程和函数	244
11.5	MySQL 8.0的全局变量的持久化	245
11.6	本章小结	246
11.7	思考与练习	246

第12章 触发器 247

12.1	创建触发器	247
	12.1.1 创建只有一个执行语句的触发器	247
	12.1.2 创建有多个执行语句的触发器	248
12.2	查看触发器	250
	12.2.1 使用SHOW TRIGGERS语句查看触发器	250
	12.2.2 在triggers表中查看触发器信息	252
12.3	触发器的使用	253
12.4	删除触发器	254
12.5	本章实战	254

12.6	本章小结	255
12.7	思考与练习	256

第13章 MySQL 权限与安全管理 257
- 13.1 权限表 257
  - 13.1.1 user表 257
  - 13.1.2 db表 259
  - 13.1.3 tables_priv表和columns_priv表 261
  - 13.1.4 procs_priv表 261
- 13.2 账户管理 262
  - 13.2.1 登录和退出MySQL服务器 262
  - 13.2.2 新建普通用户 263
  - 13.2.3 删除普通用户 265
  - 13.2.4 root用户修改自己的密码 266
  - 13.2.5 root用户修改普通用户密码 266
- 13.3 权限管理 267
  - 13.3.1 MySQL的各种权限 267
  - 13.3.2 授权 269
  - 13.3.3 收回权限 271
  - 13.3.4 查看权限 272
- 13.4 访问控制 273
  - 13.4.1 连接核实阶段 273
  - 13.4.2 请求核实阶段 273
- 13.5 提升安全性的措施 274
  - 13.5.1 AES 256加密 274
  - 13.5.2 密码到期更换策略 276
  - 13.5.3 安全模式安装 278
- 13.6 管理角色 278
- 13.7 本章实战 279
- 13.8 本章小结 282
- 13.9 思考与练习 282

第14章 数据备份与恢复 283
- 14.1 数据备份 283
  - 14.1.1 使用MySQLdump命令备份 283
  - 14.1.2 直接复制整个数据库目录 288
  - 14.1.3 使用MySQLhotcopy工具快速备份 288
- 14.2 数据恢复 289
  - 14.2.1 使用MySQL命令恢复 289
  - 14.2.2 直接复制到数据库目录 289
  - 14.2.3 MySQLhotcopy快速恢复 290
- 14.3 数据库迁移 290
  - 14.3.1 相同版本的MySQL数据库之间的迁移 290
  - 14.3.2 不同版本的MySQL数据库之间的迁移 291
  - 14.3.3 不同数据库之间的迁移 291
- 14.4 表的导出和导入 291
  - 14.4.1 使用SELECT...INTO OUTFILE导出文本文件 292
  - 14.4.2 使用MySQLdump导出文本文件 295
  - 14.4.3 使用MySQL导出文本文件 297
  - 14.4.4 使用LOAD DATA INFILE方式导入文本文件 299
  - 14.4.5 使用MySQLimport导入文本文件 300
- 14.5 本章实战 301
- 14.6 本章小结 305
- 14.7 思考与练习 305

第15章 MySQL 日志 306
- 15.1 日志简介 306
- 15.2 二进制日志 307
  - 15.2.1 启动和设置二进制日志 307
  - 15.2.2 查看二进制日志 308
  - 15.2.3 删除二进制日志 309
  - 15.2.4 使用二进制日志恢复数据库 310
  - 15.2.5 暂时停止二进制日志功能 311
- 15.3 错误日志 311
  - 15.3.1 启动和设置错误日志 311
  - 15.3.2 查看错误日志 312
  - 15.3.3 删除错误日志 312
- 15.4 通用查询日志 313
  - 15.4.1 启动通用查询日志 313
  - 15.4.2 查看通用查询日志 313
  - 15.4.3 删除通用查询日志 314
- 15.5 慢查询日志 314

15.5.1 启动和设置慢查询日志⋯⋯⋯⋯⋯314
15.5.2 查看慢查询日志⋯⋯⋯⋯⋯⋯⋯315
15.5.3 删除慢查询日志⋯⋯⋯⋯⋯⋯⋯315
15.6 本章实战⋯⋯⋯⋯⋯⋯⋯⋯⋯⋯⋯⋯⋯315
15.7 本章小结⋯⋯⋯⋯⋯⋯⋯⋯⋯⋯⋯⋯⋯321
15.8 思考与练习⋯⋯⋯⋯⋯⋯⋯⋯⋯⋯⋯⋯321

第 16 章 性能优化⋯⋯⋯⋯⋯⋯⋯⋯⋯⋯322
16.1 优化简介⋯⋯⋯⋯⋯⋯⋯⋯⋯⋯⋯⋯⋯322
16.2 优化查询⋯⋯⋯⋯⋯⋯⋯⋯⋯⋯⋯⋯⋯323
16.2.1 分析查询语句⋯⋯⋯⋯⋯⋯⋯⋯323
16.2.2 索引对查询速度的影响⋯⋯⋯325
16.2.3 使用索引查询⋯⋯⋯⋯⋯⋯⋯⋯326
16.2.4 优化子查询⋯⋯⋯⋯⋯⋯⋯⋯⋯328
16.3 优化数据库结构⋯⋯⋯⋯⋯⋯⋯⋯⋯329
16.3.1 将字段很多的表分解成多个表⋯329
16.3.2 增加中间表⋯⋯⋯⋯⋯⋯⋯⋯⋯330
16.3.3 增加冗余字段⋯⋯⋯⋯⋯⋯⋯⋯331
16.3.4 优化插入记录的速度⋯⋯⋯⋯331
16.3.5 分析表、检查表和优化表⋯⋯333
16.4 优化MySQL服务器⋯⋯⋯⋯⋯⋯⋯335
16.4.1 优化服务器硬件⋯⋯⋯⋯⋯⋯335
16.4.2 优化MySQL的参数⋯⋯⋯⋯⋯335
16.5 临时表性能优化⋯⋯⋯⋯⋯⋯⋯⋯⋯336

16.6 服务器语句超时处理⋯⋯⋯⋯⋯⋯⋯338
16.7 创建全局通用表空间⋯⋯⋯⋯⋯⋯⋯338
16.8 本章实战⋯⋯⋯⋯⋯⋯⋯⋯⋯⋯⋯⋯⋯339
16.9 本章小结⋯⋯⋯⋯⋯⋯⋯⋯⋯⋯⋯⋯⋯341
16.10 思考与练习⋯⋯⋯⋯⋯⋯⋯⋯⋯⋯⋯341

第 17 章 综合项目⋯⋯⋯⋯⋯⋯⋯⋯⋯⋯342
17.1 图书管理系统⋯⋯⋯⋯⋯⋯⋯⋯⋯⋯⋯342
17.1.1 需求管理⋯⋯⋯⋯⋯⋯⋯⋯⋯⋯342
17.1.2 创建数据库⋯⋯⋯⋯⋯⋯⋯⋯⋯345
17.1.3 图书管理⋯⋯⋯⋯⋯⋯⋯⋯⋯⋯349
17.1.4 用户信息管理⋯⋯⋯⋯⋯⋯⋯⋯350
17.1.5 图书借阅管理⋯⋯⋯⋯⋯⋯⋯⋯351
17.1.6 视图管理⋯⋯⋯⋯⋯⋯⋯⋯⋯⋯352
17.2 网上购物系统⋯⋯⋯⋯⋯⋯⋯⋯⋯⋯⋯354
17.2.1 系统功能描述⋯⋯⋯⋯⋯⋯⋯⋯354
17.2.2 系统功能分析⋯⋯⋯⋯⋯⋯⋯⋯355
17.2.3 代码实现⋯⋯⋯⋯⋯⋯⋯⋯⋯⋯357
17.2.4 程序运行⋯⋯⋯⋯⋯⋯⋯⋯⋯⋯367
17.3 本章小结⋯⋯⋯⋯⋯⋯⋯⋯⋯⋯⋯⋯⋯369
17.4 思考与练习⋯⋯⋯⋯⋯⋯⋯⋯⋯⋯⋯⋯369

参考文献⋯⋯⋯⋯⋯⋯⋯⋯⋯⋯⋯⋯⋯⋯⋯370

第 1 章

数据库基础

本章主要介绍数据库的相关概念,主要包括数据库技术的发展、数据库系统的组成、数据模型的概念与规范化、结构化查询语言(SQL)、数据库的体系结构、E-R 图的设计方法,以及数据库设计。通过本章的学习,读者可以对数据库基础知识有一个概括性的认识,并对数据库设计步骤有大致的了解。

本章的学习目标:
- 了解数据库技术的发展阶段、数据库系统的组成、数据模型与规范化、结构化查询语言(SQL)。
- 熟记数据库的体系结构,内容包括数据库三级模式结构、三级模式之间的映射。
- 掌握 E-R 图的概念及设计,内容包括实体、属性、关系的概念,以及 E-R 图设计原则。
- 掌握数据库设计的步骤与方法,内容包括为实体建立数据表、为表建立主键和外键、为字段选择合适的数据类型、定义约束条件。

1.1 数据库概述

1.1.1 数据库技术的发展

数据库技术应数据管理任务的需求而生。随着计算机技术的发展,数据管理技术也不断提高。数据管理技术的发展先后经历了人工管理、文件系统和数据库系统 3 个阶段。下面分别进行介绍。

1. 人工管理阶段

20 世纪 50 年代中期以前,计算机主要用于科学计算。当时的硬件设备和软件技术都很落后,数据管理主要通过手工进行。人工管理阶段具有如下特点。

- 数据量较少:数据和程序一一对应,数据主要服务于特定的应用程序,导致数据独立性很差。由于不同应用程序所处理的数据之间可能会有一定的关系,因此程序之间会有大量的重复数据。
- 数据不保存:因为该阶段计算机的主要任务是科学计算,一般不需要长期保存,计算出结果就行了。
- 没有软件系统对数据进行管理:程序员不仅要规定数据的逻辑结构,并且要在程序中设计物理结构,包括存储结构的存取方法、输入输出方式等。

2. 文件系统阶段

20 世纪 50 年代后期到 20 世纪 60 年代中期,硬件设备和软件技术都有了进一步发展,大容量的磁盘等辅助存储设备的出现，使得专门管理辅助设备上的数据的文件系统应运而生，它是操作系统中的一个子系统。文件系统按照一定的规则将数据组织成为一个文件，应用程序通过文件系统对文件中的数据进行存取和加工。该阶段具有如下特点。

- 数据可以长期保留：程序可以按照文件名访问和读取数据，不必关心数据的物理位置。
- 数据不属于某个特定应用：应用程序和数据之间不再是直接的对应关系，数据可以重复使用。不同的应用程序无法共享同一数据文件。
- 文件组织形式的多样化：文件组织形式包括索引文件、链接文件、Hash 文件等。文件之间没有联系，相互独立，数据间的联系要通过程序去构造。
- 文件系统具有数据冗余、数据不一致性、数据孤立等缺点。

3. 数据库系统阶段

20 世纪 60 年代后期以来，计算机应用于管理系统，而且规模越来越大，应用越来越广泛，数据量急剧增长，对共享功能的要求越来越强烈，使用文件系统管理数据已经不能满足要求，于是出现了数据库系统来统一管理数据。

数据库系统是由计算机软件、硬件资源组成的系统，它实现了有组织地、动态地存储大量关联数据，并方便多用户访问。它与文件系统的重要区别是：数据的充分共享，交叉访问，与应用程序的高度独立性。这个阶段具有如下特点。

- 采用复杂的数据模型表示数据结构：数据模型描述数据本身的特点、数据之间的联系。数据不再面向单个应用，而是整个应用系统。数据冗余明显减少，实现数据共享。
- 有较高的数据独立性：数据库以一种更高级的组织形式，在应用程序和数据库之间由数据库管理系统(DBMS)负责访问数据来实现的。数据库对数据的存储是按照同一结构进行的，不同应用程序都可以直接操作这些数据。数据库对数据的完整性、唯一性、安全性都有一套有效的管理手段。

另外，数据库还提供管理和控制数据的各种简单操作命令，使用户编写程序更加容易。

1.1.2 数据库系统的组成

数据库系统(Database System，DBS)是采用数据库技术的计算机系统，是由数据库、数据库管理系统、数据库管理员(Database Administrator，DBA)、应用开发工具、应用系统、用户等组成，如图 1-1 所示。其中，数据库管理员是对数据库进行规划、设计、维护和监视等的专业管理人员，在数据库系统中起着非常重要的作用。

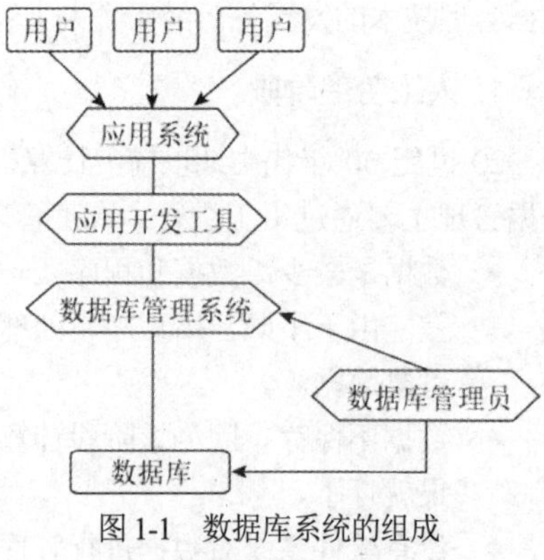

1.1.3 数据模型与规范化

1. 数据模型的概念

数据模型(Data Model)是数据特征的抽象，它从抽象层次上描述了系统的静态特征、动态行为和约束条件，为数据库系统的信息表示与操作提供一个抽象的框架。数据模型所描述的内容有三部分，分别是数据结构、数据操作和完整性约束。

图 1-1 数据库系统的组成

- 数据结构：主要描述数据的类型、内容、性质及数据间的联系等。数据结构是数据模型的基础，数据操作和约束都建立在数据结构上。不同的数据结构具有不同的操作和约束。
- 数据操作：主要描述在相应的数据结构上的操作类型和操作方式。
- 完整性约束：主要描述数据结构内数据间的语法、词义联系、它们之间的制约和依存关系，以及数据动态变化的规则，以保证数据的正确、有效和相容。

数据模型是数据库设计中用来对现实世界进行抽象的工具，是数据库中用于提供信息表示和操作手段的形式构架。数据模型是数据库系统的核心和基础。

2. 不同应用层次的数据模型

数据模型按不同的应用层次分成3种类型，分别是概念数据模型、逻辑数据模型、物理数据模型。

1) 概念数据模型

概念数据模型(Conceptual Data Model)，是一种面向用户、面向客观世界的模型，主要用来描述现实世界的概念化结构。在数据库设计的初始阶段，数据库的设计人员应用该模型摆脱计算机系统及 DBMS 的具体技术问题的纠缠，集中精力分析数据及数据之间的联系等，与具体的数据库管理系统(Database Management System，DBMS)无关。概念数据模型必须转换成逻辑数据模型，才能在 DBMS 中实现。

在概念数据模型中最常用的是 E-R 模型、扩充的 E-R 模型、面向对象模型及谓词模型。其中 E-R 模型在构建数据库的过程中最常用，本章后续内容中将详细进行介绍。

2) 逻辑数据模型

逻辑数据模型(Logical Data Model)，是一种面向数据库系统的模型，是具体的 DBMS 所支持的数据模型，如层次数据模型、网状数据模型、关系数据模型。逻辑数据模型既要面向用户，又要面向系统，主要用于数据库管理系统(DBMS)的实现。

3) 物理数据模型

物理数据模型(Physical Data Model)，是一种面向计算机物理表示的模型，描述了数据在存储介质上的组织结构，它不但与具体的 DBMS 有关，而且还与操作系统和硬件有关。每一种逻辑数据模型在实现时都有其对应的物理数据模型。DBMS 为了保证其独立性与可移植性，大部分物理数据模型的实现工作由系统自动完成，而设计者只设计索引、聚集等特殊结构。

3. 常见的逻辑数据模型

前面提到过3种基本的逻辑数据模型，它们是层次模型、网状模型和关系模型。这三种逻辑数据模型是按其数据结构而命名的。前两种采用格式化的结构。在这类结构中实体用记录型表示，而记录型抽象为图的顶点。记录型之间的联系抽象为顶点间的连接弧。整个数据结构与图相对应。其中，层次模型的基本结构是树形结构；网状模型的基本结构是一个不加任何限制条件的无向图。关系模型为非格式化的结构，用单一的二维表的结构表示实体及实体之间的联系，关系模型是目前数据库中常用的数据模型。

1) 层次模型

层次模型将数据组织成一对多关系的结构，用树形结构表示实体及实体间的联系，如图 1-2 所示。在层次模型中，每棵树有且仅有一个无双亲节点，称为根；树中除根外所有节点有且仅有一个双亲。

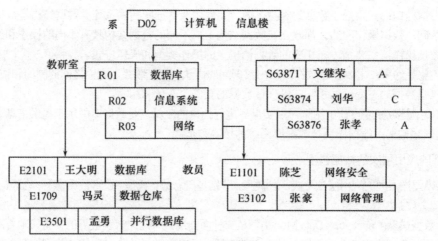

图1-2 层次模型

2) 网状模型

用有向图结构表示实体类型及实体间联系的数据模型被称为网状模型,如图1-3所示。用网状模型编写应用程序极其复杂,数据的独立性较差。

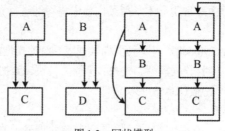

图1-3 网状模型

3) 关系模型

关系模型以二维表来描述数据。在关系模型中,每个表都有多个字段列和记录行,而每个字段列都有固定的属性(如数字、字符、日期等),如图1-4所示。关系模型数据结构简单、清晰,具有很高的数据独立性,是目前主流的数据库数据模型。关系模型的基本术语如下。

- 关系:一个二维表就是一个关系。
- 元组:二维表中的一行,即表中的记录。
- 属性:二维表中的一列,用类型和值表示。
- 域:每个属性取值的变化范围,如性别的域为{男,女}。

关系中的数据约束如下。

- 实体完整性约束:约束关系的主键中属性值不能为空值。
- 参照完整性约束:关系之间的基本约束。
- 用户定义的完整性约束:反映了具体应用中数据的语义要求。

学生信息表

学生姓名	年级	家庭住址
张三	2023	朝阳区朝阳北路
李四	2023	东城区建国门大街
王五	2023	海淀区中关村东路

成绩表

学生姓名	课程	成绩
张三	数学	99
张三	语文	95
张三	英语	98
李四	数学	100
李四	语文	92
李四	英语	93
王五	数学	100
王五	语文	95
王五	英语	99

图1-4　关系模型

4．关系数据库的规范化

关系数据库的规范化理论是，关系数据库中的每一个关系都要满足一定的规范。根据满足规范的条件不同，可以分为 5 个等级：第一范式(1NF)，第二范式(2NF)，……，第五范式(5NF)。其中，NF 是 normal form 的缩写。一般情况下，只要把数据规范到第三范式标准就可以满足需要。下面举例介绍前 3 种范式。

1) 第一范式

第一范式是指在一个关系中，消除重复字段，且各字段都是最小的逻辑存储单位。第一范式是第二范式和第三范式的基础，是最基本的范式。第一范式包括下列指导原则。

- 关系中的每个元组的每个属性只可以包含一个值。
- 关系中的每个元组必须包含相同数量的值。
- 关系中的每个元组一定不能相同。

在任何一个关系数据库中，第一范式是对关系模式的基本要求，不满足第一范式的数据库就不是关系数据库。

如果数据表中的每一列都是不可再分割的基本数据项，即同一列中不能有多个值，那么就称此数据表符合第一范式，由此可见第一范式具有不可再分解的原子特性。

在第一范式中，数据表的每一行只包含一个实体的信息，并且每一行的每一列只能存放实体的一个属性。例如，对于学生信息，不可以将学生实体的两个或多个或所有属性信息(如学号、姓名、性别、年龄、班级等)都放在一个列中予以显示，也就是说，一个列中应只存放学生实体的一个属性信息。

如果数据表中的列信息都符合第一范式，那么在数据表中的字段都是单一的、不可再分的。如表 1-1 就是不符合第一范式的学生信息表，因为"班级"列中包含"系别"和"班级"两个属性信息，这样"班级"列中的信息就不是单一的，是可以再分的；而表 1-2 就是符合第一范式的学生信息表，它将原"班级"列的信息拆分到"系别"列和"班级"列中。

表 1-1　不符合第一范式的学生信息表

学号	姓名	性别	年龄	班级
9527	东*方	男	20	计算机系 3 班

表 1-2　符合第一范式的学生信息表

学号	姓名	性别	年龄	系别	班级
9527	东*方	男	20	计算机	3 班

2) 第二范式

第二范式是在第一范式的基础上建立起来的,即满足第二范式必先满足第一范式。第二范式要求数据库表中的每个实体(即各个记录行)必须可以被唯一地区分。为实现区分各行记录,通常需要为表设置一个"区分列",用以存储各个实体的唯一标识。在学生信息表中,设置了"学号"列,由于每个学生的编号都是唯一的,因此每个学生可以被唯一地区分(即使学生存在重名的情况),这个唯一属性列被称为主关键字或主键。

第二范式要求实体的属性完全依赖于主关键字,即不能存在仅依赖于主关键字一部分的属性,如果存在,那么这个属性和主关键字的这一部分应该被分离出来形成一个新的实体,新实体与原实体之间是一对多的关系。

例如,以员工工资信息表为例,若以员工编码、岗位为组合关键字(即复合主键),就会存在如下决定关系。

(员工编码、岗位)→(决定)(姓名、年龄、学历、基本工资、绩效工资、奖金)

在上面的决定关系中,还可以进一步被拆分为如下两种决定关系。

(员工编码)→(决定)(姓名、年龄、学历)
(岗位)→(决定)(基本工资)

其中,员工编码决定了员工的基本信息(包括姓名、年龄、学历等),而岗位决定了基本工资,因此这个关系表不满足第二范式。

对于上面的这种关系,可以把上述两个关系表更改为如下 3 个表。

- 员工信息表:EMPLOYEE(员工编码、姓名、年龄和学历)。
- 岗位工资表:QUARTERS(岗位和基本工资)。
- 员工工资表:PAY(员工编码、岗位、绩效工资和奖金)。

3) 第三范式

第三范式是在第二范式的基础上建立起来的,即满足第三范式必先满足第二范式。第三范式要求关系表不存在非关键字列对任意候选关键字列的传递函数依赖,也就是说,第三范式要求一个关系表中不包含已在其他表中包含的非主关键字信息。

所谓传递函数依赖,是指如果存在关键字段 A 决定非关键字段 B,而非关键字段 B 决定非关键字段 C,则称非关键字段 C 传递函数依赖于关键字段 A。

例如,这里以员工信息表(EMPLOYEE)为例,该表中包含员工编码、员工姓名、年龄、部门编码、部门经理等信息,该关系表的关键字为"员工编码",因此存在如下决定关系。

(员工编码)→(决定)(员工姓名、年龄、部门编码、部门经理)

上面的这个关系表是符合第二范式的,但它不符合第三范式,因为该关系表内部隐含着如下决定关系。

(员工编号)→(决定)(部门编号)→(决定)(部门经理)

上面的关系表存在非关键字段"部门经理"对关键字段"员工编号"的传递函数依赖。对于上面的这种关系，可以把这个关系表(EMPLOYEE)更改为如下两个关系表。

- 员工信息表：EMPLOYEE(员工编号、员工姓名、年龄和部门编号)。
- 部门信息表：DEPARTMENT(部门编号和部门经理)。

对于关系数据库的设计，理想的设计目标是按照"规范化"原则存储数据，因为这样做能够消除数据冗余、更新异常、插入异常和删除异常。

5. 关系数据库的设计原则

数据库设计是指对于一个给定的应用环境，根据用户的需求，利用数据模型和应用程序模拟现实世界中该应用环境的数据结构和处理活动的过程。

数据库设计原则如下。

- 数据库内数据文件的数据组织应获得最大限度的共享、最小的冗余度，消除数据及数据依赖关系中的冗余部分，使依赖于同一个数据模型的数据达到有效的分离。
- 保证输入、修改数据时数据的一致性与正确性。
- 保证数据与使用数据的应用程序之间的高度独立性。

1.1.4 结构化查询语言(SQL)

结构化查询语言(Structured Query Language，SQL)是一种应用于关系数据库查询的结构化语言，最早是由博伊斯(Boyce)和钱柏林(Chamberlin)在 1974 年提出的，称为 SEQUEL 语言。

1976 年，IBM 公司的 San Jose 研究所在研制关系数据库管理系统 System R 时将其修改为 SEQUEL 2，即目前的 SQL 语言。同年，SQL 开始在商品化关系数据库管理系统中得到应用。

1982 年，美国国家标准化组织(ANSI)确认 SQL 为数据库系统的工业标准。SQL 是一种介于关系代数和关系演算之间的语言，具有丰富的查询功能，同时具有数据定义和数据控制功能，是集数据定义、数据查询和数据控制于一体的关系数据语言。目前，有许多关系数据库管理系统支持 SQL 语言，如 SQL Server、Access、Oracle、MySQL、DB2 等。

SQL 语言的功能包括数据查询、数据操纵、数据定义和数据控制 4 部分。SQL 语言简洁、方便、实用，完成其核心功能只用了 6 个动词——SELECT、CREATE、INSERT、UPDATE、DELETE 和 GRANT(REVOKE)。作为关系数据库的标准语言，它已被众多商用数据库管理系统产品所采用，成为应用最广的关系数据库语言。不过，不同的数据库管理系统在其实践过程中都对 SQL 规范做了某些编改和扩充。所以，实际上不同数据库管理系统之间的 SQL 不能完全相互通用。例如，甲骨文公司的 Oracle 数据库所使用的 SQL 是 Procedural Language /SQL(简称 PL/SQL)，而微软公司的 SQL Server 数据库系统支持的是 Transact-SQL(简称 T-SQL)。MySQL 也对 SQL 标准进行了扩展，只是至今没有命名。

1.2 数据库的体系结构

数据库的体系结构包括三级模式(外模式、模式、内模式)和两级映射(外模式/概念模式映射、概念模式/内模式映射)。如图 1-5 所示。

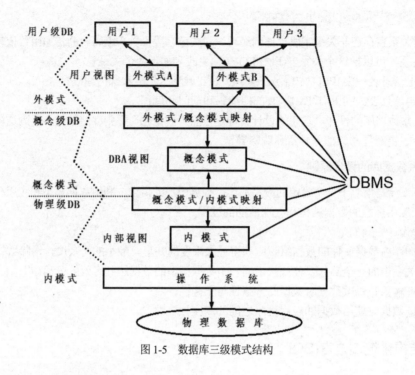

图 1-5 数据库三级模式结构

1.2.1 数据库三级模式

数据库的三级模式结构是指外模式、模式和内模式。

1. 外模式

外模式也被称为用户模式。它是数据库用户(包括应用程序员和最终用户)能够看见和使用的局部数据的逻辑结构和特征的描述,也是数据库用户的数据视图。此外,它还是与某一应用有关的数据的逻辑表示。外模式是模式的子集,一个数据库可以有多个外模式。定义外模式是保证数据安全性的一个有力措施。

2. 模式

模式也被称为逻辑模式或概念模式。它是数据库中全体数据的逻辑结构和特征的描述,也是所有用户的公共数据视图。一个数据库只有一个模式。模式处于三级结构的中间层。注意定义模式时不仅要定义数据的逻辑结构,而且要定义数据之间的联系,定义与数据有关的安全性、完整性要求。

3. 内模式

内模式也被称为存储模式。它是数据物理结构和存储方式的描述,也是数据在数据库内部的表示方式。一个数据库只有一个内模式。

1.2.2 三级模式之间的映射

为了能够在内部实现数据库的 3 个抽象层次的联系和转换,数据库管理系统在三级模式之间提供了两层映射，分别为外模式/概念模式映射和概念模式/内模式映射。

1. 外模式/概念模式映射

同一个概念模式可以有任意多个外模式。对于每一个外模式，数据库系统都有一个外模式/概念模式映射。当概念模式发生改变时，由数据库管理员对各个外模式／概念模式映射做相应的改变，可以使外模式保持不变。这样，依据数据外模式编写的应用程序就不用修改，保证了数据与程序的逻辑独立性。

2. 概念模式/内模式映射

数据库中只有一个概念模式和一个内模式，因此概念模式/内模式映射是唯一的，它定义了数据库的全局逻辑结构与存储结构之间的对应关系。当数据库的存储结构发生变化时，数据库管理员通过调整概念模式与内模式之间的映射关系，确保应用程序看到的仍然是稳定的数据逻辑结构。从而实现了数据与程序的物理独立性。

1.3 E-R 图

E-R 图(Entity-Relationship Diagram)也称"实体—关系图"，用于描述现实世界的事物，以及事物与事物之间的关系。其中 E 表示实体，R 表示关系。它提供了表示实体类型、属性和关系的方法。下面将详细介绍实体、属性、关系，以及 E-R 图的设计原则。

1.3.1 实体和属性

在数据库领域中，客观世界中的万事万物都被称为实体。实体既可以是指客观存在并可相互区别的事物，例如高山、流水、学生、老师等，又可以是一些抽象的概念或地理名词，例如精神生活、物质基础、吉林省、北京市等。实体的特征(外在表现)称为属性，通过属性可以区分同类实体。例如，一本书可以具备下列属性：书名、大小、封面颜色、页数、出版社等，并且根据这些属性可以在一堆图书中找到所要的图书。

在通常情况下，开发人员在设计 E-R 图时，使用矩形表示实体，在矩形框内写实体名(实体名是每个实体的唯一标识)，使用椭圆表示属性，并且使用无向边将其与实体连接起来。

【例 1-1】设计图书馆管理系统的图书实体图。在图书馆管理系统中，图书是一个实体，它包括编号、条形码、书名、类型、作者、译者、出版社、价格、页码、书架、录入时间、操作员和是否删除等属性。对应的实体图如图 1-6 所示。

图 1-6　图书馆管理系统的图书实体图

说明：

在图书馆的图书实体的属性中，"是否删除"属性用于标记图书是否被删除，由于图书馆中的图书信息不可以被随意删除，因此即使当某种图书不能再借阅，而需要删除其档案信息时，也只能采用设置删除标记的方法。

1.3.2 关系

在客观世界中，实体并不是孤立存在的，实体与实体之间通常还存在一些联系。在 E-R 图中，可以使用关系表示实体间的联系。通常使用菱形表示实体间的关系，在菱形框内写明联系名，并且使用无向边将其与有关的实体连接起来。同时，还需要在无向边旁标上关系的类型。

在通常情况下，实体间存在以下 3 种关系。

1. 一对一关系

一对一关系是指两个实体 A 和 B，如果 A 中的每一个值在 B 中至多有一个实体值与其对应，反之亦然，那么则称 A 和 B 为一对一关系。在 E-R 图中，使用 1∶1 表示。例如，在一个图书馆中，只能有一个馆长，反之，一个馆长只能在一个图书馆任职。

2. 一对多关系

一对多关系是指两个实体 A 和 B，如果 A 中的每一个值在 B 中有多个实体值与其对应，反之在 B 中每一个实体值在 A 中至多有一个实体值与之对应，那么则称 A 和 B 为一对多关系。在 E-R 图中，使用 1∶n 表示。例如，在图书馆中，一个书架上可以放置多本图书，但是一本图书只能放置在一个书架上。因此，书架和图书之间存在一对多的关系。

3. 多对多关系

多对多关系是指两个实体 A 和 B，如果 A 中的每一个值在 B 中有多个实体值与其对应，反之亦然，那么则称 A 和 B 为多对多关系。在 E-R 图中，使用 m∶n 表示。例如，在图书馆中，一个读者可以借阅多本图书，反之，一本图书也可以被多个读者借阅。因此，读者和图书之间存在多对多的关系。

1.3.3 E-R 图设计原则

E-R 图的设计虽然没有一个绝对固定的方法，但一般情况下，需要遵循以下基本原则。

- 先设计局部 E-R 图，再把每一个局部的 E-R 图综合起来，生成总体的 E-R 图。
- 属性应该存在于且只存在于某一个实体或者关系中，这样可以避免数据冗余。例如，在图 1-7 所示的 E-R 图中，就出现了大量的数据冗余，所借图书属性不能重复。

图 1-7 存在冗余的读者实体图

- 实体是一个单独的个体,不能存在于另一个实体中,即不能作为另一个实体的属性。例如,图 1-6 所示的图书实体,不能作为借阅实体的一个属性。同一个实体在同一个 E-R 图中只能出现一次。

【例 1-2】设计图书馆管理系统的 E-R 图。在图书馆管理系统中,主要包括两个实体和两个关系,两个实体分别是图书和读者;两个关系分别是借阅和归还,这两个关系都是多对多的关系。对应的 E-R 图如图 1-8 所示。

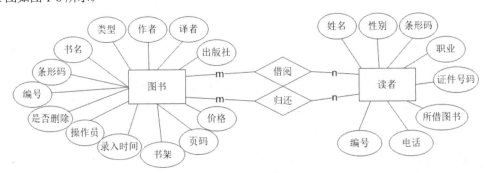

图 1-8 图书馆管理系统的 E-R 图

1.4 数据库设计

在设计出 E-R 图后,就可以根据该 E-R 图生成对应的数据表,具体步骤如下。
(1) 为 E-R 图中的每一个实体创建一张对应的数据表。
(2) 为每张数据表定义主键(一般情况下,会将作为唯一标识的编号作为主键)或者外键。
(3) 除了为实体创建对应的数据表,还要为多对多关系建立数据表,如图书和读者之间形成多对多($m:n$)的借阅和归还关系,则需要为借阅和归还分别建立数据表。
(4) 为字段选择合适的数据类型。
(5) 定义约束条件(可选)。
下面将进行详细介绍。

1.4.1 为实体建立数据表

在 E-R 图中,每个实体通常对应一张数据表,实体的属性对应于数据表中的字段。在程序的开发过程中,考虑到程序的兼容性,通常使用英文的字段名,所以在转换的过程中,经常需要将中文的属性名转换为对应意义的英文。例如,可以将"书名"属性转换为 bookname。

【例 1-3】根据图 1-8 所示的图书实体,可以得到包含编号、条形码、书名、类型、作者、译者、出版社、价格、页码、书架、录入时间、操作员和是否删除 13 个字段的图书信息表,对应的结构如下:

tb_book(id,barcode,bookname,typeid,author,translator,ISBN,page,rice,bookcase,inTime,operator,del)

1.4.2 为表建立主键和外键

由于在设计数据表时,不允许出现完全相同的两条记录,因此通常会创建一个关键字(Key)字段,用于唯一标识数据表中的每一条记录。例如，在读者信息表中，由于条形码不允许重复且不允许为空，因此条形码可以作为读者信息表中的关键字。另外，在读者信息表中，还存在一个编号字段，该字段也不允许重复且不允许为空，所以编号字段也可以作为读者信息表中的关键字。

1. 建立主键

在设计数据库时，为每个实体建立对应的数据表后，通常还会为其创建主键，主键所在的表称为主表。一般情况下，主键都是在所有的关键字中选择的。在选择主键时，一般遵循以下两条原则。

- 作为主键的关键字可以是一个字段，也可以是字段的组合。
- 作为主键的字段的值必须具有唯一性，并且不能为空(null)。如果主键由多个字段构成时，那么这些字段都不能为空。

例如，在创建图书信息表时，由于编号字段不能重复，并且不能为空，因此 id 字段可以作为主键。添加主键后，tb_book 的结构如下(加下画线的字段为主键)：

tb_book(<u>id</u>,barcode,bookname,typeid,author,translator,ISBN,page,rice,bookcase,inTime,operator,del)

2. 建立外键

如果存在两张数据表，表 T1 中的一个字段 fk 对应于表 T2 的主键 pk，那么字段 fk 称为表 T1 的外键，T1 称为外键表或子表。此时，表 T1 的字段 fk，要么是表 T2 的主键 pk 的值，要么是空值。外键通常用于实现参照完整性。例如，存在一对多关系的两个实体"图书"和"出版社"，它们转换为数据表后，对应的主外键关系如下：

tb_book(<u>id</u>,barcode,bookname,typeid,author,translator,<u>ISBN</u>,page,rice,bookcase,inTime,operator,del)
tb_publisher(<u>ISBN</u>, pubname)

其中，在 tb_book 表中，ISBN 为外键；在 tb_publisher 表中，ISBN 为主键。

1.4.3 为多对多关系建立数据表

除了为实体创建对应的数据表，还要为多对多关系建立数据表，如图书和读者之间形成多对多 ($m:n$) 的借阅和归还关系，则需要为借阅和归还分别建立数据表，具体如下：

tb_borrow(borrow_id,reader_id,book_id,borrowTime,backTime,operator,ifback)
tb_back(back_id,reader_id,book_id,backTime,operator)

其中，tb_borrow 表的主键为 borrow_id，tb_back 表的主键为 back_id。两个表中 reader_id、book_id 为外键。

1.4.4 为字段选择合适的数据类型

在数据库设计过程中，为字段选择合适的数据类型也非常重要。合适的数据类型可以有效地节省数据库的存储空间、提升数据的计算性能、节省数据的检索时间。在数据库管理系统中，常用的数据类型包括字符串类型、数值类型和日期时间类型。下面分别进行介绍。

1. 字符串类型

字符串类型用于保存一系列的字符。这些字符在使用时是采用单引号括起来的，主要用于保存不参与运算的信息。例如，图书名称'HTML 5 从入门到精通'、条形码'9787302210337'和 ISBN'302'

都属于字符串类型。虽然后面两个在外观上看是整数，但是这些整数只是显示用的，不参与计算，所以也设置为字符串类型。字符串类型可以分为定长字符串类型和变长字符串类型。其中，定长字符串类型保存的数据长度都一样，如果输入的数据没有达到要求的长度，那么会自动用空格补全；而变长字符串类型保存的数据长度与输入的数据相同(前提是输入的数据不超出该字段设置的长度)。

2. 数值类型

数值类型是指可以参与算术运算的类型。它可以分为整型和小数类型，其中小数类型又包括浮点型和双精度型。例如，图书的本数就可以设置为整型，而图书的单价就需要设置为浮点型。

3. 日期时间类型

日期时间类型是指用于保存日期或者时间的数据类型，通常可以分为日期类型、时间类型和日期时间类型。其中，日期类型存储的数据是"YYYY-MM-DD"格式的字符串；时间类型存储的数据是"hh:mm:ss"格式的字符串；日期时间类型存储的数据是"YYYY-MM-DD hh:mm:ss"格式的字符串。例如，图书借阅时间就可以设置为日期时间类型，因为需要存储日期和时间。

1.4.5 定义约束条件

在设计数据库时，还可能需要为数据表设置一些约束条件，从而保证数据的完整性。常用的约束条件有以下 6 种。

- 主键约束：用于约束唯一性和非空性，通过为表设置主键实现。一张数据表中只能有一个主键。在数据录入过程中主键字段必须唯一，并且不能为空。
- 外键约束：需要建立两张数据表间的关系，并且引用主表的字段。外键字段的数据要么是主键字段的某个值，要么为空。在建立关系时，主表和子表通过外键关联。
- 唯一性约束：用于约束唯一性，可以通过为表设置唯一性约束实现。满足唯一性约束的字段可以为空。
- 非空约束：用于约束表中的某个字段不能为空。
- 检查约束：用于检查字段的输入值是否满足指定的条件。如果输入的数据与指定的字段类型不匹配，那么该数据将不能被写入数据库中。对于这个约束，一般的数据库管理系统都会自动检查。
- 默认值约束：用于为字段设置默认值。当输入数据时，如果该字段没有输入任何内容，那么会自动填入指定的默认值。

1.5 本章小结

本章主要介绍数据库技术基础知识，首先概括性介绍了数据库，包括数据库技术的发展、数据库系统的组成、数据模型与规范化、结构化查询语言(SQL)；然后介绍了数据库体系结构，包括数据库三级模式(外模式、模式、内模式)和两级映射(外模式/概念模式映射和概念模式/内模式映射)；接着介绍了 E-R 图的绘制；最后介绍了数据库设计过程。其中，E-R 图和数据库设计是本章的实践重点，希望大家认真学习，重点掌握。

1.6 思考与练习

1. 数据库技术的发展经历了哪些阶段?
2. 简述数据库与数据库管理系统的概念。
3. 简单描述结构化查询语言(SQL)。
4. 简单描述数据模型的组成。
5. 常用的数据库数据模型主要有哪几种?
6. 简单描述 E-R 图及其构成元素。
7. 简述 E-R 图的设计原则。
8. 简单描述根据 E-R 图生成对应的数据表的基本步骤。

第 2 章
初识MySQL

关系数据库是最流行的数据库类型。常见的关系数据库管理系统有 Oracle、DB2、SQL Server、MySQL 等。本书主要介绍 MySQL 数据库。

MySQL 由瑞典 MySQL AB 公司开发，属于 Oracle 旗下产品。MySQL 软件采用了双授权政策，分为社区版和商业版。MySQL 将数据保存在不同的表中，通过结构化查询语言(SQL)对数据进行访问。一般中小型和大型网站的开发都选择 MySQL 作为网站数据库。本章主要介绍 MySQL 的发展、优势、应用环境，MySQL 的安装，MySQL 服务的启动、停止，MySQL 数据库的连接和断开，配置 Path 变量，以及学好 MySQL 的小窍门。

本章的学习目标：
- 了解 MySQL 的发展史、优势和应用环境。
- 掌握 Windows 平台下 MySQL 的安装与配置。
- 掌握 Linux 平台下 MySQL 的安装和配置。
- 掌握 MySQL 服务的启动与停止。
- 掌握 Path 变量的配置。
- 熟悉 MySQL 命令窗口的使用。
- 了解如何学好 MySQL。

2.1 MySQL 概述

2.1.1 MySQL 的发展史

MySQL 是目前最为流行的开放源代码的数据库管理系统之一，是完全网络化、跨平台的关系数据库管理系统，也是目前运行速度最快的 SQL 数据库管理系统，因此被广泛应用于 Web 应用中。

MySQL 是由瑞典的 MySQL AB 公司开发的，该公司目前属于甲骨文(Oracle)公司。MySQL 的标志是一只名为 Sakila 的海豚，代表着 MySQL 和团队的速度、能力、精确和优秀本质。

MySQL 的起源可以追溯到 1995 年，当时瑞典开发者迈克尔·维德纽斯(Michael Widenius)和大卫·艾克马克(David Axmark)开始创建一个名为 MySQL 的轻量级数据库管理系统。最初，MySQL 仅仅是一个小型的、仅支持少量数据类型和表的数据库，但它具有高度的可靠性和性能优势，很快就在 Linux 和其他 UNIX 操作系统上得到了广泛的应用。

在接下来的几年里，MySQL 不断改进并扩展其功能。它迅速成为一个完全免费的开源数据库管理系统，它的性能、可靠性和扩展性也都得到了显著的提升。随着互联网的普及，MySQL 越来越受到开发者的青睐，逐渐成为 Web 应用程序的主流数据库管理系统之一。

2000 年，MySQL AB 公司成立，旨在为 MySQL 数据库管理系统提供商业支持和服务。该公司通过推广 MySQL 数据库，吸引了大量的用户和开发者，使得 MySQL 在业界更加被广泛地应用。在这个阶段，MySQL 得到了更多企业用户的关注，成为大型网站和企业应用的首选数据库管理系统之一。

2008 年，MySQL AB 公司被 Sun Microsystems 公司收购。这一举动使得 MySQL 得到了更加广泛的认可，并吸引了更多企业用户的关注。在 2010 年，甲骨文(Oracle)公司收购了 Sun Microsystems 公司，MySQL 随之被纳入甲骨文的管理体系之中。

在甲骨文公司的管理下，MySQL 的发展方向发生了变化。甲骨文公司不仅加强了 MySQL 的商业化开发，也积极推广 MySQL 的社区版。MySQL 社区版不仅可以免费下载和使用，还可以通过社区来获得支持和帮助。这使得 MySQL 的用户和开发者得到了更多的选择和支持，同时也加快了 MySQL 的开发和更新。

随着时间的推移，MySQL 不断改进和更新，推出了更加高效、安全和可靠的版本。同时，它也逐渐扩展其应用领域，如支持云数据库、大数据等领域，使得 MySQL 成为更加全面的数据库管理系统。

今天，MySQL 已经成为 Web 应用程序和企业应用的主流数据库管理系统之一，它在全球拥有数百万的用户和开发者，支持各种语言和平台。除此之外，MySQL 还成为许多其他数据库系统的基础，如 MariaDB、Percona Server 等，这些系统在功能上类似于 MySQL，但具有不同的特性和优势。

MySQL 的成功，不仅归功于它的高效、可靠和可扩展性，也得益于其开源的特性。MySQL 的开源使得用户和开发者可以自由地下载、使用、修改和共享 MySQL 的代码，这使得 MySQL 不断得到完善和改进。此外，MySQL 还积极参与和贡献于开源社区，为开源数据库管理系统的发展做出了巨大贡献。

2.1.2 MySQL 的优势

MySQL 是一款自由软件，任何人都可以从其官方网站下载。MySQL 是一个真正的多用户、多线程 SQL 数据库服务器。它采用客户端/服务器体系结构，由一个服务器守护程序 mysqld 和很多不同的客户程序及库组成。它能够快捷、有效和安全地处理大量的数据。相对于 Oracle 等数据库管理系统来说，MySQL 使用起来非常简单。MySQL 的主要目标是快捷、便捷和易用。

MySQL 被广泛地应用在 Internet 上的中小型网站中。MySQL 由于其体积小、速度快、总体拥有成本低，尤其是开放源代码，已成为多数中小型网站为了降低网站总体拥有成本而选择的网站数据库管理系统。

2.1.3 MySQL 的应用环境

MySQL 与其他大型数据库管理系统(如 Oracle、DB2、SQL Server 等)相比，确有不足之处，如规模小、功能有限等，但是这丝毫也没有减少它受欢迎的程度。对于个人使用者和中小型企业来说，MySQL 提供的功能已经绰绰有余。此外，MySQL 由于是开放源代码软件，因此可以大大降低总体拥有成本。

目前 Internet 上流行的网站构架方式是 LAMP(Linux+Apache+MySQL+PHP)，即使用 Linux 作为操作系统，Apache 作为 Web 服务器，MySQL 作为数据库管理系统，PHP 作为服务器端脚本解释器。由于这 4 种软件都是免费或开放源代码软件(Free/Libre Open Source Software，FLOSS)，使用这种方式不用花一分钱(除人工成本)就可以建立一个稳定、免费的网站系统。

此外，Python、Java 和 JavaScript 等编程语言都可以方便地连接并管理 MySQL 数据库。

2.1.4 MySQL 8.0 的新特性

自 2011 年之后，MySQL 主要发行了 4 个重要版本：MySQL 5.6.2、MySQL 5.7.1、MySQL 8.0.0、MySQL 8.0.3。其中，MySQL 8 比上一个版本 MySQL 5 具备更多新的特性。这些新特性如下。

(1) 性能：MySQL 8.0 的速度要比 MySQL 5.7 快 2 倍。MySQL 8.0 在以下方面带来了更好的性能，包括读/写工作负载、I/O 密集型工作负载，以及高竞争(hot spot，热点竞争问题)工作负载。MySQL 8.0 与 MySQL 5.6、MySQL 5.7 的性能对比如图 2-1 所示。

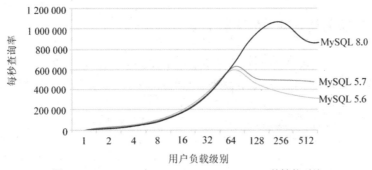

图 2-1　MySQL 8.0 与 MySQL 5.6、MySQL 5.7 的性能对比

(2) NoSQL：从 MySQL 5.7 开始，提供 NoSQL 存储功能，在 MySQL 8.0 中这部分功能得到了更大的改进。该功能消除了对独立的 NoSQL 文档数据库的需求，而 MySQL 文档存储也为 schema-less 模式的 JSON 文档提供了多文档事务支持和完整的 ACID 合规性。

(3) 窗口函数(window function)：从 MySQL 8.0 开始，新增了窗口函数，可以用来实现若干种新的查询方式。窗口函数与 SUM()、COUNT()这种集合函数类似，但它不会将多行查询结果合并为一行，而是将结果放回多行当中，即窗口函数不需要 GROUP BY。

(4) 隐藏索引：在 MySQL 8.0 中，索引可以被隐藏或被显示。当索引被隐藏后，它将不会被查询优化器使用。可以将这个特性用于性能调试，例如先隐藏一个索引，然后观察其对数据库的影响。如果数据库性能有所下降，则说明这个索引是有用的，然后将其恢复显示即可；如果数据库性能基本无变化，则说明这个索引是多余的，可以考虑删除它。

(5) 降序索引：MySQL 8.0 为索引提供了按降序方式进行排序的支持，在这种索引中的值也会按降序的方式进行排序。

(6) 通用表表达式(Common Table Expressions，CTE)：在复杂的查询中使用嵌入式表时，使用 CTE 可使查询语句更清晰。

(7) UTF-8 编码：从 MySQL 8.0 开始，使用 utf8mb4 作为默认字符集。

(8) JSON：MySQL 8.0 大幅改进了对 JSON 的支持，添加了基于路径查询参数从 JSON 字段中抽取数据的 JSON_EXTRACT()函数，以及用于将数据分别组合到 JSON 数组和对象中的 JSON_ARRAYAGG()和 JSON_OBJECTAGG()聚合函数。

(9) 可靠性：InnoDB 现在支持表 DDL 的原子性，也就是 InnoDB 表上的 DDL 也可以实现事务完整性，要么失败回滚，要么成功提交，不会出现部分成功的问题。此外，InnoDB 还支持 crash-safe 特性，元数据存储在单个事务数据字典中。

(10) 高可用性(High Availability，HA)：InnoDB 集群为数据库提供了集成的原生 HA 解决方案。

(11) 安全性：在 OpenSSL 改进、新的默认身份验证、SQL 角色、密码强度、授权等方面安全性较高。

2.2 Windows 平台下安装与配置 MySQL

MySQL 是目前流行的开放源代码的数据库管理系统，它是完全网络化、跨平台的关系数据库管理系统。任何人都能从 Internet 上下载 MySQL 的社区版本，无须支付任何费用，并且开放源代码，这意味着任何人都可以使用和修改，以满足个性化需求。

2.2.1 MySQL 服务器安装包的下载

MySQL 服务器的安装包可以到 https://www.mysql.com/downloads/下载。操作步骤如下。

(1) 在浏览器的地址栏中输入网址 https://www.mysql.com/downloads/，打开 MySQL 下载页面，如图 2-2 所示。

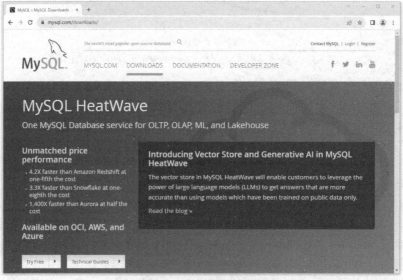

图 2-2 MySQL 下载页面

(2) 向下滚动鼠标，找到并单击 MySQL Community(GPL) Downloads 超链接，打开 MySQL Community Downloads 页面，如图 2-3 和图 2-4 所示。

(3) 单击 MySQL Community Server 超链接，打开相应页面。

(4) 根据自己的操作系统来选择合适的安装文件，这里选择 8.0.35 版本，Microsoft Windows 操作系统，然后单击 Go to Download Page 按钮，如图 2-5 所示。

第 2 章 初识 MySQL

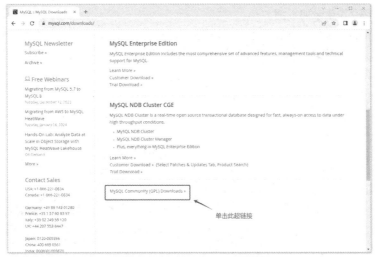

图 2-3　MySQL Downloads 页面

图 2-4　MySQL Community Downloads 页面

图 2-5　Download MySQL Community Server 页面

(5) 进入如图 2-6 所示的页面。

(6) 单击 Windows(x86,32-bit),MSI installer 选项，在打开的如图 2-7 所示页面中单击 No thanks, just start my download.超链接，即可开始下载。下载完成后的页面如图 2-8 所示。

图 2-6　MySQL Community Downloads 页面

图 2-7　Begin Your Download 页面

图 2-8　下载完成

2.2.2　MySQL 服务器的安装

下载 MySQL 服务器安装包后，将得到一个名为 mysql-installer-community-8.0.35.0 的安装文件，双击该文件可以进行 MySQL 服务器的安装，具体的安装步骤如下。

(1) 双击 mysql-installer-community-8.0.35.0 文件，打开安装向导。

(2) 安装向导首先检测网络连接，如图 2-9 所示。

(3) 确认网络连接正常后，打开安装向导 MySQL Installer 的 Choosing a Setup Type 界面，选中 Full 单选按钮，同时安装服务端和客户端，如图 2-10 所示。

(4) 单击 Next 按钮，将打开 Installation 界面，在该界面中确认待安装的插件，如图 2-11 所示。

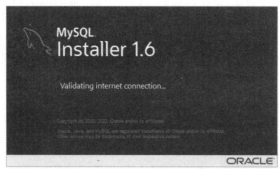

图 2-9　安装向导检测网络连接

图 2-10　Choosing a Setup Type 界面

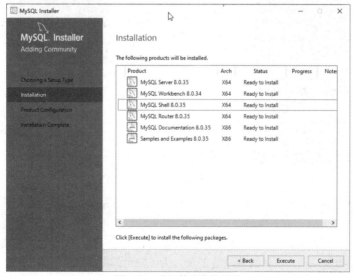

图 2-11　确认待安装的插件

(5) 单击 Execute 按钮,开始逐个安装插件,如图 2-12 所示。在这里需要注意的是,需要提前安装.NET 框架运行时库 Microsoft Visual C++ Redistributable for Visual Studio 2019,否则在此 MySQL Shell 8.0.35 会安装失败。

插件安装完成后,将显示如图 2-13 所示的界面。

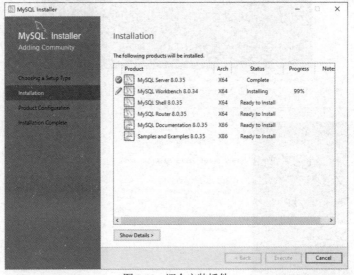

图 2-12　逐个安装插件

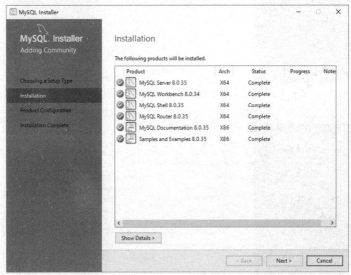

图 2-13　安装插件完毕

(6) 单击 Next 按钮,将打开如图 2-14 所示的 Product Configuration 界面,在该界面中对服务器进行配置。

(7) 单击 Next 按钮,将打开 Type and Networking 界面,可以在其中设置服务器类型及网络连接选项,最重要的是设置端口,默认的端口是 3306,为了安全起见,这里改成 3307,如图 2-15 所示。

(8) 单击 Next 按钮,将打开 Authentication Method 界面,保持默认设置,如图 2-16 所示。

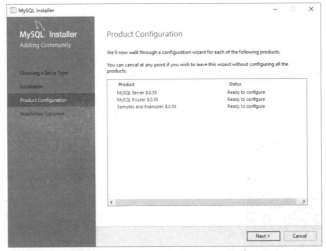

图 2-14　Product Configuration 界面

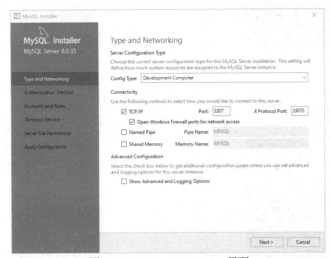

图 2-15　Type and Networking 界面

图 2-16　Authentication Method 界面

(9）单击 Next 按钮，将打开 Accounts and Roles 界面，设置 root 用户的登录密码为 123456，如图 2-17 所示。

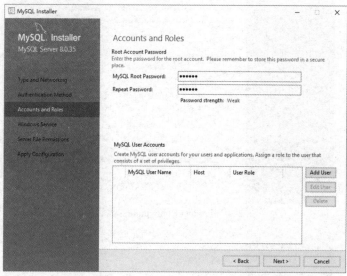

图 2-17　Accounts and Roles 界面

(10）单击 Next 按钮，将打开 Windows Service 界面，开始配置 MySQL 服务器，这里采用默认设置，如图 2-18 所示。

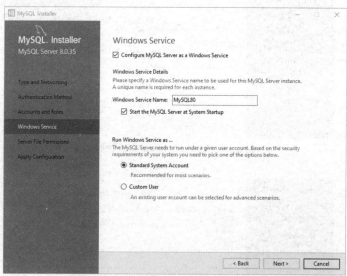

图 2-18　Windows Service 界面

(11）单击 Next 按钮，将打开 Server File Permissions 界面，开始配置服务器端文件权限，这里采用默认设置，如图 2-19 所示。

(12）单击 Next 按钮，进入 Apply Configuration 界面，如图 2-20 所示。单击 Execute 按钮，将应用配置，配置完成后的界面如图 2-21 所示。

第 2 章 初识 MySQL

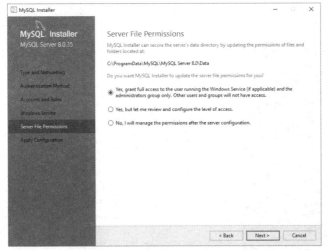

图 2-19　Server File Permissions 界面

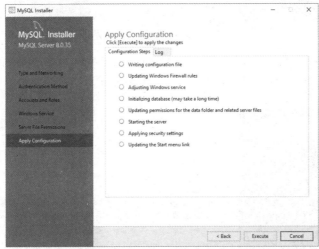

图 2-20　Apply Configuration 界面

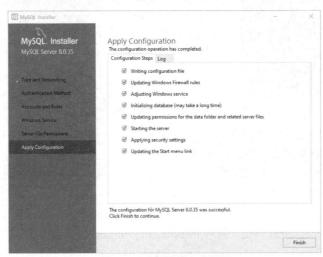

图 2-21　应用配置完成界面

（13）单击 Finish 按钮，进入 Product Configuration 界面，如图 2-22 所示。

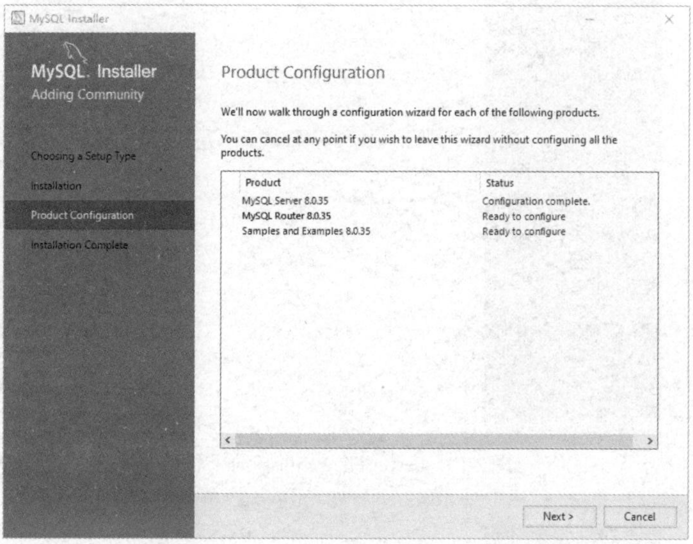

图 2-22　Product Configuration 界面

（14）单击 Next 按钮，将打开 MySQL Router Configuration 界面，可以在其中配置路由，如图 2-23 所示。这里保持默认设置不变。单击 Finish 按钮，返回图 2-22 所示的 Product Configuration 界面。

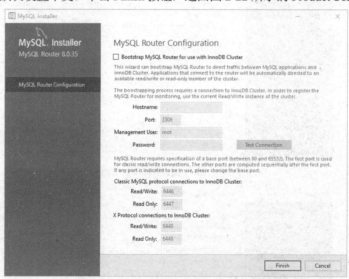

图 2-23　MySQL Router Configuration 界面

（15）单击 Next 按钮，打开 Connect To Server 界面，输入用户名 root 和密码 123456，单击 Check 按钮，进行 MySQL 连接测试，图 2-24 所示，可以看到测试连接成功。

（16）单击 Next 按钮，进入图 2-25 所示的 Apply Configuration 界面，单击 Execute 按钮进行配置，此过程需要等待几分钟。

（17）配置完毕后，出现如图 2-26 所示的界面。单击 Finish 按钮，返回图 2-22 所示的 Product Configuration 界面。单击 Next 按钮，进入 Installation Complete 界面，如图 2-27 所示。单击 Finish 按钮完成安装。

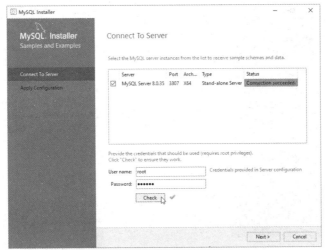

图 2-24　Connect To Server 界面

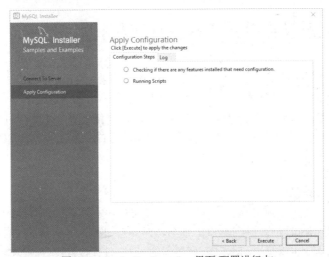

图 2-25　Apply Configuration 界面(配置进行中)

图 2-26　Apply Configuration 界面(配置完成)

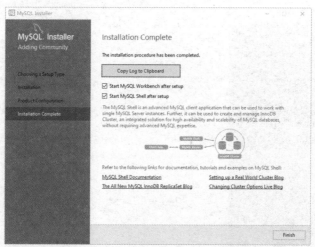

图 2-27　Installation Complete 界面

2.3　启动服务器并登录 MySQL 服务器

　　MySQL 服务器可以通过系统服务和命令提示符(DOS)启动、连接、断开和停止,该操作非常简单。下面以 Windows 10 操作系统为例,讲解其具体的操作流程。通常情况下,不要停止 MySQL 服务器,否则将导致数据库不可用。另外,首先要进行环境变量配置,才能在命令提示符窗口下对 MySQL 进行操作。所以,本节先介绍 MySQL 环境变量的配置,然后介绍 MySQL 服务器的启动、停止,以及 MySQL 服务器的连接和断开。

2.3.1　配置 Path 变量

　　如果用户在使用 mysql 命令连接 MySQL 服务器时弹出如图 2-28 所示的信息,那么说明该用户未设置系统的环境变量。也就是说,MySQL 服务器的 bin 文件夹位置没有被添加到 Windows 的"环境变量"→"系统变量"→Path 中,导致命令不能被执行。

图 2-28　连接 MySQL 服务器时出错

　　下面介绍该环境变量的设置方法,具体步骤如下。

　　(1) 右击"计算机"图标,在弹出的快捷菜单中选择"属性"命令,在弹出的"系统"对话框中单击"高级系统设置"链接,如图 2-29 所示。弹出"系统属性"对话框,如图 2-30 所示。

　　(2) 在"系统属性"对话框中,选择"高级"选项卡,单击"环境变量"按钮,弹出"环境变量"对话框,如图 2-31 所示。

图 2-29 在"系统"对话框中单击"高级系统设置"链接

图 2-30 "系统属性"对话框

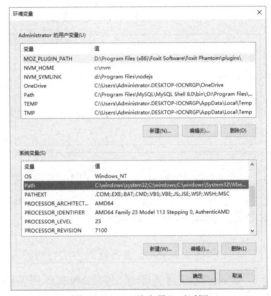

图 2-31 "环境变量"对话框

(3) 在"环境变量"对话框中,选择"系统变量"中的 Path 选项,单击"编辑"按钮,弹出"编辑环境变量"对话框,如图 2-32 所示。

图 2-32 "编辑环境变量"对话框

(4) 在"编辑环境变量"对话框中,将 MySQL 服务器的 bin 文件夹位置(C:\Program Files\MySQL\MySQL Server 8.0\bin)添加到列表框中,如图 2-33 所示。设置完成后,单击"确定"按钮。

图 2-33 添加 MySQL 系统变量

环境变量设置完成后,接下来即可在命令提示符窗口中使用 mysql 命令连接 MySQL 服务器。

2.3.2 启动和停止 MySQL

启动和停止 MySQL 服务器的方法有两种:系统服务和命令提示符。

1. 通过系统服务启动、停止 MySQL 服务器

如果 MySQL 被设置为 Windows 服务,则可以通过选择"开始"→"控制面板"→"系统和安全"→"管理工具"→"服务"命令打开 Windows 服务管理器。在服务器的列表中找到 MySQL 服务并右击,在弹出的快捷菜单中完成 MySQL 服务的各种操作(如启动、停止、暂停、恢复和重新启动),如图 2-34 所示。

图 2-34 通过系统服务启动、停止 MySQL 服务器

第 2 章 初识 MySQL

2. 在命令提示符下启动、停止 MySQL 服务器

单击"开始"按钮，在出现的文本输入框中输入 cmd 命令，按 Enter 键打开 DOS 窗口。在命令提示符下输入以下命令：

net start MySQL80

此时再按 Enter 键，即可启动 MySQL 服务器。
在命令提示符下输入以下命令：

net stop MySQL80

此时再按 Enter 键，即可停止 MySQL 服务器。
在命令提示符下启动、停止 MySQL 服务器的运行效果如图 2-35 所示。

图 2-35 在命令提示符下启动、停止 MySQL 服务器

2.3.3 连接和断开 MySQL

下面分别介绍连接和断开 MySQL 服务器的方法。

1. 连接 MySQL 服务器

连接 MySQL 服务器可以通过 mysql 命令实现。在 MySQL 服务器启动后，选择"开始"→"运行"命令，在弹出的"运行"窗口中输入 cmd 命令，按 Enter 键后进入 DOS 窗口，在命令提示符下输入以下命令：

mysql -u root -h 127.0.0.1 -P 3307 -p

其中，-u 选项用于指定用户名，-h 选项用于指定主机地址，-P 选项用于指定端口，-p 选项用于指定用户密码。

输入完命令语句后，按 Enter 键，输入数据库密码 123456，按 Enter 键，即可连接 MySQL 服务器，如图 2-36 所示。

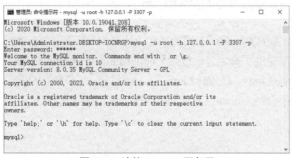

图 2-36 连接 MySQL 服务器

2. 断开 MySQL 服务器

连接到 MySQL 服务器后，可以通过在 MySQL 提示符下输入 exit 或者 quit 命令断开与 MySQL 服务器的连接，格式如下。

mysql> exit;

或者

mysql> quit;

2.3.4 打开 MySQL 8.0 Command Line Client

完成 MySQL 服务器的安装后，就可以通过其提供的 MySQL 8.0 Command Line Client 程序来操作 MySQL 数据了。这时，必须先打开 MySQL 8.0 Command Line Client 程序，并登录 MySQL 服务器。下面将介绍具体的步骤。

(1) 在"开始"菜单中，选择 MySQL/MySQL 8.0 Command Line Client 命令，打开 MySQL 8.0 Command Line Client 窗口，如图 2-37 所示。

图 2-37　MySQL 8.0 Command Line Client 窗口

(2) 在该窗口中，输入 root 用户的密码(这里为 123456)，登录 MySQL 服务器，如图 2-38 所示。

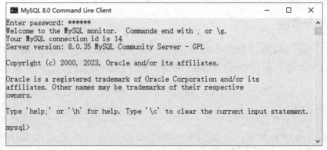

图 2-38　登录 MySQL 服务器

2.4　Linux 平台下安装和配置 MySQL

Linux 操作系统有众多的发行版，不同的平台上需要安装不同的 MySQL 版本。MySQL 为主流版本的 Linux 操作系统都提供了安装包，包括 Ubuntu Linux、Debian Linux、SUSE Linux Enterprise Server、Red Hat Enterprise Linux、Oracle Linux、Fedora Linux、Oracle Solaris 等。另外，MySQL 还提供了源码包。本节主要介绍 Ubuntu Linux 操作系统下的两种安装方式：下载安装 MySQL 和通过 apt 安装 MySQL。

2.4.1 下载并安装 MySQL

在 Ubuntu 中，默认情况下，只有最新版本的 MySQL 包含在 APT 软件包存储库中，要安装它，只需更新服务器上的包索引并安装默认包 apt-get。

(1) 在官网 https://downloads.mysql.com/archives/community/ 下载 MySQL 安装包，如图 2-39 所示。

图 2-39　下载安装包

(2) 进入安装包所在的文件夹，解压文件，解压了这个包之后会在文件夹看到多个 deb 文件，如图 2-40 所示。

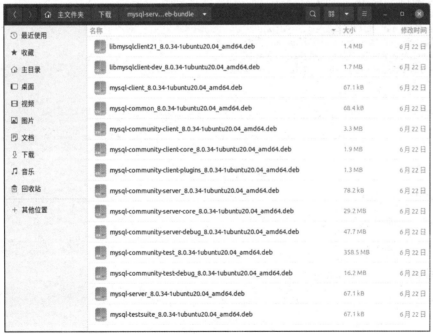

图 2-40　解压安装包

可以在图形化方式下一键解压，也可以在终端下输入命令解压：

```
tar –xvf   mysql-server_8.0.34-1ubuntu20.04_amd64.deb-bundle.tar
```

(3) 下面进行安装操作。由于各安装包存在依赖关系,因此先确认安装顺序:

```
libmysqlclient21_8.0.34-1ubuntu20.04_amd64.deb
mysql-community-client-plugins_8.0.34-1ubuntu20.04_amd64.deb
mysql-community-server-core_8.0.34-1ubuntu20.04_amd64.deb
mysql-common_8.0.34-1ubuntu20.04_amd64.deb
mysql-community-client-core_8.0.34-1ubuntu20.04_amd64.deb
mysql-community-client_8.0.34-1ubuntu20.04_amd64.deb
mysql-client_8.0.34-1ubuntu20.04_amd64.deb
mysql-community-server_8.0.34-1ubuntu20.04_amd64.deb
mysql-community-server-debug_8.0.34-1ubuntu20.04_amd64.deb
mysql-community-test_8.0.34-1ubuntu20.04_amd64.deb
mysql-community-test-debug_8.0.34-1ubuntu20.04_amd64.deb
mysql-server_8.0.34-1ubuntu20.04_amd64.deb
mysql-testsuite_8.0.34-1ubuntu20.04_amd64.deb
libmysqlclient-dev_8.0.34-1ubuntu20.04_amd64.deb
```

可以在图形化界面下逐个安装,也可以通过终端命令一次性按顺序输入安装包名字:

```
sudo dpkg –i libmysqlclient21_8.0.34-1ubuntu20.04_amd64.deb
mysql-community-client-plugins_8.0.34-1ubuntu20.04_amd64.deb
mysql-community-server-core_8.0.34-1ubuntu20.04_amd64.deb
mysql-common_8.0.34-1ubuntu20.04_amd64.deb
mysql-community-client-core_8.0.34-1ubuntu20.04_amd64.deb
mysql-community-client_8.0.34-1ubuntu20.04_amd64.deb
mysql-client_8.0.34-1ubuntu20.04_amd64.deb
mysql-community-server_8.0.34-1ubuntu20.04_amd64.deb
mysql-community-server-debug_8.0.34-1ubuntu20.04_amd64.deb
mysql-community-test_8.0.34-1ubuntu20.04_amd64.deb
mysql-community-test-debug_8.0.34-1ubuntu20.04_amd64.deb
mysql-server_8.0.34-1ubuntu20.04_amd64.deb
mysql-testsuite_8.0.34-1ubuntu20.04_amd64.deb
libmysqlclient-dev_8.0.34-1ubuntu20.04_amd64.deb
```

也可以一个一个来安装,这样能够弄清楚依赖的关系。

当安装过程中可能缺少依赖,可以用以下命令进行安装:

```
sudo apt-get install [文件名]
```

这里面缺少 libaio1 和 libmecab2,所以可以用以下命令进行安装:

```
sudo apt-get install libaio1 libmecab2
```

如果还是不能安装,可以尝试以下命令:

```
sudo apt-get -f install
```

安装完成之后,查看 mysql 服务状态,命令如下:

```
service mysql start
```

2.4.2 通过 apt 安装 MySQL 服务

通过这种方式安装 MySQL 会安装最新版本的 MySQL,推荐使用这种安装方式。

安装命令如下：

#命令 1 更新源
sudo apt-get   update
#命令 2 安装 mysql 服务
sudo apt-get install mysql-server

安装完成后，检查 mysql 服务状态，执行命令如下：

systemctl status mysql.service

执行结果如图 2-41 所示，绿色文字 active(running)字样表明 MySQL 正处于运行状态。

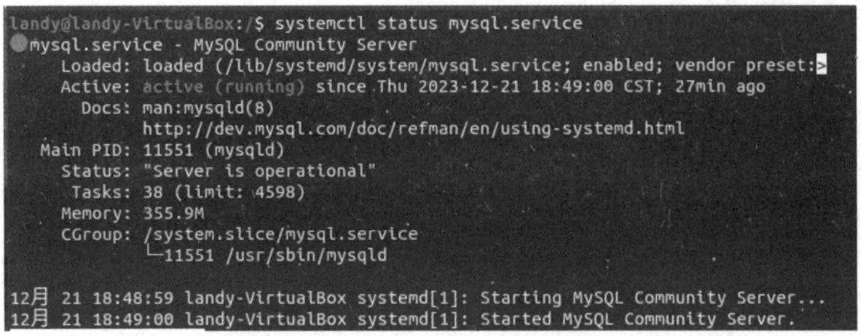

图 2-41　查看执行结果

本书主要在 Windows 操作系统下进行介绍，这里便不再对 Linux 下的数据库配置与使用进行展开介绍，感兴趣的读者可以上网查看相应资料或阅读相关书籍。

2.5　如何学好 MySQL

要想学好 MySQL，最重要的是多练习。笔者将自己学习数据库的方法总结如下。

1. 多上机实践

要想熟练地掌握数据库技术，必须经常上机练习，只有在上机实践中才能深刻地体会数据库的使用。通常情况下，数据库管理员工作的时间越长，其工作经验就越丰富。很多复杂的问题都可以根据数据库管理员的经验来更好地解决。读者在上机实践的过程中，可以将学到的数据库理论知识理解得更加透彻。

2. 多编写 SQL 语句

SQL 语句是数据库的灵魂，数据库中的很多操作都是通过 SQL 语句来实现的。只有经常使用 SQL 语句来操作数据库中的数据，才可以更加深刻地理解数据库。

3. 数据库理论知识不能丢

掌握数据库理论知识是学好数据库的基础。虽然学习理论知识会有些枯燥，但这是使用数据库的前提。例如，数据库理论中会涉及 E-R 图、数据库设计原则等知识，如果不了解这些知识，就很难独立设计一个很好的数据库及表。读者可以将学习数据库理论知识与上机实践结合到一起，这样效率会提高。

2.6 本章小结

本章主要介绍了 MySQL 的发展史、优势、应用环境和目前最新版本 MySQL 8.0 的新特性；接着重点介绍了 Windows 操作系统下 MySQL 的安装过程，Path 环境变量配置，MySQL 服务器的启动和停止操作，MySQL 服务器的连接与断开操作；然后简单介绍了 Linux 系统下 MySQL 软件的安装；最后提供了一些学好 MySQL 的小技巧。

2.7 思考与练习

1. 简单描述 MySQL 的优势。
2. 练习下载并安装 MySQL。
3. 在 Windows 10 下，通过图形化方式启动或者关闭 MySQL 服务。
4. 使用 net 命令启动或者关闭 MySQL 服务。
5. 使用免安装版的软件包安装 MySQL。

第 3 章
MySQL 图形化管理工具

MySQL 的管理维护工具非常多，除了系统自带的命令行管理工具，还有许多其他的图形化管理工具，常用的有 phpMyAdmin、Navicat、SQLyog、MySQL Workbench 等。这些第三方图形化工具更加方便 MySQL 的管理。本章将对 phpMyAdmin、Navicat 图形化管理工具的使用进行介绍。而其他图形化管理工具的操作类似于这两款工具，读者可自行查找资料进行探索学习。

本章的学习目标：
- 了解常用的 MySQL 图形化管理工具。
- 重点掌握 phpMyAdmin、Navicat 的使用。

3.1 MySQL 图形化管理工具概述

在命令行中操作数据库时，通过命令操纵数据库，操作人员需要记忆许多命令。而 MySQL 图形管理工具可以通过图形界面对数据库进行管理，省去了记忆命令，降低了学习成本。

常用的图形化管理工具有 phpMyAdmin、MySQL Workbench、Navicat、SQLyog、MySQLDumper、MySQL ODBC Connector。本章主要介绍 phpMyAdmin、Navicat 的安装和基本操作。

3.2 phpMyAdmin

3.2.1 phpMyAdmin 简介

phpMyAdmin 的使用不用安装客户端，通过浏览器就能访问使用。它是众多 MySQL 图形化管理工具中应用最广泛的一种，是一款使用 PHP 开发的 B/S 模式的 MySQL 客户端软件。此外，它还是基于 Web 跨平台的管理程序，并且支持简体中文。用户可以在其官方网站(www.phpmyadmin.net)上免费下载最新版本。

phpMyAdmin 为 Web 开发人员提供了类似于 Access、SQL Server 的图形化数据库操作界面。通过该管理工具，开发人员可以对 MySQL 进行操作，如创建数据库和数据表、生成 MySQL 数据库脚本文件等。

3.2.2　安装 phpStudy

应用 phpMyAdmin 图形化管理工具有一个前提条件，即必须在本机中搭建 PHP 运行环境，将其作为一个项目在 PHP 开发环境中运行。为了简单、快速地搭建 PHP 开发环境，推荐使用 PHP 集成开发环境 phpStudy 进行搭建。

phpStudy 的下载地址为 https://www.xp.cn/download.html，选择最新版的 phpStudy 进行下载和安装。安装完成后，界面如图 3-1 所示。

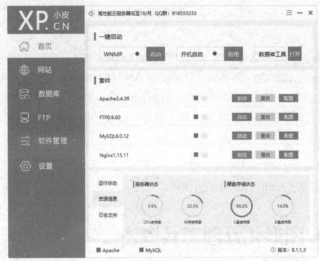

图 3-1　phpStudy 界面

3.2.3　下载 phpMyAdmin

单击 phpStudy 界面左侧的"软件管理"选项，然后在右侧列表中找到 phpMyAdmin，如图 3-2 所示，单击其右侧的"安装"按钮，弹出一个如图 3-3 所示的"选择站点"提示框，选中"选择"复选框，选择默认站点，然后单击"确认"按钮，开始安装。

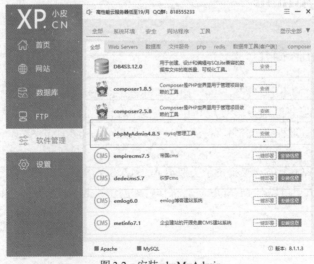

图 3-2　安装 phpMyAdmin

第 3 章 MySQL 图形化管理工具

图 3-3 "选择站点"提示框

3.2.4 打开 phpMyAdmin

安装完 phpMyAdmin 后，单击 phpStudy 界面左侧的"首页"选项，然后单击 Apache 右侧的"启动"按钮。Apache 启动后，单击"数据库工具打开"按钮，选择 phpMyAdmin，如图 3-4 所示。

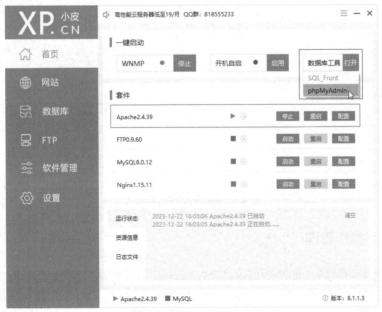

图 3-4 打开 phpMyAdmin

此时会在浏览器中显示 phpMyAdmin 的登录页面，如图 3-5 所示。输入正确的数据库用户名和密码，即可进入 phpMyAdmin 主页面，如图 3-6 所示。

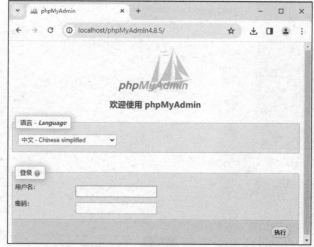

图 3-5　phpMyAdmin 登录页面

图 3-6　phpMyAdmin 主页面

3.2.5　数据库操作管理

在浏览器地址栏中输入 http://localhost/phpMyAdmin/，在弹出的对话框中输入用户名和密码，进入 phpMyAdmin 图形化管理主页面后，就可以对 MySQL 数据库进行操作。下面分别介绍如何创建、修改和删除数据库。

1. 创建数据库

在 phpMyAdmin 中单击"新建"按钮，然后在新建数据库页面中输入数据库的名称 db_test，再在下拉列表框中选择要使用的编码，一般选择 utf8_general_ci，单击"创建"按钮，即可创建数据库，如图 3-7 所示。成功创建数据库后，将显示如图 3-8 所示的页面，在此页面可以为数据库创建数据表。

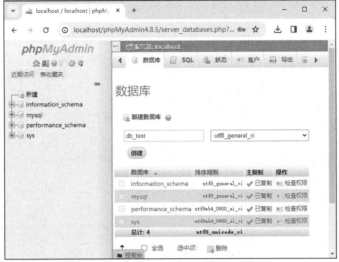

图 3-7　创建数据库

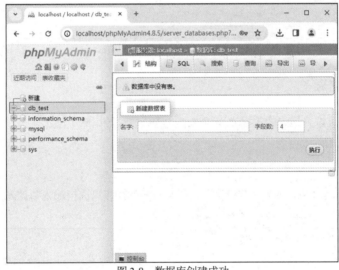

图 3-8　数据库创建成功

2. 修改和删除数据库

创建数据库 db_test 后，在左侧单击数据库名称，然后单击【操作】按钮，显示如图 3-9 所示页面，可在该页面中对当前数据库进行修改、复制、删除操作，还可以为该数据库新建数据表。

- 对当前数据库执行创建数据表的操作：在"新建数据表"下的两个文本框中分别输入要创建的数据表名称和字段数，然后单击"执行"按钮，即可进入创建数据表结构页面。
- 对当前数据库重命名：在"重命名数据库为"下的文本框中输入新数据库名称，单击"执行"按钮，即可成功修改数据库名称。
- 删除数据库：单击"删除数据库"按钮可以删除该数据库。
- 复制数据库：在"复制数据库到"区域中设置相关参数，可以基于当前数据库建立一个副本。

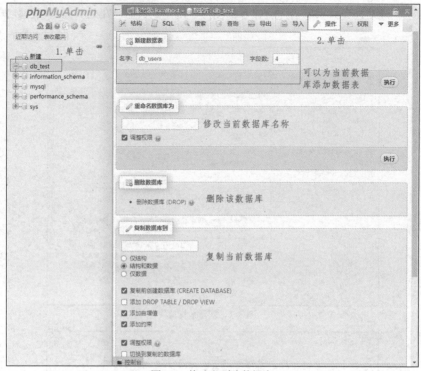

图 3-9　修改和删除数据库

3.2.6　管理数据表

管理数据表是以选择指定的数据库为前提的,然后在该数据库中创建并管理数据表。下面介绍如何创建、修改和删除数据表。

1. 创建数据表

创建数据库 db_test 后,选择该数据库,并在其右侧的操作页面中输入数据表名称和字段数,然后单击"执行"按钮,即可创建数据表,如图 3-10 所示。

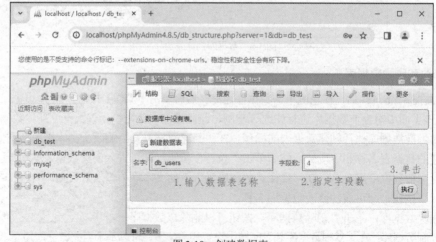

图 3-10　创建数据表

成功创建数据表 db_users 后，将显示数据表结构页面。在表单中输入各个字段的详细信息，包括字段名、类型、长度/值、是否为空、属性、是否自增等，以完成对表结构的详细设置。当把所有的信息都输入以后，单击"保存"按钮，创建数据表结构，如图 3-11 所示。成功创建数据表结构后，将显示如图 3-12 所示的页面。

图 3-11　创建数据表结构

图 3-12　成功创建数据表结构

2. 修改数据表

在数据表页面中，可以通过改变表的结构来修改表，执行添加新的列、删除列、索引列、修改列的数据类型或者字段的长度/值等操作，如图 3-13 所示。

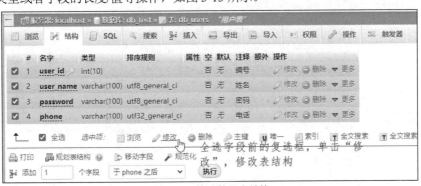

图 3-13　修改数据表结构

3. 删除数据表

要删除某个数据表，需要单击页面中的数据库，然后单击页面右侧数据表列表中的"删除"链接，即可成功删除该数据表，如图 3-14 所示。

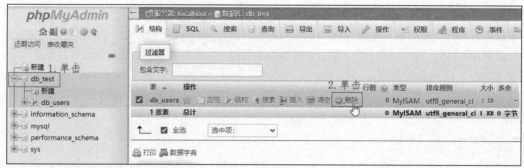

图 3-14 删除数据表

3.2.7 管理数据记录

单击 phpMyAdmin 主页面中的 SQL 按钮，打开 SQL 语句编辑区。在编辑区输入完整的 SQL 语句，实现数据的插入、修改、查询和删除等操作。

1. 插入数据记录

在 SQL 语句编辑区中，可以应用 INSERT INTO 语句向数据表中插入数据，然后单击"执行"按钮，比如可以向数据表 db_users 中插入一条数据，如图 3-15 所示。如果提交的 SQL 语句有错误，系统就会给出一个警告，提示用户修改；如果提交的 SQL 语句正确，系统成功插入数据记录，如图 3-16 所示。

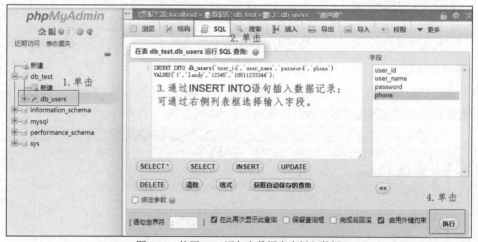

图 3-15 使用 SQL 语句向数据表中插入数据

图 3-16 成功添加数据信息

说明：

图 3-15 中，为了方便，可以利用右侧的字段列表来选择要操作的字段，只需选中要添加的列，然后双击或者单击"<<"按钮即可把该字段添加到左侧 SQL 语句中。

2. 修改数据记录

在数据库下选中数据表，然后单击"浏览"按钮，即可浏览该数据表的数据记录。如果要修改某一条数据记录，可以单击该数据记录前的"编辑"链接，如图 3-17 所示。

图 3-17　单击"编辑"链接

进入该条数据记录的编辑页面，如图 3-18 所示，其中可以看到该条记录的各字段值，直接修改字段值，然后单击"执行"按钮。

图 3-18　数据记录编辑页面

3. 查询数据记录

向数据库中插入若干条数据记录，如图 3-19 所示。

图 3-19　插入若干条数据记录

在 SQL 语句编辑区应用 SELECT 语句检索指定条件的数据信息，将 user_id 小于 4 的用户显示出来，添加的 SQL 语句如图 3-20 所示。

图 3-20　查询数据信息的 SQL 语句

单击"执行"按钮，执行该语句，查询结果如图 3-21 所示。从查询结果可以看出，MySQL 筛选出 user_id 小于 4 的记录一共有 3 条。

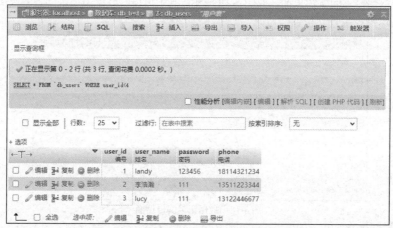

图 3-21　查询指定条件的数据信息的实现过程

除了对整个表的简单查询，还可以执行复杂的条件查询(使用 WHERE 子句提交 LIKE、ORDER BY、GROUP BY 等条件查询语句)及多表查询，读者可通过上机实践，灵活运用 SQL 语句功能。

4. 删除数据记录

在 SQL 语句编辑区应用 DELETE 语句删除指定条件的数据或全部数据信息，删除 user_id 为 5 的数据记录，添加的 SQL 语句如图 3-22 所示。注意如果 DELETE 语句后面没有 WHERE 条件值，那么将删除指定数据表中的全部数据。单击"执行"按钮，弹出确认删除操作对话框，如图 3-23 所示，单击"确定"按钮，执行数据表中指定条件的数据信息的删除操作。该语句的实现结果如图 3-24 所示。

第 3 章　MySQL 图形化管理工具

图 3-22　删除指定数据信息的 SQL 语句

图 3-23　删除确认

图 3-24　删除结果

5. 浏览数据

选择某个数据表后，进入浏览页面，如图 3-25 所示。单击每条数据记录前的"编辑""复制""删除"链接，可以对该条数据记录进行编辑、复制、删除操作。

图 3-25　浏览页面

6. 搜索数据

选择某个数据表后，单击上方的"搜索"按钮，进入搜索页面，如图 3-26 所示。在这个页面中，可以设置数据筛选条件，筛选条件中允许使用通配符。设置好后，单击"执行"按钮，MySQL 根据筛选条件查询出满足条件的数据记录，并输出显示。

另外，还可以使用"+选项"，使用 where 语句查询。直接在"或添加搜索条件('where'从句的主体)"文本框中输入查询语句，如图 3-27 所示，然后单击"执行"按钮。

47

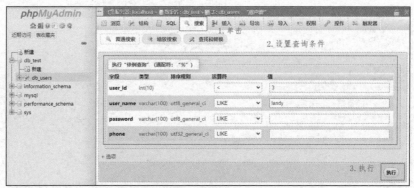

图 3-26　搜索查询

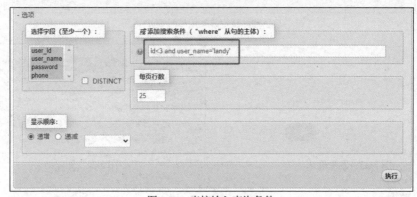

图 3-27　直接输入查询条件

3.2.8　导入/导出数据

导入和导出 MySQL 数据库脚本是互逆的两个操作。导入是将扩展名为.sql 的文件导入数据库中；导出是将数据表结构、表记录存储为扩展名为.sql 的脚本文件。

1. 导出 MySQL 数据库脚本

单击 phpMyAdmin 主页面中的"导出"按钮，打开导出编辑区，如图 3-28 所示。选择导出文件的格式，这里使用默认选项 SQL，单击"执行"按钮，系统生成一个"数据库名称.sql"的脚本文件，并下载保存在指定位置，如图 3-29 所示。

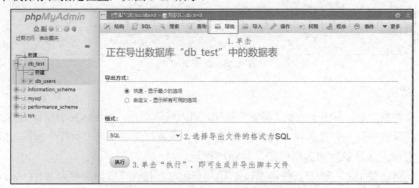

图 3-28　生成 MySQL 脚本文件设置界面

第 3 章 MySQL 图形化管理工具

图 3-29　下载界面

2. 导入 MySQL 数据库脚本

如图 3-30 所示，单击"导入"按钮，进入导入 MySQL 数据库脚本文本界面，单击"选择文件"按钮查找脚本文件(如 db_test.sql)所在位置，选择 SQL 类型，单击"执行"按钮，即可导入 MySQL 数据库脚本文件。

图 3-30　导入 MySQL 数据库脚本文件界面

注意：

在导入 MySQL 脚本文件前，要检测是否有与所导入文件中数据库同名的数据库，如果没有，则首先要在数据库中创建一个名称与数据文件中的数据库名称相同的数据库，然后导入 MySQL 数据库脚本文件。另外，在当前数据库中，不能有与将要导入数据库中的数据表重名的数据表存在，否则导入文件就会失败，提示错误信息。

3.2.9　设置编码格式

为页面、程序文件、数据库与数据表设置统一的编码格式，可以避免程序运行时出现乱码。一般情况下，设置页面的编码格式由 HTML 中的 meta 标签实现，设置程序文件的编码格式由具体的编程语言实现，设置数据库与数据表的编码格式可以通过 phpMyAdmin 实现。下面以实例详细讲解如何为新创建的数据库设置编码格式，具体步骤如下。

(1) 登录 phpMyAdmin 图形化管理工具页面，创建数据库，并为新创建的数据库选择编码格式，如图 3-31 所示。

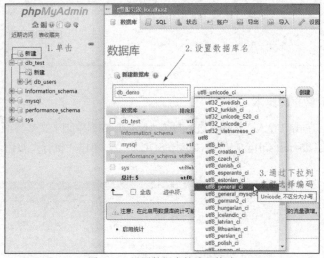

图 3-31　设置数据库的编码格式

(2) 创建数据表，定义数据表字段，并为新创建的数据表设置编码格式，如图 3-32 所示。

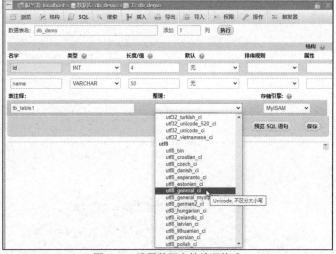

图 3-32　设置数据表的编码格式

3.2.10　添加服务器用户

在 phpMyAdmin 图形化管理工具中，不但可以对 MySQL 数据库进行各种操作，而且可以添加服务器的新用户，并对新添加的用户设置权限。

在 phpMyAdmin 中添加 MySQL 服务器新用户的步骤如下。

(1) 单击 phpMyAdmin 主页面中的"账户"按钮，打开服务器用户操作界面，如图 3-33 所示。

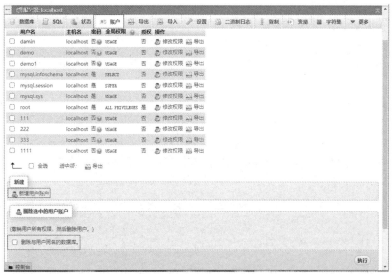

图 3-33 服务器用户一览表

(2) 在该界面中,单击"新增用户账户"按钮,进入图 3-34 所示的界面,设置用户名、主机、密码,并配置用户权限和 SSL 登录方式。设置完成后,单击"执行"按钮,完成对新用户的添加操作,返回主页面,将提示新用户添加成功。

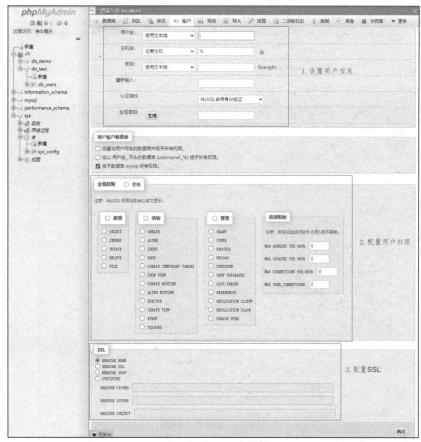

图 3-34 设置用户信息

3.2.11 重置 MySQL 服务器登录密码

在 phpMyAdmin 图形化管理工具中，还可以对 MySQL 服务器的登录密码进行重置，操作步骤如下。

(1) 打开服务器用户操作界面，如图 3-35 所示。

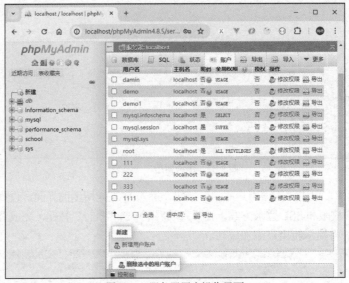

图 3-35 服务器用户操作界面

(2) 在该界面中，可以对指定用户的权限进行编辑、添加新用户和删除指定的用户。这里选择指定的用户，单击右侧的"修改权限"链接，对该用户的权限进行设置，进入如图 3-36 所示的界面。

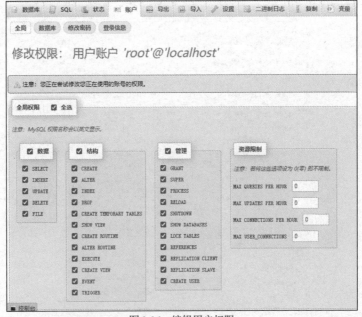

图 3-36 编辑用户权限

(3) 单击"修改密码"按钮,打开如图 3-37 所示的界面。

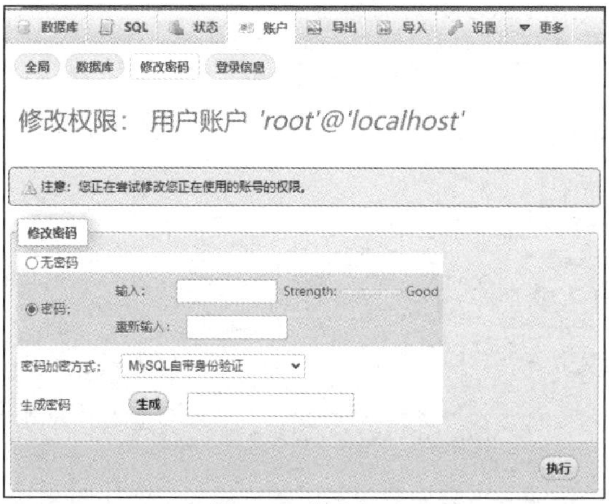

图 3-37　修改密码

在如图 3-37 所示的界面中,可以设置用户的权限、修改密码、更改登录用户信息。在输入新密码和确认密码之后,单击"执行"按钮,完成对用户密码的修改操作。

3.3　Navicat

Navicat 是一套快速、可靠的数据库管理工具,专为简化数据库管理和降低系统管理成本而开发。Navicat 使用可视化图形用户界面,让用户能够以安全、简单的方式创建、组织、访问数据库。Navicat 适用于 3 种平台:Microsoft Windows、macOS 及 Linux。Navicat 支持中文,可免费下载,下载地址:https://www.navicat.com.cn/products。

3.3.1　下载 Navicat

本小节将介绍 Windows 系统下 Navicat 的下载过程。
(1) 在浏览器中打开下载地址 https://www.navicat.com.cn/products,如图 3-38 所示,选择 Navicat 16 for MySQL。

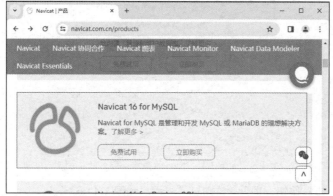

图 3-38　Navicat 下载页面

(2) 单击"免费试用"按钮,打开安装文件下载页面,如图 3-39 所示。

图 3-39 Navicat 安装文件下载页面

(3) 单击"直接下载"按钮,下载安装包,下载完成的页面如图 3-40 所示。

图 3-40 下载完成 Navicat 安装包

3.3.2 安装 Navicat

安装包下载完成后,开始安装 Navicat,操作步骤如下。
(1) 双击安装包文件,打开安装向导,如图 3-41 所示。

图 3-41 Navicat 安装向导

(2) 单击"下一步"按钮,进入"许可证"界面,如图 3-42 所示。
(3) 选中"我同意"单选按钮,单击"下一步"按钮,进入"选择安装文件夹"界面,如图 3-43

所示。

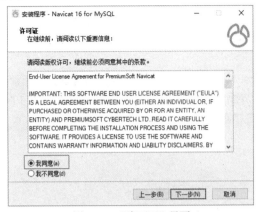

图 3-42 "许可证"界面

图 3-43 "选择安装文件夹"界面

(4) 单击"下一步"按钮，进入"选择额外任务"界面，如图 3-44 所示。选中 Create a desktop icon 复选框，安装完成后在桌面建立一个快捷方式。

(5) 单击"下一步"按钮，进入"准备安装"界面，如图 3-45 所示。然后单击"安装"按钮进行安装，安装完成后的界面如图 3-46 所示。单击"完成"按钮，完成安装。

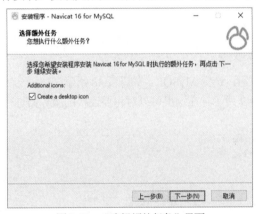

图 3-44 "选择额外任务"界面

图 3-45 "准备安装"界面

图 3-46 Navicat 安装成功

3.3.3 服务器连接

安装完 Navicat 后,接下来就可以使用 Navicat 软件来管理数据库了。要管理数据库,首先要连接数据库所在的服务器,操作步骤如下。

(1) 双击桌面上的 Navicat 快捷方式,打开 Navicat 软件。注意,首次打开该软件的时候,有一个页面布局设置向导,都选择默认即可。打开的软件界面如图 3-47 所示。首次打开软件时,其中默认创建了一个 localhost 服务器连接。如果不需要,直接删除即可,然后自行创建连接。

图 3-47 打开 Navicat

(2) 下面来创建连接。单击左上角的"连接"按钮,选择 MySQL,如图 3-48 所示。

(3) 打开"新建连接(MySQL)"对话框,如图 3-49 所示,在这里可以对将要连接的服务器进行指定,各项参数说明如下。

图 3-48 选择 MySQL

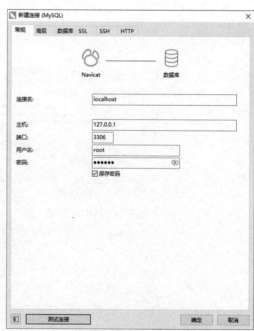

图 3-49 建立 MySQL 连接

- 连接名：为服务器连接设置一个名称，用于显示在软件中，方便之后的操作。
- 主机：设置数据库服务器所在的主机地址。
- 端口：数据库在主机服务器上的对外访问端口。
- 用户名：数据库登录用户名。
- 密码：数据库登录密码。
- 保存密码：选中该复选框，建立连接后，不需要每次都输入密码。

(4) 例如，可以建立一个连接，连接本章中 phpStudy 启动的数据库。在"连接名"中输入 localhost，"主机"输入 127.0.0.1，"端口"输入 3306，"用户名"输入 root，密码为 123456，选中"保存密码"复选框。

(5) 输入完成后，单击"测试连接"按钮，连接成功会弹出提示框，如图 3-50 所示。

(6) 单击"确定"按钮，新建连接成功，返回主界面，如图 3-51 所示。

图 3-50 建立连接成功提示框

图 3-51 新的 MySQL 连接已经建立

(7) 双击新建的 MySQL 连接，就可以打开连接，如图 3-52 所示，从连接可以看到该数据库服务器下的所有数据库。

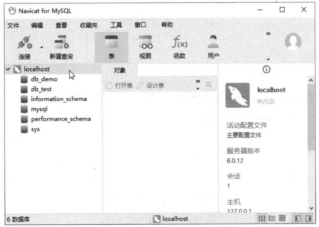

图 3-52 连接数据库服务器

3.3.4 创建数据库

一切的数据库对象都依托于数据库。因此，成功连接数据库服务器后，首先需要创建数据库。操作步骤如下。

(1) 右击左侧的数据库连接名称，如右击 localhost，弹出快捷菜单，选择"新建数据库"命令，如图 3-53 所示。

(2) 弹出"新建数据库"对话框，如图 3-54 所示，在"数据库名"文本框中输入数据库名称，最好用英文名称；在"字符集"下拉列表中选择 utf8 选项，在"排序规则"下拉列表中选择 utf8_general_ci 选项。

图 3-53 选择"新建数据库"命令

图 3-54 "新建数据库"对话框

(3) 设置完成后，单击"确定"按钮，根据配置创建数据库 school，如图 3-55 所示。

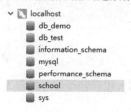

图 3-55 新建的数据库

3.3.5 新建数据表

数据表是存储数据的结构。新建数据库后，就可以为数据库添加数据表了。操作步骤如下。

(1) 选择数据库名称 school，然后在数据库的"表"项目上右击，在弹出的快捷菜单中选择"新建表"命令，如图 3-56 所示。

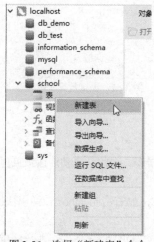

图 3-56 选择"新建表"命令

(2) 打开数据表编辑界面，如图 3-57 所示，字段编辑区上方是功能按钮，提供了"保存""添加字段""插入字段""删除字段""主键""上移""下移"按钮。

图 3-57　数据表编辑界面

(3) 在字段编辑区中，可以直接为数据表添加字段。编辑的方式与 Excel 一样简单，在"名"列输入字段名称；在"类型"下拉列表中选择字段值的数据类型；在"长度"列设置字段内容的长度限制；在"小数点"列可以为数值型字段设置小数位数；在"不是 null"列可以设置当前字段是否允许有 null 值，如果不允许有 null 值，则选中相应复选框；如果将当前字段设置为主键，单击功能按钮栏中的"主键"按钮，则字段编辑区中当前字段的"键"显示出一把小钥匙，还带一个数字。窗口的最下方是字段属性设置区，可以对当前字段进行属性设置。

(4) 添加 4 个字段：user_id、user_name、password、phone，练习创建一个测试数据表，如图 3-58 所示。

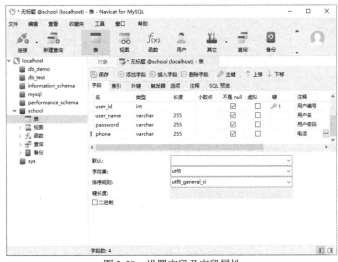

图 3-58　设置字段及字段属性

(5) 保存当前数据表：单击"保存"按钮，弹出"另存为"对话框，如图 3-59 所示，输入数据表名 users，单击对话框中的"保存"按钮，保存成功。

(6) 单击 school 数据库下的"表"，展开"表"节点，可以看到刚才创建的测试数据表 users，如图 3-60 所示。

图 3-59　输入数据表名　　　　　　　　　图 3-60　创建的数据表

3.3.6　添加数据记录

数据表是用来保存数据的载体。要想为一个数据表插入数据记录，双击左侧的数据表名称，可以打开数据记录编辑区，如图 3-61 所示，直接输入数据记录即可。

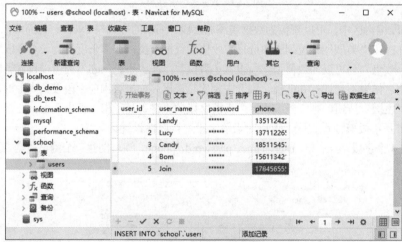

图 3-61　添加数据记录

3.3.7　导出/导入数据

和 phpMyAdmin 一样，Navicat 也可以导出和导入数据。

1. 导出数据

(1) 右击数据库名称，在弹出的快捷菜单中选择"转储 SQL 文件"命令。如果要同时导出表结构和数据，则选择"结构和数据"命令，如果只导出表结构，则选择"仅结构"命令，如图 3-62 所示。

(2) 这里选择"结构和数据"命令，打开"另存为"对话框，如图 3-63 所示，选择保存路径、文件名、保存类型。默认文件名和数据库同名，保存类型为 SQL 脚本文件，这里默认不变。

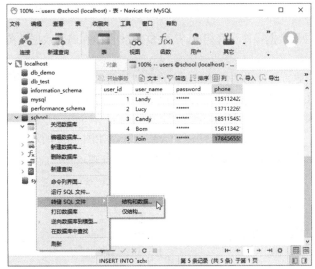

图 3-62　选择命令

图 3-63　"另存为"对话框

（3）单击"保存"按钮，开始导出文件，弹出对话框显示导出进度信息，导出成功后，显示提示信息 Finished successfully，如图 3-64 所示。

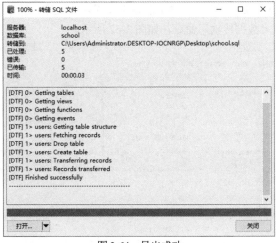

图 3-64　导出成功

2. 导入数据

导入数据操作和导出数据操作正好相反，是把 SQL 文件中存储的数据结构和数据导入到数据库中。操作步骤如下。

(1) 右击数据库名称，在弹出的快捷菜单中选择"运行 SQL 文件"命令。

(2) 弹出"运行 SQL 文件"对话框，如图 3-65 所示，在"文件"文本框中选择需要导入的 SQL 文件，然后单击"开始"按钮开始导入。

(3) 导入成功后，显示提示信息 Finished successfully，如图 3-66 所示。

实际开发中，导入导出功能在数据库备份工作中经常用到。

图 3-65　导入数据

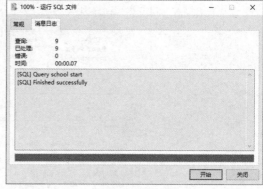

图 3-66　导入成功

3.3.8　"工具"菜单

1. 数据传输

使用"工具"→"数据传输"命令可以在两个数据库之间传输数据，这两个数据库可以是同一台服务器上的数据库，也可以是不同服务器上的数据库。这在实际开发中非常实用：开发过程中，可以将远程数据库服务器上的数据传输到本地计算机上的数据库，作为本地副本数据库，开发时只需要连接本地副本数据库进行开发即可。当开发结束后上线时，如果数据库有改动，再通过"数据传输"命令将其上传到服务器，更新服务器上的数据库即可。操作步骤如下。

(1) 选择"工具"→"数据传输"命令，如图 3-67 所示。

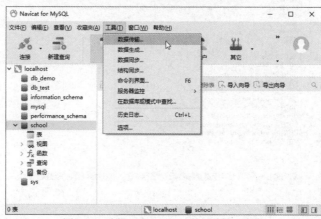

图 3-67　选择"工具"→"数据传输"命令

(2) 打开"数据传输"窗口,如图 3-68 所示。"源"区域用于设置数据传输的起点,其下的"连接"列表用于选择起点数据库服务器连接名称,"数据库"用于指定起点数据库。

"目标"区域用于设置数据传输的目标,其下的"连接"用于选择目标数据库服务器连接名称,"数据库"用于指定目标数据库。

注意:

"源"和"目标"连接需要先创建数据库服务器连接名称。

图 3-68 "数据传输"窗口

(3) 设置完成后,单击"下一步"按钮,打开如图 3-69 所示的窗口,从左侧"数据库对象"列表中选择要传输的项目,例如,这里勾选所有的表、视图、函数和事件。

图 3-69 选择要传输的项目

(4) 单击"下一步"按钮,打开如图 3-70 所示的窗口,确认数据传输对象无误后,单击"开始"按钮,开始进行传输。

图 3-70　确认数据传输对象

(5) 系统弹出如图 3-71 所示的对话框,提示"你确定要在创建之前删除目标对象吗?",单击"确定"按钮,开始传输数据,同时显示传输进度及状态提示信息,如图 3-72 所示。

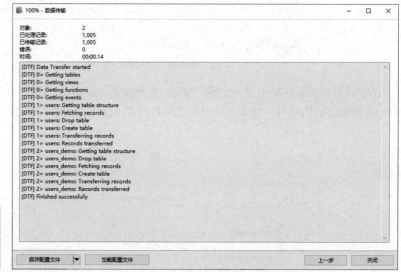

图 3-71　删除目标确认　　　　　　　图 3-72　传输进度及状态提示

2. 数据生成

数据生成功能用于给建立好的数据表生成测试数据,这在实际开发中非常实用。该功能可以根据指定规则,按数据表的字段结构生成测试数据。操作步骤如下。

(1) 选择"工具"→"数据生成"命令,如图 3-73 所示。

(2) 打开"数据生成"窗口,如图 3-74 所示,在"目标"区域中指定数据库连接和数据库名称。

(3) 单击"下一步"按钮,打开"数据库对象"选择界面,如图 3-75 所示。例如,这里选择数据表 users 的所有字段,保持默认的"生成的行数"设置,即为 users 数据表生成 1000 条数据记录。

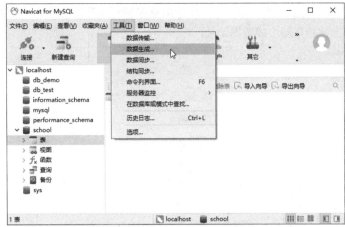

图 3-73　选择"工具"→"数据生成"命令

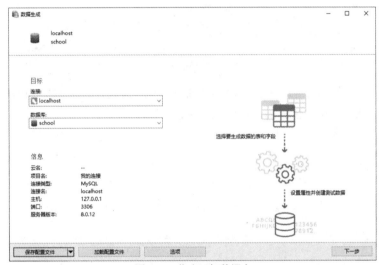

图 3-74　指定目标数据库

图 3-75　选择数据库对象

(4)单击"下一步"按钮,显示系统将要生成 1000 条数据记录,如图 3-76 所示。若不满意,可以单击"重新生成"按钮重新生成数据记录。

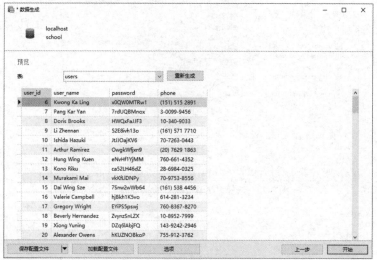

图 3-76　系统生成的数据记录

(5)单击"开始"按钮,开始真正生成数据记录,并将生成的数据记录插入相应数据库对象中。如图 3-77 所示,插入成功,显示 Finished successfully 提示信息。

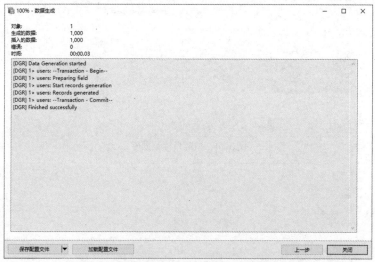

图 3-77　生成数据记录并将其插入数据库对象中

(6)单击"关闭"按钮,系统弹出配置文件确认对话框,如图 3-78 所示,单击"保存"按钮进行保存,弹出"另存为"对话框,指定配置文件名,如图 3-79 所示,单击"保存"按钮。生成的数据记录如图 3-80 所示。

图 3-78　确认保存对话框

图 3-79　"另存为"对话框

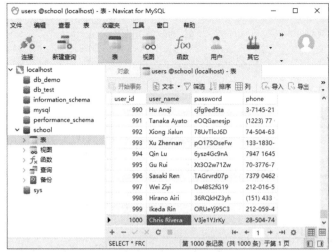

图 3-80　生成的数据记录

3. 数据同步

通过"工具"→"数据同步"或"结构同步"命令，可以在两台服务器之间同步数据，这在实际开发中也非常有用。当需要同步的数据表没有发生表结构的更改，选择"数据同步"命令即可，如果发生了结构的改变，可以先通过"结构同步"命令对数据表结构进行同步，然后再同步数据。操作步骤如下。

(1) 选择"工具"→"数据同步"或"结构同步"命令，如图 3-81 所示。

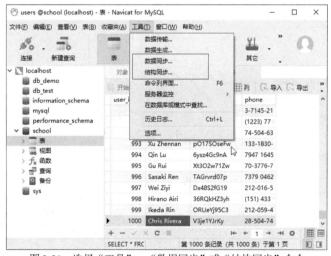

图 3-81　选择"工具"→"数据同步"或"结构同步"命令

(2) 打开"数据同步"窗口，在"源"区域中设置起点数据库连接，选择起点数据库；然后在"目标"区域中设置目标数据库连接，选择目标数据库，如图 3-82 所示。

(3) 单击"下一步"按钮，在打开的窗口中选择需要同步的数据表，如图 3-83 所示。

(4) 单击"比较 & 预览"按钮，在打开的窗口中进行比较和预览，如图 3-84 所示。

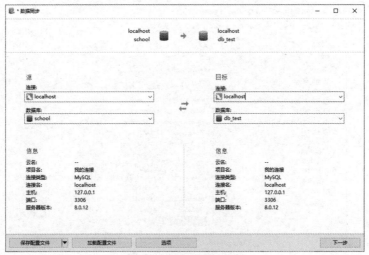

图 3-82　设置数据同步

图 3-83　选择需同步的数据表

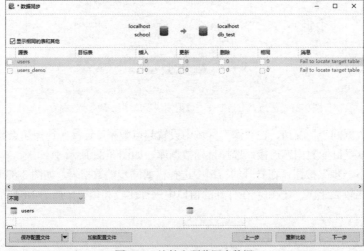

图 3-84　比较和预览同步数据

(5) 单击"下一步"按钮,在打开的窗口中确认其他信息,如图 3-85 所示。

图 3-85 确认其他信息

(6) 单击"开始"按钮,开始数据同步,如图 3-86 所示。同步完成后,单击"关闭"按钮即可。

图 3-86 数据同步操作

4. 命令列界面

如果想要在命令环境下进行更个性化的操作,可以选择"工具"→"命令列界面"命令,打开 MySQL 命令操作界面,如图 3-87 所示,在其中可以直接编写 SQL 语句对数据库进行操作。

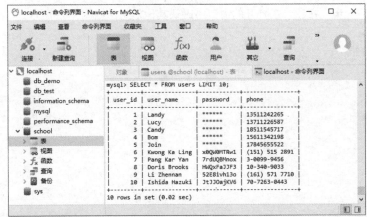

图 3-87　命令操作界面

3.4　本章小结

　　本章重点介绍了两款主流的 MySQL 图形化管理工具：使用 PHP 开发的 phpMyAdmin 和客户端管理软件 Navicat。在介绍 phpMyAdmin 的过程中，使用到了集成开发工具 phpStudy。其他图形化管理工具的操作类似，读者重点学习这两款图形化工具后，可以自行探索其他可视化管理工具的使用。

3.5　思考与练习

1. 有哪些常见的 MySQL 图形化管理工具？
2. 练习下载并安装 phpMyAdmin 工具。
3. 在 phpMyAdmin 工具帮助下建立一个数据库。
4. 练习在 phpMyAdmin 中添加用户。
5. 练习下载并安装 Navicat 工具。
6. 在 Navicat 工具帮助下练习创建数据库，导入和导出数据。

第 4 章

数据库操作

启动并连接 MySQL 服务器后，即可对 MySQL 数据库进行操作。操作数据库的方式有两种：通过命令行实现和通过图形化管理软件实现。本章将详细介绍数据库的创建、查看、选择、修改和删除操作。

在创建数据库的时候，可以指定存储引擎。存储引擎可以加快数据库查询速度。每一种存储引擎具有不同的含义。本章将对 MySQL 提供的存储引擎进行详细介绍。

本章的学习目标：
- 了解关系数据库的基础知识。
- 掌握 MySQL 数据库的创建、查看、选择、修改和删除操作。
- 了解存储引擎的作用，MySQL 支持的存储引擎包括 InnoDB、MyISAM、MEMORY。
- 了解如何选择存储引擎，如何设置存储引擎。

4.1 关系数据库简介

MySQL 是一种关系数据库管理系统，在使用 MySQL 数据库之前，需要对关系数据库的基础知识有一个基本的了解。本节将对关系数据库的基本概念、常用对象和 MySQL 系统数据库进行简单介绍。

4.1.1 关系数据库基础知识

1. 关系数据库与关系模型

关系数据库是支持关系模型的数据库。关系模型由关系数据结构、关系操作集合和完整性约束 3 部分组成。

(1) 关系数据结构：在关系模型中数据结构单一，现实世界的实体以及实体间的联系均用关系来表示，实际上关系模型中数据结构就是一张二维表。

(2) 关系操作集合：关系操作分为关系代数、关系演算、具有关系代数和关系演算双重特点的语言(SQL)。

(3) 完整性约束：包括实体完整性、参照完整性和用户定义完整性。

2. 数据库管理软件的作用

MySQL 是一种关系数据库管理软件。前面曾提到过，数据库管理系统是数据库系统的一个重要组成部分，它是位于用户与数据库之间的管理软件，主要负责数据库中的数据组织、数据操纵、数据维护和数据服务等，主要具有如下功能。
- 数据存取的物理构建：为数据模式的物理存取与构建提供有效的存取方法与手段。
- 数据操纵：为用户使用数据库的数据提供方便，如对数据库数据进行查询、插入、修改、删除等，以及算术运算、数据统计。
- 数据定义：用户可以通过数据库管理系统提供的数据定义语言(Data Definition Language, DDL)，方便地对数据库中的对象进行定义。
- 数据库的运行管理：数据库管理软件统一管理数据库的运行和维护，以保障数据的安全性、完整性、并发性和故障恢复等。
- 数据库的建立和维护：数据库管理软件能够完成初始数据的输入和转换、数据库的转储和恢复、数据库的性能监视和分析等任务。

4.1.2 数据库常用对象

在 MySQL 的数据库中，表、字段、索引、视图和存储过程等具体存储数据或对数据进行操作的实体都被称为数据库对象。下面介绍常用的数据库对象。

1. 表

在数据库中，表是存储所有数据的数据库对象。它由行和列组成，用于组织和存储数据。

2. 字段

表中的每列被称为一个字段，字段具有自己的属性，如字段类型、字段大小等。其中，字段类型是字段最重要的属性，它决定了字段能够存储哪种数据。

SQL 规范支持 5 种基本字段类型：字符型、文本型、数值型、逻辑型和日期时间型。

3. 索引

索引是一个单独的、物理的数据库结构。它是依赖于表建立的，有了它，数据库程序无须对整个表进行扫描，就可以在其中找到所需的数据。

4. 视图

视图是从一张或多张表中导出的表(也称虚拟表)，是用户查看数据表中数据的一种方式。表中包括几个被定义的数据列与数据行，其结构和数据建立在对表的查询基础之上。

5. 存储过程

存储过程(Stored Procedure)是一组为了完成特定功能的 SQL 语句集合，比如，可以把查询、插入、删除和更新等操作写成存储过程，经编译后，以名称的形式存储在 MySQL 服务器端的数据库中，由用户通过指定存储过程的名称来执行。当这个存储过程被调用执行时，这些操作也会同时被执行。

4.1.3 系统数据库

系统数据库是指安装完 MySQL 服务器后，系统自动建立的一些数据库。例如，在默认安装的 MySQL 服务器中，系统会默认创建如图 4-1 所示的 4 个数据库，这些数据库就被称为系统数据库。

系统数据库记录一些必需的信息,用户不能直接修改这些信息。下面分别对图 4-1 中的 4 个系统数据库进行介绍。

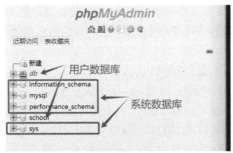

图 4-1 系统数据库

(1) information_schema。information_schema 是 MySQL 自带的数据库,它提供了访问数据库元数据的方式。什么是元数据呢?元数据是关于数据的数据,它包含了关于数据的相关信息,如数据库名或表名、列的数据类型或访问权限等。有些时候用于表述该信息的其他术语包括"数据词典"和"系统目录"。

在 MySQL 中,把 information_schema 看作一个数据库,确切说是信息数据库。其中保存着关于 MySQL 服务器所维护的所有其他数据库的信息,如数据库名、数据库的表、表栏的数据类型与访问权限等。在 information_schema 中,有数个只读表。它们实际上是视图,而不是基本表,因此,你将无法看到与之相关的任何文件。

(2) mysql。mysql 数据库是 MySQL 的核心数据库,主要负责存储数据库的用户、权限设置、关键字等 MySQL 自身需要使用的控制和管理信息。

(3) performance_schema。performance_schema 数据库主要用于收集数据库服务器性能参数,也可用于监控服务器在一个较低级别的运行过程中的资源消耗、资源等待等情况。

(4) sys。sys 数据库中所有的数据源来自 performance_schema,目标是把 performance_schema 的复杂度降低,让数据库管理员能更好地阅读这个数据库里的内容,以便更快地了解数据库的运行情况。

4.2 操作数据库

4.2.1 创建数据库

在 MySQL 中,可以使用 CREATE DATABASE 语句和 CREATE SCHEMA 语句创建 MySQL 数据库,其语法如下。

```
CREATE {DATABASE|SCHEMA}    [IF NOT EXISTS] 数据库名
[
  [DEFAULT] CHARACTER SET [=] 字符集 |
  [DEFAULT] COLLATE [=] 校对规则名称
];
```

在上面的语法中,花括号"{}"表示必选项;中括号"[]"表示可选项;竖线"|"表示分隔符两侧的内容为"或"的关系。下面对主要参数展开说明。

(1) {DATABASE|SCHEMA}:表示使用关键字 DATABASE,或使用 SCHEMA,但不能全部使用。

(2) [IF NOT EXISTS]：可选项，表示在创建数据库前进行判断，只有该数据库目前尚未存在时才执行创建语句。

(3) 数据库名：必须指定。在文件系统中，MySQL 的数据存储区将以目录的方式表示 MySQL 数据库。因此，这里的数据库名必须符合操作系统文件夹的命名规则，而在 MySQL 中是不区分大小写的。

(4) [DEFAULT]：可选项，表示指定默认值。

(5) CHARACTER SET [=]字符集：可选项，用于指定数据库的字符集。如果不想指定数据库所使用的字符集，那么就可以不使用该项，这时 MySQL 会根据 MySQL 服务器默认使用的字符集来创建该数据库。这里的字符集可以是 GB2312 或者 GBK(简体中文)、UTF8(针对 Unicode 的可变长度的字符编码，也称万国码)、BIG5(繁体中文)、Latin1(拉丁文)等。其中最常用的就是 UTF8 和 GBK。

(6) COLLATE [=]校对规则名称：可选项，用于指定字符集的校对规则，例如，utf8_bin 或者 gbk_chinese_ci。

在创建数据库时，数据库命名有以下几项规则。

(1) 不能与其他数据库重名，否则将发生错误。

(2) 名称可以由任意字母、阿拉伯数字、下画线(_)和 "$" 组成，可以使用上述的任意字符开头，但不能使用单独的数字，否则会与数值相混淆。

(3) 名称最长可为 64 个字符，而别名可长达 256 个字符。

(4) 不能使用 MySQL 关键字作为数据库名、表名。

(5) 默认情况下，在 Windows 下数据库名、表名的大小写是不敏感的，而在 Linux 下数据库名、表名的大小写是敏感的。为了便于将数据库在平台间进行移植，建议读者采用小写字母来定义数据库名和表名。

1. 使用 CREATE DATABASE 语句创建数据库

【例 4-1】使用 CREATE DATABASE 语句创建一个图书馆数据库 db_library。代码如下。

CREATE DATABASE db_library;

运行效果如图 4-2 所示。

图 4-2 使用 CREATE DATABASE 语句创建 MySQL 数据库

2. 使用 CREATE SCHEMA 语句创建数据库

使用 CREATE DATABASE 语句是创建数据库的最基本方法，实际上，还可以通过语法中给出的 CREATE SCHEMA 语句来创建数据库，二者的功能是一样的。

【例 4-2】使用 CREATE SCHEMA 语句创建一个名为 db_library1 的数据库。具体代码如下。

CREATE SCHEMA db_library1;

运行效果如图 4-3 所示。

图 4-3 使用 CREATE SCHEMA 语句创建 MySQL 数据库

3. 创建指定字符集的数据库

在创建数据库时，如果不指定其使用的字符集或字符集的校对规则，那么将根据 my.ini 文件中指定的 default-character-set 变量的值来设置其使用的字符集。从创建数据库的基本语法中可以看出，在创建数据库时，还可以指定数据库所使用的字符集，下面将通过一个具体的例子来演示如何在创建数据库时指定字符集。

【例 4-3】使用 CREATE DATABASE 语句创建一个名为 db_library2 的数据库，并指定其字符集为 UIF-8。具体代码如下。

```
CREATE DATABASE db_library2
CHARACTER SET = utf8mb4;
```

运行效果如图 4-4 所示。

图 4-4 创建使用 UTF-8 字符集的 MySQL 数据库

注意：

utf8mb4 是 utf8 的超集并完全兼容 utf8，它能够用 4 字节存储更多的字符。标准的 UTF-8 字符集编码可以使用 1~4 字节来编码 21 位字符，这几乎包含了世界上所有能看见的语言。MySQL 里面实现的 utf8 最长使用 3 个字符，包含了大多数字符但并不是所有。

4. 创建数据库前判断是否存在同名数据库

MySQL 不允许同一系统中存在两个名称相同的数据库，如果要创建的数据库名称已经存在，那么系统将给出以下错误信息。

```
ERROR 1007 (HY000): Can't create database 'db_test'; database exists
```

为了避免发生错误，在创建数据库前，需要使用 IF NOT EXISTS 选项来判断该数据库名称是否存在，只有不存在时才进行创建。

【例 4-4】使用 CREATE DATABASE 语句创建一个名为 db_library3 的数据库，并在创建前判断该数据库名称是否存在，只有不存在时才进行创建。具体代码如下。

```
CREATE DATABASE IF NOT EXISTS db_library3;
```

运行效果如图 4-5 所示。IF NOT EXISTS 语句用来判断创建的数据库是否已存在。

再次执行上面的语句，将不再创建数据库 db_library3，显示效果如图 4-6 所示。

图4-5 创建数据库前判断是否存在同名数据库

图4-6 创建已经存在的数据库的效果

4.2.2 查看数据库

成功创建数据库后，使用 SHOW 命令可查看 MySQL 服务器中的所有数据库信息，语法格式如下。

```
SHOW {DATABASES|SCHEMAS}
[LIKE '模式' WHERE 条件];
```

参数说明如下。

(1) {DATABASES|SCHEMAS}：表示必须有一个是必选项，用于列出当前用户权限范围内所能查看到的所有数据库名称。这两个选项的结果是一样的，使用哪个都可以。

(2) LIKE：可选项，用于指定匹配模式。

(3) WHERE：可选项，用于指定数据库名称查询范围的条件。

【例4-5】使用 SHOW DATABASES 语句查看 MySQL 服务器中的所有数据库。具体代码如下。

```
SHOW DATABASES;
```

运行结果如图4-7所示。

从图 4-7 中可以看出，执行 SHOW 命令查看 MySQL 服务器中的所有数据库，结果显示 MySQL 服务器中有 10 个数据库，其中包括系统数据库。

如果 MySQL 服务器中的数据库比较多，也可以通过指定匹配模式来筛选想要得到的数据库，下面将通过一个具体的实例来演示如何通过 LIKE 关键字筛选要查看的数据库。

【例4-6】筛选以 db_开头的数据库名称。具体代码如下。

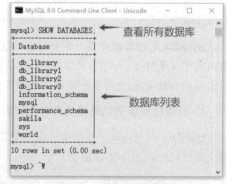
图4-7 查看所有数据库

```
SHOW DATABASES LIKE 'db_%';
```

执行结果如图4-8所示，查询到了4个db_开头的数据库。

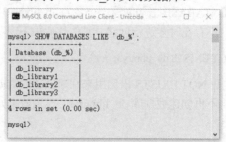
图4-8 筛选以 db_开头的数据库名称

4.2.3 选择数据库

在 MySQL 中，使用 CREATE DATABASE 语句创建数据库后，该数据库并不会自动成为当前数据库。如果想让它成为当前数据库，则需要使用 MySQL 提供的 USE 语句。USE 语句可以实现选择一个数据库，使其成为当前数据库。只有使用 USE 语句指定某个数据库为当前数据库后，才能对该数据库及其存储的数据对象执行操作。USE 语句的语法格式如下。

USE 数据库名;

【例4-7】选择数据库 db_library，设置其为当前默认的数据库。具体代码如下。

USE db_library;

执行结果如图 4-9 所示。

图 4-9 选择数据库

4.2.4 修改数据库

在 MySQL 中，创建一个数据库后，还可以对其进行修改，不过这里的修改是指可以修改数据库的相关参数，并不能修改数据库名。修改数据库可以使用 ALTER DATABASE 或者 ALTER SCHEMA 语句来实现，语法格式如下。

ALTER {DATABASE | SCHEMA} [数据库名]
[DEFAULT] CHARACTER SET [=] 字符集
| [DEFAULT] COLLATE [=] 校对规则名称;

参数说明如下。

(1) {DATABASE|SCHEMA}：这两个取值必须选择一个，这两个选项的结果是一样的，任选一个即可。

(2) [数据库名]：可选项，如果不指定要修改的数据库，那么将修改当前(默认)的数据库。

(3) [DEFAULT]：可选项，表示指定默认值。

(4) CHARACTER SET [=]字符集：可选项，用于指定数据库的字符集。与前面创建数据库的语法中的该从句相同。

(5) COLLATE[=]校对规则名称：可选项，用于指定字符集的校对规则，例如，utf8_bin 或者 gbk_chinese_ci。与前面创建数据库的语法中的该从句相同。

注意：

在使用 ALTER DATABASE 或 ALTER SCHEMA 语句时，当前登录数据库的用户必须具有对数据库进行修改的权限。

【例4-8】修改例4-1中创建的数据库db_library，设置默认字符集和校对规则。具体代码如下。

```
ALTER DATABASE db_library
DEFAULT CHARACTER SET gbk
DEFAULT COLLATE gbk_chinese_ci;
```

执行结果如图4-10所示。

图4-10　设置默认字符集和校对规则

4.2.5　删除数据库

在MySQL中，可以使用DROP DATABASE或DROP SCHEMA语句删除已经存在的数据库。使用该命令删除数据库的同时，该数据库中的表以及表中的数据也将被永久删除。因此，在使用该语句删除数据库时一定要小心，以免误删除有用的数据库。DROP DATABASE或者DROP SCHEMA语句的语法格式如下。

```
DROP {DATABASE|SCHEMA} [IF EXISTS] 数据库名;
```

参数说明如下。

(1) {DATABASE|SCHEMA}：必选项，这两个选项的结果是一样的，任选一个即可。

(2) [IF EXISTS]：用于指定在删除数据库前，先判断该数据库是否存在，只有存在时，才会执行删除操作，这样可以避免删除不存在的数据库时产生异常。

注意：

(1) 在使用DROP DATABASE或者DROP SCHEMA语句时，当前登录账户需要具有对数据库进行删除的权限。

(2) 在删除数据库时，该数据库上的用户权限不会被自动删除。

(3) 删除数据库时应谨慎。删除数据库后，数据库的所有结构和数据都会被删除，除非数据库有备份，否则无法恢复这些结构和数据。

【例4-9】使用DROP DATABASE语句删除名为db_library的数据库。具体代码如下。

```
DROP DATABASE db_library;
```

执行结果如图4-11所示。

当使用上面的命令删除数据库时，如果指定的数据库不存在，将显示报错信息，例如，再次执行删除数据库db_library，由于此数据库已被删除，此时已不存在，因此执行后出现如图4-12所示的报错信息。

图4-11　删除数据库db_library

图4-12　删除不存在的数据库时出错

为了解决这一问题，需要在 DROP DATABASE 语句中使用 IF EXISTS 从句来保证只有当数据库存在时才执行删除数据库的操作。下面通过一个具体的例子来演示这一功能。

【例4-10】使用 DROP DATABASE IF EXISTS 语句删除名为 db_xxx 的数据库(该数据库不存在)。具体代码如下。

```
SHOW DATABASES LIKE 'db_%';
DROP DATABASE IF EXISTS db_xxx;
```

执行结果如图 4-13 所示。

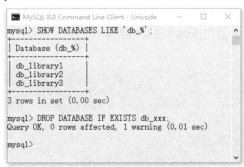

图 4-13　删除不存在的数据库时未出错

注意：

安装 MySQL 后，系统会自动创建两个系统数据库，名称分别为 performance_schema 和 mysql。MySQL 把与数据库相关的信息存储在这两个系统数据库中，如果删除了这两个数据库，那么 MySQL 将不能正常工作，所以不能删除这两个数据库。

4.3　存储引擎

存储引擎其实就是实现存储数据、为存储的数据建立索引和更新、查询数据等技术的方法。因为在关系数据库中数据是以表的形式存储的，所以存储引擎也可以被称为表类型(即存储和操作此表的类型)。在 Oracle 和 SQL Server 等数据库中只有一种存储引擎，所有数据存储管理机制都是一样的；而 MySQL 数据库提供了多种存储引擎，用户可以根据不同的需求为数据表选择不同的存储引擎，也可以根据需要编写自己的存储引擎。

4.3.1　MySQL 存储引擎的概念

MySQL 中的数据是用各种不同的技术存储在文件(或者内存)中的。每一种技术都使用不同的存储机制、索引技巧、锁定水平，并且最终提供广泛的、不同的功能。通过选择不同的技术，开发人员可以获得额外的速度或者功能，从而改善应用的整体功能。

这些不同的技术以及配套的相关功能在 MySQL 中被称作存储引擎(也被称为表类型)。MySQL 默认配置了许多不同的存储引擎，这些引擎可以预先设置或者在 MySQL 服务器中启用。开发人员可以选择适用于服务器、数据库和表格的存储引擎，以便在选择如何存储信息、如何检索信息以及需要的数据结合什么性能和功能时为其提供最大的灵活性。

4.3.2 MySQL 支持的存储引擎

1. 查询 MySQL 支持的全部存储引擎

在 MySQL 中，可以使用 SHOW ENGINES 语句查询 MySQL 中支持的存储引擎。具体代码如下。

```
SHOW ENGINES;
```

SHOW ENGINES 语句可以用“;”结束，也可以用“\g”或者“\G”结束。“\g”与“;”的作用是相同的，“\G”可以让结果显示得更加美观。

使用 SHOW ENGINES \g 语句查询的结果如图 4-14 所示。

```
MySQL 8.0 Command Line Client - Unicode
mysql> SHOW ENGINES \g;
+--------------------+---------+----------------------------------------------------------------+--------------+------+------------+
| Engine             | Support | Comment                                                        | Transactions | XA   | Savepoints |
+--------------------+---------+----------------------------------------------------------------+--------------+------+------------+
| MEMORY             | YES     | Hash based, stored in memory, useful for temporary tables      | NO           | NO   | NO         |
| MRG_MYISAM         | YES     | Collection of identical MyISAM tables                          | NO           | NO   | NO         |
| CSV                | YES     | CSV storage engine                                             | NO           | NO   | NO         |
| FEDERATED          | NO      | Federated MySQL storage engine                                 | NULL         | NULL | NULL       |
| PERFORMANCE_SCHEMA | YES     | Performance Schema                                             | NO           | NO   | NO         |
| MyISAM             | YES     | MyISAM storage engine                                          | NO           | NO   | NO         |
| InnoDB             | DEFAULT | Supports transactions, row-level locking, and foreign keys     | YES          | YES  | YES        |
| ndbinfo            | NO      | MySQL Cluster system information storage engine                | NULL         | NULL | NULL       |
| BLACKHOLE          | YES     | /dev/null storage engine (anything you write to it disappears) | NO           | NO   | NO         |
| ARCHIVE            | YES     | Archive storage engine                                         | NO           | NO   | NO         |
| ndbcluster         | NO      | Clustered, fault-tolerant tables                               | NULL         | NULL | NULL       |
+--------------------+---------+----------------------------------------------------------------+--------------+------+------------+
11 rows in set (0.00 sec)

ERROR:
No query specified
```

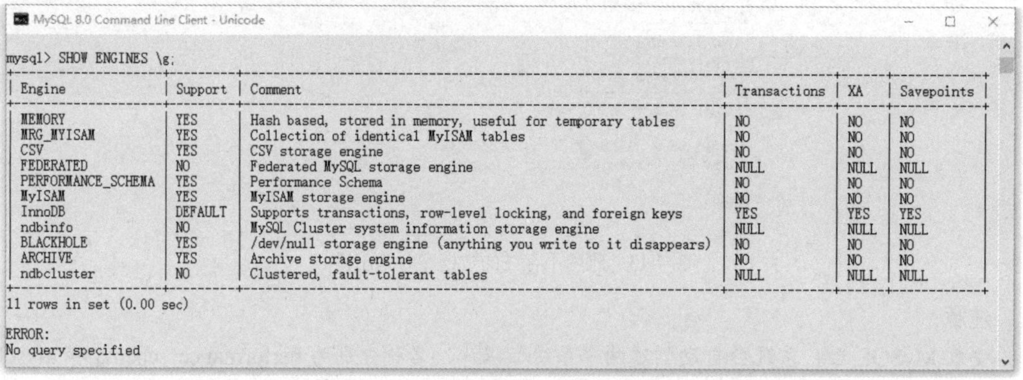

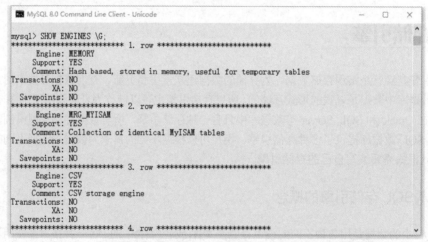

图 4-14　使用 SHOW ENGINES \g 语句查询 MySQL 中支持的存储引擎

使用 SHOW ENGINES \G 语句查询的结果如图 4-15 所示。

```
MySQL 8.0 Command Line Client - Unicode
mysql> SHOW ENGINES \G;
*************************** 1. row ***************************
      Engine: MEMORY
     Support: YES
     Comment: Hash based, stored in memory, useful for temporary tables
Transactions: NO
          XA: NO
  Savepoints: NO
*************************** 2. row ***************************
      Engine: MRG_MYISAM
     Support: YES
     Comment: Collection of identical MyISAM tables
Transactions: NO
          XA: NO
  Savepoints: NO
*************************** 3. row ***************************
      Engine: CSV
     Support: YES
     Comment: CSV storage engine
Transactions: NO
          XA: NO
  Savepoints: NO
*************************** 4. row ***************************
```

图 4-15　使用 SHOW ENGINES \G 语句查询 MySQL 中支持的存储引擎

查询结果中的 Engine 参数指的是存储引擎的名称；Support 参数指的是 MySQL 是否支持该类引擎，YES 表示支持，NO 表示不支持；Comment 参数指对该引擎的评论。

从查询结果中可以看出，MySQL 支持多个存储引擎，其中 InnoDB 为默认存储引擎。

2. 查询默认的存储引擎

如果想要查看当前 MySQL 服务器所采用的默认存储引擎，可以执行 SHOW VARIABLES 命令。具体代码如下。

```
SHOW VARIABLES LIKE 'default_storage_engine';
```

执行结果如图 4-16 所示。

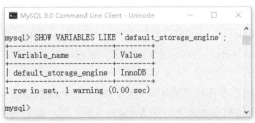

图 4-16　查询默认的存储引擎

从图 4-16 中可以看出，当前 MySQL 服务器采用的默认存储引擎是 InnoDB。

有些表根本不用于存储长期数据，实际上用户需要完全在服务器的 RAM 或特殊的临时文件中创建和维护这些数据，以确保高性能，但这样也存在很高的不稳定风险。还有一些表只是为了简化对一组相同表的维护和访问，为同时与所有这些表交互提供一个单一接口。另外，还有一些其他特别用途的表，但重点是，MySQL 支持很多类型的表，每种类型都有自己特定的作用、优点和缺点。因此，MySQL 还相应地提供了不同的存储引擎，可以以最适合应用需求的方式存储数据，其中常用的存储引擎有 InnoDB、MyISAM 和 MEMORY。下面分别进行介绍。

4.3.3　InnoDB 存储引擎

InnoDB 已经被开发了二十余年，遵循 CNU 通用公开许可(GPL)发行。InnoDB 已经被一些重量级 Internet 公司采用，如 Yahoo!、Slashdot 和 Google，为用户操作非常大的数据库提供了一种强大的解决方案。InnoDB 给 MySQL 的表提供了事务、回滚、崩溃修复能力和多版本并发控制的事务安全。自 MySQL 3.23.34a 开始包含 InnoDB 存储引擎。

InnoDB 是 MySQL 上第一个提供外键约束的表引擎，而且 InnoDB 对事务处理的能力也是 MySQL 的其他存储引擎不能比拟的。

InnoDB 存储引擎中支持自动增长列 AUTO_INCREMENT。自动增长列的值不能为空，且值必须唯一。MySQL 中规定自增列必须为主键。在插入值时，如果自动增长列中没有输入的值，则插入的值为自动增长后的值；如果输入的值为 0 或空(NULL)，则插入的值也为自动增长后的值；如果要插入某个确定的值，且该值在前面没有出现过，则可以直接插入该值。

InnoDB 存储引擎中支持外键(FOREIGN KEY)。外键所在的表为子表，外键依赖的表为父表。父表中被子表外键关联的字段必须为主键。当删除、更新父表的某条信息时，子表也必须有相应的改变。在 InnoDB 存储引擎中，创建的表的表结构被存储在.frm 文件中，数据和索引被存储在 innodb_data_home_dir 和 innodb_data_file_path 表空间中。

InnoDB 存储引擎的优势在于提供了良好的事务管理、崩溃修复能力和并发控制，缺点是其读写效率稍差，占用的数据空间相对比较大。

InnoDB 是如下情况的理想引擎。

(1) 更新密集的表：InnoDB 存储引擎特别适合处理多重并发的更新请求。

(2) 事务：InnoDB 存储引擎是唯一支持事务的标准 MySQL 存储引擎，这是管理敏感数据(如金融信息和用户注册信息)所必需的。

(3) 自动灾难恢复：与其他存储引擎不同，InnoDB 表能够自动从灾难中恢复。虽然 MyISAM 表也能在灾难后修复，但其过程要长得多。

Oracle 公司的 InnoDB 存储引擎被广泛应用于基于 MySQL 的 Web、电子商务、金融系统、健康护理及零售应用。因为 InnoDB 可提供高效的兼容 ACID(Atomicity，原子性；Consistency，一致性；Isolation，隔离性；Durability，持久性)的事务处理能力，以及独特的高性能和具有可扩展性的构架要素。

另外，InnoDB 被设计用于事务处理应用，这些应用需要处理崩溃恢复、参照完整性、高级别的用户并发数，以及响应时间超时服务水平。在 MySQL 5.5 之后，最显著的增强性能是将 InnoDB 作为默认的存储引擎。在 MyISAM 以及其他表类型依然可用的情况下，用户无须更改配置，就可构建基于 InnoDB 的应用程序。

4.3.4 MyISAM 存储引擎

MyISAM 存储引擎是 MySQL 中常见的存储引擎，它曾是 MySQL 5.5 的默认存储引擎。MyISAM 存储引擎是基于 ISAM 存储引擎发展起来的，它弥补了 ISAM 的很多不足，增加了很多有用的扩展。

1. MyISAM 存储引擎的文件类型

MySQL 5.5 版本下的 MyISAM 存储引擎的表被存储成 3 种文件。文件的名称与表名相同，扩展名包括.frm、.MYD 和.MYI。

(1) .frm：存储表的结构。

(2) .MYD：存储数据，是 MYData 的缩写。

(3) .MYI：存储索引，是 MYIndex 的缩写。

MySQL 8.0 开始删除了原来的 frm 文件，并采用 Serialized Dictionary Information (SDI)，是 MySQL 8.0 重新设计数据词典后引入的新产物，并开始已经统一使用 InnoDB 存储引擎来存储表的元数据信息。SDI 信息源记录保存在 ibd 文件中。

如何查看表结构信息，官方提供了一个称为 ibd2sdi 的工具，在安装目录下可以找到，可以离线地将 ibd 文件中的冗余存储的 sdi 信息提取出来，并以 json 的格式输出到终端。

而在 MySQL 8.0 中，若指定一个表的存储引擎为 InnoDB，还会生成一个 ibd 文件。ibd 文件是 InnoDB 存储引擎的表空间文件，用于存储数据和索引，每个 InnoDB 表都会对应一个或多个.ibd 文件，其包含内容有：表的数据，包括表的行数据；索引，包括表的主键索引和辅助索引；MVCC 数据，用于支持数据库的事务隔离级别。

2. MyISAM 存储引擎的存储格式

基于 MyISAM 存储引擎的表支持 3 种不同的存储格式，包括静态、动态和压缩。

(1) MyISAM 静态。如果所有表列的大小都是静态的(即不使用 xBLOB、xTEXT 或 VARCHAR 数据类型)，MySQL 就会自动使用静态 MyISAM 格式。使用这种存储格式的表性能非常高，因为在维护和访问以预定义格式存储的数据时开销很低。但是，这项优点要以空间为代价，因为需要分配给每列最大空间，而无论该空间是否被真正地使用。

(2) MyISAM 动态。如果有表列(即使只有一列)被定义为动态的(使用 xBLOB、xTEXT 或 VARCHAR)，MySQL 就会自动使用动态格式。虽然 MyISAM 动态表占用的空间比静态格式占用的空间小，但空间的节省带来了性能的下降。如果某个字段的内容发生改变，则其位置很可能需要被移动，这会导致碎片的产生。随着数据集中的碎片增加，数据访问性能就会相应降低。这个问题有以下两种修复方法。

- 尽可能使用静态数据类型。
- 经常使用 OPTIMIZE TABLE 语句，它会整理表的碎片，恢复由于表更新和删除而导致的空间丢失。

(3) MyISAM 压缩。有时会创建在整个应用程序生命周期中都只读的表。如果是这种情况，就可以使用 myisampack 工具将其转换为 MyISAM 压缩表来节约空间。在给定的硬件配置下(如快速的处理器和低速的硬盘驱动器)，性能的提升将相当显著。

3. MyISAM 存储引擎的优缺点

MyISAM 存储引擎的优势在于占用空间小，处理速度快；缺点是不支持事务的完整性和并发性。

4.3.5　MEMORY 存储引擎

MEMORY 存储引擎是 MySQL 中的一类特殊的存储引擎，其使用存储在内存中的内容来创建表，而且所有数据也都被放在内存中，这与 InnoDB 和 MyISAM 存储引擎不同。下面将对 MEMORY 存储引擎的文件存储形式、索引类型、存储周期和优缺点等进行讲解。

1. MEMORY 存储引擎的文件存储形式

每个基于 MEMORY 存储引擎的表实际对应一个磁盘文件。该文件的文件名与表名相同，类型为 frm(MySQL 5.5 或 MySQL 5.7)，如果在 MySQL 8.0 下，则为 sdi。该文件中只存储表的结构，而其数据文件都被存储在内存中。这样有利于对数据的快速处理，提高整个表的处理效率。值得注意的是，服务器需要有足够的内存来维持 MEMORY 存储引擎的表的使用。如果不再使用，可以释放这些内容，甚至可以删除不需要的表。

2. MEMORY 存储引擎的索引类型

MEMORY 存储引擎默认使用哈希(HASH)索引，其速度要比使用 B 树(BTREE)索引快。读者如果希望使用 B 树索引，则可以在创建索引时选择它。

3. MEMORY 存储引擎的存储周期

MEMORY 存储引擎通常很少用到，因为 MEMORY 表的所有数据都是存储在内存上的，如果内存出现异常就会影响数据的完整性。如果重启机器或者关机，表中的所有数据都将消失。因此，基于 MEMORY 存储引擎的表生命周期很短，一般都是一次性的。

4. MEMORY 存储引擎的优缺点

MEMORY 表的大小是受到限制的。表的大小主要取决于两个参数，分别是 max_rows 和 max_heap_table_size。其中 max_rows 可以在创建表时指定；max_heap_table_size 的大小默认为16MB，可以按需要进行扩大。基于 MEMORY 表存在于内存中的特性，决定了这类表的处理速度非常快。但是，其数据易丢失，生命周期短。

创建 MySQL MEMORY 存储引擎的出发点是速度。为得到最快的响应速度，采用的逻辑存储介质是系统内存。虽然在内存中存储表数据确实会提高性能，但是当 mysqld 守护进程崩溃时，所有的 MEMORY 数据都会丢失。

MEMORY 表不支持 VARCHAR、BLOB 和 TEXT 数据类型，因为这种表类型按固定长度的记录格式进行存储。此外，MySQL 4.1.0 之前的版本不支持自动增加列(通过 AUTO_INCREMENT 属性)。当然，要记住 MEMORY 表只用于特殊的范围，不会用于长期存储数据。基于其这个缺陷，选择 MEMORY 存储引擎时要特别小心。

当数据有如下情况时，可以考虑使用 MEMORY 表。

(1) 暂时：目标数据只是临时需要，在其生命周期中必须立即可用。

(2) 相对无关：存储在 MEMORY 表中的数据如果突然丢失，不会对应用服务产生实质的负面影响，而且不会对数据完整性有长期影响。

如果使用 MySQL 4.1 及其之前版本，MEMORY 表的搜索比 MyISAM 表的搜索效率要低，因为 MEMORY 表只支持散列索引，这需要使用整个键进行搜索。但是，MySQL 4.1 之后的版本同时支持散列索引和 B 树索引。B 树索引优于散列索引的是，可以使用部分查询和通配查询，也可以使用<、>和>=等运算符以方便数据挖掘。

4.3.6 如何选择存储引擎

每种存储引擎都有各自的优势，不能笼统地说哪种比哪种更好，只有适合与不适合。下面根据其不同的特性，给出选择存储引擎的建议。

(1) InnoDB 存储引擎：用于事务处理应用程序，具有众多特性，包括支持 ACID 事务、外键、崩溃修复能力和并发控制。如果对事务的完整性要求比较高，要求实现并发控制，那么选择 InnoDB 存储引擎有很大的优势。如果需要频繁地进行更新、删除数据库的操作，也可以选择 InnoDB 存储引擎，因为该类存储引擎可以实现事务的提交和回滚。

(2) MyISAM 存储引擎：管理非事务表，它提供高速存储和检索，以及全文搜索能力。MyISAM 存储引擎插入数据快，空间和内存使用比较低。如果表主要被用于插入新记录和读出记录，则选择 MyISAM 存储引擎能实现处理的高效率。如果应用的完整性、并发性要求很低，也可以选择 MyISAM 存储引擎。

(3) MEMORY 存储引擎：MEMORY 存储引擎提供"内存中"的表，其所有数据都在内存中，数据的处理速度快，但安全性不高。如果需要很快的读写速度，对数据的安全性要求较低，则可以选择 MEMORY 存储引擎。MEMORY 存储引擎对表的大小有要求，不能建太大的表。因为，这类数据库只使用相对较小的数据库表。

以上存储引擎的选择建议是根据不同存储引擎的特点提出的，并不是绝对的。实际应用中还需要根据实际情况进行分析。

4.3.7 设置存储引擎

下面创建 db_library1 数据库文件，在数据库中创建 3 张数据表，并分别为其设置不同的存储引擎，以此来诠释这 3 种不同存储引擎创建的数据表文件的区别。

(1) 创建 tb_test1 数据表，设置存储引擎为 MyISAM，生成 3 个数据表文件，其扩展名分别为.MYI、.MYD、.sdi(MySQL 8.0 独有)，如图 4-17 所示。

图 4-17　创建 tb_test1 数据表及生成的数据表文件

(2) 创建 tb_test2 数据表，设置存储引擎为 MEMORY，多生成一个 sdi 文件，如图 4-18 所示。

图 4-18　创建 tb_test2 数据表及生成的数据表文件

(3) 创建 tb_test3 数据表，设置存储引擎为 InnoDB，生成一个扩展名为.ibd 的文件，如图 4-19 所示。.ibd 文件用于存储 InnoDB 的表空间信息。

图 4-19 创建 tb_test3 数据表及生成的数据表文件

4.4 本章小结

本章首先介绍了关系数据库的基本概念、数据库的常用对象，以及 MySQL 中的系统数据库，然后介绍了创建数据库、查看数据库、选择数据库、修改数据库和删除数据库的方法。其中，创建数据库、选择数据库和删除数据库在实际开发中经常被使用，需要重点掌握它们。

接着，对 MySQL 存储引擎进行了详细的讲解，采用语法格式讲解和示例结合的方式，以便帮助读者更好地理解所学知识的用法。读者应该重点掌握在实际创建数据库时如何正确选择存储引擎。

4.5 思考与练习

1. 使用 CREATE SCHEMA 语句创建一个名为 db_school 的数据库，并指定其字符集为 UTF-8。
2. 使用 DROP SCHEMA 语句删除第 1 题中创建的数据库 school，并且指定只有该数据库存在时才删除该数据库。
3. 使用 SHOW SCHEMAS 语句筛选以 db_ 开头的数据库名称。
4. 查询 MySQL 中支持的存储引擎，并且以友好的效果进行显示。
5. 查询默认的存储引擎，并且以友好的效果进行显示。

第 5 章 数据表操作

创建数据库之后，就可以在数据库中创建数据表，并对数据表进行操作了。需要注意的是，若在命令行下操作数据库，必须先使用 USE 语句选择数据库，以确定在哪个数据库中进行操作。

在数据库中，针对数据表对象的操作有：创建数据表、查看表结构、修改表结构、重命名数据表、复制数据表和删除数据表。在创建数据表时，需要为表字段设置所存储数据的类型、约束，还可以为数据表对象设置索引，以提高数据表检索效率。本章将对这些内容进行介绍。

本章的学习目标：
- 掌握数据表操作，包括创建数据表、查看表结构、修改表结构、重命名数据表、复制数据表和删除数据表。
- 熟悉数据类型并能够为字段选择恰当的数据类型。重点掌握数字类型、字符串类型、日期和时间类型。
- 掌握表约束操作，能够恰当地为数据表设置表约束。
- 掌握索引操作，能够为数据表设置合适的索引，以提高数据检索效率。

5.1 数据表基本操作

在对 MySQL 数据表进行操作之前，必须使用 USE 语句选择数据库，才可以在指定的数据库中对数据表进行操作。数据表操作包括创建数据表、查看表结构、修改表结构，重命名数据表、复制数据表和删除数据表。

5.1.1 创建数据表

创建数据表，使用 CREATE TABLE 语句，语法格式如下。

```
CREATE [TEMPORARY] TABLE [IF NOT EXISTS] 数据表名
 [(create_definition,…)][table_options] [select_statement];
```

CREATE TABLE 语句的参数说明如表 5-1 所示。

表 5-1　CREATE TABLE 语句的参数说明

关键字	说明
TEMPORARY	如果使用该关键字，表示创建一个临时表
IF NOT EXISTS	在创建数据表之前，先判断该表是否存在

(续表)

关键字	说明
create_definition	这是表的列属性部分。MySQL 要求在创建表时，表要至少包含一列
table_options	表的一些特性参数，其中大多数选项涉及的是表数据的存储方式和存储位置，如 ENGINE 选项用于定义表的存储引擎。通常不必指定表选项
select_statement	SELECT 语句描述部分，用于快速创建表

下面介绍列属性 create_definition，每一列定义的具体格式如下。

```
col_name type [NOT NULL | NULL] [DEFAULT default_value] [AUTO_INCREMENT]
  [PRIMARY KEY ] [reference_definition]
```

各项参数说明如表 5-2 所示。

表 5-2　create_definition 的参数说明

参数	说明
col_name	字段名
type	字段类型
NOT NULL | NULL	指出是否允许列为空值。系统一般默认允许为空值，所以当不允许为空值时，必须使用 NOT NULL
DEFAULT default_value	表示默认值
AUTO_INCREMENT	表示是否自动编号，每个表只能有一个 AUTO_INCREMENT 列，并且必须被索引
PRIMARY KEY	表示是否为主键。一个表只能有一个 PRIMARY KEY。如果表中没有 PRIMARY KEY，而某些应用程序需要 PRIMARY KEY，那么 MySQL 将返回第一个没有任何 NULL 列的 UNIQUE 键，作为表的 PRIMARY KEY
reference_definition	为字段添加注释

以上是创建一个数据表的一些基础知识，看起来十分复杂，但在实际应用中使用最基本的格式创建数据表即可，具体格式如下。

```
CREATE TABLE 数据表名(列名1 属性,列名2 属性,...);
```

【例 5-1】使用 CREATE TABLE 语句在 MySQL 数据库 db_library 中创建一个名为 tb_admin 的数据表，该表包括 admin_id、user_name、password 和 create_time 等字段。具体代码如下。

```
USE db_library;
CREATE TABLE tb_admin(
    admin_id INT AUTO_INCREMENT PRIMARY KEY,
    user_name VARCHAR(30) NOT NULL,
    password VARCHAR(30) NOT NULL,
    create_time DATETIME);
```

执行结果如图 5-1 所示。

说明：

在完成本实例前，如果不存在名为 db_library 的数据库，那么需要先创建该数据库，创建数据库 db_library 的具体代码如下。

```
CREATE DATABASE db_library;
```

图 5-1　创建 MySQL 数据表

5.1.2　查看表结构

对于一个创建成功的数据表，可以使用 SHOW COLUMNS 或 DESCRIBE 语句查看指定数据表的结构。下面分别对这两个语句进行介绍。

1. 使用 SHOW COLUMNS 语句查看表结构

在 MySQL 中，可以使用 SHOW COLUMNS 语句查看数据表结构。SHOW COLUMNS 语句的基本语法格式如下：

SHOW [FULL] COLUMNS FROM　数据表名　[FROM　数据库名];

或

SHOW [FULL] COLUMNS FROM　数据表名.数据库名;

【例 5-2】使用 SHOW COLUMNS 语句查看数据表 tb_admin 的结构。具体代码如下。

SHOW COLUMNS FROM tb_admin FROM db_library;

执行结果如图 5-2 所示。

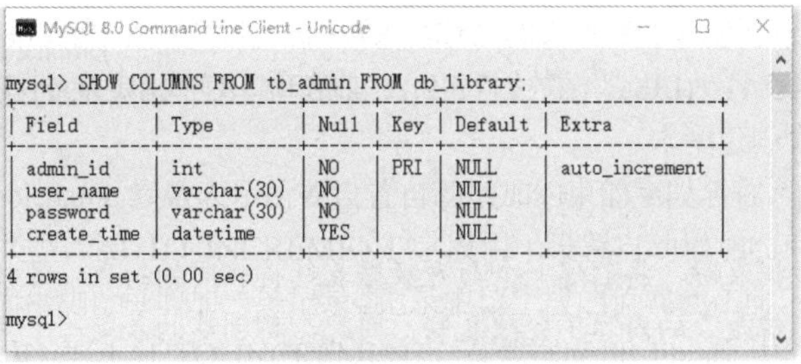

图 5-2　查看数据表 tb_admin 的结构

2. 使用 DESCRIBE 语句查看表结构

在 MySQL 中，还可以使用 DESCRIBE 语句查看数据表结构，基本语法格式如下。

DESCRIBE　数据表名;

其中，DESCRIBE 可以简写成 DESC。在查看数据表结构时，也可以只列出某一列的信息。其语法格式如下。

DESCRIBE　数据表名　列名;

【例 5-3】使用 DESCRIBE 语句的简写形式查看数据表 tb_admin 中的某一列信息。

(1) 编写 SQL 语句，选择要查看数据表所在的数据库，具体代码如下。

```
USE db_library;
```

(2) 应用简写的 DESC 命令查看数据表 tb_admin 中的 user_name 字段的信息，具体代码如下。

```
DESC tb_admin user_name;
```

执行结果如图 5-3 所示。

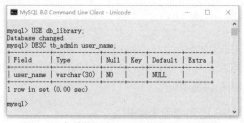

图 5-3　查看数据表 tb_admin 的某一列信息

5.1.3　复制数据表

创建表的 CREATE TABLE 语句还有另一种语法结构：在一个已经存在的数据表的基础上创建该表的备份，也就是复制表。这种用法的语法格式如下。

```
CREATE TABLE [IF NOT EXISTS] 数据表名
    {LIKE 源数据表名 |(LIKE 源数据表名)};
```

参数说明如下。

(1) [IF NOT EXISTS]：可选项。如果使用该子句，则仅当要创建的数据表名不存在时，才会创建该表；如果不使用该子句，则当要创建的数据表名存在时将出现错误。

(2) 数据表名：表示新创建的数据表的名称，该数据表名必须是在当前数据库中不存在的表名。

(3) {LIKE 源数据表名 |(LIKE 源数据表名)}：必选项，用于指定依照哪个数据表来创建新表，也就是要为哪个数据表创建副本。

说明：

使用该语法复制数据表时，将创建一个与源数据表结构相同的新表，源数据表的列名、数据类型和索引都将被复制，但是表的内容不会被复制。因此，新创建的表是一个空表。如果想要复制表中的内容，可以通过使用 AS(查询表达式)子句来实现。

【例 5-4】在数据库 db_library 中创建数据表 tb_admin 的备份 tb_admin_backup。

(1) 创建数据表 tb_admin 的备份 tb_admin_backup，具体代码如下。

```
CREATE TABLE tb_admin_backup
    LIKE tb_admin;
```

执行结果如图 5-4 所示。

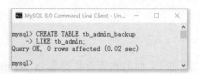

图 5-4　创建数据表 tb_admin 的备份 tb_admin_backup

(2) 查看数据表 tb_admin 和 tb_admin_backup 的结构，具体代码如下。

```
DESC tb_admin;
DESC tb_admin_backup;
```

执行结果如图 5-5 所示。可以看出，复制的表和原表有着相同的表结构。

```
MySQL 8.0 Command Line Client - Unicode
mysql> DESC tb_admin;
+-------------+-------------+------+-----+---------+----------------+
| Field       | Type        | Null | Key | Default | Extra          |
+-------------+-------------+------+-----+---------+----------------+
| admin_id    | int         | NO   | PRI | NULL    | auto_increment |
| user_name   | varchar(30) | NO   |     | NULL    |                |
| password    | varchar(30) | NO   |     | NULL    |                |
| create_time | datetime    | YES  |     | NULL    |                |
+-------------+-------------+------+-----+---------+----------------+
4 rows in set (0.00 sec)

mysql> DESC tb_admin_backup;
+-------------+-------------+------+-----+---------+----------------+
| Field       | Type        | Null | Key | Default | Extra          |
+-------------+-------------+------+-----+---------+----------------+
| admin_id    | int         | NO   | PRI | NULL    | auto_increment |
| user_name   | varchar(30) | NO   |     | NULL    |                |
| password    | varchar(30) | NO   |     | NULL    |                |
| create_time | datetime    | YES  |     | NULL    |                |
+-------------+-------------+------+-----+---------+----------------+
4 rows in set (0.00 sec)

mysql>
```

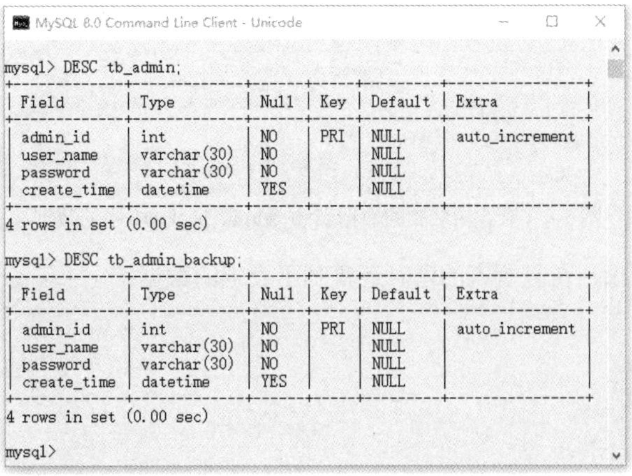

图 5-5　查看数据表 tb_admin 和 tb_admin_backup 的结构

(3) 分别查看数据表 tb_admin 和 tb_admin_backup 的内容，具体代码如下。

```
SELECT * FROM tb_admin;
SELECT * FROM tb_admin_backup;
```

执行结果如图 5-6 所示。可以看出，在复制表时并没有复制表中的数据。

```
MySQL 8.0 Command Line Client - Unicode
mysql> SELECT * FROM tb_admin;
+----------+-----------+----------+---------------------+
| admin_id | user_name | password | create_time         |
+----------+-----------+----------+---------------------+
|        1 | landy     | ******   | 2024-01-04 12:57:47 |
+----------+-----------+----------+---------------------+
1 row in set (0.00 sec)

mysql> SELECT * FROM tb_admin_backup;
Empty set (0.00 sec)

mysql>
```

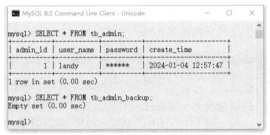

图 5-6　查看数据表 tb_admin 和 tb_admin_backup 的内容

(4) 如果在复制数据表时，想要同时复制其中的内容，那么需要使用下面的代码来实现。

```
CREATE TABLE tb_admin_backup1
    AS SELECT * FROM tb_admin;
```

执行结果如图 5-7 所示。

```
MySQL 8.0 Command Line Client - Unicode
mysql> CREATE TABLE tb_admin_backup1
    -> AS SELECT * FROM tb_admin;
Query OK, 1 row affected (0.02 sec)
Records: 1  Duplicates: 0  Warnings: 0

mysql>
```

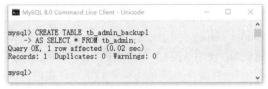

图 5-7　复制数据表的同时复制其中的数据

(5) 查看数据表 tb_admin_backup1 中的数据，具体代码如下。

SELECT * FROM tb_admin_backup1;

执行结果如图 5-8 所示。

图 5-8 查看新复制的数据表 tb_admin_backup1 中的数据

从图 5-8 中可以看出，在复制表的同时还复制了表中的数据。

5.1.4 修改表结构

1. 语法格式介绍

修改表结构是指增加或者删除字段、修改字段名/类型以及修改表名等，这可以使用 ALTER TABLE 语句来实现，语法格式如下。

```
ALTER [IGNORE] TABLE 数据表名 alter_spec[,alter_spec]…| table_options
```

参数说明如下。

(1) [IGNORE]：可选项，表示如果出现重复的行，则只执行一行，其他重复的行被删除。

(2) 数据表名：用于指定要修改的数据表的名称。

(3) alter_spec 子句：用于定义要修改的内容，其语法格式如下。

```
ADD [COLUMN] create_definition [FIRST | AFTER column_name ]        //添加新字段
| ADD INDEX [index_name] (index_col_name,...)                       //添加索引名称
| ADD PRIMARY KEY (index_col_name,...)                              //添加主键名称
| ADD UNIQUE [index_name] (index_col_name,...)                      //添加唯一索引
| ALTER [COLUMN] col_name {SET DEFAULT literal | DROP DEFAULT}      //修改字段默认值
| CHANGE [COLUMN] old_col_name create_definition                    //修改字段名/类型
| MODIFY [COLUMN] create_definition                                 //修改子句定义字段
| DROP [COLUMN] col_name                                            //删除字段名称
| DROP PRIMARY KEY                                                  //删除主键名称
| DROP INDEX index_name                                             //删除索引名称
| RENAME [AS] new_tbl_name                                          //更改表名
```

在上面的语法中，主要参数说明如下。

① create_definition：用于定义列的数据类型和属性，与 CREATE TABLE 语句的语法相同。

② [FIRST | AFTER column_name]：用于指定位于哪个字段的前面或者后面。使用 FIRST 关键字时，表示位于指定字段的前面；使用 AFTER 关键字时，表示位于指定字段的后面。column_name 表示字段名。

③ [index_name]：可选项，用于指定索引名。

④ (index_col_name,...)：用于指定索引列名。

⑤ {SET DEFAULT literal | DROP DEFAULT}子句：为字段设置或者删除默认值。其中，literal

参数为要设置的默认值。

⑥ old_col_name：用于指定要修改的字段名。

⑦ new_tbl_name：用于指定新的表名。

(4) table_options：用于指定表的一些特性参数，其中大多数选项涉及的是表数据的存储方式及存储位置，如 ENGINE 选项用于定义表的存储引擎。多数情况下不必指定表选项。

说明：

ALTER TABLE 语句允许指定多个动作，其动作间使用逗号分隔，每个动作表示对表的修改。

2. 添加新字段和修改字段定义

在 MySQL 的 ALTER TABLE 语句中，可以使用 ADD [COLUMN]create_definition [FIRST | AFTER column_name]子句添加新字段，使用 MODIFY [COLUMN] create_definition 子句修改已定义字段的定义。下面将通过一个具体实例演示如何为一个已有表添加新字段，并修改已有字段的定义。

【例 5-5】添加一个新的字段 email，类型为 varchar(50) not null，并将字段 user 的类型由 varchar(30)改为 varchar(40)。

(1) 选择数据库 db_library，具体代码如下。

```
USE db_library;
```

(2) 编写 SQL 语句，实现向数据表 tb_admin 中添加一个新字段，并且修改字段 user 的类型，具体代码如下。

```
ALTER TABLE tb_admin ADD email VARCHAR(50) NOT NULL,
MODIFY user_name VARCHAR(40);
```

在命令行模式下运行，结果如图 5-9 所示。

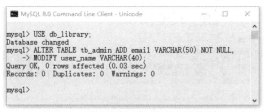

图 5-9 添加新字段、修改字段类型

(3) 执行 DESC 命令查看数据表 tb_admin 的结构，以查看是否成功修改，具体代码如下。

```
DESC tb_admin;
```

执行结果如图 5-10 所示。

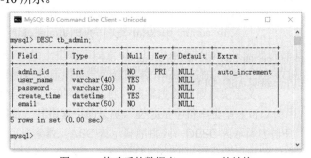

图 5-10 修改后的数据表 tb_admin 的结构

说明：

使用 ALTER 语句修改表列，其前提是必须删除表中的所有数据，然后才可以修改表列。

3. 修改字段名/类型

在 MySQL 的 ALTER TABLE 语句中，可以使用 CHANGE [COLUMN] old_col_name create_definition 子句修改字段名或者字段类型。下面将通过一个具体实例演示如何修改字段名。

【例 5-6】将数据表 tb_admin 的字段名 user_name 修改为 username。具体代码如下。

```
ALTER TABLE db_library.tb_admin
CHANGE COLUMN user_name username VARCHAR(30) NOT NULL;
```

执行结果如图 5-11 所示。

图 5-11　修改字段名

4. 删除字段

在 MySQL 的 ALTER TABLE 语句中，使用 DROP [COLUMN]col_name 子句可以删除指定字段。下面将通过一个具体实例演示如何删除字段。

【例 5-7】删除 db_library 数据库的 tb_admin 数据表中的 email 字段。

编写 SQL 语句，实现从 tb_admin 数据表中删除 email 字段，具体代码如下。

```
USE db_library;
ALTER TABLE tb_admin DROP email;
```

在命令行模式下运行，结果如图 5-12 所示。

图 5-12　删除字段

5. 修改表名

在 MySQL 的 ALTER TABLE 语句中，可以使用 ALTER TABLE table_name RENAME AS new_table_name 子句修改表名。下面将通过一个具体实例演示如何修改表名。

【例 5-8】将数据库 tb_library 中的数据表 tb_admin_backup1 更名为 tb_admin_old。

编写 SQL 语句，实现将数据表 tb_admin_backup1 更名为 tb_admin_old，具体代码如下。

```
ALTER TABLE tb_admin_backup1 RENAME AS tb_admin_old;
```

在命令行模式下运行，结果如图 5-13 所示。

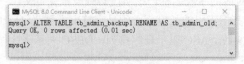

图 5-13　修改表名

5.1.5 重命名数据表

在 MySQL 中，重命名数据表可以使用 RENAME TABLE 语句来实现，基本语法格式如下。

RENAME TABLE 数据表名 1 TO 数据表名 2

该语句可以同时对多个数据表进行重命名，多个表之间以英文半角的逗号","分隔。

【例 5-9】对数据表 tb_admin_old 进行重命名，更名后的数据表为 tb_admin_old1。

(1) 使用 RENAME 语句将数据表 tb_admin_old 重命名为 tb_admin_old1，具体代码如下。

RENAME TABLE tb_admin_old TO tb_admin_old1;

(2) 重命名后，应用 DESC 语句查看数据表 tb_users 的结构，具体代码如下。

DESC tb_admin_old1;

执行结果如图 5-14 所示。

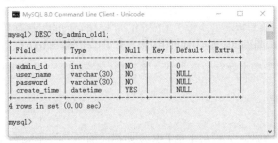

图 5-14 重命名数据表

5.1.6 删除数据表

删除数据表的操作很简单，同删除数据库的操作类似，使用 DROP TABLE 语句即可实现。DROP TABLE 语句的基本语法格式如下。

DROP TABLE [IF EXISTS] 数据表名;

参数说明如下。

(1) [IF EXISTS]：可选项，用于在删除表前判断是否存在要删除的表。只有要删除的表已经存在时，才执行删除操作，这样可以避免要删除的表不存在时出现错误信息。

(2) 数据表名：用于指定要删除的数据表名，可以同时删除多个数据表，多个数据表名之间用英文半角的逗号","分隔。

【例 5-10】删除数据表 tb_admin_backup。

应用 DROP TABLE 语句删除数据表 tb_admin_backup，具体代码如下。

DROP TABLE tb_admin_backup;

执行结果如图 5-15 所示。

注意：

删除数据表的操作应该谨慎使用。一旦删除了数据表，那么表中的所有数据都将会被清除，并且在没有备份的情况下无法恢复。

图 5-15 删除数据表

在删除数据表的过程中,删除一个不存在的表将会产生错误,如果在删除语句中加入 IF EXISTS 关键字就不会出错了,格式如下。

DROP TABLE IF EXISTS 数据表名;

5.2 数据类型

数据库表由多列字段构成,每一字段都有其数据类型。指定字段的数据类型之后,也就决定了向字段插入的数据内容,例如,当要插入数值的时候,可以将它们存储为整数类型,也可以将它们存储为字符串类型。不同的数据类型决定了 MySQL 在存储它们的时候使用的方式,以及在使用它们的时候选择什么运算符号进行运算。

MySQL 支持的数据类型主要有数字类型、字符串(字符)类型、日期和时间类型。

5.2.1 数字类型

MySQL 支持所有的 ANSI/ISO SQL 92 数字类型,包括准确数字的数字类型(NUMERIC、DECIMAL、INTEGER 和 SMALLINT)和近似数字的数字类型(FLOAT、REAL 和 DOUBLE PRECISION)。其中,关键字 INT 是 INTEGER 的同义词,关键字 DEC 是 DECIMAL 的同义词。

数字类型总体可以分成整数和浮点两种数据类型,如表 5-3 和表 5-4 所示。

表 5-3 整数数据类型

数据类型	取值范围	说明	单位
TINYINT	符号值:-128~127,无符号值:0~255	最小的整数	1 字节
BIT	符号值:-128~127,无符号值:0~255	最小的整数	1 字节
BOOL	符号值:-128~127,无符号值:0~255	最小的整数	1 字节
SMALLINT	符号值:-32 76832 767 无符号值:0~65 535	小型整数	2 字节
MEDIUMINT	符号值:-8 388 608~8 388 607 无符号值:0~16777215	中型整数	3 字节
INT	符号值:-2 147 683 648~2 147 683 647 无符号值:0~4294 967 295	标准整数	4 字节
BIGINT	符号值:-9 223 372036 854 775 808~9223 372 036 854 775 807 无符号值:0~18 446 744 073 709 551615	大型整数	8 字节

表 5-4 浮点数据类型

数据类型	取值范围	说明	单位
FLOAT	+(-)3.402 823 466E+38	单精度浮点数	8 或 4 字节
DOUBLE	+(-)1.797 693 134 862 315 7E+308	双精度浮点数	8 字节
DECIMAL	+(-)2.225 073 858 507 201 4E-308	一般整数	自定义长度

注意：

(1) FLOAT 和 DOUBLE 存在误差问题，尽量避免进行浮点数比较。

(2) 货币等对精度敏感的数据，应该使用 DECIMAL 类型。

5.2.2 字符串类型

字符串类型包括 3 类：普通文本字符串类型(CHAR 和 VARCHAR)、可变类型(TEXT 和 BLOB)和特殊类型(SET 和 ENUM)。

(1) 普通文本字符串类型，即 CHAR 和 VARCHAR 类型。CHAR 列的长度被固定为创建表所声明的长度，取值为 1~255；VARCHAR 列的值是变长的字符串，取值也为 1~255。普通文本字符串类型如表 5-5 所示。

表 5-5 普通文本字符串类型

数据类型	取值范围	说明
national CHAR(M) [binary | ASCII | unicode]	0~255 个字符	固定长度为 M 的字符串，其中 M 的取值范围为 0~255。national 关键字指定了应该使用的默认字符集。binary 关键字指定了数据是否区分大小写(默认是区分大小写的)。ASCII 关键字指定了在列中使用 latin1 字符。unicode 关键字指定了使用 UCS 字符集
CHAR	1~255 个字符	与 CHAR(M)类似
[national] VARCHAR(M) [binary]	0~255 个字符	长度可变，其他与 CHAR(M)类似

说明：

长度相同的字符串，可采用 CHAR 类型进行存储；长度不相同的字符串，可采用 VARCHAR 类型进行存储，不预先分配存储空间，字符串的长度不要超过 255。

(2) 可变类型的大小可以改变，TEXT 类型适合存储长文本，而 BLOB 类型适合存储二进制数据，支持任何数据，如文本、声音和图像等。TEXT 和 BLOB 类型如表 5-6 所示。

表 5-6 TEXT 和 BLOB 类型

数据类型	最大长度(字节数)	说明
TINYBLOB	$2^8-1(255)$	小 BLOB 字段
TINYTEXT	$2^8-1(255)$	小 TEXT 字段
BLOB	$2^{16}-1(65\ 535)$	常规 BLOB 字段
TEXT	$2^{16}-1(65\ 535)$	常规 TEXT 字段

(续表)

数据类型	最大长度(字节数)	说明
MEDIUMBLOB	2^24-1(16 777 215)	中型 BLOB 字段
MEDIUMTEXT	2^24-1(16 777 215)	中型 TEXT 字段
LONGBLOB	2^32-1(4 294 967 295)	长 BLOB 字段
LONGTEXT	2^32-1(4 294 967 295)	长 TEXT 字段

(3) 特殊类型 ENUM 和 SET 如表 5-7 所示。

表 5-7 ENUM 和 SET 类型

类型	最大值	说明
ENUM("value1", "value2", ...)	65 535	该类型的列只可以容纳所列值之一或为 NULL
SET("value1","value2",...)	64	该类型的列可以容纳一组值或为 NULL

注意:
BLOB、TEXT、ENUM、SET 字段类型在检索时性能不高,很难使用索引对它们进行优化。如果必须使用这些类型,一般采取特殊的结构设计,或者与程序结合使用其他字段类型替代它们。例如,SET 类型可以使用整型(0,1,2,3,…)、注释功能和程序的检查功能集合来替代。

5.2.3 日期和时间类型

日期和时间类型包括 DATE、DATETIME、TIME、TIMESTAMP 和 YEAR。其中每种类型都有其取值范围,如赋予它一个不合法的值,将会被"0"代替。日期和时间类型如表 5-8 所示。

表 5-8 日期和时间类型

类型	取值范围	说明
DATE	1000-01-01~9999-12-31	日期,格式为 YYYY-MM-DD
TIME	-838:58:59~835:59:59	时间,格式为 HH:MM:SS
DATETIME	1000-01-01 00:00:00~ 9999-12-31 23:59:59	日期和时间,格式为 YYYY-MMDD HH:MM:SS
TIMESTAMP[(M)]	1970-01-01 00:00:00~ 2037 年的某个时间	时间标签,在处理报告时使用的显示格式取决于 M 的值
YEAR	1901~2155	年份,可指定两位数字和四位数字的格式

在 MySQL 中,日期的顺序是按照标准的 ANSI SQL 格式进行输出的。

5.2.4 如何选择数据类型

MySQL 提供了大量的数据类型,为了优化存储、提高数据库性能,在任何情况下均应使用最精确的类型,即在所有可以表示该列值的类型中,该类型使用的存储空间最少。

1. 整数和浮点数

如果不需要小数部分,就使用整数来保存数据;如果需要表示小数部分,就使用浮点数类型。

对于浮点数据列，存入的数值会对该列定义的小数位进行四舍五入。例如，假设列的值的范围为 1~99999，若使用整数，则 MEDIUMINT UNSIGNED 是最好的类型；若需要存储小数，则使用 FLOAT 类型。

浮点类型包括 FLOAT 和 DOUBLE 类型。DOUBLE 类型精度比 FLOAT 类型高，因此要求存储精度较高时应选择 DOUBLE 类型。

2. 浮点数和定点数

浮点数 FLOAT、DOUBLE 相对于定点数 DECIMAL 的优势是：在长度一定的情况下，浮点数能表示更大的数据范围。由于浮点数容易产生误差，因此对精确度要求比较高时，建议使用 DECIMAL 来存储。DECIMAL 在 MySQL 中是以字符串存储的，用于定义货币等对精确度要求较高的数据。在数据迁移中，float(M,D)是非标准 SQL 定义，数据库迁移可能会出现问题，最好不要这样使用。另外，两个浮点数进行减法和比较运算时也容易出问题，因此在进行计算的时候，一定要小心。进行数值比较时，最好使用 DECIMAL 类型。

3. 日期与时间类型

MySQL 对于不同种类的日期和时间有很多数据类型，比如 YEAR 和 TIME。如果只需要记录年份，则使用 YEAR 类型即可；如果只记录时间，则使用 TIME 类型。如果同时需要记录日期和时间，则可以使用 TIMESTAMP 或者 DATETIME 类型。由于 TIMESTAMP 列的取值范围小于 DATETIME 的取值范围，因此存储范围较大的日期最好使用 DATETIME。TIMESTAMP 也有一个 DATETIME 不具备的属性。默认情况下，当插入一条记录但并没有指定 TIMESTAMP 这个列值时，MySQL 会把 TIMESTAMP 列设为当前的时间。因此当需要插入记录的同时插入当前时间时，使用 TIMESTAMP 是方便的。另外，TIMESTAMP 在空间上比 DATETIME 更有效。

4. CHAR 与 VARCHAR 之间的区别与选择

CHAR 和 VARCHAR 的区别如下。

- CHAR 是固定长度字符，VARCHAR 是可变长度字符。
- CHAR 会自动删除插入数据的尾部空格，VARCHAR 不会删除尾部空格。

CHAR 是固定长度，所以它的处理速度比 VARCHAR 的速度要快，但是它的缺点是浪费存储空间，所以对存储不大但在速度上有要求的可以使用 CHAR 类型，反之可以使用 VARCHAR 类型来实现。

存储引擎对于选择 CHAR 和 VARCHAR 的影响如下。

- 对于 MyISAM 存储引擎：最好使用固定长度的数据列代替可变长度的数据列，这样可以使整个表静态化，从而使数据检索更快，用空间换时间。
- 对于 InnoDB 存储引擎：使用可变长度的数据列，因为 InnoDB 数据表的存储格式不分固定长度和可变长度，因此使用 CHAR 不一定比使用 VARCHAR 更好，但由于 VARCHAR 是按照实际长度存储的，比较节省空间，因此对磁盘 I/O 和数据存储总量比较好。

5. ENUM 和 SET

ENUM 只能取单值，它的数据列表是一个枚举集合。它的合法取值列表最多允许有 65535 个成员。因此，在需要从多个值中选取一个时，可以使用 ENUM。比如：性别字段适合定义为 ENUM 类型，每次只能从"男"或"女"中取一个值。SET 可取多值。它的合法取值列表最多允许有 64 个成员。空字符串也是一个合法的 SET 值。在需要取多个值的时候，适合使用 SET 类型，比如要存储一个人的兴趣爱好，最好使用 SET 类型。ENUM 和 SET 的值是以字符串形式出现的，但在内部，MySQL 是以数值的形式存储它们的。

6. BLOB 和 TEXT

BLOB 是二进制字符串，TEXT 是非二进制字符串，两者均可存放大容量的信息。BLOB 主要存储图片、音频信息等，而 TEXT 只能存储纯文本文件。

5.3 表约束操作

完整性约束条件是对字段进行限制的，要求用户对该属性进行的操作符合特定的要求。如果不满足完整性约束条件，数据库系统就不再执行用户的操作。MySQL 中基本的完整性约束条件如表 5-9 所示。

表 5-9 完整性约束条件

类型	取值范围
PRIMARY KEY	主键，可以唯一地标识对应的元组
FOREIGN KEY	外键，是与之联系的某表的主键
NOT NULL	字段值不能为空
UNIQUE	字段值唯一
AUTO INCREMENT	字段取值自动增加，这是 MySQL 特色
DEFAULT	设置默认值

从表 5-9 中可以看出，MySQL 数据库系统不支持 CHECK 约束。根据约束数据列限制，约束可分为以下两种：单列约束，每个约束只约束一列数据；多列约束，每个约束可约束多列数据。

5.3.1 设置表字段的非空约束

当数据库表中的某个字段上的内容不希望设置为 NULL 时，则可以使用非空(NOT NULL)约束进行设置。在创建数据库表时为某些字段上加上 NOT NULL 约束条件，保证所有记录的该字段都有值。如果插入的记录中该字段为空值，数据库管理系统就会报错。设置表中某字段的非空约束非常简单，通过 SQL 语句 NOT NULL 即可实现，其语法格式如下：

```
CREATE TABLE tablename (
    propName propType NOT NULL,
    ......);
```

在上述语句中，tablename 参数表示所要设置非空约束的数据表名称，propName 参数为属性名，propType 为属性类型。

【例 5-11】使用 SQL 语句 NOT NULL，在数据库 db_library 中创建表 tb_class 时，设置 class_id 为非空约束，具体步骤如下。

(1) 选择 db_library 数据库，具体 SQL 语句如下：

```
USE db_library;
```

(2) 创建表 tb_class，具体 SQL 语句如下：

```
CREATE TABLE tb_class (
    class_id INT(11) NOT NULL,
    class_name VARCHAR(20),
    loc VARCHAR(40),
    stucount INT(11));
```

执行结果如图 5-16 所示。查看表结构，如图 5-17 所示。

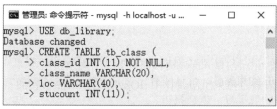

图 5-16　创建表 tb_class　　　　　　图 5-17　查看表结构

5.3.2　设置表字段的默认值

当向数据表中插入一条新记录时，如果没有为某个字段赋值，那么数据库系统会自动为这个字段插入默认值。可通过 SQL 关键字 DEFAULT 来设置，其语法格式如下：

```
CREATE TABLE tablename (
    propName propType DEFAULT defaultValue,
    ......
);
```

在上述语句中，tablename 参数表示所要设置非空约束的字段名称，propName 参数为属性名，propType 为属性类型，defaultValue 为默认值。

【例 5-12】使用 SQL 语句 DEFAULT，在数据库 db_library 中创建表 tb_class1 时设置 class_name 字段的默认值为"class_3"，具体步骤如下。

(1) 选择数据库 db_library，具体 SQL 语句如下：

```
USE db_library;
```

(2) 创建表 tb_class1，字段 class_name 的默认值为"class_3"，具体 SQL 语句如下：

```
CREATE TABLE tb_class1 (
    class_id INT(11) NOT NULL,
    class_name VARCHAR(20) DEFAULT class_3,
    loc VARCHAR(40),
    stucount INT(11));
```

执行结果如图 5-18 所示，查看表结构，如图 5-19 所示。

从图 5-19 可以看出，表 tb_class1 中的字段 class_name 已经设置了默认值，如果用户插入新的记录中该字段为空值，数据库管理系统就会自动插入值"class_3"。

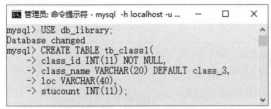

图 5-18　创建表 tb_class1　　　　　　　图 5-19　查看表结构

5.3.3　设置表字段的唯一约束

当数据库表中某个字段上的内容不允许重复时，可以使用唯一(Unique Key，UK)约束进行设置。唯一约束在创建数据库时为某些字段加上 UNIQUE 约束条件，保证所有记录中该字段的值不重复。插入记录时，若该字段的值与其他记录中该字段的值重复，就会报错。

为某字段设置唯一约束，通过 SQL 语句 UNIQUE 实现，语法格式如下：

```
CREATE TABLE tablename(
    propName propType UNIQUE,
    ......
);
```

在上述语句中，tablename 参数表示要设置非空约束的字段，propName 参数为属性名，propType 为属性类型，UNIQUE 为唯一约束。

【例 5-13】执行 SQL 语句，在数据库 db_library 中创建表 tb_class2，为 class_name 字段设置唯一约束。具体步骤如下。

(1) 选择数据库 db_library，SQL 语句如下：

```
USE db_library;
```

(2) 创建表 tb_class2，SQL 语句如下：

```
CREATE TABLE tb_class2 (
    class_id INT(11) NOT NULL,
    class_name VARCHAR(20) UNIQUE,
    loc VARCHAR(40),
    stucount INT(11));
```

执行结果如图 5-20 所示，查看表结构，如图 5-21 所示。

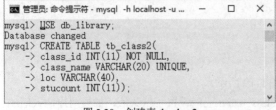 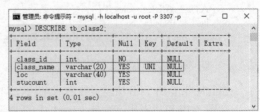

图 5-20　创建表 tb_class2　　　　　　　图 5-21　查看表结构

(3) 从图 5-21 可以看出，表 tb_class2 中的字段 class_name 已经被设置为唯一约束，如果用户插入的记录中，该字段有重复值，数据库管理系统就会报错。

(4) 如果想给字段 class_name 的唯一约束设置一个名称，可以通过关键字 CONSTRAINT 实现，例如，创建表 tb_class3，具体 SQL 语句执行结果如图 5-22 所示。

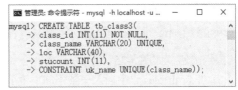

图 5-22　创建表 tb_class3

5.3.4　设置表字段的主键约束

主键是表的一个特殊字段，该字段能唯一地标识该表中的每条信息。主键和记录的关系如同身份证和人的关系。主键用来标识每个记录，每个记录的主键值都不同。身份证用来表明人的身份，每个人都具有唯一的身份证号。设置表的主键，指在创建表时设置表的某个字段为该表的主键。

主键的主要作用是帮助数据库管理系统以最快的速度查找到表中的某一条信息。主键必须满足的条件就是主键必须是唯一的，表中任意两条记录的主键字段的值不能相同，主键的值是非空值。主键可以是单一的字段，也可以是多个字段的组合。

1. 单字段主键

单字段主键语法格式如下：

```
CREATE TABEL tablename(
    propName propType PRIMARY KEY,
    ......);
```

其中，propName 参数是字段名称，propType 是字段的数据类型。

【例 5-14】在数据库 db_library 中创建表 tb_class4 时，设置 class_id 字段为 PRIMARY KEY，具体步骤如下。

(1) 选择数据库 db_library，SQL 语句如下：

USE db_library;

(2) 创建表 tb_class4，设置 class_id 字段为 PRIMARY KEY，SQL 语句如下：

```
CREATE TABLE tb_class4 (
  `class_id` INT(11) PRIMARY KEY,
  `class_name` VARCHAR(20),
  `loc` VARCHAR(40),
  `stucount` INT(11));
```

执行结果如图 5-23 所示，查看表结构，如图 5-24 所示。

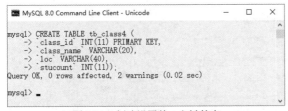

图 5-23　创建设置单一主键的表　　　　图 5-24　查看具有单一主键的表

(3) 在表 tb_class4 中插入一条数据记录：

INSERT INTO　tb_class4 VALUES(1,'class1','location1',30);

(4) 在表 tb_class4 中插入一条重复主键的数据记录：

INSERT INTO   tb_class4 VALUES(1,'class1','location1',30);

提示出错，如图 5-25 所示。

(5) 在表 tb_class4 中插入一条不同主键的数据：

INSERT INTO   tb_class4 VALUES(2,'class1','location1',30);

操作成功，如图 5-26 所示。

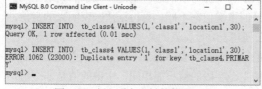

图 5-25　插入重复主键的数据记录

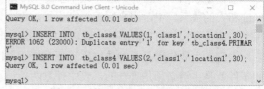

图 5-26　插入不同主键值的数据记录

2. 多字段主键

多字段主键，即将多个字段设置为主键。需要在属性定义完之后统一设置主键。语法格式如下：

CREATE TABLE tablename(
　　propName1 propType1,
　　propName2 propType2,
　　……
　　[CONSTRAINT PK_NAME]PRIMARY KEY(propName1, propName2));

【例 5-15】为数据表设置多字段主键。

(1) 选择数据库 db_library，SQL 语句如下：

USE db_library;

(2) 创建表 tb_student，设置 stu_id 和 stu_name 字段为联合主键，具体 SQL 语句如下：

CREATE TABLE tb_student (
　　stu_id INT,
　　stu_name VARCHAR(20),
　　stu_age INT(10),
　　stu_gender VARCHAR(4),
　　CONSTRAINT pk_stu PRIMARY KEY(stu_id, stu_name));

执行结果如图 5-27 所示。

(3) 查看数据表 tb_student 的结构，如图 5-28 所示。

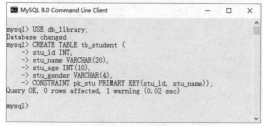

图 5-27　创建数据表并设置多字段主键

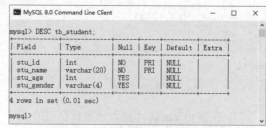

图 5-28　查看数据表 tb_student 的结构

(4) 从图 5-28 中可以看出，stu_id 和 stu_name 已经被成功设置为联合主键，向 tb_student 表插入数据，SQL 语句如下：

```
INSERT INTO tb_student values(1,'rebecca',32,'f');
INSERT INTO tb_student values(2,'rebecca',12,'f');
INSERT INTO tb_student values(1,jack,12,'f');
INSERT INTO tb_student values(1,'rebecca',12,'f');
```

执行结果如图 5-29 所示。

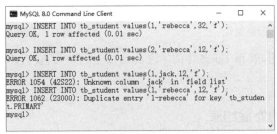

图 5-29 向多主键的数据表插入数据

从图 5-29 中可以看到，向 tb_student 表插入数据，如果有重复的联合主键，就会插入失败。

5.3.5 设置表字段值自动增加

AUTO_INCREMENT 是 MySQL 唯一扩展的完整性约束，当为数据库表中插入新记录时，字段上的值会自动生成唯一的 ID。在具体设置 AUTO_INCREMENT 约束时，一个数据库表中只能有一个字段使用该约束，该字段的数据类型必须是整数类型。由于设置 AUTO_INCREMENT 约束后的字段会生成唯一的 ID，因此该字段经常会同时设置成 PK 约束。

设置表中某字段值的自动增加约束非常简单，查看帮助文档发现，在 MySQL 数据库管理系统中通过 SQL 语句 AUTO_INCREMENT 即可实现，其语法格式如下：

```
CREATE TABLE tablename(
    propName propType AUTO_INCREMENT,
    ......);
```

在上述语句中，tablename 参数表示所要设置自动增加约束的字段名称，propName 参数为属性名，propType 为属性类型，AUTO_INCREMENT 字段用于设置自动增加约束。默认情况下，字段 propName 的值从 1 开始增加，每增加一条记录，记录中该字段的值就会在前一条记录的基础上加 1。

【例 5-16】使用 SQL 语句 AUTO_INCREMENT，在数据库 db_library 中创建表 tb_class5 时，设置字段 class_id 为 AUTO_INCREMENT，并且为 PK 约束，具体步骤如下。

(1) 选择数据库 db_library，SQL 语句如下：

```
USE db_library;
```

(2) 创建表 tb_class5，具体 SQL 语句如下：

```
CREATE TABLE tb_class5(
    class_id INT(11) PRIMARY KEY AUTO_INCREMENT,
    class_name VARCHAR(20),
    loc VARCHAR(40),
    stucount INT(11));
```

执行结果如图 5-30 所示。

查看 tb_class5 表结构，如图 5-31 所示。

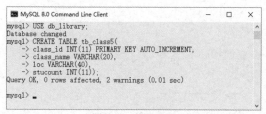

图 5-30　执行结果　　　　　　　　　　图 5-31　查看 tb_class5 表结构

从图 5-31 中可以看出，表 tb_class5 中的字段 class_id 已经被设置为 AUTO_INCREMENT 和 PK 约束。

5.3.6　设置表字段的外键约束

外键(Foreign Key，FK)是表的一个特殊字段，外键约束用于保证多个表(通常为两个表)之间的参照完整性，即构建两个表的字段之间的参照关系。

设置外键约束的两个表之间具有父子关系，即子表中某个字段的取值范围由父表决定。例如，表示一个班级和学生的关系，即每个班级有多个学生，首先应该有两个表：班级表和学生表，然后学生表有一个表示班级编号的字段 class_id，其依赖于班级表的主键，这样字段 class_id 就是学生表的外键，通过该字段，班级表和学生表建立了关系。

在具体设置 FK 约束时，设置 FK 约束的字段必须依赖于数据库中已经存在的父表的主键，同时外键可以为空(NULL)。

设置表中某字段的 FK 约束非常简单，在 MySQL 数据库管理系统中通过 SQL 语句 FOREIGN KEY 即可实现，其语法格式如下：

```
CREATE TABLE tablename_1(
    propName1_1 propType1_1,
    propName1_2 propType1_2,
    ......
    CONSTRAINT FK_NAME FOREIGN KEY(propName1_1)
    REFERENCES tablename_2(propName2_1));
```

其中，tablename_1 参数是要设置外键的表名，propName1_1 参数是要设置外键的字段，tableName_2 是父表的名称，propName2_1 是父表中设置主键约束的字段名。

【例 5-17】执行 SQL 语句 FOREIGN KEY，在数据库 db_library 中创建班级表(tb_class6)和学生表(t_student1)，设置学生表字段 class_id 为外键约束，表示一个班级有多个学生的关系。具体步骤如下：

(1) 选择数据库 db_library，SQL 语句如下：

```
USE db_library;
```

(2) 创建表 tb_class6，具体 SQL 语句如下：

```
CREATE TABLE tb_class6(
    class_id INT(11) PRIMARY KEY,
    class_name VARCHAR(20),
    loc VARCHAR(40),
    stucount INT(11));
```

执行结果如图 5-32 所示。

查看表结构，如图 5-33 所示。

图 5-32　创建表 tb_class6　　　　图 5-33　查看 tb_class6 表结构

插入一条数据记录，执行结果如图 5-34 所示。

INSERT INTO tb_class6 VALUES('1','CS','ZHONGGUANCUN',30);

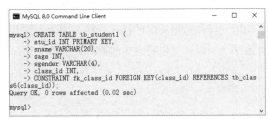

图 5-34　插入一条数据到数据表 tb_class6

(3) 创建表 tb_student1，具体 SQL 语句如下：

CREATE TABLE tb_student1 (
　　stu_id INT PRIMARY KEY,
　　sname VARCHAR(20),
　　sage INT,
　　sgender VARCHAR(4),
　　class_id INT,
　　CONSTRAINT fk_class_id FOREIGN KEY(class_id) REFERENCES tb_class6(class_id));

执行结果如图 5-35 所示。
查看表结构，如图 5-36 所示。

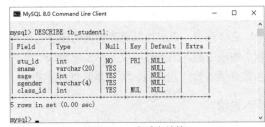

图 5-35　创建表 tb_student1　　　　图 5-36　查看表结构

提示：

在具体设置外键时，子表 tb_student1 中所设外键字段的数据类型必须与父表 tb_class6 中所参考的字段的数据类型一致，例如两者都是 INT 类型，否则就会出错。

(4) 从图 5-36 可以看出，表 tb_student1 中的字段 class_id 已经被设置成 FK 约束，如果用户插入的记录中，该字段上没有参考父表 tb_class6 中字段 class_id 的值，数据库管理系统就会报如图 5-37 所示的错误。

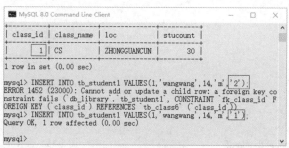

图 5-37　插入数据

从图 5-37 中可以看出，表 tb_class6 中有一条数据，class_id 的值为 1，在 tb_student1 中插入一条数据记录，class_id 为 2，则数据库系统就会报错；在 tb_student1 中插入一条数据记录，class_id 为 1，则插入数据成功。

5.4　索引操作

索引是一种将数据库中单列或者多列的值进行排序的结构。在 MySQL 中，索引由数据表中的一列或多列组合而成，创建索引的目的是优化数据库的查询速度。下面对 MySQL 中的索引进行详细介绍。

5.4.1　索引概述

通过索引查询数据，不但可以提高查询速度，还可以降低服务器的负载。创建索引后，用户查询数据时，系统可以不必遍历数据表中的所有记录，而是查询索引列。这样就可以有效地提高数据库系统的整体性能。这和我们通过图书的目录查找想要阅读的章节内容一样，十分方便。

凡事都有双面性，使用索引可以提高检索数据的速度，对于依赖关系的子表和父表之间的联合查询，使用索引可以提高查询速度，并且可以提高整体的系统性能。但是，创建和维护索引需要耗费时间，并且该耗费时间与数据量的大小成正比；另外，索引需要占用物理空间，给数据的维护造成很多麻烦。

总体来说，索引可以提高查询的速度，但是会影响用户操作数据库时的插入操作。因为，向有索引的表中插入记录时，数据库系统会按照索引进行排序。所以，可以将索引删除后再插入数据，当数据插入操作完成后，可以重新创建索引。

说明：

不同的存储引擎定义不同的最大索引数和最大索引长度。所有存储引擎对每个表至少支持 16 个索引，总索引长度至少为 256 字节。有些存储引擎支持更多的索引数和更大的索引长度。索引有两种存储类型，包括 B 型树(BTREE)索引和哈希(HASH)索引。其中 B 型树索引为系统默认索引。

常用的 MySQL 索引包括以下 6 个。

- 普通索引：即不应用任何限制条件的索引，该索引可以在任何数据类型中创建。字段本身的约束条件可以判断其值是否为空或唯一。创建该类型索引后，在查询时可以通过索引进行查询。在某数据表的某一字段中建立普通索引后，需要查询数据时，只需根据该索引进行查询即可。

- 唯一性索引：使用 UNIQUE 参数可以设置唯一性索引。创建该索引时，索引的值必须唯一，通过唯一性索引，可以快速地定位某条记录。主键是一种特殊的唯一性索引。
- 全文索引：使用 FULLTEXT 参数可以设置索引为全文索引。全文索引只能创建在 CHAR、VARCHAR 或者 TEXT 类型的字段上。查询数据量较大的字符串类型的字段时，使用全文索引可以提高查询速度。例如，查询带有文章回复内容的字段可以应用全文索引方式。需要注意的是，在默认情况下，应用全文搜索大小写不敏感。如果索引的列使用二进制排序后，可以执行大小写敏感的全文索引。
- 单列索引：即只对应一个字段的索引，其可以包括上面叙述的三种索引方式。应用该索引的条件，只需要保证该索引值对应一个字段即可。
- 多列索引：是在表的多个字段上创建一个索引。该索引指向创建时对应的多个字段，用户可以通过这几个字段进行查询。要想应用该索引，用户必须使用这些字段中的第一个字段。
- 空间索引：使用 SPATIAL 参数可以设置索引为空间索引。空间索引只能建立在空间数据类型上，这样可以提高系统获取空间数据的效率。MySQL 中只有 MyISAM 存储引擎支持空间检索，而且索引的字段不能为空值。

5.4.2 创建索引

创建索引是指在某个表的至少一列中建立索引，以便提高数据库性能。其中，建立索引可以提高表的访问速度。本节通过两种不同的方式创建索引，其中包括在建立数据表时创建索引、在已经建立的数据表中创建索引。

1. 在建立数据表时创建索引

在建立数据表时可以直接创建索引，这种方式比较直接，且方便、易用。在建立数据表时创建索引的基本语法结构如下：

```
CREATE TABLE table_name(
    属性名 数据类型[约束条件],
    属性名 数据类型[约束条件]
    ...
    属性名 数据类型
    [UNIQUE | FULLTEXT | SPATIAL ] INDEX | KEY
    [别名]( 属性名 1 [(长度)] [ASC | DESC])
);
```

其中，属性名后的属性值的含义如下。

(1) UNIQUE：可选参数，表明索引为唯一性索引。

(2) FULLTEXT：可选参数，表明索引为全文搜索。

(3) SPATIAL：可选参数，表明索引为空间索引。

(4) INDEX 和 KEY：用于指定字段索引，用户在选择时，只需要选择其中的一种即可。

(5) 别名：可选参数，其作用是给创建的索引取新名称。别名的参数说明如下。

- 属性名 1：指索引对应的字段名称，该字段必须被预先定义。
- 长度：可选参数，其指索引的长度，必须是字符串类型才可以使用。
- ASC/DESC：可选参数，ASC 表示升序排列，DESC 表示降序排列。

【例 5-18】创建考生成绩表，名称为 tb_score，并在该表的 score_id 字段上建立索引，代码如下：

```
CREATE TABLE tb_score(
    score_id INT(11) AUTO_INCREMENT PRIMARY KEY NOT NULL,
    name VARCHAR(50) NOT NULL,
    math INT(5) NOT NULL,
    english INT(5) NOT NULL,
    chinese INT(5) NOT NULL,
    index(score_id));
```

执行结果如图 5-38 所示。

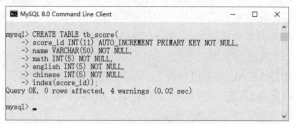

图 5-38　创建普通索引

在命令提示符中使用 SHOW CREATE TABLE 语句查看该表的结构，在命令提示符中输入的代码如下：

```
SHOW CREATE TABLE tb_score;
```

其运行结果如图 5-39 所示。

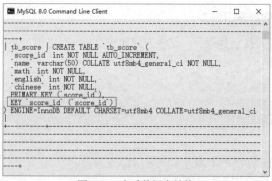

图 5-39　查看数据表结构

从图 5-39 中可以清晰地看到，该表结构的索引为 score_id，这说明该表的索引建立成功。

2. 在已建立的数据表中创建索引

在 MySQL 中，不但可以在创建数据表时创建索引，也可以直接在已经创建的表中的一个或几个字段中创建索引。语法结构如下：

```
CREATE [UNIQUE | FULLTEXT | SPATIAL ] INDEX index_name
ON table_name(属性 [(length)] [ ASC | DESC]);
```

命令的参数说明如下。
- index_name：索引名称，给创建的索引赋予新的名称。
- table_name：表名，即指定创建索引的表的名称。
- UNIQUE | FULLTEXT | SPATIAL ：可选参数，指定索引类型，分别表示唯一索引、全文

索引、空间索引。
- 属性：指定索引对应的字段名称。该字段必须已经预存在待操作的数据表中，如果该数据表中不存在该字段，则系统会提示异常。
- length：可选参数，用于指定索引长度。
- ASC 和 DESC：指定数据表的排序顺序。

与建立数据表时创建索引相同，在已建立的数据表中创建索引同样包含 6 种索引方式。

【例 5-19】为学生表 tb_student 的学生姓名字段 stu_name 设置索引，代码如下：

CREATE INDEX idx_stu_name ON tb_student (stu_name);

执行结果如图 5-40 所示。

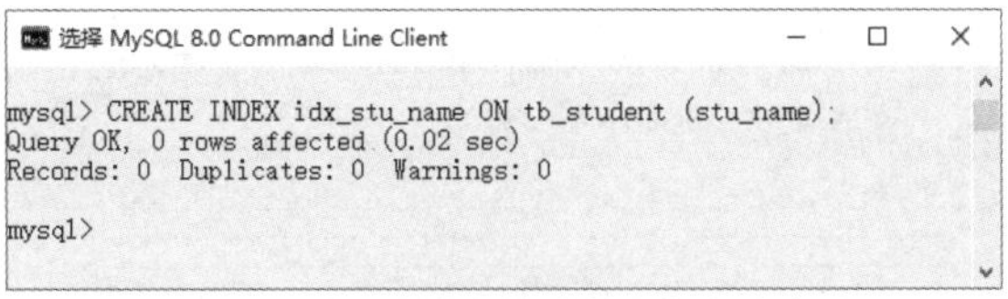

图 5-40　为已有数据表中的字段创建索引

应用 SHOW CREATE TABLE 语句查看该数据表的结构。运行结果如图 5-41 所示。

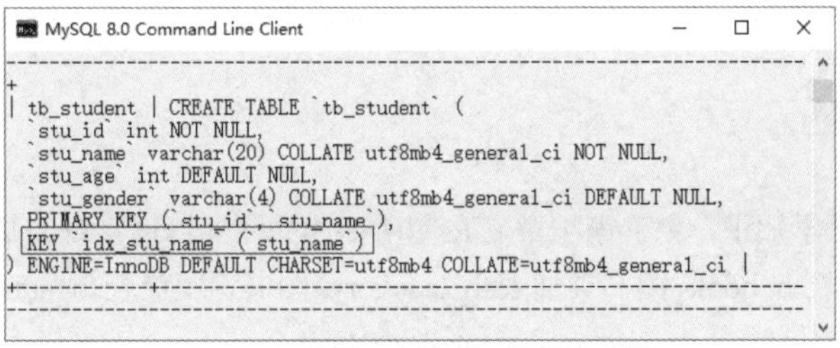

图 5-41　查看添加索引后的表格结构

从图 5-41 中可以看出，名为 idx_stu_name 的索引创建成功。如果系统没有提示异常或错误，则说明已经向 tb_student 数据表中建立名为 idx_stu_name 的普通索引。

5.4.3　删除索引

在 MySQL 中，创建索引后，如果不再需要该索引，则可以删除该索引。因为这些已经被建立且不常使用的索引，一方面可能会占用系统资源，另一方面也可能导致更新速度下降，这会极大地影响数据表的性能。

删除索引可以通过 DROP 语句来实现，语法结构如下：

DROP INDEX index_name ON table_name;

其中，index_name 参数指需要删除的索引名称， table_name 参数指数据表的名称。

【例 5-20】将例 5-19 中为学生表 tb_student 的学生姓名字段设置的索引 idx_stu_name 删除，代码如下：

DROP INDEX idx_stu_name ON tb_student;

执行结果如图 5-42 所示。

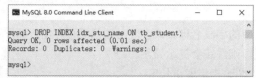

图 5-42　删除学生表 tb_student 的姓名索引

在顺利删除索引后，为确定该索引是否已被删除，可以应用 SHOW CREATE TABLE 语句来查看数据表结构。运行结果如图 5-43 所示。

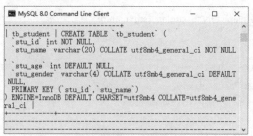

图 5-43　查看删除索引后的数据表结构

从图 5-43 可以看出，名为 idx_stu_name 的唯一索引已经被删除。

5.5　本章实战

本节将使用本章所学知识，完善第 1 章 E-R 图所描述的图书管理系统的基本数据表。主要包括以下几个表：图书信息表 tb_book，图书类别表 tb_category，图书管理员表 tb_admin，读者表 tb_readers，出版社表 tb_publisher，借阅表 tb_borrow，归还表 tb_back。

1. 创建图书信息表 tb_book

图书信息表 tb_book 包括以下字段：图书编码 book_id，二维码 barcode，图书名称 bookname，图书类别编号 cat_id，作者 author，翻译者 translator，图书编码 ISBN，页码 page，价格 price，书架 bookcase，出版日期 pubTime，操作者 operator，是否移除 del。

创建图书信息表 tb_book，代码如下：

```
CREATE TABLE tb_book (
    book_id INT(10) UNSIGNED NOT NULL AUTO_INCREMENT,
    barcode VARCHAR(30),
    bookname VARCHAR(30),
    cat_id INT (10),
    author VARCHAR(30),
    translator VARCHAR(30),
    ISBN VARCHAR(30),
    page INT(5),
    price FLOAT(5),
    bookcase CHAR(30),
    pubTime DATE,
    operator CHAR(30),
    del CHAR(5),
    PRIMARY KEY (book_id)
) DEFAULT CHARSET=utf8;
```

执行结果如图 5-44 所示。

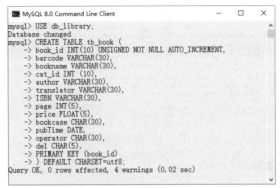

图 5-44　创建图书信息表 tb_book

2. 创建图书类别表 tb_category

图书类别表 tb_category 包括以下字段：类别编号 cat_id，类别名 cat_name。

创建图书类别表 tb_category，代码如下：

```
CREATE TABLE tb_category (
    cat_id INT(10) UNSIGNED NOT NULL AUTO_INCREMENT,
    cat_name VARCHAR(30),
    PRIMARY KEY (cat_id)
) DEFAULT CHARSET=utf8;
```

执行结果如图 5-45 所示。

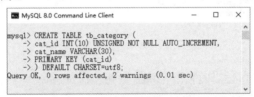

图 5-45　创建图书类别表 tb_category

3. 更新图书管理员表 tb_admin

图书管理员表 tb_admin 已拥有字段为管理员编号 admin_id、用户名 username、密码 password 和创建时间 create_time 等字段，现追加以下字段：最后一次登录时间 last_time，手机号 phone，电子邮箱 email。

查看 tb_admin 数据表结构，执行结果如图 5-46 所示。

图 5-46　查看 tb_admin 数据表结构

追加上述提及的三个字段，代码如下：

```
ALTER TABLE tb_admin ADD email VARCHAR(50);
ALTER TABLE tb_admin ADD phone VARCHAR(50);
```

ALTER TABLE tb_admin ADD last_time DATETIME;

执行结果如图 5-47 所示。

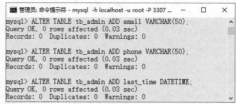

图 5-47　追加字段

4. 创建读者表 tb_readers

读者表 tb_readers 包括以下字段：读者编号 reader_id，用户名 username，姓名 real_name，性别 gender，条形码 barcode，职业 work，证件号码 idcard，联系电话 phone。

创建读者表 tb_readers，代码如下：

```
CREATE TABLE tb_readers (
    reader_id INT(10) UNSIGNED NOT NULL AUTO_INCREMENT,
    username VARCHAR(30),
    real_name VARCHAR(30),
    gender VARCHAR(10),
    barcode VARCHAR(30),
    work VARCHAR(30),
    idcard VARCHAR(30),
    phone VARCHAR(30),
    PRIMARY KEY (reader_id)
)DEFAULT CHARSET=utf8;
```

执行结果如图 5-48 所示。

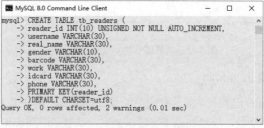

图 5-48　创建读者表 tb_readers

5. 创建出版社表 tb_publisher

出版社表 tb_publisher 包括以下字段：出版社编号 pub_id，出版社名称 pubname。

创建出版社表 tb_publisher，代码如下：

```
CREATE TABLE tb_publisher (
    pub_id INT(10) UNSIGNED NOT NULL AUTO_INCREMENT,
    pubname VARCHAR(30),
    PRIMARY KEY (pub_id)
)DEFAULT CHARSET=utf8;
```

执行结果如图 5-49 所示。

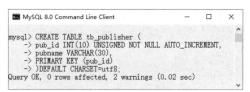

图 5-49　创建出版社表 tb_publisher

6. 创建借阅表 tb_borrow

借阅表 tb_borrow 包括以下字段：借阅编号 borrow_id，读者编号 reader_id，图书编号 book_id，借阅时间 borrowTime，归还时间 backTime，操作员 operator，是否已归还字段 ifback。

创建借阅表 tb_borrow，代码如下：

```
CREATE TABLE tb_borrow (
    borrow_id INT(10) UNSIGNED NOT NULL AUTO_INCREMENT,
    reader_id INT(10) UNSIGNED,
    book_id INT(10),
    borrowTime DATE,
    backTime DATE,
    operator VARCHAR(30),
    ifback TINYINT(1) DEFAULT '0',
    PRIMARY KEY (borrow_id)
) DEFAULT CHARSET=utf8;
```

执行结果如图 5-50 所示。

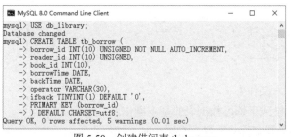

图 5-50　创建借阅表 tb_borrow

7. 创建归还表 tb_back

归还表 tb_back 包括以下字段：归还编号 back_id，读者编号 reader_id，图书编号 book_id，归还日期 backTime，操作员 operator。

创建归还表 tb_back，代码如下：

```
CREATE TABLE tb_back (
    back_id INT(10) UNSIGNED NOT NULL AUTO_INCREMENT,
    reader_id INT(11),
    book_id INT(11),
    backTime DATE,
    operator VARCHAR(30),
    PRIMARY KEY (back_id)
)DEFAULT CHARSET=utf8;
```

执行结果如图 5-51 所示。

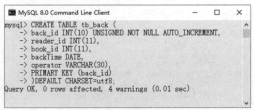

图 5-51 创建归还表 tb_back

5.6 本章小结

本章主要介绍了 MySQL 数据表和索引操作。首先介绍了数据表的基本操作，包括创建数据表、查看表结构、修改表结构、重命名表、复制表和删除表等。然后介绍了创建数据表时涉及的数据类型和表约束操作。常用的数据类型包括数字类型、字符串类型、日期和时间类型，并介绍了如何为字段选择合适的数据类型。在创建数据表时，还需要设置一系列的表约束，包括字段的非空约束、默认值、唯一约束、主键约束、自动增加约束、外键约束等。最后介绍了索引操作，包括索引的作用、创建索引和删除索引。数据表操作是建立数据库过程中最重要、最关键的一步，一定要重点掌握。

本章实战一节中，通过建立数据表，完善了第 1 章提出的图书馆管理系统的 E-R 模型，实现了理论与实践的结合。

5.7 思考与练习

1. 数据表有哪些基本操作？
2. 在 mysql 客户端模式下练习数据表的基本操作。
3. MySQL 的数据类型有哪些？建立数据表时，如何正确选择数据类型？
4. 常见的表约束有哪些？什么约束是一个表必不可少的？
5. 简单介绍索引的概念及作用。
6. 为"本章实战"中的图书归还表建立一个索引。

第6章
数据记录操作

数据记录操作主要包括向表中插入数据记录、修改表中的数据记录以及删除表中的数据记录等。下面将详细介绍在 MySQL 中对数据记录进行操作的方法。

本章的学习目标：
- 掌握向数据表中插入单条数据记录的方法。
- 掌握批量插入多条数据记录的方法。
- 掌握修改数据记录的方法。
- 掌握使用 DELETE 语句删除数据记录的方法。
- 掌握清空表中数据记录的方法。

6.1 插入数据记录

在建立一个空的数据库和数据表时，首先需要考虑的是如何向数据表中添加数据记录，该操作可以使用 INSERT 语句来完成。使用 INSERT 语句可以向一个已有数据表插入一条或者多条数据记录。下面将分别进行介绍。

6.1.1 使用 INSERT...VALUES 语句插入单条记录

使用 INSERT...VALUES 语句插入数据记录，是 INSERT 语句最常用的语法格式。它的语法格式如下：

```
INSERT [LOW_PRIORITY | DELAYED | HIGH_PRIORITY][IGNORE]
[INTO] 数据表名 [(字段名,...)]
VALUES ({值 | DEFAULT},...),(...),...
[ON DUPLICATE KEY UPDATE 字段名=表达式, ... ]
```

参数说明如表 6-1 所示。

表 6-1 INSERT...VALUES 语句的参数说明

参数	说明
[LOW_PRIORITY | DELAYED | HIGH_PRIORITY]	可选参数。其中 LOW_PRIORITY 是 INSERT、UPDATE 和 DELETE 语句都支持的一种可选修饰符，通常应用在多用户访问数据库的情况下，用于指示 MySQL 降低 INSERT、DELETE 或 UPDATE 操作执行的优先级；DELAYED 是 INSERT 语句支持的一种可选修饰符，用于指定 MySQL 服务器把待插入的行数据放到一个缓冲器中，直到待插数据记录的数据表空闲时，才真正在表中插入数据行；HIGH_PRIORITY 是 INSERT 和 SELECT 语句支持的一种可选修饰符，它的作用是指定 INSERT 和 SELECT 操作优先执行
[IGNORE]	可选项，表示在执行 INSERT 语句时，所出现的错误都会被当作警告处理
[INTO]数据表名	用于指定被操作的数据表，其中，[INTO]为可选项
[(字段名,...)]	可选项，当不指定该选项时，表示要向表中所有列插入数据，否则表示向数据表的指定列插入数据
VALUES({值 | DEFAULT},...),(...),...	必选项，用于指定待插入的数据清单，其顺序必须与字段的顺序相应。其中的每一列的数据可以为一个常量、变量、表达式或者 NULL，但是其数据类型要与对应的字段类型相匹配；也可以直接使用 DEFAULT 关键字，表示为该列插入默认值，但是使用的前提是已经明确指定了默认值，否则会出错
ON DUPLICATE KEY UPDATE 子句	可选项,用于指定向表中插入行时,如果导致 UNIQUE KEY 或 PRIMARY KEY 出现重复值，系统是否根据 UPDATE 后的语句修改表中原有行数据

在使用 INSERT...VALUES 语句时，通常可以分为以下两种情况：插入完整的数据记录，插入数据记录的一部分字段。

1. 插入完整数据

通过 INSERT...VALUES 语句可以向数据表中插入完整的数据记录。下面通过一个具体的实例来演示如何向数据表中插入完整的数据记录。

【例 6-1】通过 INSERT...VALUES 语句向图书馆管理系统的管理员信息表 tb_admin 中插入一条完整的数据记录。

(1) 在编写 SQL 语句之前，先查看一下数据表 tb_admin 的表结构，具体代码如下：

```
USE db_library;
DESC tb_admin;
```

运行效果如图 6-1 所示。

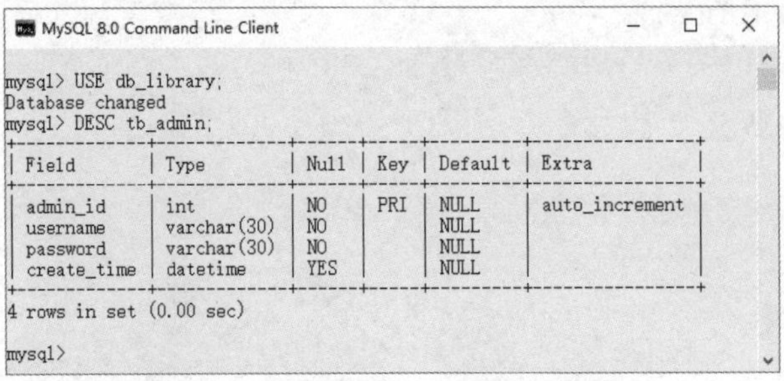

图 6-1 查看数据表 tb_admin 的表结构

(2) 编写 SQL 语句，应用 INSERT...VALUES 语句向数据表 tb_admin 中插入一条完整的数据记录，具体代码如下：

INSERT INTO tb_admin VALUES('2','admin1','123456','2024-01-04 12:57:47');

运行结果如图 6-2 所示。

(3) 通过 SELECT * FROM tb_admin 语句来查看数据表 tb_admin 中的数据记录，具体代码如下：

SELECT * FROM tb_admin;

执行结果如图 6-3 所示。

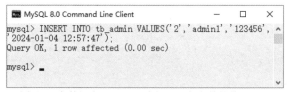

图 6-2　向数据表 tb_admin 中插入一条完整的数据记录

图 6-3　查看新插入的数据记录

2. 插入数据记录的一部分字段

通过 INSERT...VALUES 语句还可以向数据表中插入数据记录的一部分字段，也就是只插入一条记录中的某几个字段的值。下面通过一个具体的实例来演示。还是以例 6-1 中使用的数据表 tb_admin 为例进行插入。

【例 6-2】通过 INSERT...VALUES 语句向数据表 tb_admin 中插入数据记录的一部分。

(1) 编写 SQL 语句，应用 INSERT...VALUES 语句向数据表 tb_admin 中插入一条数据记录，只包括 username 和 password 字段的值，具体代码如下：

INSERT INTO tb_admin (username,password) VALUES('mingrisoft','mingrisoft');

运行结果如图 6-4 所示。

(2) 通过 SELECT * FROM tb_admin 语句来查看数据表 tb_admin 中的数据记录，具体代码如下：

SELECT * FROM tb_admin;

执行结果如图 6-5 所示。

说明：

由于在设计数据表时，将 id 字段设置为自动编号，因此即使没有指定 id 的值，MySQL 也会自动为它填上相应的编号。

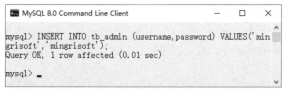

图 6-4　向数据表 tb_admin 中插入数据记录的一部分

图 6-5　查看新插入的数据记录

6.1.2 使用 INSERT...VALUES 语句插入多条记录

通过 INSERT...VALUES 语句还可以一次性插入多条数据记录。使用该方法批量插入数据记录，比使用多条单行的 INSERT 语句的效率要高。下面将通过一个具体的实例演示如何一次插入多条数据记录。

【例 6-3】通过 INSERT...VALUES 语句向数据表 tb_admin 中一次插入多条数据记录。

(1) 编写 SQL 语句，应用 INSERT...VALUES 语句向数据表 tb_admin 中插入 3 条数据记录，都只包括 username 和 password 字段的值，具体代码如下：

```
INSERT INTO tb_admin (username,password) VALUES
('admin','244637'),
('mingri','952879'),
('mingrisoft','168737');
```

运行结果如图 6-6 所示。

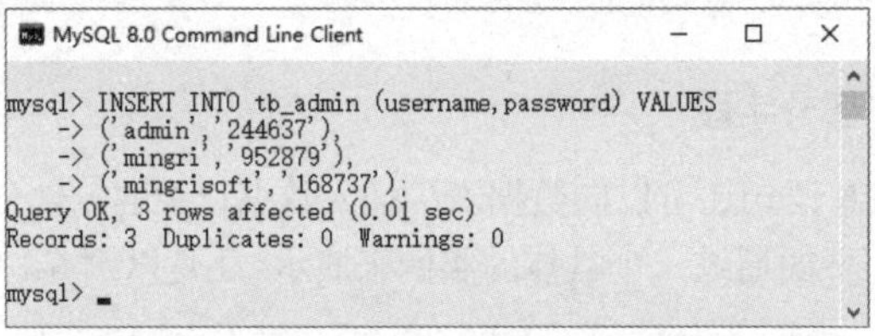

图 6-6　向数据表 tb_admin 中插入 3 条数据记录

(2) 通过 SELECT * FROM tb_admin 语句来查看数据表 tb_admin 中的数据记录，具体代码如下：

```
SELECT * FROM tb_admin;
```

执行结果如图 6-7 所示。

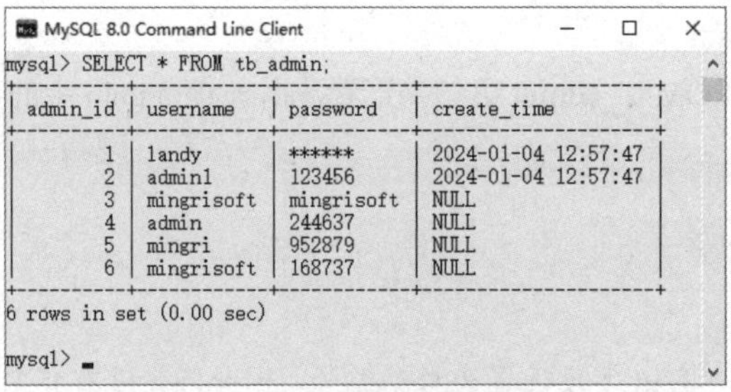

图 6-7　查看新插入的 3 条数据记录

6.1.3 使用 INSERT...SELECT 语句插入结果集

在 MySQL 中，支持将查询结果插入到指定的数据表中，这可以通过 INSERT...SELECT 语句来实现。语法格式如下。

```
INSERT [LOW_PRIORITY | DELAYED | HIGH_PRIORITY] [IGNORE]
[INTO] 数据表名 [(字段名,...)]
SELECT...
[ ON DUPLICATE KEY UPDATE  字段名=表达式,...]
```

参数说明如表 6-2 所示。

表 6-2 INSERT...SELECT 语句的参数说明

参数	说明
[LOW_PRIORITY|DELAYED|HIGH_PRIORITY][IGNORE]	可选项，其作用与 INSERT...VALUES 语句相同，这里不再赘述
[INTO] 数据表名	用于指定被操作的数据表，其中，[INTO]为可选项，可以省略
[(字段名,...)]	可选项，当不指定该选项时，表示要向表中所有列插入数据，否则表示向数据表的指定列插入数据
SELECT 子句	用于快速地从一个或者多个表中取出数据，并将这些数据作为行数据插入到目标数据表中。需要注意的是，SELECT 子句返回的结果集中的字段数、字段类型必须与目标数据表完全一致
ON DUPLICATE KEY UPDATE 子句	可选项，其作用与 INSERT...VALUES 语句相同，这里不再赘述

【例 6-4】新建借阅表 tb_borrow 和归还表 tb_back，从借阅表 tb_borrow 中获取借阅信息(读者 ID 和图书 ID)，插入到归还表 tb_back 中。

(1) 向借阅表 tb_borrow 中插入两条数据记录，代码如下：

```
INSERT INTO tb_borrow (borrow_id,reader_id, book_id,borrowTime,backTime,operator,ifback)
VALUES
(1, '202301',1,'2024-01-01','2024-02-01','landy',1),
(2, '202302',2,'2024-01-01','2024-02-01','landy',1);
```

执行结果如图 6-8 所示。

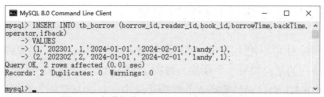

图 6-8 向借阅表 tb_borrow 中插入数据记录

(2) 查询借阅表 tb_borrow 的数据记录，代码如下：

```
SELECT * FROM tb_borrow;
```

执行结果如图 6-9 所示。

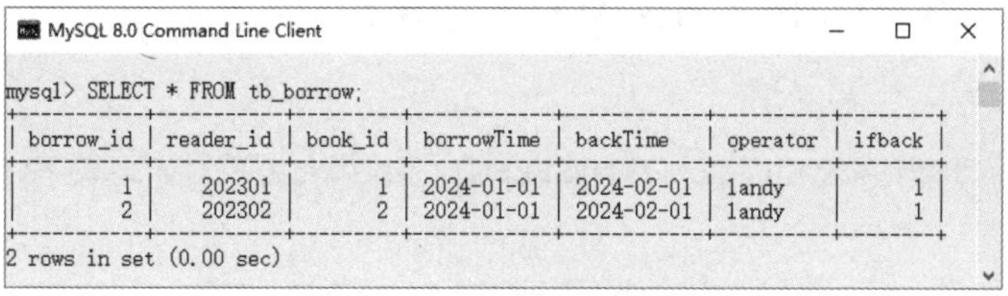

图 6-9 查询借阅表 tb_borrow

(3) 从数据表 tb_borrow 中查询 reader_id 和 book_id 字段的值，插入到数据表 tb_back 中。代码如下：

```
INSERT INTO tb_back(reader_id,book_id)
SELECT reader_id,book_id FROM tb_borrow;
```

执行结果如图 6-10 所示。

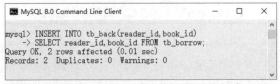

图 6-10 从借阅表 tb_borrow 查询数据并插入归还表 tb_back

(4) 通过 SELECT 语句来查看数据表 tb_back 中的数据记录，代码如下：

SELECT * FROM tb_back;

执行结果如图 6-11 所示。

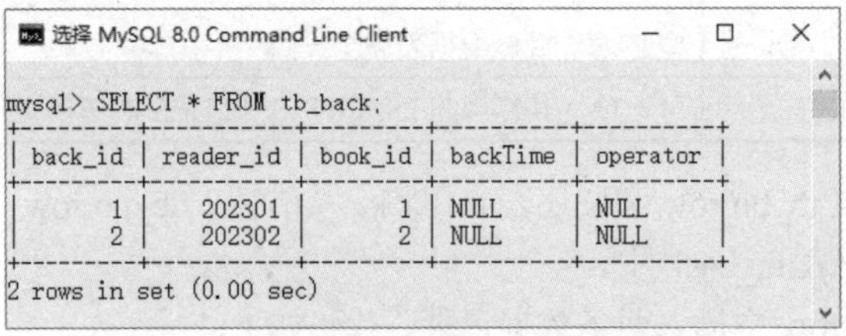

图 6-11 查看归还表 tb_back 中的数据记录

说明：

INSERT 语句和 SELECT 语句可以使用相同的字段名，也可以使用不同的字段名，MySQL 并不关心 SELECT 语句返回的字段名，只是将返回的值按列插入到新表中。

6.1.4 使用 REPLACE 语句插入新数据记录

在插入数据记录时，还可以使用 REPLACE 语句插入新的数据记录。REPLACE 语句与 INSERT INTO 语句类似，所不同的是：如果一个要插入数据记录的数据表中存在主键约束(PRIMARY KEY)或者唯一约束(UNIQUE KEY)，而且要插入的数据记录中又包含与要插入数据记录的表中相同的主键约束或唯一约束列的值，那么使用 INSERT INTO 语句插入这条数据记录将失败，而使用 REPLACE 语句则可以成功插入，只不过会先将原数据表的冲突数据记录删除，然后插入新的数据记录。

REPLACE 语句有以下 3 种语法格式。

语法一：

REPLACE INTO 数据表名[(字段列表)] VALUES(值列表)

语法二：

REPLACE INTO 目标数据表名[(字段列表 1)] SELECT (字段列表 2) FROM 源表 [WHERE 条件表达式]

语法三：

REPLACE INTO 数据表名 SET 字段 1=值 1, 字段 2=值 2, 字段 3=值 3, ...

例如，成功执行例 6-4 后，再应用下面的语句向归还表 tb_back 中插入两条数据记录，代码如下：

INSERT INTO tb_back
SELECT borrow_id,reader_id,book_id,backtime, operator FROM tb_borrow;

执行结果如图 6-12 所示。

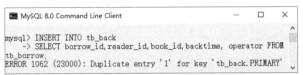

图 6-12 应用 INSERT INTO 语句插入数据记录

从图 6-12 中可以发现，在插入数据时产生了主键重复。下面再应用 REPLACE 语句实现同样的操作，代码如下：

REPLACE INTO tb_back
SELECT borrow_id,reader_id,book_id,backtime, operator FROM tb_borrow;

执行结果如图 6-13 所示。

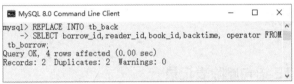

图 6-13 应用 REPLACE 语句插入数据

从图 6-13 中可以发现，数据被成功插入了。通过 SELECT 语句来查看数据表 tb_back 中的数据，具体代码如下：

SELECT * FROM tb_back;

执行后的效果如图 6-14 所示。

图 6-14 查看 REPLACE 语句插入数据的结果

从图 6-14 可以看出，数据记录插入成功。

6.2 修改数据记录

修改数据记录可以通过 UPDATE 语句实现，语法格式如下：

UPDATE 数据表名 SET column_name =new_value1,column_name2 = new_value2,...WHERE 条件表达式

其中，SET 子句指出要修改的列字段和字段值，WHERE 子句是可选的，如果给出，那么它将指定数据表中哪行数据记录应该被更新，否则所有的数据记录行都将被更新。

【例 6-5】将借阅表 tb_borrow 中编号字段 borrow_id 为 2 的数据记录的"是否归还"字段值设置为 0，具体代码如下：

UPDATE tb_borrow SET ifback=0 WHERE borrow_id=2;

执行结果如图 6-15 所示。

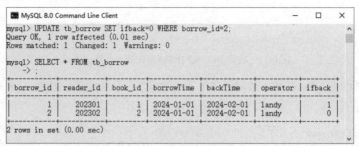

图 6-15　修改指定条件的记录

6.3 删除表记录

6.3.1 使用 DELETE 语句删除表记录

在数据库中，有些数据已经失去意义或者错误时，就需要将它们删除，此时可以使用 DELETE 语句，语法如下：

DELETE FROM 数据表名 WHERE condition

注意：

该语句在执行过程中，如果没有指定 WHERE 条件，将删除所有的记录；如果指定了 WHERE 条件，将按照指定的条件进行删除。

【例 6-6】将信息表 tb_admin 中名为 admin1 的管理员删除，具体代码如下：

DELETE FROM tb_admin WHERE username='admin1';

执行结果如图 6-16 所示。从最后的查询结果可以看到，admin1 行记录已被删除。

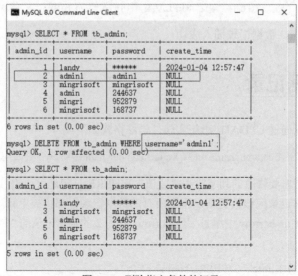

图 6-16　删除指定条件的记录

6.3.2 使用 TRUNCATE 语句清空表记录

在删除数据时，如果要从表中删除所有的行，那么不必使用 DELETE 语句，而可以通过 TRUNCATE TABLE 语句删除所有数据，语法格式如下：

TRUNCATE [TABLE] 数据表

在上面的语法中，"数据表"指待删除的数据表名称，也可以使用"数据库名.数据表"来指定该数据表隶属于哪个数据库。

注意：
由于 TRUNCATE TABLE 语句会删除数据表中的所有数据记录，且无法恢复，因此使用 TRUNCATE TABLE 语句时一定要十分小心。

【例 6-7】清空管理员信息备份数据表 tb_admin_old1，代码如下：

TRUNCATE TABLE tb_admin_old1;

执行效果如图 6-17 所示，可以看到，数据表 tb_admin_old1 中的数据记录已被清空。

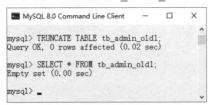

图 6-17　清空管理员备份数据表 tb_admin_old1

DELETE 语句和 TRUNCATE TABLE 语句的区别如下。
- 使用 TRUNCATE TABLE 语句后，表中的 AUTO_INCREMENT 计数器将被重新设置为该列的初始值。
- 对于参与了索引和视图的表，不能使用 TRUNCATE TABLE 语句来删除数据，而应使用 DELETE 语句。
- TRUNCATE TABLE 操作比 DELETE 操作使用的系统和事务日志资源少。DELETE 语句每删除一行，都会在事务日志中添加一行记录，而 TRUNCATE TABLE 语句则是通过释放存储表数据所用的数据页来删除数据的，因此只在事务日志中记录页的释放。

6.4 本章实战

本节将通过图形化管理软件 Nivacat，为上一章建立的图书管理系统的基本数据表录入一些测试数据。待录入测试数据记录的数据表包括：图书信息表 tb_book，图书类别表 tb_category，图书管理员表 tb_admin，读者表 tb_readers，借阅表 tb_borrow，归还表 tb_back。本节将对图书信息表 tb_book、图书类别表 tb_category、图书管理员表 tb_admin 进行测试数据的录入，其他数据表的测试数据的录入，大家可通过使用同样的操作方法自行完成。具体操作步骤如下。

(1) 通过 Navicat for MySQL 图形化软件生成基础数据。打开 Navicat for MySQL，双击 localhost 节点，然后双击连接数据库 db_library。选择"工具"→"数据生成"命令，如图 6-18 所示。

图 6-18 选择"工具"→"数据生成"命令

(2) 打开"数据生成"窗口，如图 6-19 所示，"目标"区域的"连接"选择 localhost，"数据库"选择 db_library，然后单击"下一步"按钮。

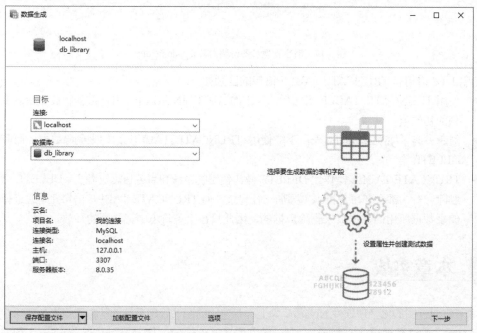

图 6-19 "数据生成"窗口

(3) 打开数据生成设置界面，如图 6-20 所示。选中数据表 tb_admin 的复选框，默认选中所有字段，即为该数据表的所有字段生成填充数据；在"生成的行数"中输入 10，即生成 10 行数据。

图 6-20　为数据表 tb_admin 生成 10 行数据

(4) 使用同样的方法，为图书信息表 tb_book 的所有字段生成 20 行数据，为图书类别表 tb_category 的所有字段生成 100 行数据。

(5) 单击"下一步"按钮，进入预生成数据界面，如图 6-21 所示，在这里可以查看生成的数据，若不满足需要，可以单击"重新生成"按钮重新生成。

图 6-21　预生成数据浏览

(6) 单击"开始"按钮，正式生成数据记录，生成成功后，显示 Finished successfully 提示信息，如图 6-22 所示。

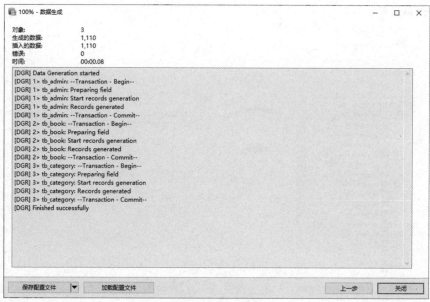

图 6-22 生成数据

　　(7) 打开数据表，查看生成的数据记录，如图 6-23 所示，由于生成的数据记录是根据字段数据类型随机生成并插入的，因此生成完数据记录之后，还要对生成的数据记录进行适当编辑，使数据更符合现实情况。

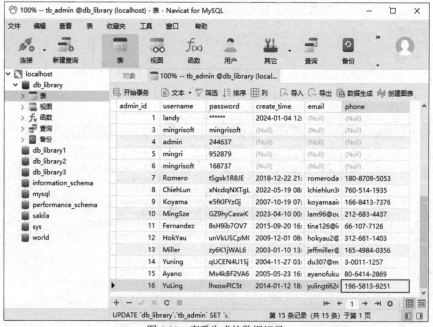

图 6-23 查看生成的数据记录

注意：
　　"数据生成"只是一种辅助填充数据功能，可快速获得测试数据，以及更方便地查看数据表结构有无问题。如果数据表设置了索引、外键等，"数据生成"命令执行就会失败，而无法成功生成数据并插入到数据表中。这时候需要先删除掉索引或外键设置。

6.5 本章小结

本章主要介绍了对数据记录进行操作，主要包括向表中插入记录、修改表记录及删除表记录。其中，在插入表数据记录时，共有 4 种方法，分别是插入单条数据记录、同时插入多条数据记录、以结果集方式插入数据记录，以及使用 REPLACE 语句插入新数据记录。在这 4 种方法中，最常用的是插入单条数据记录和插入多条数据记录，这两种插入数据记录的方法需要重点掌握，灵活运用。在本章实战中，通过使用 Navicat for MySQL 图形化软件，为数据表自动生成填充数据记录。使用这样的方法可以快速随机生成一批测试数据，用于测试。由于数据是随机生成的，为了使数据更真实，还需要手动修改数据表中生成的数据记录。

6.6 思考与练习

1. MySQL 中使用哪些 SQL 语句可以向表中插入数据？
2. REPLACE 语句有哪几种语法格式？
3. 请说明 INSERT INTO 语句和 REPLACE 语句的区别。
4. MySQL 中使用什么 SQL 语句可以修改表记录？
5. MySQL 中删除表记录的语句有哪些，它们之间的区别是什么？

第 7 章 数据查询

数据查询是数据库操作中最常用也是最重要的操作，是指从数据库中获取所需要的数据。在 MySQL 中，使用 SELECT 语句来查询数据。通过 SELECT 语句查询数据，有不同的查询方式。不同的查询方式可以获得不同的数据，开发人员可以根据需求选择不同的查询方式。本章将对基本查询、按条件查询、高级查询、聚合函数查询、连接查询、子查询、合并查询结果进行介绍，另外还介绍了如何在查询过程中定义表和字段的别名，以及在查询中使用正则表达式进行匹配。掌握本章内容，读者就能够对数据库查询操作游刃有余。

本章的学习目标：

- 掌握 SELECT 查询的语法结构，通过 SELECT 语句查询所有字段、指定字段和指定数据的操作。
- 掌握按条件查询数据的方法。
- 掌握常用的高级查询方式，例如，对查询结果排序、分组查询、使用 LIMIT 限制查询。
- 掌握在查询过程中使用聚合函数进一步对查询结果进行加工。
- 了解连接查询、子查询的操作，以及合并查询结果。
- 掌握在查询过程中定义表和字段的别名。
- 掌握常用的正则表达式在查询中的应用。

7.1 基本查询

基本查询，就是在单表上进行的查询。单表查询是指从一个表中查询需要的数据，所有查询操作都比较简单。

7.1.1 SELECT 语句

SELECT 语句是最常用的查询语句，它的使用方式有简单的，也有复杂的。SELECT 语句的基本语法如下：

```
SELECT selection list              //要查询的内容，选择哪些列
FROM  数据表名                      //指定数据表
WHERE primary_constraint           //查询时需要满足的条件，行必须满足的条件
GROUP BY grouping_columns          //如何对结果进行分组
ORDER BY sortingcloumns            //如何对结果进行排序
HAVING secondary_constraint        //查询时满足的第二条件
LIMIT count                        //限定输出的查询结果
```

其中使用的子句将在后面逐个予以介绍。下面先介绍 SELECT 语句的简单应用。

1. 使用 SELECT 语句查询单个数据表

使用 SELECT 语句从某个数据表查询数据时，首先要确定要查询的列。“*”代表所有的列。例如，查询 db_library 数据库的 tb_admin 表中的所有数据，代码如下：

```
USE db_library;
SELECT * FROM tb_admin;
```

查询结果如图 7-1 所示。

```
MySQL 8.0 Command Line Client
mysql> USE db_library;
Database changed
mysql> SELECT * FROM tb_admin;
+----------+------------+------------+---------------------+---------------------------+---------------+
| admin_id | username   | password   | create_time         | email                     | phone         |
+----------+------------+------------+---------------------+---------------------------+---------------+
|        1 | landy      | ******     | 2024-01-04 12:57:47 | NULL                      | NULL          |
|        3 | mingrisoft | mingrisoft | NULL                | NULL                      | NULL          |
|        4 | admin      | 244637     | NULL                | NULL                      | NULL          |
|        5 | mingri     | 952879     | NULL                | NULL                      | NULL          |
|        6 | mingrisoft | 168737     | NULL                | NULL                      | NULL          |
|        7 | Romero     | tSgxk1R8JE | 2018-12-22 21:14:02 | romerodanielle@outlook.com | 180-8709-5053 |
|        8 | ChiehLun   | xNcdqNXTgL | 2022-05-19 08:15:08 | 1chiehlun304@icloud.com   | 760-514-1935  |
|        9 | Koyama     | e5fK1FYzGj | 2007-10-19 07:15:33 | koyamaair@gmail.com       | 166-8413-7376 |
|       10 | MingSze    | GZ9hyCaswK | 2023-04-10 00:38:48 | lam96@outlook.com         | 212-683-4437  |
|       11 | Fernandez  | 8sH9ib70V7 | 2015-09-20 16:23:16 | tina126@icloud.com        | 66-107-7126   |
|       12 | HokYau     | unVkUSCpMQ | 2009-12-01 08:36:51 | hokyau2@outlook.com       | 312-661-1403  |
|       13 | Miller     | zy6K1jWAL6 | 2003-01-10 13:08:34 | jeffmiller@outlook.com    | 165-4984-0356 |
|       14 | Yuning     | qUCEN4U1Sj | 2004-11-27 03:32:03 | du307@mail.com            | 3-0011-1257   |
|       15 | Ayano      | Ms4kBF2VA6 | 2005-05-23 16:57:35 | ayanofukuda@icloud.com    | 80-6414-2869  |
|       16 | YuLing     | 1hxowP1C5t | 2014-01-12 18:17:57 | yulingti624@outlook.com   | 196-5813-9251 |
+----------+------------+------------+---------------------+---------------------------+---------------+
15 rows in set (0.00 sec)
```

图 7-1　查询一个数据表

这是查询表中所有列的数据，还可以针对表中的指定列进行查询，可以是某一列或多列。

2. 查询数据表中的指定列

查询数据表中的多列，只要在 SELECT 后面指定要查询的列名即可，多列之间用“,”分隔。例如，查询 tb_admin 表中的 admin_id 和 username 列数据，代码如下：

```
SELECT admin_id,username FROM tb_admin;
```

查询结果如图 7-2 所示。

```
MySQL 8.0 Command Line Client
mysql> SELECT admin_id, username FROM tb_admin;
+----------+------------+
| admin_id | username   |
+----------+------------+
|        4 | admin      |
|       15 | Ayano      |
|        8 | ChiehLun   |
|       11 | Fernandez  |
|       12 | HokYau     |
|        9 | Koyama     |
|        1 | landy      |
|       13 | Miller     |
|        5 | mingri     |
|        3 | mingrisoft |
|        6 | mingrisoft |
|       10 | MingSze    |
|        7 | Romero     |
|       16 | YuLing     |
|       14 | Yuning     |
+----------+------------+
15 rows in set (0.00 sec)
```

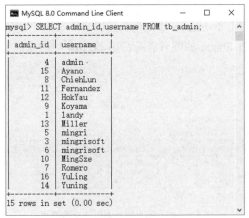

图 7-2　查询表中的多列

3. 从一个或多个表中获取数据

使用 SELECT 语句进行多表查询，需要确定所要查询的数据在哪个表中，在对多个表进行查询时，同样使用“,”对多个表进行分隔。

例如，从 tb_book 表和 tb_category 表中查询出 tb_book.book_id、tb_book.bookname、tb_category.cat_name 和 tb_book.price 字段的值，代码如下：

```
SELECT tb_book.book_id,tb_book.bookname,tb_category.cat_name,tb_book.price from tb_category,tb_book
WHERE tb_book.cat_id=tb_category.cat_id;
```

查询结果如图 7-3 所示。由于图书和图书分类是一对多的关系，在以上代码中，通过 WHERE 条件子句限定了，只取 tb_book 表中的图书对应的图书分类名称，根据条件返回查询结果。

MySQL 8.0 Command Line Client

mysql> SELECT tb_book.book_id, tb_book.bookname, tb_category.cat_name, tb_book.price from tb_category, tb_book WHERE tb_book.cat_id=tb_category.cat_id;

book_id	bookname	cat_name	price
1001	C语言从入门到精通（第6版）	IT科技	39.9
1002	GO语言编程从入门到实践	IT科技	54
1003	C语言趣味编程100例	IT科技	24.9
1004	R语言数据可视化	IT科技	64.5
1005	Java从入门到精通（第7版）	IT科技	44.9
1006	深入浅出Go语言核心编程	IT科技	74.5
1007	Arduino编程从零开始	IT科技	24.9
1008	小学生Scratch创意编程	IT科技	54.5
1009	C语言经典编程282例	IT科技	34.9
1010	深入浅出R语言数据分析	IT科技	34.5
1011	Python高效编程	IT科技	59.5
1012	python 语言程序设计教程	IT科技	22.75
1013	C#从入门到精通（第7版）	IT科技	49.9
1014	x64汇编语言：从新手到AVX专家	IT科技	44
1015	微信小程序与云开发从入门到实践	IT科技	44.5
1016	Python树莓派开发从入门到精通	IT科技	44.9
1017	深入理解Go语言	IT科技	59.5
1018	精通Go语言（第2版）	IT科技	79.5
1019	HTML5+CSS3+JavaScript从入门到精通	IT科技	49.9
1020	大话设计模式 Java溢彩加强版	IT科技	64.5

20 rows in set (0.00 sec)

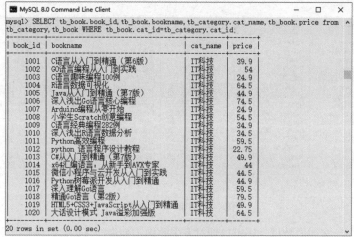

图 7-3　从多个表中获取数据

7.1.2　查询所有字段

查询所有字段是指查询表中所有字段的数据。这种方式可以将表中所有字段的数据都查询出来。在 MySQL 中可以使用“*”代表所有的列，语法格式如下：

```
SELECT * FROM 表名;
```

【例 7-1】 查询图书借阅表 tb_borrow 中的全部数据。

查询图书管理数据库 db_library 的图书借阅表 tb_borrow 中的全部数据，代码如下：

```
SELECT * FROM tb_borrow;
```

查询结果如图 7-4 所示。

MySQL 8.0 Command Line Client

mysql> SELECT * FROM tb_borrow;

borrow_id	reader_id	book_id	borrowTime	backTime	operator	ifback
1	1	1	2024-01-01	2024-02-01	landy	1
2	2	2	2024-01-01	2024-02-01	landy	0
3	2	2	2023-12-01	2024-01-01	landy	1

3 rows in set (0.00 sec)

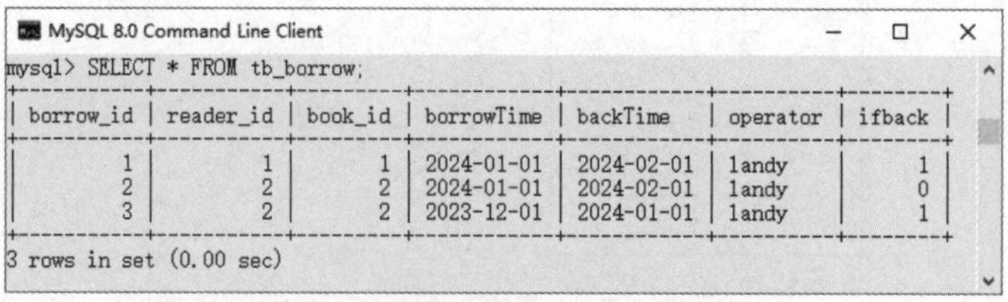

图 7-4　查询图书信息表中的全部数据

7.1.3 查询指定字段

查询指定字段的数据，可以使用下面的语法格式：

```
SELECT 字段名 FROM 表名;
```

如果查询多个字段，可以使用“,”对字段进行分隔。

【例 7-2】查询图书信息表 tb_book 中图书的名称、作者、价格、图书唯一识别码。

从图书管理数据库 db_library 的图书信息表 tb_book 中查询图书的名称 bookname、作者 author、价格 price 和图书唯一识别码 ISBN，代码如下：

```
SELECT bookname,author,price,ISBN FROM tb_book;
```

查询结果如图 7-5 所示。

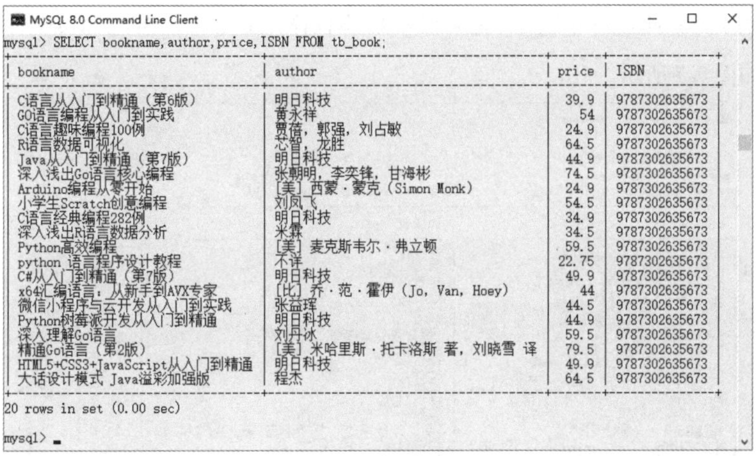

```
MySQL 8.0 Command Line Client
mysql> SELECT bookname, author, price, ISBN FROM tb_book;
+------------------------------------+--------------------------------------+-------+---------------+
| bookname                           | author                               | price | ISBN          |
+------------------------------------+--------------------------------------+-------+---------------+
| C语言从入门到精通（第6版）          | 明日科技                             |  39.9 | 9787302635673 |
| GO语言编程从入门到实践              | 黄永祥                               |    54 | 9787302635673 |
| C语言趣味编程100例                  | 贾蓓，郭强，刘占敏                   |  24.9 | 9787302635673 |
| R语言数据可视化                     | 芯智，龙胜                           |  64.5 | 9787302635673 |
| Java从入门到精通（第7版）           | 明日科技                             |  44.9 | 9787302635673 |
| 深入浅出Go语言核心编程              | 张朝明，李奕锋，甘海彬               |  74.5 | 9787302635673 |
| Arduino编程从零开始                 | [美] 西蒙·蒙克（Simon Monk）         |  24.9 | 9787302635673 |
| 小学生Scratch创意编程               | 刘凤飞                               |  54.5 | 9787302635673 |
| C语言经典编程282例                  | 明日科技                             |  34.9 | 9787302635673 |
| 深入浅出R语言数据分析               | 米霖                                 |  34.5 | 9787302635673 |
| Python高效编程                      | [美] 麦克斯韦尔·弗立顿               |  59.5 | 9787302635673 |
| python 语言程序设计教程             | 不详                                 | 22.75 | 9787302635673 |
| C#从入门到精通（第7版）             | 明日科技                             |  49.9 | 9787302635673 |
| x64汇编语言：从新手到AVX专家        | [比] 乔·范·霍伊（Jo, Van, Hoey）     |    44 | 9787302635673 |
| 微信小程序与云开发从入门到实践      | 张益珲                               |  44.5 | 9787302635673 |
| Python树莓派开发从入门到精通        | 明日科技                             |  44.9 | 9787302635673 |
| 深入理解Go语言                      | 刘丹冰                               |  59.5 | 9787302635673 |
| 精通Go语言（第2版）                 | [美] 米哈里斯·托卡洛斯 著，刘晓雪 译 |  79.5 | 9787302635673 |
| HTML5+CSS3+JavaScript从入门到精通   | 明日科技                             |  49.9 | 9787302635673 |
| 大话设计模式 Java溢彩加强版         | 程杰                                 |  64.5 | 9787302635673 |
+------------------------------------+--------------------------------------+-------+---------------+
20 rows in set (0.00 sec)

mysql>
```

图 7-5 查询结果

7.1.4 查询指定数据

如果要从很多记录中查询出指定的记录，则需要设定查询的条件。设定查询条件应用的是 WHERE 子句，该子句可以实现很多复杂的条件查询。在使用 WHERE 子句时，需要使用一些比较运算符来确定查询的条件。

【例 7-3】查询名为 Romero 的管理员。

从图书馆管理系统 db_library 的管理表 tb_admin 中查询名为 Romero 的管理员，主要是通过 WHERE 子句实现的。具体代码如下：

```
SELECT * FROM tb_admin WHERE username='Romero';
```

查询结果如图 7-6 所示。

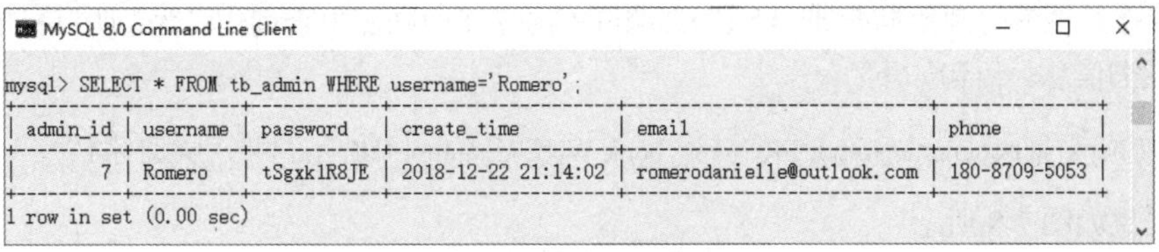

```
MySQL 8.0 Command Line Client
mysql> SELECT * FROM tb_admin WHERE username='Romero';
+----------+----------+------------+---------------------+----------------------------+--------------+
| admin_id | username | password   | create_time         | email                      | phone        |
+----------+----------+------------+---------------------+----------------------------+--------------+
|        7 | Romero   | tSgxk1R8JE | 2018-12-22 21:14:02 | romerodanielle@outlook.com | 180-8709-5053 |
+----------+----------+------------+---------------------+----------------------------+--------------+
1 row in set (0.00 sec)
```

图 7-6 查询指定数据

7.2 按条件查询

在对数据表进行数据查询时，可以通过 WHERE 子句指定查询条件，以返回满足指定条件的数据记录集。在指定查询条件时，一般要用到 MySQL 支持的运算符，有关运算符的具体介绍详见第 9 章。本节重点介绍了几种常用的条件查询。

7.2.1 带关系运算符的查询

带关系运算符的查询，也就是将 MySQL 支持的关系运算符引入数据库查询中。

【例 7-4】从图书管理数据库 db_library 的图书信息表 tb_book 中，查询定价 price 大于 40 元的图书。语句如下：

SELECT bookname,author,price FROM tb_book WHERE price>40;

执行结果如图 7-7 所示。

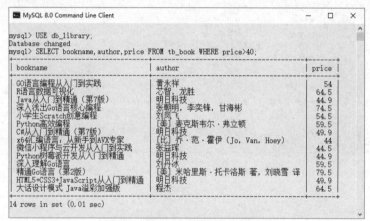

图 7-7 查询价格大于 40 元的图书

7.2.2 带 IN 关键字的查询

关键字 IN 可以判断某个字段的值是否在指定的集合中。如果字段的值在集合中，则满足查询条件，返回该字段所属记录；如果不在集合中，则不满足查询条件，不返回该记录。语法格式如下：

SELECT * FROM 表名 WHERE 条件 [NOT] IN(元素 1,元素 2,...,元素 n);

参数说明如下。
(1) [NOT]：可选项，表示返回不在该集合内的记录。
(2) 元素：表示集合中的元素，各元素之间用逗号隔开，字符型元素需要加上单引号。

【例 7-5】从图书管理数据库 db_library 的图书信息表 tb_book 中查询作者为"明日科技"和"刘丹冰"的图书信息。语句如下：

SELECT book_id,bookname,author FROM tb_book WHERE author IN('明日科技','刘丹冰');

查询结果如图 7-8 所示。

图 7-8　使用 IN 关键字查询

7.2.3　带 BETWEEN AND 关键字的查询

关键字 BETWEEN AND 可以判断某个字段的值是否在指定的范围内。如果字段的值在指定范围内，则满足查询条件，该记录将被查询出来；如果不在指定范围内，则不满足查询条件。其语法如下：

SELECT * FROM 表名 WHERE 条件 [NOT] BETWEEN 取值1 AND 取值2;

参数说明如下。
(1) [NOT]：可选项，表示返回不在指定范围内的记录。
(2) 取值1：表示范围的起始值。
(3) 取值2：表示范围的终止值。

【例 7-6】从图书管理数据库 db_library 的图书信息表 tb_book 中，查询价格在 30 和 40 元之间的图书信息，语句如下：

SELECT bookname,author,price FROM tb_book WHERE price BETWEEN 30 AND 40;

查询结果如图 7-9 所示。

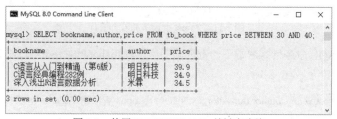

图 7-9　使用 BETWEEN AND 关键字查询

如果要查询价格不在 30 和 40 元之间的图书信息，则可以通过 NOT BETWEEN AND 来完成。查询语句如下：

SELECT bookname,author,price FROM tb_book WHERE price NOT BETWEEN 30 AND 40;

7.2.4　空值查询

IS NULL 关键字可以用来判断字段的值是否为空值(NULL)。如果字段的值是空值，则满足查询条件，返回该记录；如果不满足查询条件，则不返回该记录。语法格式如下：

SELECT * FROM 表名 WHERE 条件 字段 IS NOT NULL;

其中，NOT 是可选参数，加上 NOT 表示当该字段为非空值时，返回该记录。

【例 7-7】在图书管理数据库 db_library 的图书信息表 tb_book 中，插入一个 test 字段，默认值为 null，为该字段添加几个值，然后使用 IS NOT NULL 进行查询。

(1) 为图书信息表 tb_book 添加 test 字段，语句如下：

ALTER TABLE tb_book ADD test VARCHAR(50) NULL;

查询结果如图 7-10 所示。

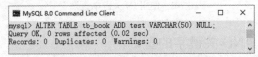

图 7-10　为 tb_book 新增 test 字段

(2) 通过 Navicat 为 tb_book 表的 test 字段增加若干值，如图 7-11 所示。

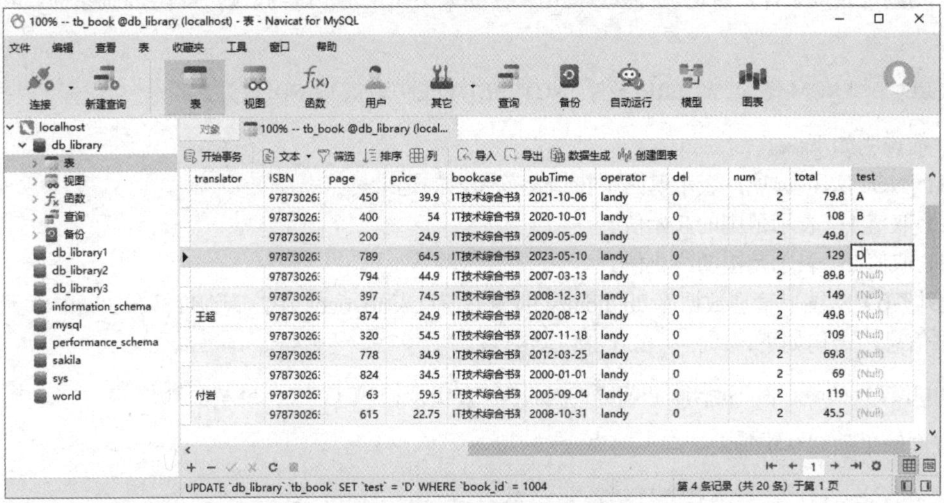

图 7-11　为 test 字段增加若干值

(3) 切换到 MySQL 命令行客户端下，查询图书信息表 tb_book 中 test 字段不为空的记录，语句如下：

SELECT book_id,bookname,author,translator,test FROM tb_book WHERE test IS NOT NULL;

查询结果如图 7-12 所示。

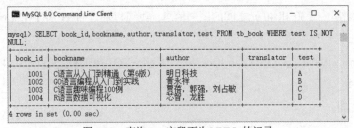

图 7-12　查询 test 字段不为 NULL 的记录

从图 7-12 中可以看到，只返回了 test 字段不为 NULL 的记录。另外，从图 7-12 中还能发现 translator 字段为空，在这里试试返回该字段不为空的记录，语句如下：

```
SELECT book_id,bookname,author,translator,test FROM tb_book WHERE translator IS NOT NULL;
```

查询结果如图 7-13 所示。

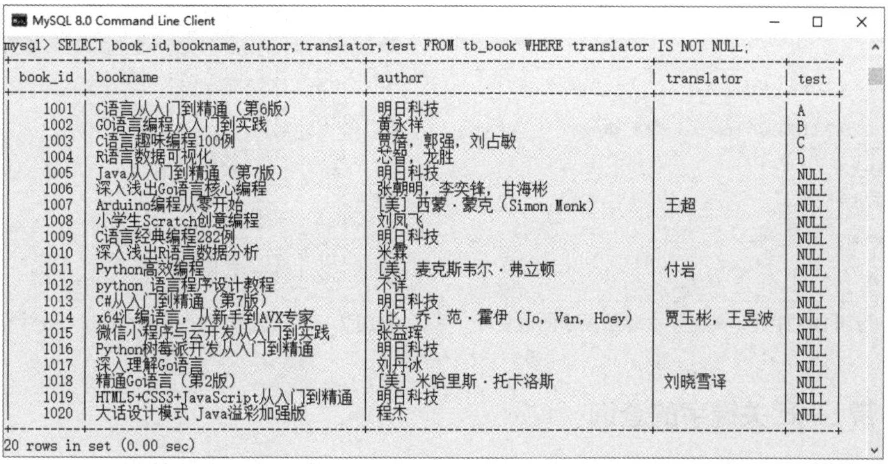

MySQL 8.0 Command Line Client

mysql> SELECT book_id, bookname, author, translator, test FROM tb_book WHERE translator IS NOT NULL;

book_id	bookname	author	translator	test
1001	C语言从入门到精通（第6版）	明日科技		A
1002	GO语言编程从入门到实践	黄永祥		B
1003	C语言趣味编程100例	贾蓓，郭强，刘占敏		C
1004	R语言数据可视化	芯智，龙胜		D
1005	Java从入门到精通（第7版）	明日科技		NULL
1006	深入浅出Go语言核心编程	张朝明，李奕锋，甘海彬		NULL
1007	Arduino编程从零开始	[美] 西蒙·蒙克（Simon Monk）	王超	NULL
1008	小学生Scratch创意编程	刘凤飞		NULL
1009	C语言经典编程282例	明日科技		NULL
1010	深入浅出R语言数据分析	米霖		NULL
1011	Python高效编程	[美] 麦克斯韦尔·弗立顿	付岩	NULL
1012	python 语言程序设计教程	不详		NULL
1013	C#从入门到精通（第7版）	明日科技		NULL
1014	x64汇编语言：从新手到AVX专家	[比] 乔·范·霍伊（Jo，Van，Hoey）	贾玉彬，王昱波	NULL
1015	微信小程序与云开发从入门到实践	张益珲		NULL
1016	Python树莓派开发从入门到精通	明日科技		NULL
1017	深入理解Go语言	刘丹冰		NULL
1018	精通Go语言（第2版）	[美] 米哈里斯·托卡洛斯	刘晓雪译	NULL
1019	HTML5+CSS3+JavaScript从入门到精通	明日科技		NULL
1020	大话设计模式 Java溢彩加强版	程杰		NULL

20 rows in set (0.00 sec)

图 7-13　查询 translator 字段不为空的记录

从图 7-13 中可以看到，查询结果并不如所愿，IS NOT NULL 似乎没有奏效，MySQL 把 translator 空值记录也返回了。下面来试试直接通过运算符中的不等于(!=)来判断不为空的记录：

```
SELECT book_id,bookname,author,translator,test FROM tb_book WHERE translator!= '';
```

查询结果如图 7-14 所示。

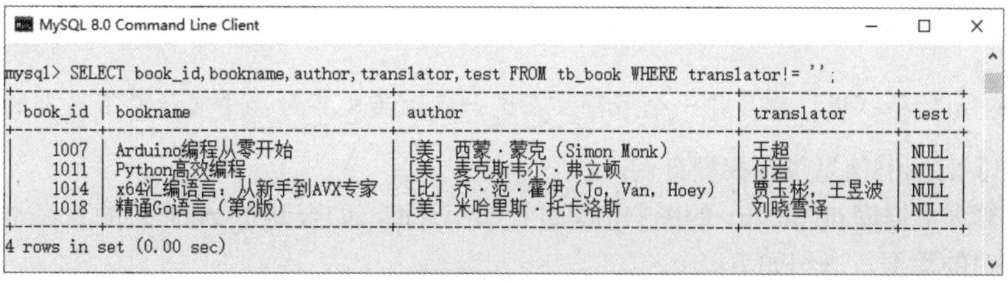

MySQL 8.0 Command Line Client

mysql> SELECT book_id, bookname, author, translator, test FROM tb_book WHERE translator!= '';

book_id	bookname	author	translator	test
1007	Arduino编程从零开始	[美] 西蒙·蒙克（Simon Monk）	王超	NULL
1011	Python高效编程	[美] 麦克斯韦尔·弗立顿	付岩	NULL
1014	x64汇编语言：从新手到AVX专家	[比] 乔·范·霍伊（Jo，Van，Hoey）	贾玉彬，王昱波	NULL
1018	精通Go语言（第2版）	[美] 米哈里斯·托卡洛斯	刘晓雪译	NULL

4 rows in set (0.00 sec)

图 7-14　通过不等于(!=)来判断不为空的记录

从返回结果看，成功将 translator 字段为空的记录筛掉了，只返回了有 translator 的记录。由此可以看出，数据字段没有值时，有可能是 NULL 值，也有可能是空字符，而空字符并不等于 NULL，因此才造成了 IS NOT NULL 的判断条件失效。在实际开发中，可以将两个条件组合起来使用。

7.2.5　用关键字 DISTINCT 去除结果中的重复行

使用 DISTINCT 关键字可以去除查询结果中的重复记录，语法格式如下：

```
SELECT DISTINCT 字段名 FROM 表名;
```

例如，要查看 tb_book 表中有哪些书架上有书，语句如下：

```
SELECT DISTINCT bookcase FROM tb_book;
```

查询结果如图 7-15 所示。去除重复记录前的 bookcase 字段值，如图 7-16 所示。

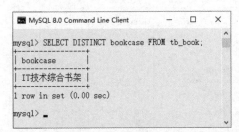

图 7-15 使用 DISTINCT 关键字去除结果中的重复行

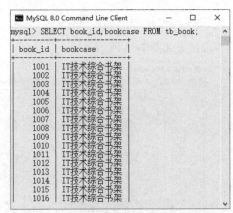

图 7-16 去除重复记录前的 bookcase 字段值

7.2.6 带 LIKE 关键字的查询

LIKE 属于较常用的比较运算符,可用于实现模糊查询。它有两种通配符:"%"和下画线"_"。

- "%"可以匹配一个或多个字符,代表任意长度的字符串,长度可以为 0。例如,"明%技"表示以"明"开头、以"技"结尾的任意长度的字符串。该字符串可以代表明日科技、明日编程科技、明日图书科技等字符串。
- "_"只匹配一个字符。例如,m_n 表示以 m 开头、以 n 结尾的 3 个字符,中间的"_"可以是任意一个字符。

说明:

字符串"m"和"明"都算作一个字符,在这一点上英文字母和中文是没有区别的。

【例 7-8】对图书信息进行模糊查询。

对图书管理数据库 db_library 的图书信息进行模糊查询,如查询 tb_book 表的 bookname 字段中包含 GO 字符的数据,语句如下:

SELECT book_id,bookname,author FROM tb_book WHERE bookname LIKE '%GO%';

查询结果如图 7-17 所示。

图 7-17 模糊查询

7.2.7 带 AND 关键字的多条件查询

AND 关键字可以用来联合多个条件进行查询。使用 AND 关键字时,只有同时满足所有查询条件的记录才会被查询出来；如果不满足查询条件中的一个，那么这样的记录将被排除。AND 关键字的语法格式如下：

SELECT * FROM 数据表名 WHERE 条件1 AND 条件2 [...AND 条件表达式 n];

AND 关键字连接两个条件表达式，可以同时使用多个 AND 关键字来连接多个条件表达式。

【例 7-9】查询 tb_book 表中 bookname 字段包含 GO 字符，并且 author 字段值为"刘丹冰"的记录，语句如下：

SELECT book_id,bookname,author FROM tb_book WHERE bookname LIKE '%GO%' AND author='刘丹冰';

查询结果如图 7-18 所示。

图 7-18　使用 AND 关键字实现多条件查询

7.2.8　带 OR 关键字的多条件查询

OR 关键字也可以用来联合多个条件进行查询，但是与 AND 关键字不同：使用 OR 关键字时，只要满足查询条件中的一个，那么此记录就会被查询出来；如果不满足查询条件中的任何一个，那么这样的记录将被排除。OR 关键字的语法格式如下：

SELECT * FROM 数据表名 WHERE 条件1 OR 条件2 [...OR 条件表达式 n];

OR 可以用来连接两个条件表达式，可以同时使用多个 OR 关键字连接多个条件表达式。

【例 7-10】根据作者查询图书信息。

从图书管理数据库查询 tb_book 表中 author 字段值为"明日科技"或者"刘丹冰"的记录，语句如下：

SELECT book_id,bookname,author FROM tb_book WHERE author='明日科技' OR author='刘丹冰';

查询结果如图 7-19 所示。

图 7-19　使用 OR 关键字实现多条件查询

7.3 高级查询

7.3.1 对查询结果排序

使用 ORDER BY 关键字可以对查询的结果进行升序(ASC)或降序(DESC)排列。在默认情况下，ORDER BY 按升序输出结果。如果要按降序排列，可以使用 DESC 来实现。语法格式如下：

ORDER BY 字段名 [ASC|DESC];

其中，ASC 表示按升序排列，DESC 表示按降序排列。

【例 7-11】对图书借阅信息排序。

查询 tb_book 表中的图书信息，并按照价格进行降序排列。查询语句如下：

SELECT book_id,bookname,price FROM tb_book ORDER BY price DESC;

查询结果如图 7-20 所示，可以看到，返回的数据记录按照 price 字段降序排列。

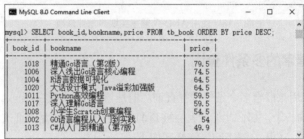

图 7-20　按价格进行降序排列

7.3.2 分组查询

GROUP BY 子句可以将数据划分到不同的组中，实现对记录进行分组查询。在查询时，所查询的列必须包含在分组的列中，目的是使查询到的数据没有矛盾。

1. 使用 GROUP BY 关键字分组

单独使用 GROUP BY 关键字，查询结果只显示每组的一条记录。

【例 7-12】实现分组统计每个书架所上架的图书数量。

使用 GROUP BY 关键字对 tb_book 表中 bookcase 字段进行分组查询，语句如下：

SELECT bookcase,COUNT(*) FROM tb_book GROUP BY bookcase;

查询结果如图 7-21 所示。

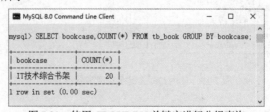

图 7-21　使用 GROUP BY 关键字进行分组查询

2. GROUP BY 关键字与 GROUP_CONCAT()函数一起使用

通常情况下，GROUP BY 关键字会与聚合函数一起使用。

【例 7-13】对图书借阅表进行分组统计。

使用 GROUP BY 关键字和 GROUP_CONCAT()函数对表中的 bookid 字段进行分组查询，语句如下：

SELECT author, GROUP_CONCAT(author) FROM tb_book GROUP BY author;

查询结果如图 7-22 所示，可以看到，"明日科技"出现了 6 次，说明有 6 本书是"明日科技"团队编写的。

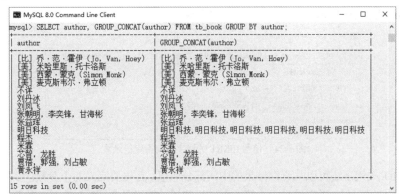

图 7-22　使用 GROUP BY 关键字与 GROUP_CONCAT()函数进行分组查询

3. 按多个字段分组

使用 GROUP BY 关键字也可以按多个字段进行分组。在分组过程中，先按照第一个字段进行分组，当第一个字段有相同值时，再按第二个字段进行分组，以此类推。

【例 7-14】按多个字段进行分组。

按 tb_book 表中的 bookcase 字段和 author 字段进行分组，分组过程中，先按照 bookcase 字段进行分组。当 bookcase 字段的值相等时，再按照 author 字段进行分组，语句如下：

SELECT bookcase,author FROM tb_book GROUP BY bookcase,author;

查询结果如图 7-23 所示。

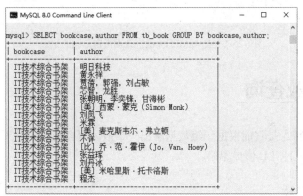

图 7-23　使用 GROUP BY 关键字按多个字段进行分组

7.3.3 使用 LIMIT 限制查询结果数量

查询数据时，可能会查询出很多记录，而用户只需要很少的一部分。这样就需要限制查询结果的数量。LIMIT 是 MySQL 中的一个特殊关键字。LIMIT 子句可以对查询结果的记录条数进行限定，控制输出的行数。下面通过具体实例来了解 LIMIT 的使用方法。

【例 7-15】查询价格最高的 3 本图书。

具体方法是在 tb_book 表中，按照价格进行降序排列，显示前 3 条记录，语句如下。

```
SELECT book_id,bookname,price FROM tb_book ORDER BY price DESC LIMIT 3;
```

查询结果如图 7-24 所示。

book_id	bookname	price
1018	精通Go语言（第2版）	79.5
1006	深入浅出Go语言核心编程	74.5
1020	大话设计模式 Java溢彩加强版	64.5

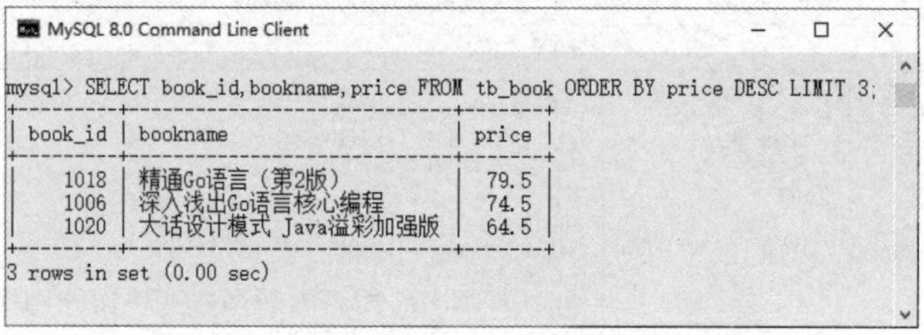

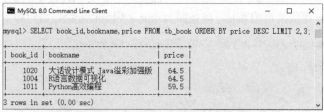

图 7-24　使用 LIMIT 关键字查询指定记录数

使用 LIMIT 关键字还可以从查询结果的中间部分取值。首先要定义两个参数：参数 1 是开始读取的第一条记录的编号(在查询结果中，第一个结果的记录编号是 0，而不是 1)，参数 2 是要查询记录的个数。

【例 7-16】查询指定范围的记录。

对 tb_book 表按照价格进行降序排列，并从编号 2 开始，查询 3 条记录，语句如下。

```
SELECT book_id,bookname,price FROM tb_book ORDER BY price DESC LIMIT 2,3;
```

查询结果如图 7-25 所示。

book_id	bookname	price
1020	大话设计模式 Java溢彩加强版	64.5
1004	R语言数据可视化	64.5
1011	Python高效编程	59.5

图 7-25　使用 LIMIT 关键字查询指定范围的记录

7.4 聚合函数查询

聚合函数的最大特点是它能根据一组数据求出一个值。聚合函数的结果值只根据选定行中非 NULL 的值进行计算，NULL 值被忽略。

7.4.1 COUNT 函数

COUNT()函数用于对除“*”以外的任何参数，返回选择集合中非 NULL 值的行的数目；对于参数"*"，返回选择集合中所有行的数目，包含 NULL 值的行。没有 WHERE 子句的 COUNT(*) 是经过内部优化的，能够快速地返回表中所有的记录总数。

【例 7-17】按照图书名称统计所有图书书目数。

使用 COUNT()函数统计图书信息表 tb_book 中的书目数，语句如下。

SELECT COUNT(*) FROM tb_book;

查询结果如图 7-26 所示。结果显示，tb_book 表中共有 20 条书目。

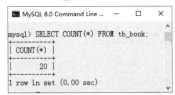

图 7-26　使用 COUNT()函数统计记录数

7.4.2　SUM 函数

SUM()函数可以求出表中某个数字类型字段取值的总和。

【例 7-18】统计图书的总价格。

使用 SUM()函数统计 tb_book 表中总金额字段(total)的总和，语句如下。

SELECT SUM(total) FROM tb_book;

查询结果如图 7-27 所示。

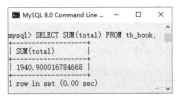

图 7-27　使用 SUM()函数统计 total 字段值的总和

7.4.3　AVG 函数

AVG()函数可以求出表中某个数字类型字段取值的平均值。

【例 7-19】计算图书的平均价格。

使用 AVG()函数求 tb_book 表中图书价格(price)字段值的平均值，语句如下。

SELECT AVG(price) FROM tb_book;

查询结果如图 7-28 所示。

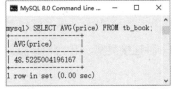

图 7-28　使用 AVG()函数求 price 字段值的平均值

7.4.4 MAX 函数

MAX()函数可以求出表中某个数字类型字段取值的最大值。

【例 7-20】查询价格最高的图书信息。

使用 MAX()函数查询 tb_book 表中 price 字段值的最大值，语句如下。

```
SELECT MAX(price) FROM tb_book;
```

查询结果如图 7-29 所示。

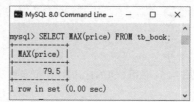

图 7-29　使用 MAX()函数求 price 字段值的最大值

7.4.5 MIN 函数

MIN()函数的用法与 MAX()函数基本相同，它可以求出表中某个数字类型字段取值的最小值。

【例 7-21】获取价格最低的图书信息。

使用 MIN()函数查询 tb_book 表中 price 字段值的最小值。查询语句如下。

```
SELECT MIN(price) FROM tb_book;
```

查询结果如图 7-30 所示。

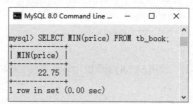

图 7-30　使用 MIN()函数求 price 字段值的最小值

7.5 连接查询

SQL 语言中，连接(join)通常指的是将两个或多个表按照某些条件结合起来，生成一个更大的表。连接可以分为内连接、外连接和交叉连接。本节将详细介绍各种连接的含义及功能。

7.5.1 内连接查询

内连接(Inner Join)是 SQL 中的一种连接类型，用于将两个或多个表中的记录根据某个条件进行匹配，并返回匹配的记录。

内连接只返回那些在两个表中都有匹配的记录。例如，一个常见的使用场景是查询参加了考试的学生信息，可以将“学籍信息”表和“部分学生成绩”表通过学号进行内连接，以获取有考试成绩的学生信息。

内连接可以分为几种类型：

- 等值连接。在连接条件中使用等于号(=)运算符比较被连接列的列值。
- 非等值连接。在连接条件中使用除等于运算符外的其他比较运算符，如大于、小于等。
- 自连接。将一张表看作两张表，通过别名区分，然后进行连接查询。

内连接的特点是不返回未匹配的记录，这意味着如果某些记录在一个表中存在而在另一个表中没有匹配项，这些记录将不会被包括在结果中。

内连接是最普遍的连接类型，而且是最匀称的，因为它们要求构成连接每一部分的每个表都匹配，不匹配的行将被排除。

内连接包括相等连接和自然连接，最常见的例子是相等连接，也就是使用等号运算符，根据每个表共有列的值匹配两个表中的行。这种情况下，最后的结果集只包含参加连接的表中与指定字段相符的行。

【例 7-22】使用内连接查询图书的借阅信息。

本实例主要涉及图书信息表 tb_book 和借阅表 tb_borrow，这两个表通过图书 ID 进行关联。具体步骤如下。

(1) 查询图书信息表关键数据，包括 book_id、bookname、author 和 price 字段，代码如下：

```
SELECT book_id,bookname,author,price FROM tb_book;
```

查询结果如图 7-31 所示。

```
MySQL 8.0 Command Line Client

mysql> SELECT book_id,bookname,author,price FROM tb_book;
+---------+------------------------------------+----------------------------------+-------+
| book_id | bookname                           | author                           | price |
+---------+------------------------------------+----------------------------------+-------+
|    1001 | C语言从入门到精通（第6版）          | 明日科技                          |  39.9 |
|    1002 | GO语言编程从入门到实践              | 黄永祥                            |    54 |
|    1003 | C语言趣味编程100例                  | 贾蓓，郭强，刘占敏                |  24.9 |
|    1004 | R语言数据可视化                     | 芯智，龙胜                        |  64.5 |
|    1005 | Java从入门到精通（第7版）           | 明日科技                          |  44.9 |
|    1006 | 深入浅出Go语言核心编程              | 张朝明，李奕锋，甘海彬            |  74.5 |
|    1007 | Arduino编程从零开始                 | [美] 西蒙·蒙克（Simon Monk）      |  24.9 |
|    1008 | 小学生Scratch创意编程               | 刘凤飞                            |  54.5 |
|    1009 | C语言经典编程282例                  | 明日科技                          |  34.9 |
|    1010 | 深入浅出R语言数据分析               | 米霖                              |  34.5 |
|    1011 | Python高效编程                      | [美] 麦克斯韦尔·弗立顿            |  59.5 |
|    1012 | python 语言程序设计教程             | 不详                              | 22.75 |
|    1013 | C#从入门到精通（第7版）             | 明日科技                          |  49.9 |
|    1014 | x64汇编语言：从新手到AVX专家        | [比] 乔·范·霍伊（Jo, Van, Hoey）  |    44 |
|    1015 | 微信小程序与云开发从入门到实践      | 张益珲                            |  44.5 |
|    1016 | Python树莓派开发从入门到精通        | 明日科技                          |  44.9 |
|    1017 | 深入理解Go语言                      | 刘丹冰                            |  59.5 |
|    1018 | 精通Go语言（第2版）                 | [美] 米哈里斯·托卡洛斯            |  79.5 |
|    1019 | HTML5+CSS3+JavaScript从入门到精通   | 明日科技                          |  49.9 |
|    1020 | 大话设计模式 Java溢彩加强版         | 程杰                              |  64.5 |
+---------+------------------------------------+----------------------------------+-------+
20 rows in set (0.00 sec)
```

图 7-31 查询结果

(2) 查询借阅表关键数据，包括 book_id、borrowTime、backTime 和 ifback 字段，代码如下：

```
SELECT book_id,borrowTime,backTime,ifback FROM tb_borrow;
```

执行结果如图 7-32 所示。

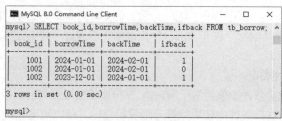

图 7-32 查询结果

(3) 从图 7-32 和图 7-33 中可以看出,两个表中都存在图书编号字段,它在两个表中是等同的,即 tb_book 表的 book_id 字段与 tb_borrow 表的 book_id 字段相等,因此可以使用 book_id 字段创建两个表的连接关系,代码如下:

SELECT tb_borrow.book_id,tb_book.bookname,tb_borrow.borrowTime,tb_borrow.backTime,tb_borrow.ifback FROM tb_book,tb_borrow WHERE tb_borrow.book_id=tb_book.book_id;

查询结果如图 7-33 所示。

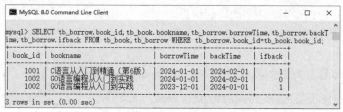

图 7-33 内连接查询

7.5.2 外连接查询

外连接(Outer Join)是一种 SQL JOIN 操作,它允许从一个表中选择所有的记录,而无论在另一个表中是否有匹配的记录。如果记录在另一个表中没有匹配,那么结果集中的值为 NULL。通俗来说,外连接可以将两个表中符合条件的记录连接在一起,同时保留其中一个表中不符合条件的数据。常用的外连接主要有左外连接和右外连接。外连接通常用于需要显示某些数据,但某些信息可能不存在的情况。

1. 左外连接

在使用左外连接进行查询时,将查询左表所有数据,以及两张表交集部分的数据。语法格式如下:

SELECT 字段列表 FROM 表 1 LEFT OUTER JOIN 表 2 ON 条件…;

左外连接查询将会查询表 1 的所有数据,包含表 1 和表 2 交集部分的数据。

左外连接是最常用的外连接之一。它可以返回左表中所有行和右表中那些匹配左表中值的行,并且如果这些行不存在匹配,则会在结果集中使用 NULL 值填充。

例如,使用左外连接查询图书信息表 tb_book 和借阅表 tb_borrow,代码如下。

SELECT tb_borrow.book_id, tb_borrow.borrowTime, tb_borrow.backTime, tb_borrow.ifback,tb_book.bookname, tb_book.author,tb_book.translator tb_book.price FROM tb_borrow LEFT JOIN tb_book ON tb_borrow.book_id=tb_book.book_id;

执行结果如图 7-34 所示。

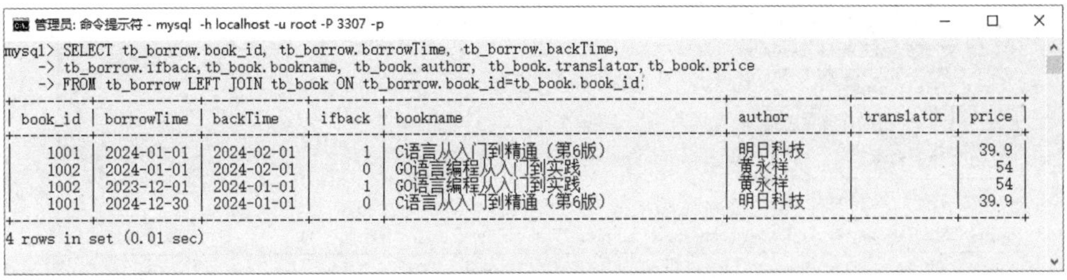

```
管理员: 命令提示符 - mysql  -h localhost -u root -P 3307 -p
mysql> SELECT tb_borrow.book_id, tb_borrow.borrowTime, tb_borrow.backTime,
    -> tb_borrow.ifback, tb_book.bookname, tb_book.author, tb_book.translator, tb_book.price
    -> FROM tb_borrow LEFT JOIN tb_book ON tb_borrow.book_id=tb_book.book_id;
```

book_id	borrowTime	backTime	ifback	bookname	author	translator	price
1001	2024-01-01	2024-02-01	1	C语言从入门到精通（第6版）	明日科技		39.9
1002	2024-01-01	2024-02-01	0	GO语言编程从入门到实践	黄永祥		54
1002	2023-12-01	2024-01-01	1	GO语言编程从入门到实践	黄永祥		54
1001	2024-12-30	2024-01-01	0	C语言从入门到精通（第6版）	明日科技		39.9

4 rows in set (0.01 sec)

图 7-34　左外连接查询图书借阅信息(1)

从图 7-34 的执行结果可以看出，代码执行左查询，这里 tb_borrow 为左表，tb_book 为右表，因此，输出结果包括了 tb_borrow 的所有记录和 tb_book 的匹配记录。

下面的查询代码将左右表调换位置：

```
SELECT tb_borrow.book_id, tb_borrow.borrowTime, tb_borrow.backTime,
tb_borrow.ifback,tb_book.bookname, tb_book.author, tb_book.translator,tb_book.price
FROM tb_book LEFT JOIN tb_borrow ON tb_book.book_id=tb_borrow.book_id;
```

执行代码，执行结果如图 7-35 所示。从输出结果中可以看出，当调换位置后，tb_book 为左表，tb_borrow 为右表，则进行左查询之后，结果集包括 tb_book 表的所有记录，而只包含了 tb_borrow 的匹配记录。表中不符合条件的数据，填充 NULL 值。

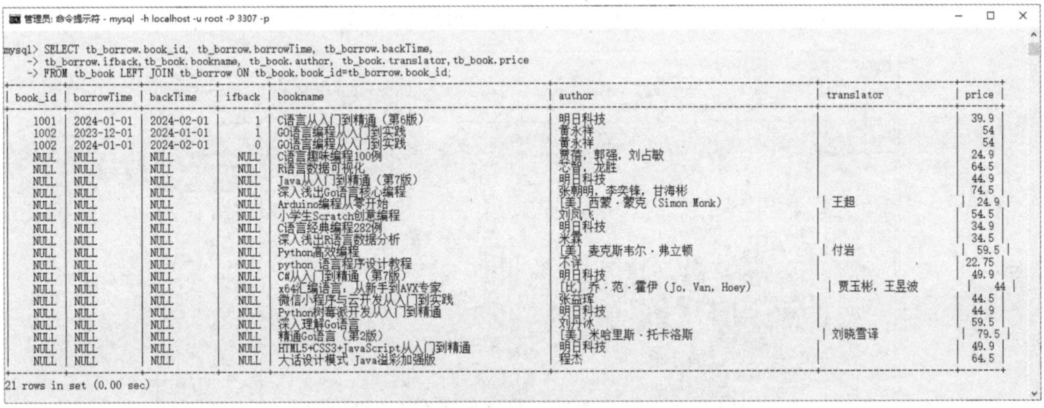

```
管理员: 命令提示符 - mysql  -h localhost -u root -P 3307 -p
mysql> SELECT tb_borrow.book_id, tb_borrow.borrowTime, tb_borrow.backTime,
    -> tb_borrow.ifback, tb_book.bookname, tb_book.author, tb_book.translator, tb_book.price
    -> FROM tb_book LEFT JOIN tb_borrow ON tb_book.book_id=tb_borrow.book_id;
```

book_id	borrowTime	backTime	ifback	bookname	author	translator	price
1001	2024-01-01	2024-02-01	1	C语言从入门到精通（第6版）	明日科技		39.9
1002	2023-12-01	2024-01-01	1	GO语言编程从入门到实践	黄永祥		54
1002	2024-01-01	2024-02-01	0	GO语言编程从入门到实践	黄永祥		54
NULL	NULL	NULL	NULL	C语言趣味编程100例	贾蔷，郭强，刘占敏		24.9
NULL	NULL	NULL	NULL	R语言数据可视化	芯智，龙胜		64.5
NULL	NULL	NULL	NULL	Java从入门到精通（第7版）	明日科技		44.9
NULL	NULL	NULL	NULL	深入浅出Go语言核心编程	张朝明，李奕锋，甘海彬		74.5
NULL	NULL	NULL	NULL	Arduino编程从零开始	[美] 西蒙·蒙克（Simon Monk）	王超	24.9
NULL	NULL	NULL	NULL	小学生Scratch创意编程	刘凤飞		54.5
NULL	NULL	NULL	NULL	C语言经典编程282例	明日科技		34.9
NULL	NULL	NULL	NULL	深入浅出R语言数据分析	米霖		34.5
NULL	NULL	NULL	NULL	Python高效编程	[美] 麦克斯韦尔·弗立顿	付岩	59.5
NULL	NULL	NULL	NULL	python 语言程序设计教程	不详		22.75
NULL	NULL	NULL	NULL	C#从入门到精通（第7版）	明日科技		49.9
NULL	NULL	NULL	NULL	x64汇编语言：从新手到AVX专家	[比] 乔·范·霍伊（Jo. Van. Hoey）	贾玉彬，王昱波	44
NULL	NULL	NULL	NULL	微信小程序与云开发从入门到实践	张益珲		44.5
NULL	NULL	NULL	NULL	Python树莓派开发从入门到精通	明日科技		44.9
NULL	NULL	NULL	NULL	深入理解Go语言	刘丹冰		59.5
NULL	NULL	NULL	NULL	精通Go语言（第2版）	[美] 米哈里斯·托卡洛斯	刘晓雪译	79.5
NULL	NULL	NULL	NULL	HTML5+CSS3+JavaScript从入门到精通	明日科技		49.9
NULL	NULL	NULL	NULL	大话设计模式 Java溢彩加强版	程杰		64.5

21 rows in set (0.00 sec)

图 7-35　左外连接查询图书借阅信息(2)

2. 右外连接

右外连接和左外连接恰好相反。右外连接将查询右表的所有数据，以及两张表交集部分数据。表中不符合条件的数据，在相应列中填充 NULL 值。

【例 7-23】对两个数据表进行右外连接。

(1) 查询当前的图书信息表 tb_book 和图书分类表 tb_category，如图 7-36 所示。

(2) 对图书分类表 tb_category 和图书信息表 tb_book 进行右外连接，其中，图书信息表 tb_book 作为左表，图书分类表 tb_category 作为右表，两表通过图书类型 ID 字段 cat_id 进行关联，代码如下：

```
SELECT tb_category.cat_id,bookname,author,price FROM tb_book RIGHT JOIN tb_category ON tb_book.cat_id
= tb_category.cat_id;
```

查询结果如图 7-37 所示。

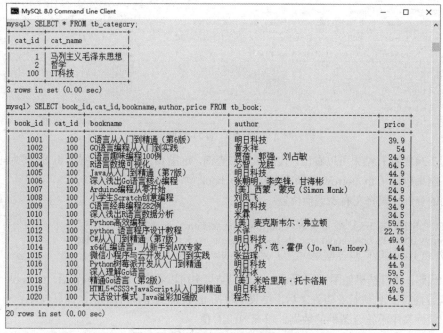

图 7-36　查询图书信息表和图书分类表

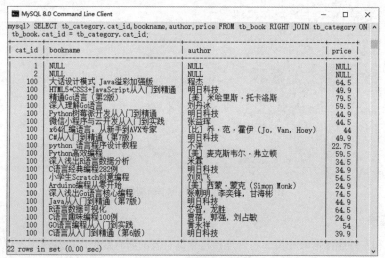

图 7-37　右外连接查询

7.5.3　复合条件连接查询

在连接查询时，也可以增加其他的限制条件。多个条件的复合查询可以使查询结果更加准确。

【例 7-24】应用复合条件连接查询实现查询未归还图书的借阅信息，代码如下。

SELECT tb_borrow.book_id,tb_borrow.borrowTime,tb_borrow.backTime,tb_borrow.ifback,tb_book.bookname, tb_book.author FROM tb_borrow,tb_book WHERE tb_borrow.book_id=tb_book.book_id AND ifback=0;

查询结果如图 7-38 所示。

图 7-38 复合条件连接查询

7.6 子查询

MySQL 可以嵌套多个 SELECT 查询,在外面一层的 SELECT 查询中使用里面一层 SELECT 查询,这样并不是执行两个(或者多个)独立的查询,而是执行包含一个(或者多个)子查询的单独查询。

当遇到这样的多层查询时,MySQL 从最内层的查询开始,然后向外向上移动到外层(主)查询,在这个过程中,每个查询产生的结果集都被赋给包围它的父查询,接着这个父查询被执行,其结果也被指定给它的父查询。

除了结果集经常由包含一个或多个值的一列组成,子查询和常规 SELECT 查询的执行方式一样。子查询可以用在任何可以使用表达式的地方,它必须由父查询包围,而且如同常规的 SELECT 查询,它必须包含一个字段列表(这是一个单列列表)、一个具有一个或者多个表名字的 FROM 子句以及可选的 WHERE、HAVING 和 GROUP BY 子句。

7.6.1 带 IN 关键字的子查询

只有子查询返回的结果列包含一个值时,比较运算符才适用。假如一个子查询返回的结果集是值的列表,这时比较运算符就必须用 IN 运算符代替。

IN 运算符可以检测结果集中是否存在某个特定的值,如果检测成功,则执行外部的查询。

【例 7-25】应用带 IN 关键字的子查询查询被借阅过的图书信息。

在执行上述查询前,先分别查询图书信息表 tb_book 和借阅表 tb_borrow 中的图书编号字段的值,以便进行对比。tb_book 表中的 book_id 字段值如图 7-39 所示。tb_borrow 表中的 book_id 字段值如图 7-40 所示。

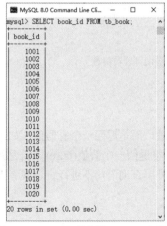

图 7-39 tb_book 表中的 book_id 字段值

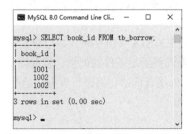

图 7-40 tb_borrow 表中的 book_id 字段值

从上面的查询结果中可以看出，在 tb_borrow 表的 bookid 字段中只有 1001、1002。编写以下带 IN 关键字的子查询语句。

SELECT book_id,bookname,author FROM tb_book WHERE book_id IN(SELECT book_id FROM tb_borrow);

查询结果如图 7-41 所示，结果只查询了图书编号为 1001 和 1002 的记录。

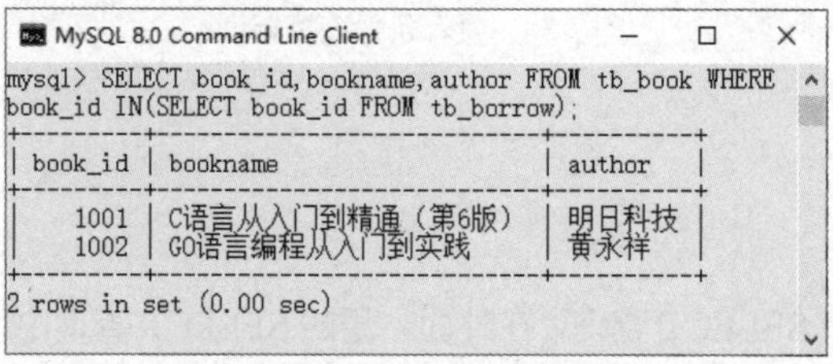

图 7-41　使用 IN 关键字实现子查询

说明：
NOT IN 关键字的作用与 IN 关键字刚好相反。在本例中，如果将 IN 换为 NOT IN，则查询结果将会显示其他图书编号的记录。

7.6.2　带比较运算符的子查询

子查询可以使用比较运算符，包括=、!=、>、>=、<、<=等。比较运算符在子查询中使用非常广泛。

【例 7-26】 查询执行某本书借阅操作的管理员信息。

从归还表 tb_back 中查询图书编号 book_id 等于 1002 的管理员(operator)，然后查询 tb_admin 表中姓名 username 为该管理员的信息，代码如下。

SELECT * FROM tb_admin WHERE username = (SELECT operator FROM tb_back WHERE book_id=1002);

查询结果如图 7-42 所示。

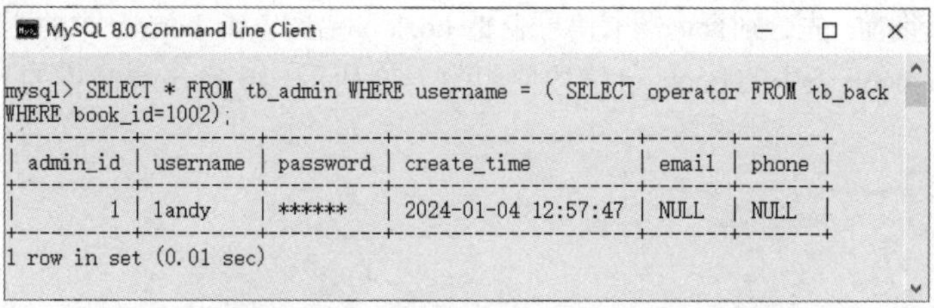

图 7-42　使用比较运算符的子查询方式来查询管理员信息

7.6.3　带 EXISTS 关键字的子查询

使用 EXISTS 关键字时，内层查询语句不返回查询的记录，而是返回一个真假值。如果内层查询语句查询到满足条件的记录，就返回一个真值(true)，否则将返回一个假值(false)。当返回的值为 true 时，外层查询语句将进行查询；当返回的值为 false 时，外层查询语句不进行查询或者查询不出任何记录。

【例 7-27】查询已经被借阅的图书。

应用带 EXISTS 关键字的子查询查询已经被借阅的图书的信息，代码如下。

SELECT book_id,bookname,author FROM tb_book WHERE EXISTS (SELECT * FROM tb_borrow WHERE tb_borrow.book_id=tb_book.book_id);

查询结果如图 7-43 所示。

图 7-43　使用 EXISTS 关键字的子查询

当把 EXISTS 关键字与其他查询条件一起使用时，需要使用 AND 或者 OR 来连接表达式与 EXISTS 关键字。

说明：

NOT EXISTS 与 EXISTS 刚好相反，使用 NOT EXISTS 关键字，当返回值是 true 时，外层查询语句不执行查询；当返回值是 false 时，外层查询语句将执行查询。

例如，将上面实例中的 EXISTS 关键字修改为 NOT EXISTS 关键字，代码如下。

SELECT book_id,bookname,author FROM tb_book WHERE NOT EXISTS (SELECT * FROM tb_borrow WHERE tb_borrow.book_id=tb_book.book_id);

执行结果为查询尚未被借阅的图书的信息，如图 7-44 所示。

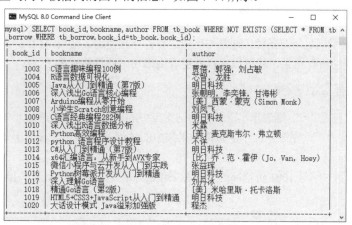

图 7-44　使用 NOT EXISTS 关键字的子查询

7.6.4　带 ANY 关键字的子查询

ANY 关键字表示满足其中任意一个条件，通常与比较运算符一起使用。使用 ANY 关键字时，只要满足内层查询语句返回的结果中的任意一个，就可以通过该条件来执行外层查询语句。语法格式如下。

列名 比较运算符 ANY(子查询)

如果比较运算符是"<",则表示小于子查询结果集中的某一个值;如果是">",则表示至少大于子查询结果集中的某一个值(或者说大于子查询结果集中的最小值)。

例如,从图书信息表 tb_book 中查询出非最低价格的全部图书信息,主要是通过带 ANY 关键字的子查询实现查询非最低图书价格的图书信息,示例代码如下。

SELECT book_id,bookname,author,price FROM tb_book WHERE price > ANY(SELECT Min(price) FROM tb_book);

执行结果如图 7-45 所示。

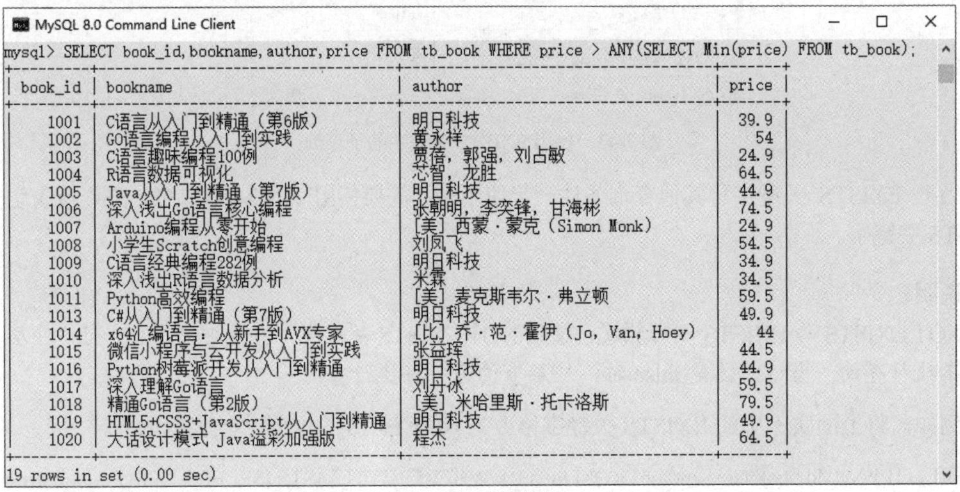

图 7-45 查询结果

7.6.5 带 ALL 关键字的子查询

ALL 关键字表示满足所有条件,通常与比较运算符一起使用。使用 ALL 关键字时,只有满足内层查询语句返回的所有结果,才可以执行外层查询语句。语法格式如下。

列名 比较运算符 ALL(子查询)

如果比较运算符是"<",则表示小于子查询结果集中的任何一个值(或者说小于子查询结果集中的最小值);如果是">",则表示大于子查询结果集中的任何一个值(或者说大于子查询结果集中的最大值)。

例如,查询比图书编号 1001 价格高的全部图书信息,主要是通过带 ALL 关键字的子查询实现,示例代码如下。

SELECT book_id,bookname,author,price FROM tb_book WHERE price > ALL(SELECT price FROM tb_book WHERE book_id=1001);

执行结果如图 7-46 所示。

说明:

ANY 关键字和 ALL 关键字的使用方式是一样的,但是二者有很大的区别:使用 ANY 关键字时,只要满足内层查询语句返回的结果中的任何一个,就可以通过该条件来执行外层查询语句;而 ALL 关键字则需要满足内层查询语句返回的所有结果,才可以执行外层查询语句。

```
MySQL 8.0 Command Line Client
mysql> SELECT book_id,bookname,author,price FROM tb_book WHERE price > ALL(SELECT price FROM tb_book
WHERE book_id=1001);
+---------+-----------------------------------+--------------------------------+-------+
| book_id | bookname                          | author                         | price |
+---------+-----------------------------------+--------------------------------+-------+
|    1002 | GO语言编程从入门到实践            | 黄永祥                         |    54 |
|    1004 | R语言数据可视化                   | 芯智，龙胜                     |  64.5 |
|    1005 | Java从入门到精通（第7版）         | 明日科技                       |  44.9 |
|    1006 | 深入浅出Go语言核心编程            | 张朝明，李奕锋，甘海彬         |  74.5 |
|    1008 | 小学生Scratch创意编程             | 刘凤飞                         |  54.5 |
|    1011 | Python高效编程                    | [美] 麦克斯韦尔·弗立顿         |  59.5 |
|    1013 | C#从入门到精通（第7版）           | 明日科技                       |  49.9 |
|    1014 | x64汇编语言：从新手到AVX专家      | [比] 乔·范·霍伊（Jo，Van，Hoey）|    44 |
|    1015 | 微信小程序与云开发从入门到实践    | 张益珲                         |  44.5 |
|    1016 | Python树莓派开发从入门到精通      | 明日科技                       |  44.9 |
|    1017 | 深入理解Go语言                    | 刘丹冰                         |  59.5 |
|    1018 | 精通Go语言（第2版）               | [美] 米哈里斯·托卡洛斯         |  79.5 |
|    1019 | HTML5+CSS3+JavaScript从入门到精通 | 明日科技                       |  49.9 |
|    1020 | 大话设计模式 Java溢彩加强版       | 程杰                           |  64.5 |
+---------+-----------------------------------+--------------------------------+-------+
14 rows in set (0.00 sec)
```

图 7-46　查询结果

7.7 合并查询结果

合并查询结果是将多个 SELECT 语句的查询结果合并到一起。因为某些情况下，需要将几个 SELECT 语句查询出来的结果合并起来进行显示。合并查询结果使用 UNION 和 UNION ALL 关键字。UNION 关键字是将所有的查询结果合并到一起，然后去除相同记录；而 UNION ALL 关键字则只是简单地将结果合并到一起。下面分别介绍这两种合并方法。

7.7.1 使用 UNION 关键字

使用 UNION 关键字可以将多个结果集合并到一起，并且会去除相同记录。下面举例说明具体的使用方法。

【例 7-28】将两个相同结构的数据表进行合并。

假设有一个与归还表 tb_back 结构相同的数据表 tb_back_copy1，查询结果如图 7-47 所示。

```
MySQL 8.0 Command Line Client
mysql> SELECT * FROM tb_back;
+---------+-----------+---------+------------+----------+
| back_id | reader_id | book_id | backTime   | operator |
+---------+-----------+---------+------------+----------+
|       1 |         1 |    1001 | 2024-02-01 | landy    |
|       2 |         2 |    1002 | 2024-02-01 | landy    |
+---------+-----------+---------+------------+----------+
2 rows in set (0.00 sec)

mysql> SELECT * FROM tb_back_copy1;
+---------+-----------+---------+------------+----------+
| back_id | reader_id | book_id | backTime   | operator |
+---------+-----------+---------+------------+----------+
|       1 |         1 |    1001 | 2024-02-01 | landy    |
|       3 |         1 |    1003 | 2024-02-01 | landy    |
|       4 |         2 |    1004 | 2024-02-01 | landy    |
+---------+-----------+---------+------------+----------+
3 rows in set (0.00 sec)
```

图 7-47　tb_back 表和 tb_back_copy1 表的结构与数据

查询结果显示，tb_book 表和 tb_back_copy1 表的结构相同，且两个表有一条记录相同。下面使用 UNION 关键字合并两个表的查询结果，语句如下。

```
SELECT * FROM tb_back UNION SELECT * FROM tb_back_copy1;
```

查询结果如图 7-48 所示。结果显示，所有结果被合并，重复值被去除。

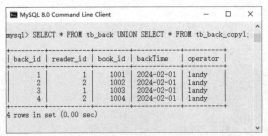

图 7-48 使用 UNION 关键字合并查询结果

7.7.2 使用 UNION ALL 关键字

UNION ALL 关键字的使用方法类似于 UNION 关键字，也是将多个结果集合并到一起，但是该关键字不会去除相同记录。

下面使用 UNION ALL 关键字合并查询结果，但是不去除重复值，代码如下。

SELECT * FROM tb_back UNION ALL SELECT * FROM tb_back_copy1;

查询结果如图 7-49 所示。

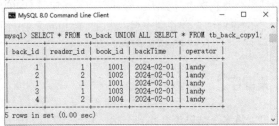

图 7-49 使用 UNION ALL 关键字合并查询结果

7.8 定义表和字段的别名

在查询时，可以为表和字段取一个别名，这个别名可以代替其指定的表和字段。为表和字段取别名，能够使查询更加方便，而且可以使查询结果以更加简洁的方式显示。

7.8.1 为表取别名

当表的名称特别长，或者进行连接查询时，在查询语句中直接使用表名很不方便，这时可以为表取一个简洁的别名。

【例 7-29】使用左连接查询查询图书的完整信息，并为图书信息表 tb_book 指定别名为 book，为图书类别表 tb_category 指定别名为 category。

具体代码如下。

SELECT book.bookname,book.author,category.cat_name
FROM tb_book AS book
LEFT JOIN tb_category AS category ON book.cat_id= category.cat_id;

其中，tb_book AS book 表示 tb_book 表的别名为 book，book.cat_id 表示 tb_book 表中的 cat_id

字段。查询结果如图 7-50 所示。

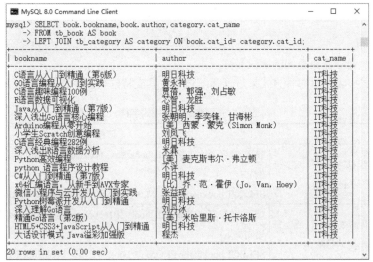

图 7-50　为表取别名

7.8.2　为字段取别名

当查询数据时，MySQL 会显示每个输出列的名称。默认情况下，显示的列名是创建表时定义的列名。同样可以为这个列取一个别名。另外，在使用聚合函数进行查询时，也可以为统计结果列设置一个别名。

MySQL 中为字段取别名的基本形式如下。

> 字段名 [AS] 别名

【例 7-30】统计每本图书的借阅次数，并取别名为 degree。

在 COUNT(*)后面接上 AS 关键字和别名 borrow_numbers 即可，修改后的代码如下。

SELECT book_id,COUNT(*) AS borrow_numbers FROM tb_borrow GROUP BY book_id;

查询结果如图 7-51 所示。

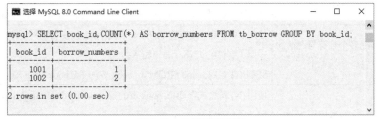

图 7-51　为字段取别名

7.9　使用正则表达式查询

正则表达式是用某种模式匹配一类字符串的一种方式。正则表达式的查询能力比通配符的查询能力更强大，而且更加灵活。下面详细讲解如何使用正则表达式进行查询。

在 MySQL 中，使用关键字 REGEXP 来匹配查询正则表达式，其基本形式如下。

字段名 REGEXP '匹配方式'

参数说明如下。
(1) 字段名：表示需要查询的字段名称。
(2) 匹配方式：表示以哪种方式来进行匹配查询。其支持的模式字符如表 7-1 所示。

表 7-1 正则表达式的模式字符

模式字符	含义	应用举例
^	匹配以特定字符或字符串开头的记录	使用"^"表达式查询 tb_book 表中 bookname 字段以字母 GO 开头的记录，例如： SELECT bookname FROM tb_book WHERE bookname REGEXP 'GO^';
$	匹配以特定字符或字符串结尾的记录	使用"$"表达式查询 tb_book 表中 bookname 字段以"实践"结尾的记录，语句如下： SELECT bookname FROM tb_book WHERE bookname REGEXP '实践$';
.	匹配字符串的任意一个字符，包括回车和换行符	使用"."表达式查询 tb_book 表的 bookname 字段中包含 P 字符的记录，语句如下： SELECT bookname FROM tb_book WHERE bookname REGEXP 'P.';
[字符集合]	匹配"字符集合"中的任意一个字符	使用"[]"表达式查询 tb_book 表的 bookname 字段中包含 PCA 字符的记录，语句如下： SELECT bookname FROM tb_book WHERE bookname REGEXP '[PCA]';
[^字符集合]	匹配除"字符集合"以外的任意一个字符	使用"[^]"表达式查询 tb_book 表的 bookname 字段中不包含 PCA 字符的记录，语句如下： SELECT bookname FROM tb_book WHERE bookname REGEXP '[^PCA]';
S1|S2|S3	匹配 S1、S2 和 S3 中的任意一个字符串	查询 tb_book 表的 bookname 字段中包含 php、c 或者 java 字符中任意一个字符的记录，语句如下： SELECT bookname FROM tb_book WHERE bookname REGEXP 'php|c|java';
*	匹配多个某符号之前的字符，包括 0 个和 1 个	使用"*"表达式查询 tb_book 表的 bookname 字段中 A 字符前出现过 0 个或 1 个 J 字符的记录，语句如下： SELECT bookname FROM tb_book WHERE bookname REGEXP 'J*A';
+	匹配多个某符号之前的字符，包括 1 个	使用"+"表达式查询 tb_book 表的 bookname 字段中 A 字符前至少出现过一个 J 字符的记录，语句如下： SELECT bookname FROM tb_book WHERE bookname REGEXP 'J+A';
字符串{N}	匹配字符串出现 N 次	使用{N}表达式查询 tb_book 表的 bookname 字段中连续出现 3 次 a 字符的记录，语句如下： SELECT bookname FROM tb_book WHERE bookname REGEXP 'a{3}';
字符串{M,N}	匹配字符串出现至少 M 次，最多 N 次	使用{M,N}表达式查询 tb_book 表的 bookname 字段中最少出现 2 次，最多出现 4 次 a 字符的记录，语句如下： SELECT bookname FROM tb_book WHERE bookname REGEXP 'a{2,4}';

这里的正则表达式与 Java、PHP 等编程语言中的正则表达式基本一致。

1. 匹配指定字符中的任意一个

使用方括号([])可以将需要查询字符组成一个字符集。只要记录中包含方括号中的任意字符，该记录就会被查询出来。例如，通过[abc]可以查询包含 a、b 和 c 这 3 个字母中任何一个的记录。

【例 7-31】从 tb_admin 表 username 字段中查询包含 a、e、i、o 和 u 这 5 个字母的任意一个的记录，代码如下。

SELECT admin_id,username FROM tb_admin WHERE username REGEXP '[aeiou]';

代码执行结果如图 7-52 所示。

图 7-52 匹配指定字符中的任意一个

2. 使用 "*" 和 "+" 来匹配多个字符

在正则表达式中，"*" 和 "+" 都可以匹配多个某符号前面的字符。但是，"+" 至少表示一个字符，而 "*" 可以表示 0 个字符。

【例 7-32】从 tb_admin 表的 username 字段中查询字母 y 之前出现过 m 的记录。
SQL 代码如下。

SELECT admin_id,username FROM tb_admin WHERE username REGEXP 'm*y';

代码执行结果如图 7-53 所示。

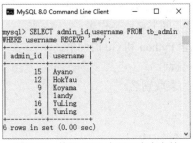

图 7-53 使用 "*" 来匹配多个字符

3. 匹配以指定的字符开头和结束的记录

在正则表达式中，"^" 表示字符串的开始位置，"$" 表示字符串的结束位置。下面将通过一个具体的实例演示如何匹配以指定的字符开头和结束的记录。

【例 7-33】查询以 l 开头、以 y 结束的管理员信息。

在 tb_admin 表中查询姓名字段 username 中以 l 开头、以 y 结束的管理员信息，可以通过正则表达式查询来实现。在正则表达式中,"^"表示字符串的开始位置,"$"表示字符串的结束位置,"*"表示任意字符,代码如下。

SELECT admin_id,username FROM tb_admin WHERE username REGEXP '^l.*y$';

查询结果如图 7-54 所示。

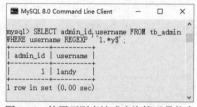

图 7-54　使用正则表达式查询管理员信息

7.10　本章小结

本章对 MySQL 数据库常见的查询方法进行了详细讲解,并通过大量的举例说明,帮助读者更好地理解所学知识。在阅读本章时,读者应该重点掌握单表查询、连接查询、子查询和合并查询结果。本章学习的难点是使用正则表达式来查询。正则表达式的功能很强大,使用起来很灵活。希望读者能够查阅正则表达式的相关资料,以更加透彻地理解正则表达式。

7.11　思考与练习

1. 从图书表 tb_book 中查询所有的字段。
2. 从图书表 tb_book 中查询图书,只显示图书名称、作者、价格。
3. 从图书表 tb_book 中查询作者为"明日科技"的图书。
4. 从图书表 tb_book 中查询有关 Python 的图书。
5. 查询图书表 tb_book,只显示前 3 条数据。
6. 查询图书表 tb_book,返回图书总数。
7. 查询借阅了哪些图书,显示图书名称及作者。
8. 通过 IN 关键字,查询包含 Python 和 Go 的图书。
9. 请用 UNION 关键字进行查询。
10. 练习在查询数据过程中为表取别名。

第 8 章 MySQL 函数

MySQL 提供了众多功能强大、方便易用的函数，使用这些函数可以极大地提高用户对数据库的管理效率。MySQL 中的函数包括数学函数、字符串函数、日期和时间函数、条件判断函数、系统信息函数和加密函数等。本章将介绍 MySQL 中这些函数的功能和用法。

本章的学习目标：
- 了解什么是 MySQL 函数。
- 掌握各种数学函数的用法。
- 掌握各种字符串函数的用法。
- 掌握时间和日期函数的用法。
- 掌握条件判断函数的用法。
- 掌握系统信息函数的用法。
- 掌握加密函数的用法。
- 熟练掌握综合案例中函数的操作方法和技巧。

8.1 MySQL 函数简介

函数表示对输入参数值返回一个具有特定关系的值，MySQL 提供了大量的函数，在进行数据库管理以及数据的查询和操作时将会经常用到各种函数。通过对数据的处理，数据库功能可以变得更加强大，可以更加灵活地满足不同用户的需求。从功能方面划分，MySQL 函数主要包括数学函数、字符串函数、日期和时间函数、条件判断函数、系统信息函数和加密函数等。本章将分类介绍不同函数的使用方法。

8.2 数学函数

数学函数主要用来处理数值数据，主要的数学函数有绝对值函数、三角函数(包括正弦函数、余弦函数、正切函数、余切函数等)、对数函数、随机数函数等。在有错误产生时，数学函数将会返回空值(NULL)。常见的数学函数如表 8-1 所示。

表 8-1 常见的数学函数及功能

函数名	功能描述
ABS(X)	返回 X 的绝对值
PI()	返回圆周率
SQRT(x)	返回非负数 x 的二次方根
MOD(x,y)	返回 x 被 y 除后的余数
CEIL(x)和 CEILING(x)	返回不小于 x 的最小整数值
FLOOR(x)	返回不大于 x 的最大整数值
RAND(x)	返回一个随机浮点值 v，范围在 0 和 1 之间(0≤v≤ 1.0)。若已指定一个整数参数 x，则它被用作种子值，用来产生重复序列
RAND()	产生随机数
ROUND(x)	返回最接近于参数 x 的整数，对 x 值进行四舍五入
ROUND(x,y)	返回最接近于参数 x 的数，其值保留到小数点后面 y 位，若 y 为负值，则将保留 x 值到小数点左边 y 位
TRUNCATE(x,y)	对操作数 x 进行截取操作，结果保留小数点后面 y 位
SIGN(x)	返回参数的符号，x 的值为负、零或正时返回结果依次为-1、0 或 1
POW(x,y)和 POWER(x,y)	返回 x 的 y 次乘方的结果值
EXP(x)	返回以 e 为底的 x 次方
LN(x)	返回 x 的自然对数，即 x 相对于基数 e 的对数
LOG10(x)	返回 x 的基数为 10 的对数
RADIANS(x)	将参数 x 由角度转化为弧度
DEGREES(x)	将弧度 x 转换为角度
SIN(x)	返回 x 的正弦，其中 x 为弧度值
ASIN(x)	返回 x 的反正弦，即正弦为 x 的弧度值
COS(x)	返回 x 的余弦，其中 x 为弧度值
ACOS(x)	返回 x 的反余弦，即余弦为 x 的弧度值
TAN(x)	返回 x 的正切，其中 x 为弧度值
ATAN(x)	返回 x 的反正切，即正切为 x 的弧度值
COT(x)	返回 x 的余切，其中 x 为弧度值

下面通过一些示例来演示函数的使用。

【例 8-1】求-33 的绝对值、圆周率 π 的值，以及对 MOD(31,8)进行求余运算，语句如下：

SELECT ABS(-33),pi(),MOD(31,8);

运行结果如图 8-1 所示。

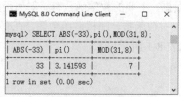

图 8-1 运行结果

-33 的绝对值为 33；pi()返回圆周率 π 的值，保留了 6 位有效数字；MOD(31,8)求余结果为 7。

【例 8-2】使用 RAND()和 RAND(x)函数产生随机数，输入语句如下：

SELECT RAND(),RAND(),RAND(10);

运行结果如图 8-2 所示。

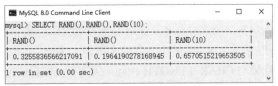

图 8-2　运行结果

可以看到，不带参数的 RAND()每次产生的随机数值是不同的。

【例 8-3】使用 ROUND(x)和 ROUND(x,y)函数对操作数进行四舍五入操作，使用 SIGN 函数返回参数的符号，使用 POW 和 POWER 函数进行乘方运算，输入语句如下：

SELECT ROUND(-3.14),ROUND(1.48,1),SIGN(-11),POW(3,3),POWER(3,3);

运行结果如图 8-3 所示。

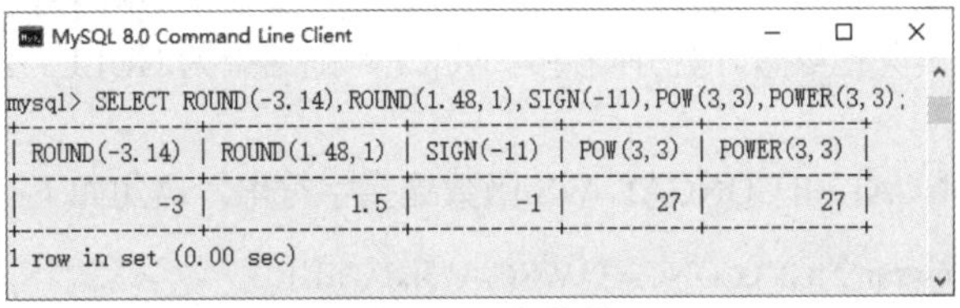

图 8-3　运行结果

可以看到，ROUND(-3.14)只保留了整数部分；ROUND(1.48,1)保留小数点后面 1 位，四舍五入的结果为 1.5；SIGN(-11)返回-1；POW 和 POWER 的结果是相同的，POW(3,3)和 POWER(3,3)返回 3 的 3 次方，结果都是 27。

8.3　字符串函数

字符串函数主要用来处理数据库中的字符串数据，MySQL 中的字符串函数有计算字符串长度函数、字符串合并函数、字符串替换函数、字符串比较函数、查找指定字符串位置函数等。本节将介绍常用字符串函数的功能和用法。

1. 计算字符串字符数的函数和计算字符串长度的函数

CHAR_LENGTH(str)返回值为字符串 str 所包含的字符个数。一个多字节字符算作一个单字符。

【例 8-4】使用 CHAR_LENGTH 函数计算字符串字符个数，使用 LENGTH 函数计算字符串长度，语句如下：

SELECT CHAR_LENGTH("chinese"),LENGTH("chinese");

运行结果如图 8-4 所示。

图 8-4 运行结果

LENGTH(str)返回值为字符串的字节长度,使用 utf8(UNICODE 的一种变长字符编码,又称万国码)编码字符集时,1 个汉字是 3 字节,1 个数字或字母是 1 字节。

LENGTH(str)计算的结果与 CHAR_LENGTH 相同,因为英文字符的个数和所占的字节相同,1 个字符占 1 字节。

2. 合并字符串函数 CONCAT(s1,s2,...)、CONCAT_WS(x,s1,s2,...)

CONCAT(s1,s2,...)返回结果为连接参数产生的字符串。参数个数可为一个或多个,若有任何一个参数为 NULL,则返回值为 NULL。若所有参数均为非二进制字符串,则结果为非二进制字符串。若自变量中含有任一二进制字符串,则结果为一个二进制字符串。

CONCAT_WS(x,s1,s2,...),CONCAT_WS 代表 CONCAT With Separator,是 CONCAT()的特殊形式。第一个参数 x 是其他参数的分隔符,分隔符的位置放在要连接的两个字符串之间。分隔符可以是一个字符串,也可以是其他参数。若分隔符为 NULL,则结果为 NULL。函数会忽略任何分隔符参数后的 NULL 值。

【例 8-5】使用 CONCAT 和 CONCAT_WS 函数连接字符串,语句如下:

SELECT CONCAT("mysql","8.0"),CONCAT_WS("-","3nd","rd");

运行结果如图 8-5 所示。

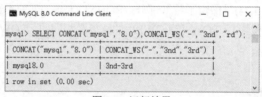

图 8-5 运行结果

CONCAT("mysql","8.0")返回两个字符串连接后的字符串;CONCAT_WS("-","3nd","rd")使用分隔符"-"将 3 个字符串连接成一个字符串,结果为"3nd-3rd"。

3. 替换字符串的函数 INSERT(s1,x,len,s2)和字母大小写转换函数

INSERT(s1,x,len,s2)函数将字符串 s1 中 x 位置开始长度为 len 的字符串用 s2 替换。若 x 超过字符串长度,则返回值为原始字符串。假如 len 的长度大于剩余字符串的长度,则从位置 x 开始替换全部。若任何一个参数为 NULL,则返回值为 NULL。

LOWER(str)或者 LCASE (str)函数可以将字符串 str 中的字母字符全部转换成小写字母。

UPPER(str)或者 UCASE (str)函数可以将字符串 str 中的字母字符全部转换成小写字母。

【例 8-6】使用 INSERT 函数进行字符串替代操作,使用 LOWER 函数和 UPPER 函数分别将字符串中所有字母字符转换为小写和大写,语句如下:

SELECT INSERT("Quest",2,4,"what") AS col1,LOWER("BEAUTIFUL"),UPPER("beautiful");

运行结果如图 8-6 所示。

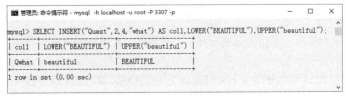

图 8-6 运行结果

函数 INSERT("Quest",2,4,"what")将"Quest"第 2 个字符开始长度为 4 的字符串替换为 What，结果为"QWhat"；LOWER("BEAUTIFUL")函数将"BEAUTIFU"转换为"beautiful"；UPPER("beautiful")函数将"beautiful"转换为"BEAUTIFUL"。

4．获取指定长度的字符串的函数 LEFT(s,n)和 RIGHT(s,n)

LEFT(s,n)返回字符串 s 开始的最左边 n 个字符。RIGHT(s,n)返回字符串 s 最右边 n 个字符。

【例 8-7】使用 LEFT 函数返回字符串中左边的字符，使用 RIGHT 函数返回字符串中右边的字符，语句如下：

SELECT LEFT("basketball",5),RIGHT("basketball",4);

运行结果如图 8-7 所示。

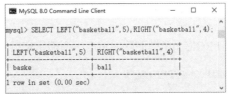

图 8-7 运行结果

LEFT 函数返回字符串"basketball"左边开始的长度为 5 的子字符串，结果为"baske"。RIGHT 函数返回字符串"basketball"右边开始的长度为 4 的子字符串，结果为"ball"。

5．填充字符串的函数 LPAD(s1,len,s2)和 RPAD(s1,len,s2)

LPAD(s1,len,s2)返回字符串 s1，其左边由字符串 s2 填补到 len 字符长度。假如 s1 的长度大于 len，则返回值被缩短至 len 字符。

RPAD(s1,len,s2)返回字符串 sl，其右边被字符串 s2 填补至 len 字符长度。假如字符串 s1 的长度大于 len，则返回值被缩短到 len 字符长度。

【例 8-8】使用 LPAD 和 RPAD 函数对字符串进行填充操作，语句如下：

SELECT LPAD('hello',4,'??'), LPAD('hello',10,'??'),RPAD('HELLO',10,'?');

运行结果如图 8-8 所示。

字符串"hello"长度大于 4，LPAD('hello',4,'??')返回结果为 hell，长度为 4；字符串"hello"长度小于 10，LPAD('hello',10,'??')返回结果为"?????hello"，左侧填充"?"，长度为 10；RPAD('HELLO',10,'?')返回结果为"HELLO?????"，右侧填充"?"，长度为 10。

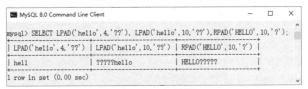

图 8-8 运行结果

6. 删除空格的函数 LTRIM(s)和 RTRIM(s)

LTRIM(s)返回字符串 s，字符串左侧空格字符被删除。RTRIM(s)返回字符串 s，字符串右侧空格字符被删除。

【例 8-9】使用 LTRIM 函数删除字符串' Hello '左边的空格，RTRIM 函数删除字符串' World '右边的空格，语句如下：

SELECT CONCAT(LTRIM(' Hello '),RTRIM(' World '));

运行结果如图 8-9 所示。LTRIM 函数删除左边空格之后的结果为'Hello '；RTRIM 只删除字符串右边的空格，左边的空格不会被删除，结果为' World'。

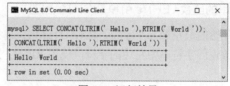

图 8-9　运行结果

7. 删除指定字符串的函数 TRIM(s1 FROM s)

TRIM(s1 FROM s)删除字符串 s 中两端所有的子字符串 s1。s1 为可选项，在未指定的情况下，删除空格。

【例 8-10】使用 TRIM(s1 FROM s)函数删除字符串中两端指定的字符，语句如下：

SELECT TRIM('my' FROM 'mybookmypencilmy');

运行结果如图 8-10 所示。

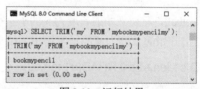

图 8-10　运行结果

删除字符串"mybookmypencilmy"两端的重复字符串"my"，而中间的"my"并不删除，结果为"bookmypencil"。

8. 重复生成字符串的函数 REPEAT(s,n)

REPEAT(s,n)返回一个由重复的字符串 s 组成的字符串，字符串 s 的数目等于 n。若 n≤0，则返回一个空字符串。若 s 或 n 为 NULL，则返回 NULL。

【例 8-11】使用 REPEAT 函数重复生成相同的字符串，语句如下：

SELECT REPEAT('MYSQL',2);

运行结果如图 8-11 所示。

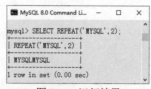

图 8-11　运行结果

REPEAT('MySQL',2)函数返回的字符串由 2 个重复的"MYSQL"字符串组成。

9. 空格函数 SPACE(n)和替换函数 REPLACE(s,s1,s2)

SPACE(n)返回一个由 n 个空格组成的字符串。REPLACE(s,s1,s2)使用字符串 s2 替代字符串 s 中所有的字符串 s1。

【例 8-12】使用 SPACE 函数生成由空格组成的字符串，语句如下：

SELECT CONCAT('(',SPACE(6),')'),REPLACE('xxx.baidu.com','x','w');

运行结果如图 8-12 所示。

图 8-12　运行结果

SPACE(6)返回的字符串由 6 个空格组成；REPLACE('xxx.baidu.com','x','w')将"xxx.baidu.com"字符串中的"x"字符替换为"w"字符，结果为"www.baidu.com"。

10. 比较字符串大小的函数 STRCMP(s1,s2)

对于 STRCMP(s1,s2)，若所有的字符串均相同，则返回 0；若根据当前分类次序，第一个参数小于第二个，则返回-1；其他情况返回 1。

【例 8-13】使用 STRCMP 函数比较字符串大小，语句如下：

SELECT STRCMP('ext','ext2'),STRCMP('ext2','ext'),STRCMP('ext','ext');

运行结果如图 8-13 所示。

由于"ext"小于"ext2"，因此 STRCMP('ext', 'ext2')返回结果为-1，STRCMP('ext2', 'ext')返回结果为 1；由于"ext"与"ext"相等，因此 STRCMP('ext', 'ext')返回结果为 0。

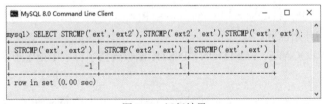

图 8-13　运行结果

11. 获取子串的函数 SUBSTRING(s,n,len)和 MID(s,n,len)

SUBSTRING(s,n,len)带有 len 参数的格式，从字符串 s 返回一个长度同 len 字符相同的子字符串，起始于位置 n。也可能对 n 使用一个负值，假若这样，则子字符串的位置起始于字符串结尾的第 n 个字符，即倒数第 n 个字符，而不是字符串的开头位置。

【例 8-14】使用 SUBSTRING 函数获取指定位置处的子字符串，语句如下：

SELECT SUBSTRING('polypropylene',5) AS col1,
　SUBSTRING('polypropylene',5,3) AS col2,
　SUBSTRING('polypropylene',-3) AS col3,
　SUBSTRING('polypropylene',-5,3) AS col4;

运行结果如图 8-14 所示。

SUBSTRING('polypropylene',5)返回从第 5 个位置开始到字符串结尾的子字符串，结果为"propylene"；SUBSTRING('polypropylene',5,3)返回从第 5 个位置开始长度为 3 的子字符串，结果为"pro"；SUBSTRING('polypropylene', -3)返回从结尾开始第 3 个位置到字符串结尾的子字符串，结果为"ene"；SUBSTRING('polypropylene', -5, 3)

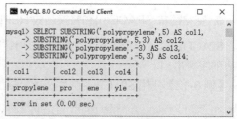

图 8-14　运行结果

返回从结尾开始第 5 个位置，即倒数第 5 个字符起，长度为 3 的子字符串，结果为"yle"。

MID(s,n,len)函数与 SUBSTRING(s,n,len)函数的作用相同。

【例 8-15】使用 MID()函数获取指定位置处的子字符串，语句如下：

SELECT MID('polypropylene',5) AS col1,
MID('polypropylene',5,3) AS col2,
MID('polypropylene',-3) AS col3,
MID('polypropylene',-5,3) AS col4;

运行结果如图 8-15 所示。

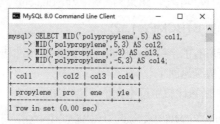

图 8-15　运行结果

可以看到 MID 函数和 SUBSTRING 函数的结果是一样的。

12. 匹配子串开始位置的函数

LOCATE(str1,str)、POSITION(str1 IN str)和 INSTR(str, str1)三个函数的作用相同，返回子字符串 str1 在字符串 str 中的开始位置。

【例 8-16】使用 LOCATE、POSITION、INSTR 函数查找字符串中指定子字符串的开始位置，语句如下：

SELECT LOCATE('propy','polypropylene',5),POSITION('propy' IN 'polypropylene'),
INSTR('polypropylene','propy');

运行结果如图 8-16 所示。

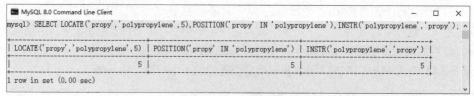

图 8-16　运行结果

子字符串"propy"在字符串"polypropylene"中从第 5 个字母位置开始，因此 3 个函数返回结果都为 5。

13. 字符串逆序的函数 REVERSE(s)

REVERSE(s)将字符串 s 反转，返回的字符串的顺序和 s 字符串顺序相反。

【例 8-17】使用 REVERSE 函数反转字符串，语句如下：

SELECT REVERSE('efg');

运行结果如图 8-17 所示。

图 8-17　运行结果

可以看到，字符串"efg"经过 REVERSE 函数处理之后所有字符串顺序被反转，结果为"gfe"。

14. 返回指定位置的字符串的函数

对于 ELT(N,字符串 1,字符串 2,字符串 3,...,字符串 N)，若 N=1，则返回值为字符串 1；若 N=2，则返回值为字符串 2；以此类推。若 N 小于 1 或大于参数的数目，则返回值为 NULL。

【例 8-18】使用 ELT 函数返回指定位置的字符串，语句如下：

SELECT ELT(1,'1st','2nd','3rd'),ELT(5,'net','os');

运行结果如图 8-18 所示。

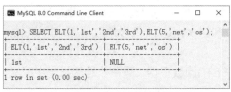

图 8-18　运行结果

由结果可以看到，ELT(1,'1st','2nd','3rd')返回第 1 个位置的字符串"1st"，若指定返回字符串位置超出参数个数，则返回 NULL。

15. 返回指定字符串位置的函数 FIELD(s,s1,s2,...)

FIELD(s,s1,s2,...)返回字符串 s 在列表 s1,s2,...中第一次出现的位置，在找不到 s 的情况下，返回值为 0。若 s 为 NULL，则返回值为 0，原因是 NULL 不能同任何值进行同等比较。

【例 8-19】使用 FIELD 函数返回指定字符串第一次出现的位置，语句如下：

SELECT FIELD('two','one','two','three','four') AS col1,
FIELD('five','one','two','three','four') AS col2;

运行结果如图 8-19 所示。

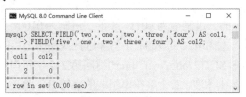

图 8-19　运行结果

FIELD('two','one','two','three','four')函数中字符串"two"出现在列表的第 2 个字符串位置,因此返回结果为 2;FIELD('five','one','two','three','four')列表中没有字符串"five",因此返回结果为 0。

16. 返回子串位置的函数 FIND_IN_SET(s1,s2)

FIND_IN_SET(s1,s2)返回字符串 s1 在字符串列表 s2 中出现的位置,字符串列表是一个由多个逗号","分开的字符串组成的列表。若 s1 不在 s2 中或 s2 为空字符串,则返回值为 0;若任意一个参数为 NULL,则返回值为 NULL。

【例 8-20】使用 FIND_IN_SET()函数返回子字符串在字符串列表中的位置,语句如下:

SELECT FIND_IN_SET('one','one,two,three,four');

运行结果如图 8-20 所示。

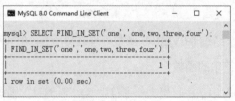

图 8-20 运行结果

虽然 FIND_IN_SET()和 FIELD()两个函数格式不同,但作用类似,都可以返回指定字符串在字符串列表中的位置。

17. 选取字符串的函数 MAKE_SET(x,s1,s2,...)

MAKE_SET(x,s1,s2,...)函数按 x 的二进制数从 s1,s2,...中选取字符串。例如,5 的二进制是 0101,这个二进制从右往左的第 1 位和第 3 位是 1,所以选取 s1 和 s3。s1,s2,...中的 NULL 值不会被添加到结果中。

【例 8-21】使用 MAKE_SET()函数根据二进制位选取指定字符串,语句如下:

SELECT MAKE_SET(2,'one','two','three') AS col1,
MAKE_SET(1|3,'one','two','three','four') AS col2,
MAKE_SET(1|4,'one','two',NULL,'four') AS col3,
MAKE_SET(0,'one','two','three') AS col4;

运行结果如图 8-21 所示。

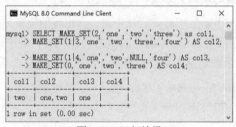

图 8-21 运行结果

2 的二进制值为 0010,3 的二进制值为 0011,4 的二进制为 0100,1 与 3 进行或操作之后的二进制值为 0011,从右到左第 1 位和第 2 位为 1;1 与 4 进行或操作之后的二进制为 0101,从右到左第 1 位和第 3 位为 1。MAKE_SET(2,'one','two','three')返回第 2 个字符串;MAKE_SET(1|3,'one','two','three','four')返回从左端开始第 1 和第 2 个字符串组成的字符串;NULL 不会添加到结果中,因此

MAKE_SET(1|4,'one','two',NULL,'four')只返回第 1 个字符串"one";MAKE_SET(0,'one','two','three')返回空值。

8.4 日期和时间函数

日期和时间函数主要用来处理日期和时间值,一般的日期函数除使用 DATE 类型的参数外,也可以使用 DATETIME 或者 TIMESTAMP 类型的参数,但会忽略这些值的时间部分。与之类似,以 TIME 类型值为参数的函数,可以接收 TIMESTAMP 类型的参数,但会忽略日期部分。许多日期函数可以同时接收数字和字符串类型的两种参数。本节将介绍各种日期和时间函数的功能和用法。

8.4.1 获取当前日期的函数和获取当前时间的函数

CURDATE()和 CURRENT_DATE()函数的作用相同,将当前日期按照 YYYY-MM-DD 或 YYYYMMDD 格式的值返回,具体格式根据函数是用在字符串还是数字语境中而定。

【例 8-22】使用日期函数获取系统当前日期,输入语句如下:

SELECT CURDATE(),CURRENT_DATE(),CURDATE()+0;

运行结果如图 8-22 所示。

可以看到,两个函数的作用相同,都返回了相同的系统当前日期,"CURDATE()+0"将当前日期值转换为数值型。

图 8-22 运行结果

CURTIME()和 CURRENT_TIME()函数的作用相同,将当前时间以 HH:MM:SS 或 HHMMSS 的格式返回,具体格式根据函数是用在字符串还是数字语境中而定。

【例 8-23】使用时间函数获取系统当前时间,输入语句如下:

SELECT CURTIME(),CURRENT_TIME(),CURTIME()+0;

运行结果如图 8-23 所示。

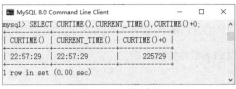

图 8-23 运行结果

可以看到,两个函数的作用相同,都返回了相同的系统当前时间,"CURTIME()+0"将当前时间值转换为数值型。

8.4.2 获取当前日期和时间的函数

CURRENT_TIMESTAMP()、LOCALTIME()、NOW()和 SYSDATE()四个函数的作用相同,均返回当前日期和时间值,格式为 YYYY-MM-DD HH:MM:SS 或 YYYYMMDDHHMMSS,具体格式根

据函数在字符串或数字语境中而定。

【例 8-24】使用日期时间函数获取当前系统日期和时间，输入语句如下：

SELECT CURRENT_TIMESTAMP(),LOCALTIME(),NOW(),SYSDATE();

运行结果如图 8-24 所示。可以看到，4 个函数返回的结果是相同的。

图 8-24　运行结果

8.4.3　UNIX 时间戳函数

对于 UNIX_TIMESTAMP(date)，若无参数调用，则返回一个 UNIX 时间戳(即 1970-01-01 00:00:00 GMT 之后的秒数)作为无符号整数。其中，GMT(Greenwich Mean Time)为格林尼治标准时间。若用 date 来调用 UNIX_TIMESTAMP()，则它会将参数值以 1970-01-01 00:00:00GMT 后的秒数的形式返回。date 可以是一个 DATE 字符串、DATETIME 字符串、TIMESTAMP 或一个当地时间的 YYMMDD 或 YYYYMMDD 格式的数字。

【例 8-25】使用 UNIX_TIMESTAMP 函数返回 UNIX 格式的时间戳，语句如下：

SELECT UNIX_TIMESTAMP(),UNIX_TIMESTAMP(NOW()),NOW();

运行结果如图 8-25 所示。

图 8-25　运行结果

FROM_UNIXTIME(date)函数把 UNIX 时间戳转换为普通格式的时间，与 UNIX_TIMESTAMP (date)函数互为反函数。

【例 8-26】使用 FROM_UNIXTIME 函数将 UNIX 时间戳转换为普通格式的时间，语句如下：

SELECT FROM_UNIXTIME('1706713537');

运行结果如图 8-26 所示。

图 8-26　运行结果

可以看到，FROM_UNIXTIME('1706713537')与例 8-25 中 UNIX_TIMESTAMP(NOW())的结果正

8.4.4 返回 UTC 日期的函数和返回 UTC 时间的函数

UTC_DATE()函数返回当前 UTC(世界标准时间)日期值，其格式为 YYYY-MM-DD 或 YYYYMMDD，具体格式取决于函数是用在字符串还是数字语境中。

【例 8-27】使用 UTC_DATE()函数返回当前 UTC 日期值，语句如下：

SELECT UTC_DATE(),UTC_DATE()+0;

运行结果如图 8-27 所示。
UTC_DATE()函数返回值为当前时区的日期值。

UTC_TIME() 返回当前 UTC 时间值，其格式为 HH:MM:SS 或 HHMMSS，具体格式取决于函数是用在字符串还是数字语境中。

图 8-27 运行结果

【例 8-28】使用 UTC_TIME()函数返回当前 UTC 时间值，语句如下：

SELECT UTC_TIME(),UTC_TIME()+0;

运行结果如图 8-28 所示。
UTC_TIME()返回当前时区的时间值。

图 8-28 运行结果

8.4.5 获取月份的函数

获取月份的函数有 MONTH(date)和 MONTHNAME(date)。其中，MONTH(date)函数返回 date 对应的月份，范围为 1~12。

【例 8-29】使用 MONTH()函数返回指定日期中的月份，语句如下：

SELECT MONTH('2024-01-01');

运行结果如图 8-29 所示。
MONTHNAME(date)函数返回日期 date 对应月份的英文全名。

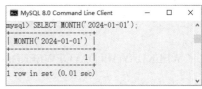

图 8-29 运行结果

【例 8-30】使用 MONTHNAME()函数返回指定日期中的月份的名称，语句如下：

SELECT MONTHNAME('2023-12-08');

运行结果如图 8-30 所示。

图 8-30 运行结果

8.4.6 获取星期的函数

获取星期的函数有 DAYNAME(d)、DAYOFWEEK(d)和 WEEKDAY(d)。其中，DAYNAME(d) 函数返回 d 对应的工作日的英文名称，例如 Sunday、Monday 等。

【例8-31】使用DAYNAME()函数返回指定日期的工作日名称，语句如下：

SELECT DAYNAME('2021-02-14');

图8-31 运行结果

运行结果如图8-31所示。

可以看到，2021年2月14日是星期日，因此返回结果为Sunday。

DAYOFWEEK(d)函数返回d对应的一周中的索引(位置)，1表示周日，2表示周一，……，7表示周六。

【例8-32】使用DAYOFWEEK()函数返回日期对应的周索引，语句如下：

SELECT DAYOFWEEK('2024-02-01');

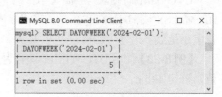

图8-32 运行结果

运行结果如图8-32所示。

2024年2月1日为周四，因此返回其对应的索引值，结果为5。

WEEKDAY(d)返回d对应的工作日索引，0表示周一，1表示周二，……，6表示周日。

【例8-33】使用WEEKDAY()函数返回日期对应的工作日索引，语句如下：

SELECT WEEKDAY('2024-01-03 22:00:00'),WEEKDAY('2024-01-04');

运行结果如图8-33所示。

图8-33 运行结果

WEEKDAY()和DAYOFWEEK()函数都是返回指定日期在某一周内的位置，只是索引编号不同。

8.4.7 获取星期数的函数

获取星期数的函数有WEEK(d)和WEEKOFYEAR(d)。其中，WEEK(d)计算日期d是一年中的第几周。WEEK(d, mode)的双参数形式允许指定该星期是否起始于周日或周一，以及返回值的范围是否为0~53或1~53。若Mode参数被省略，则使用default_week_format系统自变量的值。WEEK函数中mode参数的取值如表8-2所示。

表8-2 WEEK函数中mode参数的取值

mode	一周的第一天	范围	Week 1 为第一周
0	周日	0~53	本年度中有一个周日
1	周一	0~53	本年度中有3天以上
2	周日	1~53	本年度中有一个周日

(续表)

mode	一周的第一天	范围	Week 1 为第一周
3	周一	1~53	本年度中有 3 天以上
4	周日	0~53	本年度中有 3 天以上
5	周一	0~53	本年度中有一个周一
6	周日	1~53	本年度中有 3 天以上
7	周一	1~53	本年度中有一个周一

【例8-34】使用 WEEK()函数查询指定日期是一年中的第几周，语句如下：

SELECT WEEK('2024-02-01'),WEEK('2024-02-01',0),WEEK('2024-02-01',1);

运行结果如图 8-34 所示。

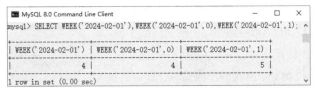

图 8-34　运行结果

可以看到，WEEK('2024-02-01')使用一个参数，其第二个参数为 default_week_format 的默认值，MySQL 中该值默认为 0，指定一周的第一天为周日，因此和 WEEK(' 2024-02-01',0)返回的结果相同；WEEK(' 2024-02-01',1)中第二个参数为 1，指定一周的第一天为周一，返回值为 5。可以看到，第二个参数不同，返回的结果也不同。使用不同的参数的原因是不同地区和国家的习惯不同，每周的第一天并不相同。

WEEKOFYEAR(d)函数计算某天位于一年中的第几周，范围为 1~53，相当于 WEEK(d,3)函数。

【例8-35】使用 WEEKOFYEAR()函数查询指定日期是一年中的第几周，语句如下：

SELECT WEEK('2024-02-01',3),WEEKOFYEAR('2024-02-01');

运行结果如图 8-35 所示。

图 8-35　运行结果

可以看到，两个函数的返回结果相同。

8.4.8　获取天数的函数

获取天数的函数有 DAYOFYEAR(d)和 DAYOFMONTH(d)。其中，DAYOFYEAR(d)函数返回 d 是一年中的第几天，范围为 1~366。

【例8-36】使用 DAYOFYEAR()函数返回指定日期在一年中的位置，语句如下：

SELECT DAYOFYEAR('2024-02-01');

运行结果如图8-36所示。

1月份有31天,再加上2月份的1天,因此返回结果为32。

DAYOFMONTH(d)函数返回d是一个月中的第几天,范围为1~31。

【例8-37】使用DAYOFMONTH()函数返回指定日期在一个月中的位置,语句如下:

SELECT DAYOFMONTH('2024-08-20');

图8-36 运行结果

运行结果如图8-37所示,结果显而易见。

8.4.9 获取年份、季度、小时、分钟和秒钟的函数

图8-37 运行结果

YEAR(date)返回date对应的年份,范围是1970~2069。

【例8-38】使用YEAR()函数返回指定日期对应的年份,语句如下:

SELECT YEAR('24-02-03'),YEAR('20-02-02');

运行结果如图8-38所示。

图8-38 运行结果

提示:

00~69转换为2000~2069,70~99转换为1970~1999。

QUARTER(date)返回date对应的一年中的季度值,范围为1~4。

【例8-39】使用QUARTER()函数返回指定日期对应的季度,语句如下:

SELECT QUARTER('20-02-02');

运行结果如图8-39所示。

MINUTE(time)返回time对应的分钟数,范围为0~59。

【例8-40】使用MINUTE()函数返回指定时间的分钟数,语句如下:

图8-39 运行结果

SELECT MINUTE('20-02-02 22:10:10');

运行结果如图8-40所示。

SECOND(time)返回time对应的秒数,范围为0~59。

【例8-41】使用SECOND()函数返回指定时间的秒数,语句如下:

SELECT SECOND('22:10:10');

图8-40 运行结果

运行结果如图8-41所示。

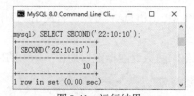

图8-41 运行结果

8.4.10 获取日期的指定值的函数

EXTRACT(type FROM date)函数所使用的时间间隔类型说明符同 DATE_ADD()或 DATE_SUB()的相同，但它从日期中提取一部分，而不是执行日期运算。

【例 8-42】使用 EXTRACT 函数提取日期或者时间值，语句如下：

SELECT EXTRACT(YEAR FROM'2023-07-13') AS col1,
EXTRACT(YEAR_MONTH FROM '2023-07-13') AS col1_1,
EXTRACT(DAY_MINUTE FROM '2023-07-13 09:08:07') AS col1_2;

运行结果如图 8-42 所示。

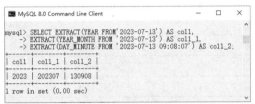

图 8-42　运行结果

type 值为 YEAR 时，只返回年值，结果为 2023；type 值为 YEAR_MONTH 时，返回年份与月份，结果为 202307；type 值为 DAY_MINUTE 时，返回日、小时和分钟值，结果为 130908。

8.4.11 时间和秒钟转换的函数

TIME_TO_SEC(time)返回已转换为秒的 time 参数，转换公式为：小时×3600+分钟×60+秒。

【例 8-43】使用 TIME_TO_SEC 函数将时间值转换为秒值，语句如下：

SELECT TIME_TO_SEC('22:22:00');

运行结果如图 8-43 所示。

SEC_TO_TIME(seconds)返回被转换为小时、分钟和秒数的 seconds 参数值，其格式为 HH:MM:SS 或 HHMMSS，具体格式根据该函数是用在字符串还是数字语境中而定。

【例 8-44】使用 SEC_TO_TIME()函数将秒值转换为时间格式，语句如下：

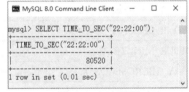

图 8-43　运行结果

SELECT SEC_TO_TIME(2345),SEC_TO_TIME(2345)+0,
TIME_TO_SEC('22:22:00'),SEC_TO_TIME(88000);

运行结果如图 8-44 所示。

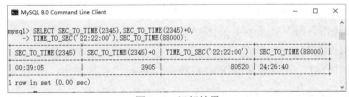

图 8-44　运行结果

可以看到，SEC_TO_TIME 函数返回值加上 0 值之后变成了数值。TIME_TO_SEC 和 SEC_TO_TIME 互为反函数。

8.4.12 计算日期和时间的函数

计算日期和时间的函数有 DATE_ADD()、ADDDATE()、DATE_SUB()、SUBDATE()、ADDTIME()、SUBTIME()和 DATE_DIFF()。

对于 DATE_ADD(date,INTERVAL expr type)和 DATE_SUB(date,INTERVAL expr type)，其中，date 是一个 DATETIME 或 DATE 值，用来指定起始时间；expr 是一个表达式，用来指定从起始日期添加或减去的时间间隔值，对于负值的时间间隔，expr 可以以一个负号 "-" 开头；type 为关键词，它指示了表达式被解释的方式。表 8-3 所示是 type 和 expr 参数的关系。

表 8-3 计算日期和时间的函数中 type 和 expr 的关系

type 值	预期的 expr 格式
MICROSECOND	MICROSECONDS
SECOND	SECONDS
MINUTE	MINUTES
HOUR	HOURS
DAY	DAYS
WEEK	WEEKS
MONTH	MONTHS
QUARTER	QUARTERS
YEAR	YEARS
SECOND_MICROSECOND	SECONDS.MICROSECONDS
MINUTE_MICROSECOND	MINUTES.MICROSECONDS
MINUTE_SECOND	MINUTES:SECONDS
HOUR_MICROSECOND	HOUR.MICROSECONDS
HOUR_SECOND	HOURS:MINUTES:SECONDS
HOUR_MINUTE	HOURS:MINUTES
DAY_MICROSECOND	DAYS MICROSECONDS
DAY_SECOND	DAYS HOURS:MINUTES:SECONDS
DAY_MINUTE	DAYS HOURS:MINUTES
DAY_HOUR	DAYS HOURS
YEAR_MONTH	YEARS.MONTHS

若 date 参数是一个 DATE 值，则计算只会包括 YEAR、MONTH 和 DAY 部分(没有时间部分)，其结果是一个 DATE 值；否则，结果将是一个 DATETIME 值。

DATE_ADD(date,INTERVAL expr type)和 ADDDATE(date,INTERVAL expr type)两个函数的作用相同，执行日期的加运算。

【例 8-45】使用 DATE_ADD()和 ADDDATE()函数执行日期加操作，语句如下：

```
SELECT DATE_ADD('2023-12-31 23:59:59',INTERVAL 1 SECOND) AS col1,
ADDDATE('2023-12-31 23:59:59',INTERVAL 1 SECOND) AS COL2,
DATE_ADD('2023-12-31 23:59:59',INTERVAL '1:1' MINUTE_SECOND) AS col3;
```

运行结果如图 8-45 所示。

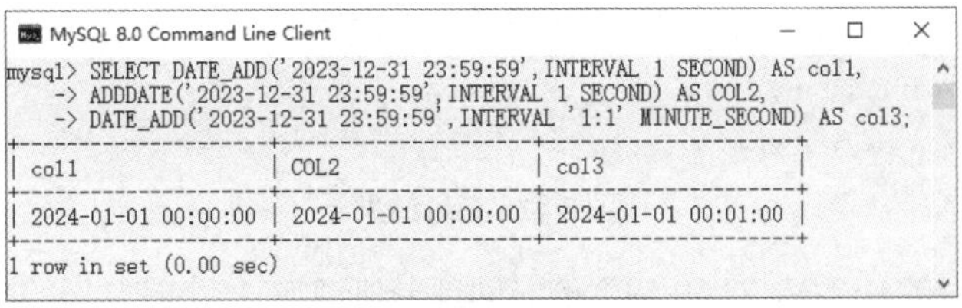

```
MySQL 8.0 Command Line Client
mysql> SELECT DATE_ADD('2023-12-31 23:59:59',INTERVAL 1 SECOND) AS col1,
    -> ADDDATE('2023-12-31 23:59:59',INTERVAL 1 SECOND) AS COL2,
    -> DATE_ADD('2023-12-31 23:59:59',INTERVAL '1:1' MINUTE_SECOND) AS col3;
+---------------------+---------------------+---------------------+
| col1                | COL2                | col3                |
+---------------------+---------------------+---------------------+
| 2024-01-01 00:00:00 | 2024-01-01 00:00:00 | 2024-01-01 00:01:00 |
+---------------------+---------------------+---------------------+
1 row in set (0.00 sec)
```

图 8-45　运行结果

由结果可以看到，DATE_ADD('2023-12-31 23:59:59',INTERVAL 1 SECOND)和 ADDDATE('2023-12-31 23:59:59',INTERVAL 1 SECOND)两个函数执行的结果是相同的，将时间增加 1 秒后返回，结果都为'2024-01-01 00:00:00'；DATE_ADD('2023-12-31 23:59:59',INTERVAL '1:1'MINUTE_SECOND)日期运算类型是 MINUTE_SECOND，将指定时间增加 1 分 1 秒后返回，结果为'2024-01-01 00:01:00'。

DATE_SUB(date,INTERVAL expr type)和 SUBDATE(date,INTERVAL expr type)两个函数的作用相同，执行日期的减运算。

【例 8-46】 使用 DATE_SUB 和 SUBDATE 函数执行日期减操作，语句如下：

SELECT DATE_SUB('2024-01-02',INTERVAL 31 DAY) AS col1,
SUBDATE('2024-01-02',INTERVAL 31 DAY) AS col2,
DATE_SUB('2024-01-01 00:01:00',INTERVAL '0 0:1:1' DAY_SECOND) AS col3;

运行结果如图 8-46 所示。

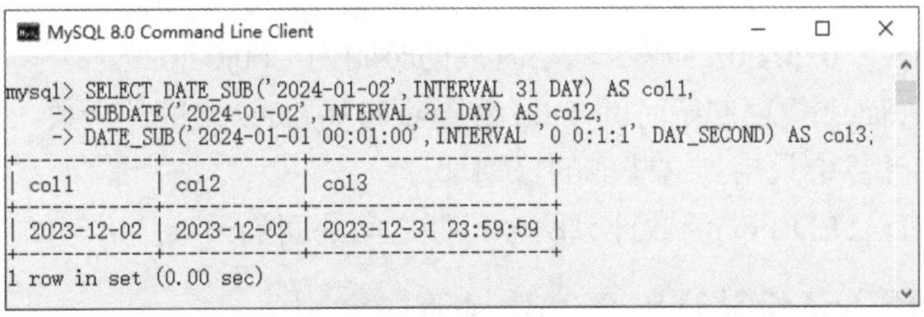

```
MySQL 8.0 Command Line Client
mysql> SELECT DATE_SUB('2024-01-02',INTERVAL 31 DAY) AS col1,
    -> SUBDATE('2024-01-02',INTERVAL 31 DAY) AS col2,
    -> DATE_SUB('2024-01-01 00:01:00',INTERVAL '0 0:1:1' DAY_SECOND) AS col3;
+------------+------------+---------------------+
| col1       | col2       | col3                |
+------------+------------+---------------------+
| 2023-12-02 | 2023-12-02 | 2023-12-31 23:59:59 |
+------------+------------+---------------------+
1 row in set (0.00 sec)
```

图 8-46　运行结果

由结果可以看到，DATE_SUB('2023-01-02', INTERVAL 31 DAY)和 SUBDATE('2023-01-02', INTERVAL 31 DAY)两个函数执行的结果是相同的，将日期值减少 31 天后返回，结果都为"2023-12-02"；DATE_SUB('2024-01-0100:01:00',INTERVAL '0 0:1:1' DAY_SECOND)函数将指定日期减少 1 天，时间减少 1 分 1 秒后返回，结果为"2023-12-31 23:59:59"。

提示：

DATE_ADD 和 DATE_SUB 函数在指定修改的时间段时，也可以指定负值，负值代表相减，即返回以前的日期和时间。

ADDTIME(date,expr)函数将 expr 值添加到 date，并返回修改后的值，date 是一个日期或者日期时间表达式，而 expr 是一个时间表达式。

【例 8-47】 使用 ADDTIME 进行时间加操作，语句如下：

SELECT ADDTIME('2023-12-31 23:59:59','1:1:1'),ADDTIME('02:02:02','02:00:00');

运行结果如图 8-47 所示。

图 8-47 运行结果

可以看到，将"2023-12-31 23:59:59"的时间部分值增加 1 小时 1 分钟 1 秒后的日期变为"2024-01-01 01:01:00"；"02:02:02"增加两小时后的时间为"04:02:02"。

SUBTIME(date,expr)函数将 date 减去 expr 值，并返回修改后的值，date 是一个日期或者日期时间表达式，而 expr 是一个时间表达式。

【例 8-48】使用 SUBTIME()函数执行时间减操作，语句如下：

SELECT SUBTIME('2023-12-31 23:59:59','1:1:1'),SUBTIME('02:02:02','02:00:00');

运行结果如图 8-48 所示。

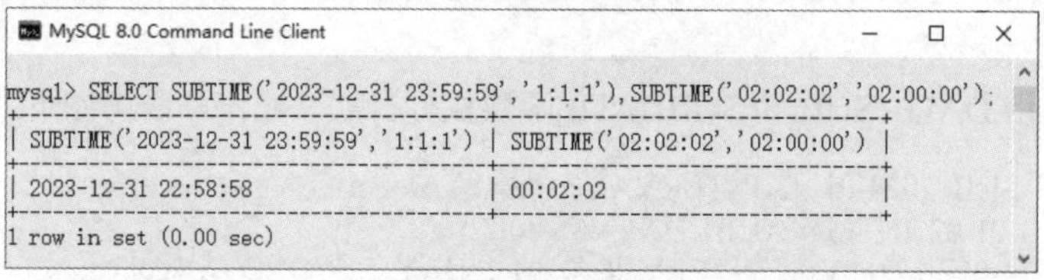

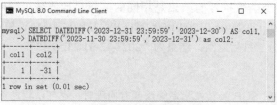

图 8-48 运行结果

可以看到，将"2023-12-31 23:59:59"的时间部分值减少 1 小时 1 分钟 1 秒后的日期变为"2023-12-31 22:58:58"；"02:02:02"减少两小时后的时间为"00:02:02"。

DATEDIFF(date1,date2)返回起始时间 date1 和结束时间 date2 之间的天数。date1 和 date2 为日期或日期时间表达式。计算中只用到这些值的日期部分。

【例 8-49】使用 DATEDIFF()函数计算两个日期之间的间隔天数，语句如下：

SELECT DATEDIFF('2023-12-31 23:59:59','2023-12-30') AS col1,
DATEDIFF('2023-11-30 23:59:59','2023-12-31') as col2;

运行结果如图 8-49 所示。

图 8-49 运行结果

DATEDIFF()函数返回 date1_date2 后的值，因此 DATEDIFF('2023-12-31 23:59:59','2023-12-30')返回值为1，DATEDIFF('2023-11-30 23:59:59','2023-12-31')返回值为-31。

8.4.13 将日期和时间格式化的函数

DATE_FORMAT(date,format)根据 format 指定的格式显示 date 值，format 格式说明符如表 8-4 所示。

表8-4 DATE_FORMAT 函数中 format 的格式说明符

说明符	说明
%a	工作日的缩写名称(Sun,…,Sat)
%b	月份的缩写名称(Jan,…,Dec)
%c	以数字表示的月份(0,…,12)
%D	以英文后缀表示月中的几号(1st,2nd,…)
%d	该月日期，数字形式(00,…,31)，即如果是小于10的1个数字，需在前面加0
%e	该月日期，数字形式(0,…,31)
%f	微妙(000000,…,999999)
%H	以2位数表示24小时(00,…,23)
%h 或%I	以2位数表示12小时(01,…,12)
%i	分钟，数字形式(00,…,59)
%j	一年中的天数(001,…,366)
%k	以24(0,…,23)小时表示时间
%l	以12(1,…,12)小时表示时间
%M	月份名称(January,…,December)
%m	月份，数字形式(00,…,12)
%p	上午AM或下午PM
%r	时间，12小时制，即小时(hh:)分钟(mm:)秒数(ss)后加AM或PM
%S 或%s	以2位数形式表示秒(00,…,59)
%T	时间，24小时制，即小时(hh:)分钟(mm:)秒数(ss)
%U	周(01,…,53)，其中周日为每周的第一天
%u	周(01,…,53)，其中周一为每周的第一天
%V	周(01,…,53)，其中周一为每周的第一天；和%X同时使用
%v	周(01,…,53)，其中周一为每周的第一天；和%x同时使用
%W	工作日名称(Sunday,…,Saturday)
%w	工作日，以数字来表示(0=星期日，1=星期一,…)
%X	该周的年份，其中周日为每周的第一天；数字形式，4位数；和%V同时使用
%x	该周的年份，其中周一为每周的第一天；数字形式，4位数；和%v同时使用
%Y	4位数形式表示年份
%y	2位数形式表示年份
%%	标识符%

【例8-50】使用 DATE_FORMAT()函数格式化输出日期和时间值，语句如下：

SELECT DATE_FORMAT('2023-10-04 22:23:00','%w %M %Y') AS col1,
DATE_format('2023-10-04 22:23:00','%D %y %a %d %m %b %j') AS col2;

运行结果如图8-50所示。

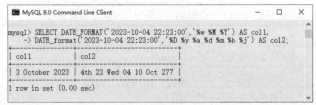

图 8-50　运行结果

可以看到"2023-10-04 22:23:00"分别按照不同参数转换成了不同格式的日期值和时间值。

TIME_FORMAT(time,format)根据 format 字符串安排 time 值的格式。format 字符串仅处理包含小时、分钟和秒的格式说明符，其他说明符产生一个 NULL 值或 0。若 time 值包含一个大于 23 的小时部分，则%H 和%k 小时格式说明符会产生一个大于 0~23 范围的值。

【例 8-51】使用 TIME_FORMAT()函数格式化输出时间值，语句如下：

SELECT TIME_FORMAT('16:00:00','%h %k %H %i %l');

运行结果如图 8-51 所示。

TIME_FORMAT 只处理时间值，可以看到，"16:00:00"按照不同的参数转换为不同格式的时间值。

GET_FORMAT(val_type,format_type)返回日期时间字符串的显示格式，val_type 表示日期数据类型，包括 DATE、DATETIME 和 TIME；format_type 表示格式化显示类型，包括 EUR、INTERVAL、ISO、JIS、USA。GET_FORMAT 根据两个字段组合返回的字符串显示格式，如表 8-5 所示。

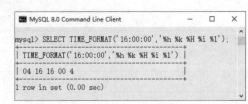

图 8-51　运行结果

表 8-5　GET_FORMAT 返回的字符串显示格式

日期数据类型	格式化显示类型	字符串显示格式
DATE	EUR	%d.%m.%Y
DATE	INTERVAL	%Y%m%d
DATE	ISO	%Y-%m-%d
DATE	JIS	%Y-%m-%d
DATE	USA	%m.%d.%Y
TIME	EUR	%H.%i.%s
TIME	INTERVAL	%H.%i.%s
TIME	ISO	%H.%i.%s
TIME	JIS	%H.%i.%s
TIME	USA	%h.%i.%s.%p
DATETIME	EUR	%Y-%m-%d %H.%i.%s
DATETIME	INTERVAL	%Y%m%d%H%i%s
DATETIME	ISO	%Y-%m-%d %H:%i:%s
DATETIME	JIS	%Y-%m-%d %H:%i:%s
DATETIME	USA	%Y-%m-%d %H.%i.%s

【例8-52】使用 GET_FORMAT()函数显示不同格式化类型下的格式字符串，语句如下：

SELECT GET_FORMAT(DATE,'EUR'),GET_FORMAT(DATE,'USA');

运行结果如图 8-52 所示。

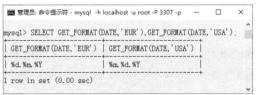

图 8-52　运行结果

可以看到，不同类型的格式化字符串并不相同。

【例8-53】在 DATE_FORMAT()函数中，使用 GET_FORMAT 函数返回指定格式的日期值，语句如下：

SELECT DATE_FORMAT('2023-10-05 22:23:00',GET FORMAT('DATE,'USA'));

运行结果如图 8-53 所示。

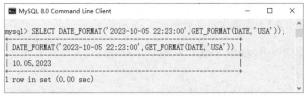

图 8-53　运行结果

GET_FORMAT(DATE,'USA')返回的显示格式字符串为%m.%d.%Y，对照 DATE_FORMAT 函数的显示格式，%m 以数字形式显示月份，%d 以数字形式显示日，%Y 以 4 位数字形式显示年，因此结果为 10.05.2023。

8.5　条件判断函数

条件判断函数也称为控制流程函数，根据满足的条件不同，执行相应的流程。MySQL 中进行条件判断的函数有 IF、IFNULL 和 CASE。本节将分别介绍各个函数的用法。

8.5.1　IF(expr,v1,v2)函数

对于 IF(expr, v1, v2)，若表达式 expr 是 TRUE(expr <> 0 and expr <> NULL)，则 IF()的返回值为 v1；否则返回值为 v2。IF()函数的返回值为数字值或字符串值，具体情况视其所在语境而定。

【例8-54】使用 IF()函数进行条件判断，语句如下：

SELECT IF(3>4,4,5),
IF(3<4,'YES','NO'),
IF(STRCMP('test','test1'),'NO','YES');

运行结果如图 8-54 所示。

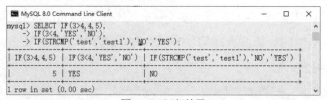

图 8-54 运行结果

3>4 的结果为 FALSE，IF(3>4,4,5)返回第 2 个表达式的值；3<4 的结果为 TRUE，IF(3<4,'YES','NO')返回第一个表达式的值；"test"小于"test1"，结果为 true，IF(STRCMP('test','test1'),'NO','YES')返回第一个表达式的值。

提示：
若 v1 或 v2 中只有一个明确是 NULL，则 IF()函数的结果类型为非 NULL 表达式的结果类型。

8.5.2 IFNULL(v1,v2)函数

对于 IFNULL(v1,v2)，若 v1 不为 NULL，则 IFNULL()的返回值为 v1；否则其返回值为 v2。IFNULL()的返回值是数字或字符串，具体情况取决于其所在的语境。

【例 8-55】使用 IFNULL()函数进行条件判断，语句如下：

SELECT IFNULL(1,2),IFNULL(NULL,10),IFNULL(1/0,'wrong');

运行结果如图 8-55 所示。

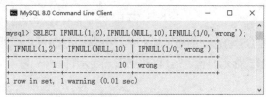

图 8-55 运行结果

IFNULL(1,2)虽然第二个值也不为空，但返回结果依然是第一个值；IFNULL(NULL,10)第一个值为空，因此返回 10；1/0 的结果为空，因此 IFNULL(1/0, 'wrong')返回字符串"wrong"。

8.5.3 CASE 函数

CASE expr WHEN v1 THEN r1 [WHEN v2 THEN r2] [ELSE rn] END

该函数表示，若 expr 值等于某个 vn，则返回对应位置 THEN 后面的结果；若与所有值都不相等，则返回 ELSE 后面的 rn。

【例 8-56】使用 CASE value WHEN 语句执行分支操作，语句如下：

SELECT CASE 2 WHEN 1 THEN 'One' WHEN 2 THEN 'two' ELSE 'ore' END;

运行结果如图 8-56 所示。
CASE 后面的值为 2，与第二条分支语句 WHEN 后面的值相等，因此返回结果为"two"。

CASE WHEN v1 THEN r1 [WHEN v2 THEN r2] ELSE rn] END

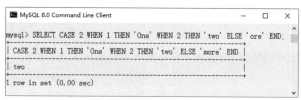

图 8-56 运行结果

该函数表示,若某个 vn 值为 TRUE,则返回对应位置 THEN 后面的结果;若所有值都不为 TRUE,则返回 ELSE 后的 rn。

【例 8-57】使用 CASE WHEN 语句执行分支操作,语句如下:

SELECT CASE WHEN 1<0 THEN 'true' ELSE 'FALSE' END;

运行结果如图 8-57 所示。

由于 1<0 的结果为 FALSE,因此函数返回值为 ELSE 后面的"FALSE"。

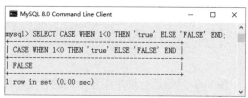

图 8-57 运行结果

提示：

一个 CASE 表达式的默认返回值类型是任何返回值的相容集合类型,但具体情况视其所在语境而定。若用在字符串语境中,则返回结果为字符串;若用在数字语境中,则返回结果为十进制值、实数值或整数值。

8.6 系统信息函数

本节将介绍常用的系统信息函数,MySQL 中的系统信息有数据库的版本号、当前用户名和连接数、系统字符集、最后一个自动生成的 ID 值等。本章将介绍各个函数的使用方法。

8.6.1 获取 MySQL 版本号

函数 VERSION() 返回指示 MySQL 服务器版本的字符串。这个字符串使用 utf8 字符集。

【例 8-58】查看当前 MySQL 的版本号,语句如下:

SELECT VERSION();

运行结果如图 8-58 所示。

CONNECTION_ID() 返回 MySQL 服务器当前连接的次数,每个连接都有各自唯一的 ID。

【例 8-59】查看当前用户的连接数,语句如下:

SELECT CONNECTION_ID();

运行结果如图 8-59 所示。

在这里返回 8,返回值根据登录的次数会有不同。

如果是 root 账号,就能看到所有用户的当前连接。如果是其他普通账号,就只能看到自己占用的连接。SHOW

图 8-58 运行结果

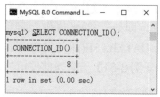

图 8-59 运行结果

PROCESSLIST 命令只列出前 100 条，如果想全部列出，那么可使用 SHOW FULL PROCESSLIST 命令。

【例 8-60】使用 SHOW PROCESSLIST 命令输出当前用户的连接信息，语句如下：

```
SHOW PROCESSLIST;
```

运行结果如图 8-60 所示。PROCESSLIST 命令的输出结果显示了有哪些线程在运行，不仅可以查看当前所有的连接数，还可以查看当前的连接状态，帮助用户识别出有问题的查询语句等。

```
MySQL 8.0 Command Line Client
mysql> SHOW PROCESSLIST;
+----+-----------------+-----------------+------------+---------+-------+------------------------+------------------+
| Id | User            | Host            | db         | Command | Time  | State                  | Info             |
+----+-----------------+-----------------+------------+---------+-------+------------------------+------------------+
|  5 | event_scheduler | localhost       | NULL       | Daemon  | 21836 | Waiting on empty queue | NULL             |
|  8 | root            | localhost:6032  | db_library | Query   |     0 | init                   | SHOW PROCESSLIST |
+----+-----------------+-----------------+------------+---------+-------+------------------------+------------------+
2 rows in set, 1 warning (0.00 sec)
```

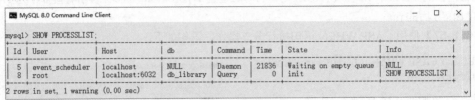

图 8-60　运行结果

图 8-60 所示运行结果中各个列的含义和用途如下。

(1) Id 列：用户登录 MySQL 时，系统分配的连接标识符(connection id)。

(2) User 列：显示当前用户。如果不是 root，这个命令就只显示用户权限范围内的 SQL 语句。

(3) Host 列：显示这个语句是从哪个 IP 的哪个端口上发出的，可以用来追踪出现问题语句的用户。

(4) db 列：显示这个进程目前连接的是哪个数据库。

(5) Command 列：显示当前连接执行的命令，一般取值为休眠(Sleep)、查询(Query)、连接(Connect)。

(6) Time 列：显示这个状态持续的时间，单位是秒。

(7) State 列：显示使用当前连接的 SQL 语句的状态，这是很重要的列。State 只是语句执行中的某一个状态。以查询语句为例，可能需要经过 Copying to tmp table、Sorting result、Sending data 等状态才可以完成。

(8) Info 列：显示这个 SQL 语句，是判断问题语句的一个重要依据。

使用另一个命令行登录 MySQL，此时将会有 2 个连接，在第 2 个登录的命令行下再次输入 SHOW PROCESSLIST，运行结果如图 8-61 所示。

```
MySQL 8.0 Command Line Client
mysql> SHOW PROCESSLIST;
+----+-----------------+-----------------+------------+---------+-------+------------------------+------------------+
| Id | User            | Host            | db         | Command | Time  | State                  | Info             |
+----+-----------------+-----------------+------------+---------+-------+------------------------+------------------+
|  5 | event_scheduler | localhost       | NULL       | Daemon  | 21955 | Waiting on empty queue | NULL             |
|  8 | root            | localhost:6032  | db_library | Sleep   |   119 |                        | NULL             |
|  9 | root            | localhost:13636 | NULL       | Query   |     0 | init                   | SHOW PROCESSLIST |
+----+-----------------+-----------------+------------+---------+-------+------------------------+------------------+
3 rows in set, 1 warning (0.00 sec)
```

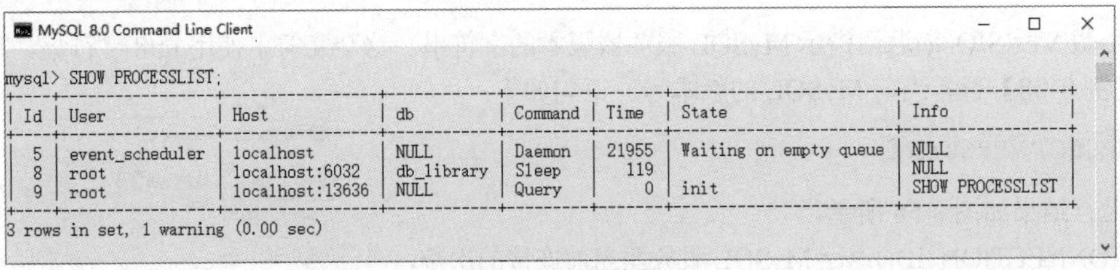

图 8-61　运行结果

可以看到，当前活动用户为登录的连接 Id 为 9 的用户，正在执行的 Command(操作命令)是 Query(查询)，使用的查询命令为 SHOW PROCESSLIST；而连接 Id 为 8 的用户目前没有对数据进行操作，即处于 Sleep 操作，而且已经经过了 119 秒。

DATABASE()和 SCHEMA()函数返回使用 utf8 字符集的默认(当前)数据库名。

【例 8-61】查看当前使用的数据库，语句如下：

```
SELECT DATABASE(),SCHEMA();
```

运行结果如图 8-62 所示。
可以看到，两个函数的作用相同。

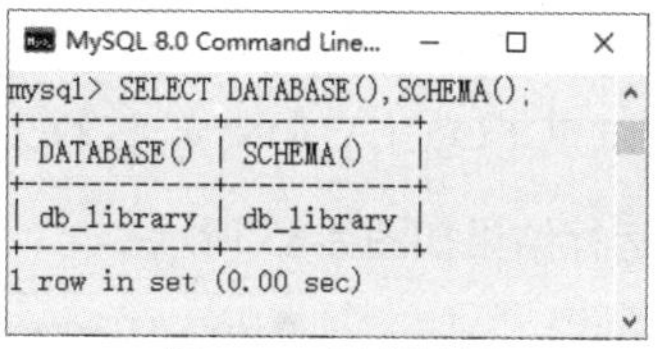

8.6.2 获取用户名的函数

USER()、CURRENT_USER、CURRENT_USER()、
SYSTEM_USER()和 SESSION_USER()这几个函数返回当前被 MySQL 服务器验证的用户名和主机名组合。这个值符合确定当前登录用户存取权限的 MySQL 账户。一般情况下，这几个函数的返回值是相同的。

图 8-62 运行结果

【例 8-62】获取当前登录用户的名称，语句如下：

SELECT USER(),CURRENT_USER(),SYSTEM_USER();

运行结果如图 8-63 所示。

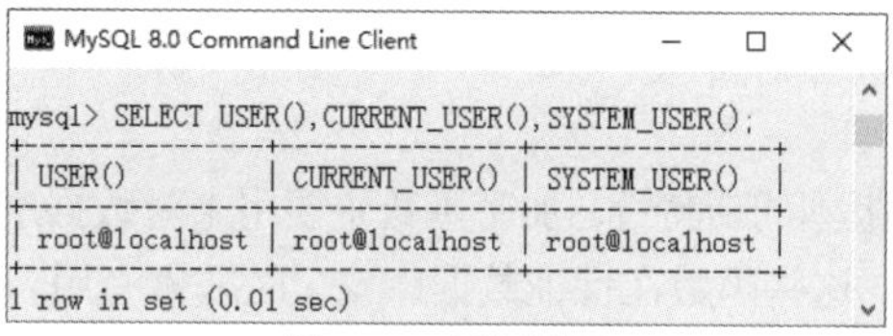

图 8-63 运行结果

返回结果值指示了当前账户连接服务器时的用户名及所连接的客户主机，root 为当前登录的用户名，localhost 为登录的主机名。

8.6.3 获取字符串的字符集和排序方式的函数

CHARSET(str)返回字符串 str 自变量的字符集。
【例 8-63】使用 CHARSET()函数返回字符串使用的字符集，输入语句如下：

SELECT CHARSET('cde'),
CHARSET(CONVERT('cde' USING latin1)),
CHARSET(VERSION());

运行结果如图 8-64 所示。

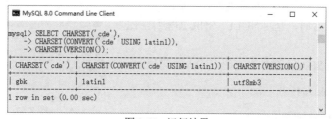

图 8-64 运行结果

CHARSET('cde')返回系统默认的字符集 gbk；CHARSET(CONVERT('cde' USING latin1))返回的字符集为 latin1；前面介绍过，VERSION()返回字符串使用的 utf8 字符集，因此 CHARSET(VERSION())返回结果为 utf8。

COLLATION(str)返回字符串 str 的字符排列方式。

【例8-64】使用 COLLATION()函数返回字符串排列方式，语句如下：

SELECT COLLATION('abc'),COLLATION(CONVERT('abc'USING utf8));

运行结果如图 8-65 所示。

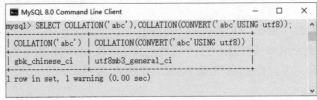

图 8-65　运行结果

可以看到，使用不同字符集时字符串的排列方式不同。

8.7 加密函数

加密函数是 MySQL 8.0 版本的新特性。加密函数主要用来对数据进行加密和解密处理，以保证某些重要数据不被别人获取。这些函数在保证数据库安全时非常有用。本节将介绍各种加密函数的作用和使用方法。

1. 加密函数 MD5(str)

MD5(str)为字符串算出一个 MD5 128 比特校验和，该值以 32 位十六进制数字的二进制字符串形式返回，若参数为 NULL，则返回 NULL。

【例8-65】使用 MD5 函数加密字符串，输入语句如下：

SELECT MD5('mypassword');

运行结果如图 8-66 所示。

可以看到，"mypassword" 经 MD5 加密后的结果为 34819d7beeabb9260a5c854bc85b3e44。

图 8-66　运行结果

2. 加密函数 SHA(str)

SHA(str)从原明文密码 str 计算并返回加密后的密码字符串，当参数为 NULL 时，返回 NULL。SHA 加密算法比 MD5 更加安全。

【例8-66】使用 SHA 函数加密密码，输入语句如下：

SELECT SHA('Jack123456');

运行结果如图 8-67 所示。

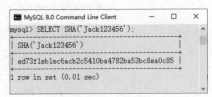

图 8-67　运行结果

3. 加密函数 SHA2(str, hash_length)

SHA2(str, hash_length)使用 hash_length 作为长度，加密 str。hash_length 支持值 224、256、384、512 和 0，其中 0 等同于 256。

【例 8-67】使用 SHA2 加密字符串，输入语句如下：

SELECT SHA2('Jack123456',0) A,sha2('Jack123456',256) B\G;

运行结果如图 8-68 所示。

图 8-68　运行结果

可以看到，hash_length 的值为 256 和 0 时，结果是一样的。

8.8　窗口函数

在 MySQL 8.0 版本之前，没有排名函数，所以当需要在查询中实现排名时，必须手写@变量，比较麻烦。

在 MySQL 8.0 版本中新增了一个窗口函数，可以实现很多新的查询方式。窗口函数类似于 SUM()、COUNT()这样的集合函数，但它并不会将多行查询结果合并为一行，而是将结果放回多行中。也就是说，窗口函数是不需要 GROUP BY 的。

下面通过案例来讲述通过窗口函数实现排名效果的方法。创建公司部门表 branch，包含部门的名称和部门人数两个字段，创建语句如下：

CREATE TABLE tb_branch
(
name char(255) NOT NULL,
brcount INT(11) NOT NULL);
INSERT INTO tb_branch(name,brcount) VALUES('branch1',5), ('branch2',10),
('branch3',8),('branch4',20),('branch5',9);

查询数据表 branch 中的数据：

SELECT * FROM tb_branch;

运行结果如图 8-69 所示。

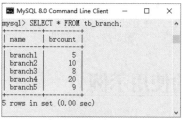

图 8-69　运行结果

对公司部门人数按从小到大进行排名，可以利用窗口函数来实现：

SELECT *,rank() OVER w1 AS 'rank' FROM tb_branch
window w1 AS (ORDER BY BRCOUNT);

运行结果如图 8-70 所示。

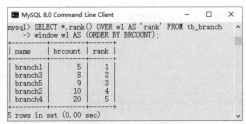

图 8-70　运行结果

这里创建了名为 w1 的窗口函数，规定对 brcount 字段进行排序，然后在 SELECT 子句中对窗口函数 w1 执行 rank()方法，将结果输出为 rank 字段。

需要注意，这里的 window w1 是可选的。例如在每一行中加入员工的总数，可以这样操作：

SELECT *,SUM(brcount) over() AS total_count FROM tb_branch;

运行结果如图 8-71 所示。

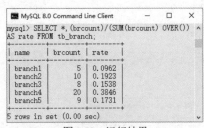

图 8-71　运行结果

上述操作的作用是方便一次性查询出每个部门的员工人数占总人数的百分比，查询结果如下：

SELECT *,(brcount)/(SUM(brcount) OVER()) AS rate FROM tb_branch;

运行结果如图 8-72 所示。

图 8-72　运行结果

8.9　MySQL 函数的使用示例

本章为读者介绍了大量的 MySQL 函数，包括数学函数、字符串函数、日期和时间函数、条件判断函数、系统函数、加密函数及窗口函数。不同版本的 MySQL 之间的函数可能会有微小的差别，使用时需要查阅对应版本的参考手册，但大部分函数的功能在不同版本的 MySQL 之间是一致的。接下来将给出使用各种 MySQL 函数的案例，以巩固所学知识，帮助大家掌握各种函数的作用和使用方法。

1. 使用数学函数 RAND

本例是使用数学函数 RAND()生成 3 个 10 以内的随机整数。

RAND()函数生成的随机数在 0 和 1 之间，要生成 0 和 10 之间的随机数，RAND()需要乘以 10。如果要求是整数，就必须舍去结果的小数部分，在这里使用 ROUND()函数，具体语句如下：

```
SELECT ROUND(RAND()*10),ROUND(RAND()*10),ROUND(RAND()*10);
```

运行结果如图 8-73 所示。

```
MySQL 8.0 Command Line Client
mysql> SELECT ROUND(RAND()*10),ROUND(RAND()*10),ROUND(RAND()*10);
+------------------+------------------+------------------+
| ROUND(RAND()*10) | ROUND(RAND()*10) | ROUND(RAND()*10) |
+------------------+------------------+------------------+
|                5 |                3 |                8 |
+------------------+------------------+------------------+
1 row in set (0.01 sec)
```

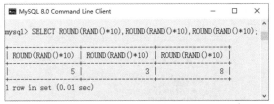

图 8-73 运行结果

2. 使用三角函数

使用 SIN()、COS()、TAN()、COT()函数计算三角函数值，并将计算结果转换成整数值。MySQL 中三角函数计算出来的值并不一定是整数值，需要使用数学函数将其转换为整数，可以使用的数学函数有 ROUND()、FLOOR()等。输入语句如下：

```
SELECT PI(),SIN(PI()/2),COS(PI()),ROUND(TAN(PI()/4)),FLOOR(COT(PI()/4));
```

运行结果如图 8-74 所示。

```
MySQL 8.0 Command Line Client
mysql> SELECT PI(),SIN(PI()/2),COS(PI()),ROUND(TAN(PI()/4)),FLOOR(COT(PI()/4));
+----------+-------------+-----------+--------------------+--------------------+
| PI()     | SIN(PI()/2) | COS(PI()) | ROUND(TAN(PI()/4)) | FLOOR(COT(PI()/4)) |
+----------+-------------+-----------+--------------------+--------------------+
| 3.141593 |           1 |        -1 |                  1 |                  1 |
+----------+-------------+-----------+--------------------+--------------------+
1 row in set (0.01 sec)
```

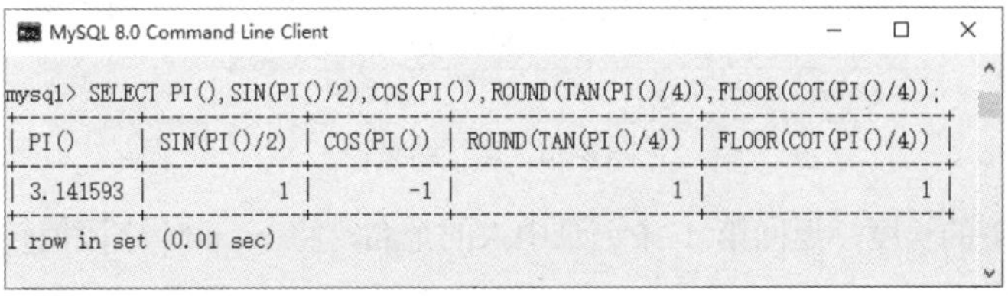

图 8-74 运行结果

3. 创建表并利用函数对字段进行操作

创建表，并使用字符串和日期函数对字段值进行以下操作。

(1) 创建表 member，其中包含 5 个字段，分别为 AUTO_INCREMENT 约束的 m_id 字段、VARCHAR 类型的 m_FN 字段、VARCHAR 类型的 m_LN 字段、DATETIME 类型的 m_birth 字段和 VARCHAR 类型的 m_info 字段。

(2) 插入一条记录，m_id 值为默认值，m_FN 值为“Halen”，m_LN 值为“Park”，m_birth 值为 1970-06-29，m_info 值为“GoodMan”。

(3) 返回 m_FN 的长度，返回第 1 条记录中人的全名，将 m_info 字段值转换成小写字母，将 m_info 的值反向输出。

(4) 计算第 1 条记录中人的年龄，并计算 m_birth 字段中的值在那一年中的位置，按照“Saturday October 4th 1997”格式输出时间值。

(5) 插入一条新的记录，m_FN 值为“Samuel”，m_LN 值为“Green”，m_birth 值为系统当前时间，m_info 值为空。

(6) 使用 LAST_INSERT_ID()查看最后插入的 ID 值。

操作过程如下。

(1) 创建表 member,输入语句如下:

CREATE TABLE tb_member
(
m_id INT AUTO_INCREMENT PRIMARY KEY,
m_FN VARCHAR(100),
m_LN VARCHAR(100),
m_birth DATETIME,
m_info VARCHAR(255) NULL);

运行结果如图 8-75 所示。

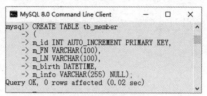

图 8-75 运行结果

(2) 插入一条记录,输入语句如下:

INSERT INTO tb_member VALUES (NULL,'Halen ', 'Park','1970-06-29','GoodMan ');

使用 SELECT 语句查看插入结果,运行结果如图 8-76 所示。

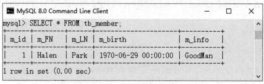

图 8-76 运行结果

(3) 返回 m_FN 的长度,返回第 1 条记录中人的全名,将 m_info 字段值转换成小写字母,将 m_info 的值反向输出:

SELECT LENGTH(m_FN),CONCAT(m_FN,m_LN),LOWER(m_info),REVERSE(m_info) FROM tb_member;

运行结果如图 8-77 所示。

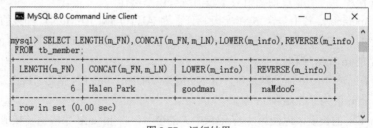

图 8-77 运行结果

(4) 计算第 1 条记录中人的年龄,并计算 m_birth 字段中的值在那一年中的位置,按照"Saturday October 4th 1997"格式输出时间值:

SELECT YEAR(CURDATE())-YEAR(m_birth) AS age,DAYOFYEAR(m_birth) AS days,DATE_FORMAT(m_birth,'%W %D %M %Y') AS birthDate FROM tb_member;

运行结果如图 8-78 所示。

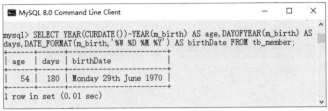

图 8-78 运行结果

(5) 插入一条新的记录，m_FN 值为 "Samuel"，m_LN 值为 "Green"，m_birth 值为系统当前时间，m_info 值为空：

INSERT INTO tb_member VALUES (NULL, 'Samuel', 'Green', NOW(),NULL);

使用 SELECT 语句查看插入结果，如图 8-79 所示。

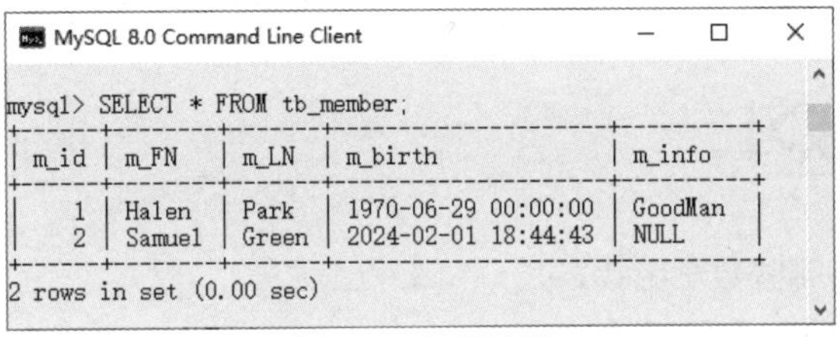

图 8-79 运行结果

可以看到，表中现在有两条记录。

(6) 使用 LAST_INSERT_ID()函数查看最后插入的 ID 值，输入语句如下：

SELECT LAST_INSERT_ID();

运行结果如图 8-80 所示。

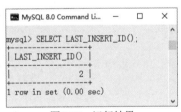

图 8-80 运行结果

最后插入的为第二条记录，其 ID 值为 2，因此返回值为 2。

4．使用条件判断函数

使用 CASE 进行条件判断，若 m_birth 小于 2003 年，则显示 "old"，若 m_birth 大于 2003 年，则显示 "young"，输入语句如下：

SELECT m_birth,CASE WHEN YEAR(m_birth)<2003 THEN 'old'
WHEN YEAR(m_birth)>2003 THEN 'young'
ELSE 'not born' END AS status FROM tb_member;

运行结果如图 8-81 所示。

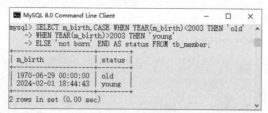

图 8-81　运行结果

8.10　本章小结

本章对 MySQL 数据库常见的函数进行了详细讲解，并通过大量的举例说明，帮助读者更好地理解所学函数的用法。在阅读本章时，读者应该重点掌握字符串函数、日期和时间函数、条件判断函数、系统信息函数的用法。在实际开发中，这些函数都是配合 SELECT 查询语句进行使用的。

8.11　思考与练习

1. MySQL 中主要有哪些数学函数？
2. 上机练习【例 8-1】~【例 8-3】。
3. 在 MySQL 中，常用的字符串函数有哪些？
4. 上机练习【例 8-4】~【例 8-21】。
5. 在 MySQL 中，常用的日期和时间函数有哪些？
6. 上机练习【例 8-22】~【例 8-53】。
7. MySQL 中主要有哪些条件判断函数？
8. 上机练习【例 8-54】~【例 8-57】。
9. 简单列举常用的系统信息函数。

第 9 章 运 算 符

运算符是用来连接表达式中各个操作数的符号，用于对操作数进行各种运算。MySQL 数据库支持使用运算符，通过运算符可以更加灵活地使用表中的数据。MySQL 运算符包括 4 类，分别是算术运算符、比较运算符、逻辑运算符和位运算符。本章主要讲解运算符及其优先级。通过本章的学习，读者可掌握运算符的使用方法，以应用到实际的数据库操作中。

本章的学习目标：
- 掌握算术运算符、比较运算符、逻辑运算符和位运算符在数据库查询中的使用。
- 了解各运算符的优先级。

9.1 运算符概述

当数据库中的表定义完成后，表中的数据代表的意义就确定下来了。例如，学生表中存在一个 birth 字段，这个字段表示学生的出生年份。如果用户希望查找这个学生的年龄，而学生表中只有出生年份，没有字段表示年龄，就需要进行运算，用当前的年份减去学生的出生年份，就可以计算出学生的年龄了。

从上面可以知道，MySQL 运算符可以对表中数据进行运算，以便得到期望的数据。因此，运算符可以使得数据操作更加灵活。

MySQL 支持的运算符包括算术运算符、比较运算符、逻辑运算符和位运算符。

(1) 算术运算符：包括加、减、乘、除和求余运算符，主要用于数值计算，其中，求余运算也称为模运算。

(2) 比较运算符：包括大于、小于、等于、不等于和空运算符，主要用于数值的比较、字符串的匹配等。另外，LIKE、IN、BETWEEN AND 和 IS NULL、NULL 等都是比较运算符，用于使用正则表达式的 REGEXP 也是比较运算符。

(3) 逻辑运算符：包括与、或、非和异或运算符。这种运算的结果只返回真值(1 或 true)和假值(0 或 false)。

(4) 位运算符：包括按位与、按位或、按位异或、按位左移和按位右移运算符。这些运算都必须先把数值转换成二进制，然后在二进制数上进行操作。

提示：

逻辑运算符和位运算符都有与、或和异或等操作，但是位运算必须先把数值转换成二进制，然后才能进行按位操作。运算完成后，将这些二进制的值再变回其原来的类型，返回给用户。逻辑运算直接进行运算,结果只返回真值(1 或 true)和假值(0 或 false)。

本节对 MySQL 的运算符做了简单介绍,让读者对运算符有了大致的了解。接下来将详细讲解每种运算符。

9.2 算术运算符

算术运算符是最常用的一类运算符。算术运算符包括加、减、乘、除、除余。各种算术运算符的符号、表达式的形式、作用如表 9-1 所示。

表 9-1 各种算术运算符的符号、作用、表达式

符号	表达式的形式	作用
+	x1+x2+...+xn	加法运算
-	x1-x2-...-xn	减法运算
*	x1*x2*...*xn	乘法运算
/	x1/x2	除法运算,返回 x1 除以 x2 的商
DIV	x1 DIV x2	除法运算,返回商,同"/"
%	x1%x2	求余运算,返回 x1 除以 x2 的余数
MOD	MOD(x1,x2)	求余运算,返回余数,同"%"

提示:

加号(+)、减号(-)和乘号(*)可以同时运算多个操作数。除号(/)和求余运算符(%)也可以同时计算多个操作数,但并不推荐。DIV()和 MOD()这两个运算符只有两个参数,在除法和求余的运算中,如果 x2 的参数是 0,计算结果就是空值(NULL)。

【例 9-1】下面通过示例演示各种算术运算符的使用。

执行 SQL 语句 SELECT,获取使用各种算术运算符后的结果,SQL 语句如下:

SELECT 8+2 加法操作,8-2 减法操作,8/2 除法操作,8 DIV 2 除法操作,8%3 求模操作,8 MOD 3 求模操作;

执行结果如图 9-1 所示。可见,8+2 的结果为 10,8-2 的结果为 6,8/2 的结果为 4.0000,8 DIV 2 的结果为 4,8%3 的结果为 3,8 MOD 3 的结果为 3。

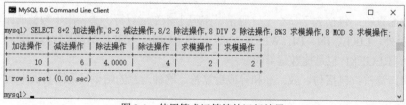

图 9-1 使用算术运算符的运行结果

算术运算符除可以直接操作数值外,还可以操作表中的字段,下面通过一个示例来演示算术运算符在数据查询中的使用。

【例 9-2】为图书信息系统 db_library 的图书信息表 tb_book 增加册数 num 和总金额 total 字段,填写 num 字段值,并计算 total 字段的值。具体操作步骤如下。

(1) 选择数据库 db_library,向图书信息表 tb_book 插入图书册数 num 和总金额 total 字段,SQL

语句如下：

```
USE db_library;
ALTER TABLE tb_book ADD num INT;
ALTER TABLE tb_book ADD total FLOAT;
```

执行结果如图 9-2 所示。查看表结构，如图 9-3 所示。

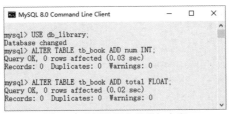

图 9-2　选择数据库并增加字段

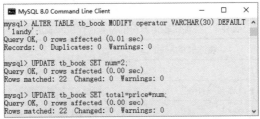

图 9-3　查看表结构

(2) 通过 ALTER TABLE 语句更新图书信息表 tb_book 的操作者字段 operator 的默认值为管理员 landy，然后通过 UPDATE 语句，设置 num 值为 2，总金额等于图书单价 price 乘以图书册数 num。语句如下：

```
ALTER TABLE tb_book MODIFY operator VARCHAR(30) DEFAULT 'landy';
UPDATE tb_book SET num=2;
UPDATE tb_book SET total=price*num;
```

执行结果如图 9-4 所示。

图 9-4　更新默认值并插入数据

(3) 查询图书数据表 tb_book，语句如下：

```
SELECT book_id,bookname,price,num,total,operator FROM tb_book;
```

执行结果如图 9-5 所示。

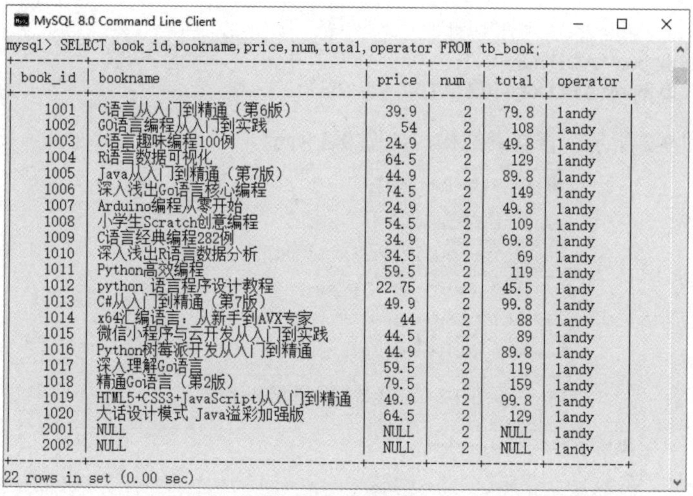

```
MySQL 8.0 Command Line Client
mysql> SELECT book_id,bookname,price,num,total,operator FROM tb_book;
+---------+------------------------------------+-------+-----+-------+----------+
| book_id | bookname                           | price | num | total | operator |
+---------+------------------------------------+-------+-----+-------+----------+
|    1001 | C语言从入门到精通（第6版）             |  39.9 |   2 |  79.8 | landy    |
|    1002 | GO语言编程从入门到实践                 |    54 |   2 |   108 | landy    |
|    1003 | C语言趣味编程100例                    |  24.9 |   2 |  49.8 | landy    |
|    1004 | R语言数据可视化                       |  64.5 |   2 |   129 | landy    |
|    1005 | Java从入门到精通（第7版）              |  44.9 |   2 |  89.8 | landy    |
|    1006 | 深入浅出Go语言核心编程                 |  74.5 |   2 |   149 | landy    |
|    1007 | Arduino编程从零开始                   |  24.9 |   2 |  49.8 | landy    |
|    1008 | 小学生Scratch创意编程                 |  54.5 |   2 |   109 | landy    |
|    1009 | C语言经典编程282例                    |  34.9 |   2 |  69.8 | landy    |
|    1010 | 深入浅出R语言数据分析                  |  34.5 |   2 |    69 | landy    |
|    1011 | Python高效编程                       |  59.5 |   2 |   119 | landy    |
|    1012 | python 语言程序设计教程               | 22.75 |   2 |  45.5 | landy    |
|    1013 | C#从入门到精通（第7版）                |  49.9 |   2 |  99.8 | landy    |
|    1014 | x64汇编语言：从新手到AVX专家           |    44 |   2 |    88 | landy    |
|    1015 | 微信小程序与云开发从入门到实践          |  44.5 |   2 |    89 | landy    |
|    1016 | Python树莓派开发从入门到精通           |  44.9 |   2 |  89.8 | landy    |
|    1017 | 深入理解Go语言                        |  59.5 |   2 |   119 | landy    |
|    1018 | 精通Go语言（第2版）                   |  79.5 |   2 |   159 | landy    |
|    1019 | HTML5+CSS3+JavaScript从入门到精通     |  49.9 |   2 |  99.8 | landy    |
|    1020 | 大话设计模式 Java溢彩加强版            |  64.5 |   2 |   129 | landy    |
|    2001 | NULL                                 |  NULL |   2 |  NULL | landy    |
|    2002 | NULL                                 |  NULL |   2 |  NULL | landy    |
+---------+------------------------------------+-------+-----+-------+----------+
22 rows in set (0.00 sec)
```

图 9-5　执行结果

【例 9-3】MySQL 中的除运算符(/和 DIV)和求模运算符(%和 MOD)，如果除数为 0，就是非法运算，返回结果为 NULL，具体 SQL 语句如下：

```
SELECT 5/0  除法操作,6 DIV 0  除法操作,4%0  求模操作,5 MOD 0  求模操作;
```

执行结果如图 9-6 所示。

```
MySQL 8.0 Command Line Client
mysql> SELECT 5/0 除法操作,6 DIV 0 除法操作,4%0 求模操作,5 MOD 0 求模操作;
+----------+----------+----------+----------+
| 除法操作 | 除法操作 | 求模操作 | 求模操作 |
+----------+----------+----------+----------+
|     NULL |     NULL |     NULL |     NULL |
+----------+----------+----------+----------+
1 row in set, 4 warnings (0.00 sec)
```

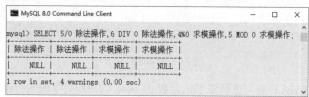

图 9-6　算术运算中的非法运算

9.3 比较运算符

SELECT 语句中的条件语句经常要用到比较运算符。通过比较运算符可以判断表中的哪些记录是符合条件的。比较运算符的符号、表达式的形式和作用如表 9-2 所示。

表 9-2　各种比较运算符的符号、作用和表达式

符号	表达式的形式	作用
=	x1=x2	判断 x1 是否等于 x2
<>或!=	x1<>x2 或 x1!=x2	判断 x1 是否不等于 x2
<=>	x1<=>x2	判断 x1 是否等于 x2
>	x1>x2	判断 x1 是否大于 x2
>=	x1>=x2	判断 x1 是否大于或等于 x2
<	x1<x2	判断 x1 是否小于 x2
<=	x1<=x2	判断 x1 是否小于或等于 x2

(续表)

符号	表达式的形式	作用
IS NULL	x1 is NULL	判断 x1 是否等于 NULL
IS NOT NULL	x1 is NOT NULL	判断 x1 是否不等于 NULL
BETWEEN AND	x1 BETWEEN m AND n	判断 x1 的取值是否在 m 和 n 之间
IN	x1 IN(值 1,值 2,…,值 n)	判断 x1 的取值是不是值 1 到值 n 中的一个
LIKE	x1 LIKE 表达式	判断 x1 是否与表达式匹配
REGEXP	x1 REGEXP 正则表达式	判断 x1 是否与正则表达式匹配

9.3.1 常用的比较运算符

常用的比较运算符包括相等比较运算符"="和"<=>"，不相等比较运算符"！="和"<>"，大于和大于或等于比较运算符">"和">="，小于和小于或等于比较运算符"<"和"<="。

【例 9-4】下面通过示例演示常用的比较运算符，具体步骤如下。

(1) 执行带有"="和"<=>"比较运算符的 SQL 语句 SELECT，以了解这些比较运算符的作用，语句如下：

SELECT 3=3 数值比较,'sky'='heaven' 字符串比较,3*4=2*6 表达式比较,1<=>1 数值比较,'dragon'<=>'dragon' 字符串比较,2+7<=>6+3 表达式比较;

执行结果如图 9-7 所示。

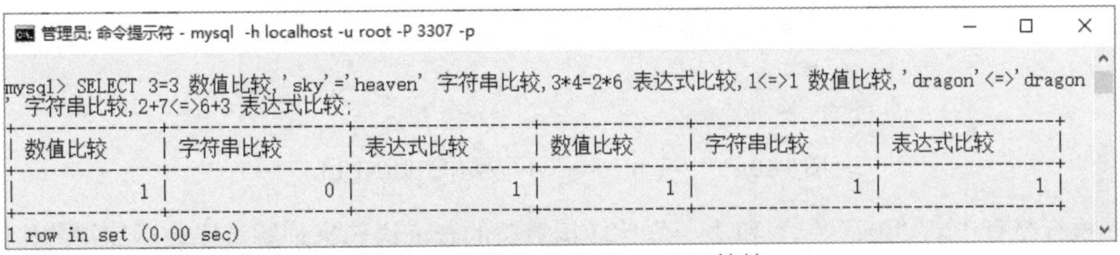

图 9-7　使用"="和"<=>"运算符

从图 9-7 可以看出，"="和"<=>"比较运算符可以判断数值、字符串和表达式是否相等，如果相等，就返回 1，否则返回 0。

(2) "="和"<=>"比较运算符在比较字符串是否相等时，根据字符的 ASCII 码来进行比较，前者不能操作 NULL(空值)，后者可以操作 NULL，语句如下：

SELECT NULL<=>NULL '<=>符号效果',NULL=NULL '=符号效果';

执行结果如图 9-8 所示。

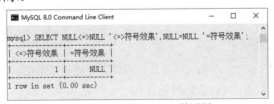

图 9-8　"="和"<=>"的区别

从图 9-8 可以看出，"="不能操作 NULL，因此 NULL=NULL 的结果为 NULL，而不是 1，而比较运算符"<=>"却可以进行操作，因此结果为 1。

(3) 与"="和"<=>"比较运算符相反，符号"<>"和"！="用来判断数值、字符串和表达式是否不相等，如果不相等，就返回 1，否则返回 0。执行带有"！="和"<>"比较运算符的 SQL 语句 SELECT 来理解比较运算符的作用，语句如下：

SELECT 2<>2 数值比较,'mouse'<>'keyboard' 字符串比较,1+3<>2+1 数值比较,8!=8 数值比较,'right'!='right' 字符串比较,2+5!=3+5 数值比较;

执行结果如图 9-9 所示。

图 9-9 使用"！="和"<>"比较运算符

从图 9-9 可以看出，"！="和"<>"比较运算符主要判断数值、字符串和表达式等是否不相等。

(4) 符号"<>"和"！="都不能操作空值(NULL)，语句如下：

SELECT NULL!=NULL '!=符号效果', NULL<>NULL '<>符号效果';

执行结果如图 9-10 所示。

图 9-10 "！="和"<>"不能操作空值(NULL)

(5) 执行带有">"">=""<"和"<="比较运算符的查询语句来理解该比较运算符的作用，语句如下：

SELECT 7>=7 数值比较,'abcde'>='abcde' 字符串比较,2+9>3+6 数值比较,8>8 数值比较,'abc'<='bcd' as '<=符号使用',1+6<4+8 as '<符号使用';

执行结果如图 9-11 所示。

图 9-11 使用">"">=""<"和"<="比较运算符

执行结果显示，">"">=""<"和"<="比较运算符主要用于数值、字符串和表达式等的相关比较，如果表达式成立，就返回 1，否则将返回 0。

提示：

">"">=""<"和"<="比较运算符不能操作 NULL(空值)。

9.3.2 特殊功能的比较运算符

特殊功能的比较运算符包括：实现判断是否为空的 IS NULL，实现通配符的 LIKE，实现判断是否存在于指定范围的 BETWEEN AND，实现判断是否存在于指定集合的 IN，以及实现正则表达式匹配的 REGEXP。

1. IS NULL 运算符

IS NULL 运算符用于判断操作数是否为空(NULL)。操作数为 NULL 时，结果返回 1；操作数不为 NULL 时，结果返回 0。例如：

SELECT 3 IS NULL, NULL IS NULL;

执行结果如图 9-12 所示。

2. IS NOT NULL 运算符

IS NOT NULL 运算符用于判断操作数是否不为空(NULL)。操作数为 NULL 时，结果返回 0；操作数不为 NULL 时，结果返回 1。例如：

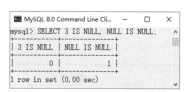

图 9-12　使用 IS NULL 运算符

SELECT 3 IS NOT NULL, NULL IS NOT NULL;

执行结果如图 9-13 所示。

3. LIKE 运算符

LIKE 运算符用于判断某个字符串中是否含有另一个字符串，如果含有，结果就返回 1，否则返回 0。例如：

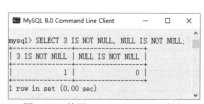

图 9-13　使用 IS NOT NULL 运算符

SELECT 'sourcefile&fire' like 'fice%', 'sourcefile&fire' like '%file%','sourcefile&fire' like '%file%';

执行结果如图 9-14 所示。

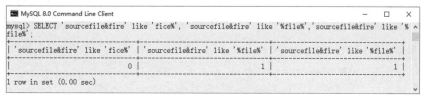

图 9-14　使用 LIKE 运算符

4. BETWEEN AND 运算符

BETWEEN AND 运算符用于判断操作数是否在某个取值范围内。在表达式 x1 BETWEEN m and n 中，如果 x1 大于或等于 m 且小于或等于 n，结果就返回 1，否则结果将返回 0。例如：

SELECT 6 BETWEEN 5 AND 10,11 BETWEEN 10 AND 15;

执行结果如图 9-15 所示。

5. IN 运算符

IN 运算符用于判断操作数是否在某个列表中，如果在列表中，结果就返回 1，否则结果将返回 0。例如：

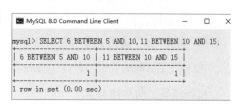

图 9-15　使用 BETWEEN AND 运算符

SELECT 8 in (7,8,9), 'z' in('w','x','y','z'), 5 in (1,2,3);

执行结果如图 9-16 所示。

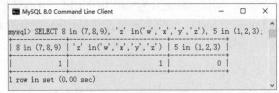

图 9-16　使用 IN 运算符

6. REGEXP 运算符

正则表达式通过模式字符去匹配一类字符串，MySQL 支持的模式字符如表 9-3 所示。

表 9-3　MySQL 支持的模式字符

模式字符	含义
^	匹配字符串的开始部分
$	匹配字符串的结束部分
.	匹配字符串的任意一个字符
[字符集合]	匹配字符集合中的任意一个字符
[^字符集合]	匹配字符集合外的任意一个字符
str1|str2|str3	匹配 str1、str2 和 str3 中的任意一个字符串
*	匹配字符，包含 0 个和 1 个
+	匹配字符，包含 1 个
字符串{N}	字符串出现 N 次
字符串(M,N)	字符串至少出现 M 次，最多 N 次

(1) 带有 "^" 模式字符的查询语句，主要用于比较是否以特定字符或字符串开头，例如：

SELECT 'outofworld' REGEXP '^o','outofworld' REGEXP '^out';

执行结果如图 9-17 所示。

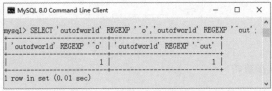

图 9-17　使用 "^" 模式字符

从图 9-17 中可以看出，通过模式字符 "^" 可以比较是否以特定字符或字符串开头，如果相符就返回 1，否则返回 0。

(2) 带有 "$" 模式字符的查询语句，主要用于比较是否以特定字符或字符串结尾，例如：

SELECT 'goodboy' REGEXP 'y$','goodboy' REGEXP 'boy$';

执行结果如图 9-18 所示。

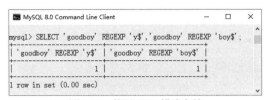

图9-18 使用"$"模式字符

从图9-18中可以看出,通过模式字符"$"可以比较是否以特定字符或字符串结尾,如果相符就返回1,否则返回0。

(3) 带有"."模式字符的查询语句,主要用于比较是否包含固定数目的任意字符,例如:

SELECT 'goodboy' REGEXP '^g……oy$';

执行结果如图9-19所示。

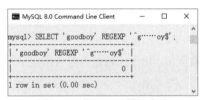

图9-19 使用"."模式字符

从图9-19可以看出,通过模式字符"."可以比较是否包含一个任意字符,如果相符就返回1,否则返回0。

(4) 带有"[]"和"[^]"模式字符的查询语句,主要用于比较是否包含指定字符中的任意一个字符和指定字符外的任意一个字符,例如:

SELECT 'goodboy' REGEXP '[abc]' 字符中字符,
'goodboy' REGEXP '[abcd]' 字符中字符,
'goodboy' REGEXP '[^abc]' 字符外字符,
'goodboy' REGEXP '[a-zA-Z]' 字符中的区间,
'goodboy' REGEXP '[^a-zA-Z0-9]' 字符外区间;

执行结果如图9-20所示。

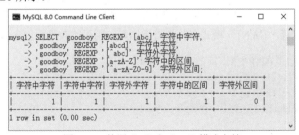

图9-20 使用"[]"和"[^]"模式字符

从图9-20可以看出,通过模式字符"[]"和"[^]"可以匹配指定字符中的任意一个字符和字符外的任意一个字符,如果相符就返回1,否则返回0。

(5) 带有"+"和"*"模式字符的查询语句,用于比较是否包含多个指定字符,例如:

SELECT 'goodby' REGEXP 'b+y','goodby' REGEXP 'b*y';
SELECT 'goodboy' REGEXP 'b+y','goodboy' REGEXP 'b*y';
SELECT'goodbooy' REGEXP 'b+y', 'goodbooy' REGEXP 'b*y';

执行结果如图 9-21 所示。

图 9-21　使用"*"和"+"模式字符

从图 9-21 可以看出,通过模式字符"+"和"*"可以匹配字符 b 和 y 之间是否有多个字符。前者可以表示 0 个字符,后者表示一个或多个字符。

(6) 带有"|"模式字符的查询语句,用于比较是否包含指定字符串中的任意一个字符串,例如:

SELECT 'twolittlepig' regexp 'five' 单个字符串,
' twolittlepig ' regexp 'one|two|three' 多个字符串,
' twolittlepig ' regexp 'six|four|seven' 多个字符串;

执行结果如图 9-22 所示。

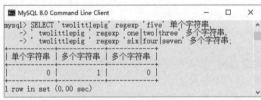

图 9-22　使用"|"模式字符

图 9-22 的执行结果显示,通过模式字符"|"可以匹配指定的任意一个字符串,如果只有一个字符串,就不需要模式字符"|",如果相符就返回 1,否则返回 0。指定多个字符串时,需要用"|"模式字符隔开,字符串与"|"之间不能有空格,MySQL 会将空格当作一个字符。

(7) 带有"{M}"或者"{M,N}"模式字符的查询语句,用于比较是否包含多个指定字符串,例如:

SELECT 'fivelittlepig' REGEXP 't{3}' 匹配 3 个 t,
'fivelittlepig' REGEXP 'v{2}' 匹配 2 个 v,
'fivelittlepig' REGEXP 'v{1,5}' 至少 1 个最多 5 个,
'fivelittlepig' REGEXP 'pig{1,2}' 至少 1 个最多 2 个,

执行结果如图 9-23 所示。

图 9-23　使用"{M}"和"{M,N}"模式字符

从图 9-23 的执行结果显示，t{3}表示字符 t 连续出现 3 次，v{1,5}表示字符 v 至少出现 1 次，最多连续出现 5 次。

由上述介绍的内容可以看到，正则表达式的功能很强大，使用正则表达式可以灵活方便地设置字符串的匹配条件。

9.4 逻辑运算符

逻辑运算符用来判断表达式的真假，返回结果只有 1 和 0。如果表达式是真，结果就返回 1；如果表达式是假，结果就返回 0。逻辑运算符又称为布尔运算符。MySQL 支持 4 种逻辑运算符，分为是与、或、非和异或。这 4 种逻辑运算符的符号、表达式如表 9-4 所示。

表 9-4 逻辑运算符的符号、表达式

符号	表达式的形式	描述
AND(&&)	x1 AND x2	与
OR(||)	x1 OR x2	或
NOT(!)	NOT x2	非
XOR	x1 XOR x2	异或

【例 9-5】逻辑运算符在查询语句中的使用。

(1) 执行带有"&&"或者"AND"逻辑运算符的 SQL 语句 SELECT，来理解这两个逻辑运算符的作用，语句如下：

SELECT 1 AND 3,0 AND 2,0 AND NULL,1 AND NULL,3 && 1,0 && 1,0 && NULL,11 && NULL;

执行结果如图 9-24 所示。

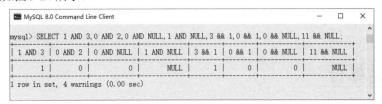

图 9-24 使用 AND 和&&运算符

(2) 执行带有"||"或者"OR"逻辑运算符的查询语句，来理解这两个逻辑运算符的作用，语句如下：

SELECT 1 OR 2, 0 OR 5,0 OR 0,5 OR NULL,7 || 1,0 || 6,0 || NULL,7 || NULL;

执行结果如图 9-25 所示。

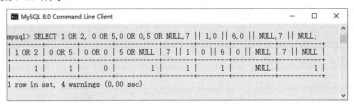

图 9-25 使用 OR 和||运算符

图 9-25 的执行结果显示，逻辑运算符中 OR 与||这两个符号的作用一样，所有操作数中存在任何一个操作数不为 0，结果就返回 1；所有操作数中不包含非 0 的数字，但包含 NULL(空值)，结果就返回 NULL；所有操作数都为 0，结果就返回 0。

(3) 执行带有"！"或者"NOT"逻辑运算符的查询语句，来理解这两个逻辑运算符的作用，语句如下：

SELECT NOT 5,NOT 0,NOT NULL,!5,!0,!NULL;

执行结果如图 9-26 所示。

从图 9-26 的显示结果来看，逻辑运算符中 NOT 与！这两个符号的作用一样，同时也是逻辑运算符中唯一的单操作数运算符。如果操作数为非 0 数字，结果就返回 0；如果操作数为 0，结果就返回 1；如果操作数为 NULL(空值)，结果就返回 NULL。

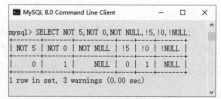

图 9-26　使用 NOT 和!运算符

(4) 执行带有"XOR"逻辑运算符的查询语句，来理解这个逻辑运算符的作用，语句如下：

SELECT 2 XOR 3,0 XOR 0,NULL XOR NULL,0 XOR 5,0 XOR NULL,5 XOR NULL;

执行结果如图 9-27 所示。

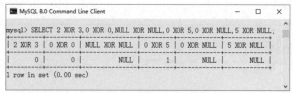

图 9-27　使用 XOR 运算符

图 9-27 的结果显示，对于逻辑运算符 XOR，如果操作数中包含 NULL(空值)，结果就返回 NULL；如果操作数同为 0 数字或者同为非 0 数字，结果就返回 0；如果一个操作数为 0 而另一个操作数不为 0，结果就返回 1。

9.5　位运算符

位运算符是在二进制数上进行计算的运算符。位运算会先将操作数变成二进制数，再进行位运算，最后将计算结果从二进制数变回十进制数。在 MySQL 中支持 6 种位运算符，分别是按位与、按位或、按位取反、按位异或、按位左移和按位右移，如表 9-5 所示。

表 9-5　位运算符的符号、形式

运算符	表达式的形式	描述
&	x1&x2	按位与
|	x1|x2	按位或
~	~x1	按位取反
^	x1^x2	按位异或
<<	x1<<x2	按位左移
>>	x1>>x2	按位右移

【例 9-6】下面通过具体示例演示各种算术运算符的使用。

(1) 执行带有 "&" 位运算符的 SQL 语句 SELECT，来理解该位运算符的作用，具体 SQL 语句如下：

SELECT 3&6, BIN(3&6) 二进制数,3&6&7, BIN(3&6&7) 二进制数;

执行结果如图 9-28 所示。

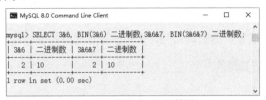

图 9-28　使用 "&" 运算符

图 9-28 的执行结果显示，3 的二进制数为 011，6 的二进制数为 110，在这两个二进制数对应位上进行与运算，结果为 010，转换成二进制数为 2。二进制数 011(3)与二进制数 110(6)进行与运算，结果为 010，再与 111(7)进行与运算，结果为 010，转换成十进制数为 2。所谓按位与操作，即 1 与 1 为 1，其他情况均为 0，最后将与运算后的结果转换成十进制数。

(2) 执行带有 "|" 位运算符的查询语句，来理解该位运算符的作用，语句如下：

SELECT 3|6, BIN(3|6) 二进制数,3|6|7, BIN(3|6|7) 二进制数;

执行结果如图 9-29 所示。

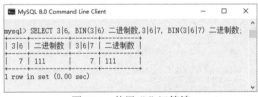

图 9-29　使用 "|" 运算符

图 9-29 的执行结果显示，3 的二进制数为 011，6 的二进制数为 110，在两个二进制数对应位上进行或运算，结果为 111，转换成十进制数为 7。二进制数 011(3)与二进制数 110(6)进行或运算，结果为 111，再与 111(7)进行或运算，结果为 111，转换成十进制数为 7。

可以发现，所谓按位或，MySQL 在具体运行时，首先把操作数由十进制数转换成二进制数，然后按位进行或操作，即 1 与任何数或运算的结果为 1，0 与 0 或运算的结果为 0，最后将或运算后的结果转换成十进制数。

(3) 执行带有 "~" 位运算符的查询语句，来理解该位运算符的作用，语句如下：

SELECT ~3, BIN(~3) 二进制数;

执行结果如图 9-30 所示。

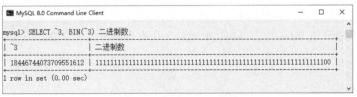

图 9-30　使用 "~" 运算符

图 9-30 的执行结果显示,"~"是运算符中唯一的单操作数位运算符。虽然 3 的二进制数为 011,但是 MySQL 中用 8 字节(64 位)表示常量整数,于是需要在 011 二进制前面用 0 补足 64 位,在该二进制数对应位上进行取反运算,结果为前 61 位为 1,而最后 3 位为 100,转换成十进制数为 18446744073709551612。

可以发现,所谓按位取反,MySQL 在具体运行时,首先把操作数由十进制数转换成二进制数,然后按位进行取反操作,即 1 取反运算的结果为 0,0 取反运算的结果为 1,最后将取反后的结果转换成十进制数。

(4) 执行带有"^"位运算符的查询语句,来理解该位运算符的作用,语句如下:

SELECT 4^5, BIN(4^5) 二进制数;

执行结果如图 9-31 所示。

图 9-31 的执行结果显示,由于 4 的二进制数为 100,5 的二进制数为 101,这两个二进制数对应位上进行异或运算,结果为 001,转换为十进制数为 1。

可以发现,所谓按位异或,MySQL 在具体运行时,首先将操作数由十进制转换成二进制数,然后按位进行异或操作,即相同的数异或后的结果为 0,不同的数异或后的结果为 1,最后将异或后的结果转换成十进制数。

图 9-31 使用"^"运算符

(5) 执行带有"<<"和">>"位运算符的查询语句,来理解这两个运算符的作用,语句如下:

SELECT BIN(7) 二进制数,7<<4,BIN(7<<4) 二进制数,7>>2,BIN(7>>2) 二进制数;

执行结果如图 9-32 所示。

图 9-32 使用"<<"和">>"运算符

图 9-32 的执行结果显示,由于 7 的二进制数为 111,当向左移动 4 位后,运算结果为 1110000,转换成十进制数为 112。当向右移动 2 位后,运算结果为 1,转换成十进制数为 2。

可以发现,所谓按位左移和右移,首先把操作数由十进制数转换成二进制数,如果向左移,就在右边补 0,如果向右移,就在左边补 0,最后将移动后的结果转换成十进制数。

9.6 运算符的优先级

在实际应用中可能需要同时使用多个运算符,这就必须考虑运算符的运算顺序。本节将给读者讲解运算符的优先级。表 9-6 列出了 MySQL 支持的所有运算符的优先级。

表 9-6 MySQL 运算符的优先级

优先级	运算符
1	!
2	~
3	^
4	*、/、DIV、%、MOD
5	+、-
6	>>、<<
7	&
8	|
9	=、<=>、<、<=、>、>=、!=、<>、IN、IS NULL、LIKE、REGEXP
10	BETWEEN AND、CASE、WHEN、THEN、ELSE
11	NOT
12	&&、AND
13	||、OR、XOR
14	:=

表 9-6 中，从上到下，优先级依次降低，同一行中的优先级相同，优先级相同时，表达式从左到右开始运算。

虽然优先级规定了运算符的运算次序，但实际应用中，更多的是使用 "( )" 来将优先计算的内容括起来，这样更直观、简单，并且更容易让人接受。

9.7 运算符综合示例

在本章的综合示例中，读者将执行各种常见的运算符操作。具体操作步骤如下。
(1) 创建 tb_test 表，其表结构如表 9-7 所示。

表 9-7 tb_test 表结构

字段名	数据类型	长度	描述
num	INT	4	整型
info	VARCHAR	100	字符型

使用 CREATE 语句创建 tb_test，语句如下：

USE db_library;
CREATE table tb_test(NUM INT(4),INFO VARCHAR(100));

执行结果如图 9-33 所示。

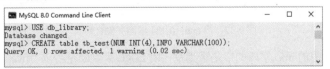

图 9-33 创建 tb_test 表

(2) 使用 INSERT 语句向表中插入一条记录，语句如下：

INSERT INTO tb_test VALUES(50," fivehundredmiles");

执行结果如图 9-34 所示。

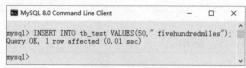

图 9-34　插入数据

(3) 从 tb_test 表中取出 num 值进行加法、减法、乘法、除法和求余运算。语句如下：

SELECT num,num+8,num-8,num*3,num DIV 3,num%3 FROM tb_test;

执行结果如图 9-35 所示。

图 9-35　执行算术运算符操作

(4) 使用比较运算符将 num 值与其他数据进行比较，语句如下：

SELECT num,num=30,num<>40,num>30,num>=25,num<7,num<=50,num<=>62 FROM tb_test;

执行结果如图 9-36 所示。

图 9-36　将 num 值与其他数据进行比较

(5) 判断 num 是否在 30~49 范围内，并且判断 num 的值是否在(10,20,30,40,50)这个集合中，代码如下：

SELECT num,num BETWEEN 30 AND 49,num IN(10,20,30,40,50) FROM tb_test;

执行结果如图 9-37 所示。

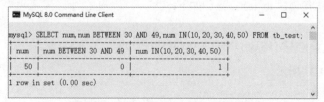

图 9-37　将 num 值用于区间和集合判断

(6) 判断 tb_test 表的 info 字段的值是否为空，用 LIKE 来判断是否以 "five" 开头，用 REGEXP 来判断第一个字母是否是 f，最后一个字母是 s，语句如下：

```
SELECT info,info is NULL,info LIKE "five%",info REGEXP "^f",info REGEXP 's$' FROM tb_test;
```

执行结果如图 9-38 所示。

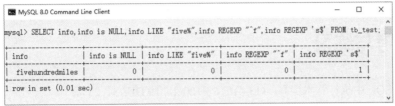

图 9-38　查询数据

(7) 逻辑运算包括与、或、非和异或 4 种，分别将任意数字和 NULL 或 0 进行逻辑运算，语句如下：

```
SELECT 3&&0,4&&NULL,0 AND NULL,4||0,5||NULL,0 OR NULL;
SELECT !3,!0,NOT NULL,4 XOR 0,2 XOR NULL,0 XOR NULL;
```

执行结果如图 9-39 和图 9-40 所示。

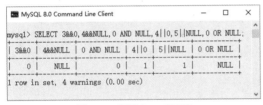

图 9-39　逻辑与、或运算　　　　　　图 9-40　逻辑非、异或运算

(8) 将数字 6 和 10 进行按位与、按位或运算，并将 11 按位取反，代码如下：

```
SELECT 6&10,6|10,~11;
```

执行结果如图 9-41 所示。

(9) 将数字 16 左移两位、数字 15 右移两位，代码如下：

```
SELECT 16<<2,15>>2;
```

执行结果如图 9-42 所示。

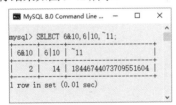 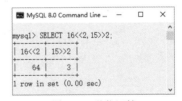

图 9-41　按位与、按位或运算　　　　　　图 9-42　移位运算

9.8　本章小结

本章介绍了 MySQL 中的运算符。在 MySQL 中包括 4 类运算符，分别是算术运算符、比较运算符、逻辑运算符和位运算符。前 3 种运算符在实际操作中使用比较频繁，也是本章重点讲述的内

容。因此,读者需要认真学习这部分的内容。位运算符是本章的难点。因为位运算符需要将操作数转换为二进制数,然后进行位运算。这要求读者掌握二进制运算的相关知识。位运算符在实际操作中使用的频率比较低。

9.9 思考与练习

1. 在 MySQL 中执行算术运算:(13-4)*2、9+20/2、19 DIV 3、23%3。
2. 在 MySQL 中执行比较运算:54>24、32>=25、34<43、12<=12、NULL<=>NULL、NULL<=>2、4<=>4。
3. 在 MySQL 中执行逻辑运算:7&&9、-4||NULL、NULL XOR 0、0 XOR 1、!4。
4. 在 MySQL 中执行位运算:15&19、15|8、12^20、~12。
5. 比较运算符的运算结果只能是 0 和 1 吗?
6. 哪种运算符的优先级最高?
7. 十进制的数可以直接使用位运算符吗?

第 10 章

视 图

数据库中的视图是一个虚拟表。同真实的表一样，视图包含一系列带有名称的行和列数据。行和列数据来自由定义视图查询所引用的表，并且在引用视图时动态生成。本章将结合实例来介绍视图的含义、视图的作用、创建视图、查看视图、修改视图、更新视图和删除视图等内容。通过本章的学习，读者能够了解视图的概念和作用，并能熟练掌握有关视图的操作。

本章的学习目标：
- 了解视图的含义和作用。
- 掌握创建视图的方法，包括在单表上创建视图和在多表上创建视图。
- 熟悉如何查看视图，包括通过 DESCRIBE 语句和通过 SHOW TABLE STATUS 语句查看视图基本信息，通过 SHOW CREATE VIEW 语句查看视图详细信息，或者在 views 表中查看视图的详细信息。
- 掌握修改视图的方法，包括通过 CREATE OR RELPLACE VIEW、ALTER 语句修改视图。
- 掌握更新视图的方法，包括 INSERT、UPDATE 和 DELETE 三种更新方式。
- 掌握删除视图的方法，主要通过 DROP VIEW 语句实现。
- 掌握综合案例中视图应用的方法和技巧。

10.1 视图概述

视图是从一个或者多个表中导出的，视图的行为与表非常相似，但视图是一个虚拟表。在视图中，用户可以使用 SELECT 语句查询数据，以及使用 INSERT、UPDATE 和 DELETE 语句修改记录。从 MySQL 5.0 开始可以使用视图，视图可以使用户操作数据库更方便，而且可以保障数据库系统的安全。

10.1.1 视图的含义

视图是一个虚拟表，是从数据库中一个或多个表中导出来的表。视图还可以在已经存在的视图的基础上定义。

视图一经定义便存储在数据库中，与其相对应的数据并没有像表那样在数据库中再存储一份，通过视图看到的数据只是存放在基本表中的数据。对视图的操作与对表的操作一样，可以对其进行查询、修改和删除。当对通过视图看到的数据进行修改时，相应的基本表的数据也会发生变化；同时，若基本表的数据发生变化，则这种变化可以自动地反映到视图中。

下面有两个表：tb_student 表和 tb_student_info 表，在 tb_student 表中包含学生的 id 号 s_id 和姓名 s_name，tb_student_info 表中包含学生的 id 号 s_id、班级 glass 和家庭住址 addr，而现在公布分班信息，只需要 s_id 号、姓名 s_name 和班级 glass，这该如何解决？通过学习后面的内容就可以找到完美的解决方案。

表设计如下：

```
CREATE TABLE tb_student
(
    s_id INT,
    s_name VARCHAR(40)
);
CREATE TABLE tb_student_info
(
    s_id INT,
    glass VARCHAR(40),
    addr VARCHAR(40)
);
```

通过 DESC 命令可以查看表的设计，以获得字段、字段的定义、是否为主键、是否为空、默认值和扩展信息。

视图提供了一个很好的解决方法，用户可以创建一个视图，获取表的部分信息，这样既能满足要求，又不破坏表原来的结构。

10.1.2 视图的作用

与直接从数据表中读取数据相比，视图有以下优点。

1. 简单化

视图不仅可以简化用户对数据的理解，也可以简化用户的操作。那些被经常使用的查询可以被定义为视图，从而使得用户不必每次操作都指定全部的条件。

2. 安全性

通过视图，用户只能查询和修改他们所能见到的数据，数据库中的其他数据既看不见又取不到。数据库授权命令可以使每个用户对数据库的检索限制到特定的数据库对象上，但不能授权到数据库特定的行和特定的列上。通过视图，用户可以被限制在数据的不同子集上，具体如下。

(1) 使用权限可被限制在基表的行的子集上。
(2) 使用权限可被限制在基表的列的子集上。
(3) 使用权限可被限制在基表的行和列的子集上。
(4) 使用权限可被限制在多个基表的连接所限定的行上。
(5) 使用权限可被限制在基表中数据的统计汇总上。
(6) 使用权限可被限制在另一视图的一个子集上，或者一些视图和基表合并后的子集上。

3. 逻辑数据独立性

视图可帮助用户屏蔽真实表结构变化带来的影响。在 MySQL 中，视图提供了一种查看数据的方法，它让用户能够看到存储在表中的数据的特定的逻辑表现形式。视图本身不存储数据，而是在使用时动态生成。这样，视图可以提供一定程度的逻辑数据独立性，使得数据库设计更加灵活，能够适应数据模型变化。

逻辑数据独立性意味着，即使基础数据表结构改变，视图也可以继续提供一致的数据视图，前提是视图定义中没有包含基表中新增的列，或者没有改变数据结构的操作。

以下是创建一个简单视图的示例代码：

```
CREATE VIEW view_name AS
SELECT column1, column2
FROM table_name
WHERE condition;
```

在这个例子中，view_name 是视图的名称，column1, column2 是用户希望从基表中选择出来的列，table_name 是基础数据表的名称，condition 是用户希望应用在数据上的筛选条件。

当查询视图时，MySQL 会动态地执行视图定义中的查询语句，并返回结果。如果基表的结构发生变化(例如，添加了新的列)，只要这些变化不影响视图所涉及的列，视图就会继续正常工作。如果视图定义中使用了新增的列，那么需要通过 ALTER VIEW 语句来更新视图定义以适应新的表结构。

10.2 创建视图

视图中包含 SELECT 查询的结果，因此视图的创建基于 SELECT 语句和已存在的数据表。视图可以建立在一张表上，也可以建立在多张表上。本节主要介绍创建视图的方法。

10.2.1 创建视图的语法形式

创建视图使用 CREATE VIEW 语句，基本语法格式如下：

```
CREATE [OR REPLACE] [ALGORITHM = (UNDEFINED | MERGE | TEMPTABLE) ]
VIEW view_name [(column_list)]
AS SELECT statement
[WITH [CASCADED | LOCAL] CHECK OPTION]
```

其中，CREATE 表示创建新的视图；REPLACE 表示替换已经创建的视图；ALGORITHM 表示视图选择的算法；view_name 为视图的名称，column_list 为属性列；SELECT_statement 表示 SELECT 语句；WITH [CASCADED | LOCAL] CHECK OPTION 参数表示视图在更新时保证在视图的权限范围之内。

ALGORITHM 的取值有 3 个，分别是 UNDEFINED、MERGE、TEMPTABLE。UNDEFINED 表示 MySQL 将自动选择算法；MERGE 表示将使用的视图语句与视图定义合并起来，使得视图定义的某一部分取代语句对应的部分；TEMPTABLE 表示将视图的结果存入临时表，然后用临时表来执行语句。

CASCADED 与 LOCAL 为可选参数，CASCADED 为默认值，表示更新视图时要满足所有相关视图和表的条件；LOCAL 表示更新视图时满足该视图本身定义的条件即可。

该语句要求具有针对视图的 CREATE VIEW 权限，以及针对由 SELECT 语句选择的每一列上的某些权限。对于在 SELECT 语句中其他地方使用的列，必须具有 SELECT 权限。如果还有 OR REPLACE 子句，那么必须在视图上具有 DROP 权限。

视图属于数据库。在默认情况下，将在当前数据库创建新视图。要想在给定数据库中创建视图，创建时应将名称指定为 db_name.view_name。

10.2.2 在单表上创建视图

MySQL 可以在单个数据表上创建视图。

【例 10-1】在 Z 表上创建一个名为 view_Z 的视图。

(1) 首先创建基本表并插入数据，语句如下：

```
CREATE TABLE Z(quantity INT,price FLOAT);
INSERT INTO Z VALUES(3,50);
```

运行结果如图 10-1 所示。

图 10-1　创建数据表 Z 并插入数据记录

(2) 创建视图，然后查询视图，语句如下：

```
CREATE VIEW view_Z AS SELECT quantity, price, quantity *price FROM Z;
SELECT * FROM view_Z;
```

执行结果如图 10-2 所示。

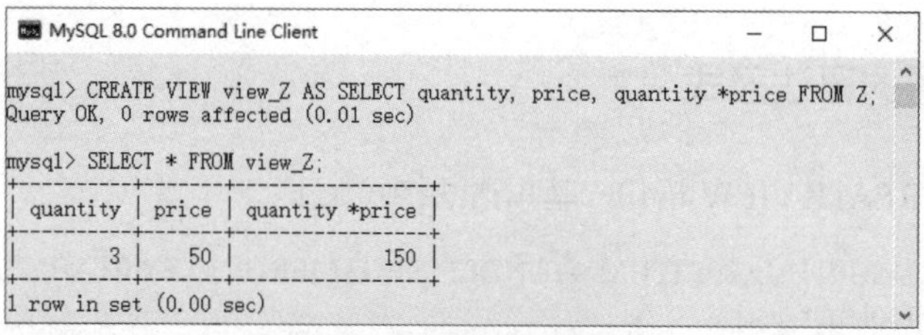

图 10-2　创建并查询视图

默认情况下，创建的视图和基本表的字段是一样的，也可以通过指定视图字段的名称来创建视图。

【例 10-2】在 Z 表上创建一个名为 view_Z2 的视图，然后查看 view_Z2 视图中的数据，语句如下：

```
CREATE VIEW view_Z2(qty,price,total) AS SELECT quantity,price,quantity*price FROM Z;
SELECT * FROM view_Z2;
```

执行程序，结果如图 10-3 所示。

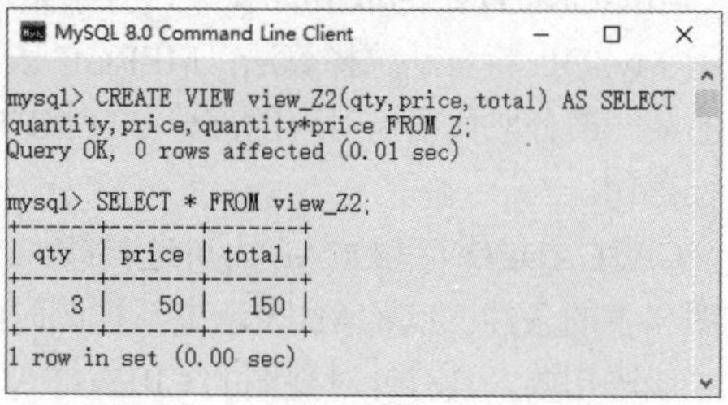

可以看到，view_Z2 和 view_Z 两个视图中的字段名称不同，但数据是相同的。因此，在使用视图的时候，用户根本不需要了解基本表的结构，更接触不到实际表中的数据，从而保证了数据库的安全。

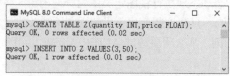

图 10-3　创建并查询 view_Z2 视图

10.2.3 在多表上创建视图

MySQL 中也可以在两个或者两个以上的表上创建视图，可以使用 CREATE VIEW 语句实现。

【例 10-3】在表 tb_student 和表 tb_student_info 上创建视图 student_view。

(1) 首先向两个表中插入数据，输入语句如下：

INSERT INTO tb_student VALUES(1,'landy'),(2,'jack'),('3','yanfang'),(4,'caohui');
INSERT INTO tb_student_info VALUES
(1,'landy','ZhengZhou'),(2,'Jack','ShiJiaZhuang'),(3,'yanfang','HanDan');

运行结果如图 10-4 所示。

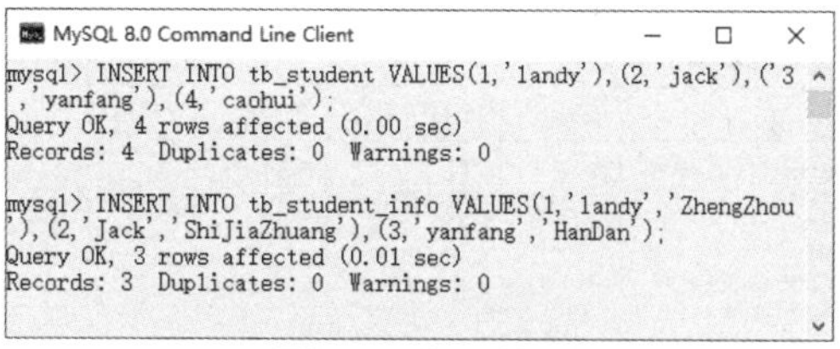

图 10-4　插入数据

(2) 创建视图 student_view，语句如下：

CREATE VIEW student_view(s_id,s_name,glass) AS SELECT
tb_student.s_id,tb_student.s_name,tb_student_info.glass FROM tb_student,tb_student_info WHERE
tb_student.s_id=tb_student_info.s_id;
SELECT * FROM student_view;

运行结果如图 10-5 所示。

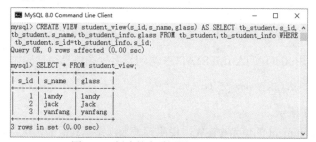

图 10-5　创建并查看视图 student_view

这个例子就解决了刚开始提出的那个问题，通过这个视图可以很好地保护基本表中的数据。这个视图中的信息很简单，只包含学生编号 s_id、姓名 s_name 和班级 glass，s_id 字段对应 tb_student 表中的 s_id 字段，s_name 字段对应 tb_student 表中的 s_name 字段，glass 字段对应 tb_student_info 表中的 glass 字段。

10.3　查看视图

查看视图是指查看数据库中已存在的视图的定义。查看视图必须要有 SHOW VIEW 的权限，MySQL 数据库下的 user 表中保存着这个信息。查看视图的方法包括 DESCRIBE、SHOW TABLE STATUS 和 SHOW CREATE VIEW，本节将介绍查看视图的各种方法。

10.3.1　使用 DESCRIBE 语句查看视图的基本信息

DESCRIBE 语句可以用来查看视图，具体的语法如下：

DESCRIBE 视图名;

【例 10-4】通过 DESCRIBE 语句查看视图 view_Z 的定义，代码如下：

DESCRIBE view_Z;

执行结果如图 10-6 所示。

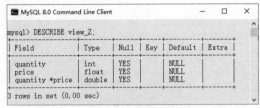

图 10-6　查看视图

结果显示出了视图的字段定义、字段的数据类型、是否为空、是否为主/外键、默认值和额外信息。

DESCRIBE 一般情况下都简写成 DESC，输入这个命令的执行结果和输入 DESCRIBE 的执行结果是一样的。

10.3.2　使用 SHOW TABLE STATUS 语句查看视图的基本信息

使用 SHOW TABLE STATUS 语句可以查看视图的信息，语法格式如下：

SHOW TABLE STATUS LIKE '视图名';

【例 10-5】下面使用 SHOW TABLE STATUS 语句查看视图信息，代码如下：

SHOW TABLE STATUS LIKE 'view_Z' \G

执行结果如图 10-7 所示。

执行结果显示，Comment 的值为 VIEW，说明该表为视图；其他的信息为 NULL，说明这是一个虚表。用同样的语句来查看一下数据表 Z 的信息，执行结果如图 10-8 所示。

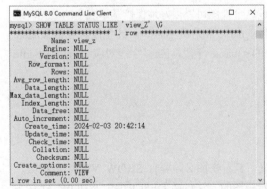

图 10-7　查询视图执行结果

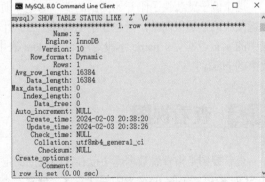

图 10-8　查询表的执行结果

从查询的结果来看，这里的信息包含存储引擎、创建时间等，Comment 信息为空，这就是视图和表的区别。

10.3.3 使用 SHOW CREATE VIEW 语句查看视图的详细信息

使用 SHOW CREATE VIEW 语句可以查看视图的详细信息，语法如下：

SHOW CREATE VIEW 视图名;

【例 10-6】使用 SHOW CREATE VIEW 语句查看视图的详细信息，代码如下：

SHOW CREATE VIEW view_Z \G

执行结果如图 10-9 所示。

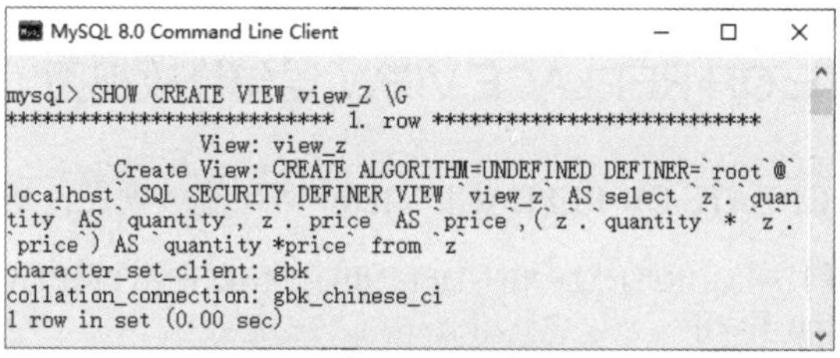

图 10-9　执行结果

执行结果显示视图的名称、创建视图的语句等信息。

10.3.4 在 views 表中查看视图的详细信息

在 MySQL 中，information_schema 数据库下的 views 表中存储了所有视图的定义。通过对 views 表的查询，可以查看数据库中所有视图的详细信息。

【例 10-7】在 views 表中查看视图的详细信息，代码如下：

SELECT * FROM information_schema.views \G;

查询结果如图 10-10 所示。

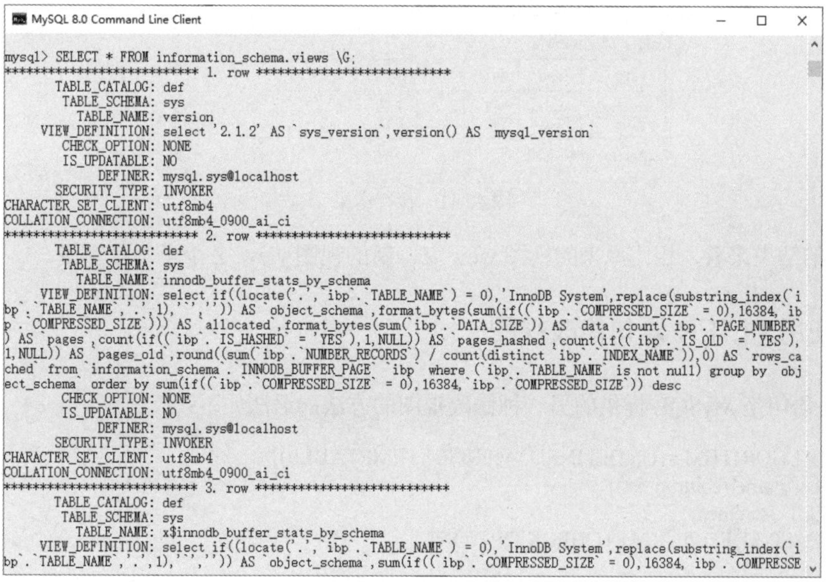

图 10-10　查询结果

查询的结果显示当前以及定义的所有视图的详细信息。在这里向下拖动鼠标，也可以看到前面定义的 3 个名为 student_view、view_Z 和 view_Z2 的视图的详细信息。

10.4 修改视图

修改视图是指修改数据库中存在的视图，当基本表的某些字段发生变化的时候，可以通过修改视图来保持与基本表的一致性。MySQL 中通过 CREATE OR REPLACE VIEW 语句和 ALTER 语句来修改视图。

10.4.1 使用 CREATE OR REPLACE VIEW 语句修改视图

在 MySQL 中，使用 CREATE OR REPLACE VIEW 语句修改视图，语法如下：

```
CREATE [OR REPLACE] [ALGORITHM = {UNDEFINED | MERGE | TEMPTABLE}
VIEW view_name [(column_List)]
AS SELECT_statement
[WITH [CASCADED | LOCAL] CHECK OPTION]
```

可以看到，修改视图的语句和创建视图的语句是完全一样的。当视图已经存在时，可通过上述语句对视图进行修改；当视图不存在时，可使用上述语句创建视图。下面通过一个实例来说明。

【例 10-8】修改视图 view_Z。

代码如下：

```
CREATE OR REPLACE VIEW view_Z AS SELECT * FROM Z;
DESC view_Z;
```

执行结果如图 10-11 所示。之前的 view_Z 视图可以查看前面的图 10-6。

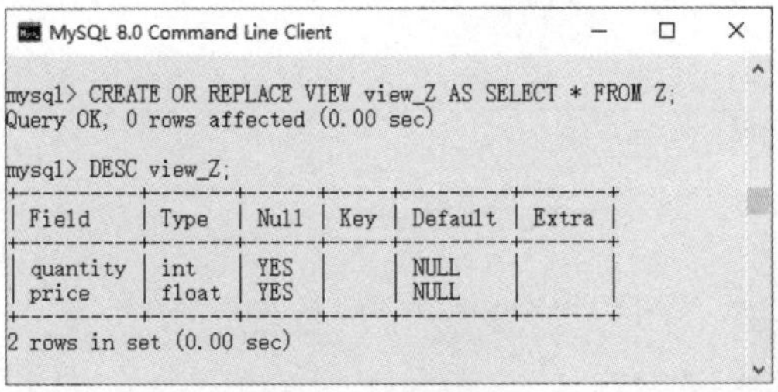

```
mysql> CREATE OR REPLACE VIEW view_Z AS SELECT * FROM Z;
Query OK, 0 rows affected (0.00 sec)

mysql> DESC view_Z;
+----------+-------+------+-----+---------+-------+
| Field    | Type  | Null | Key | Default | Extra |
+----------+-------+------+-----+---------+-------+
| quantity | int   | YES  |     | NULL    |       |
| price    | float | YES  |     | NULL    |       |
+----------+-------+------+-----+---------+-------+
2 rows in set (0.00 sec)
```

图 10-11　执行结果

从执行的结果来看，相比原来的视图 view_Z，新的视图 view_Z 少了 1 个字段。

10.4.2 使用 ALTER 语句修改视图

ALTER 语句是 MySQL 提供的另一种修改视图的方法，语法如下：

```
ALTER [ALGORITHM =(UNDEFINED | MERGE | TEMPTABLE)]
VIEW view_name[(column list)]
AS SELECT_statement
[WITH [CASCADED | LOCAL] CHECK OPTION]
```

这个语法中的关键字和前面视图的关键字是一样的，这里就不再介绍了。

【例 10-9】使用 ALTER 语句修改视图 view_Z。

代码如下：

```
DESC view_Z;
ALTER VIEW view_Z AS SELECT quantity FROM Z;
DESC view_Z;
```

执行结果如图 10-12 所示。

```
MySQL 8.0 Command Line Client
mysql> DESC view_Z;
+----------+-------+------+-----+---------+-------+
| Field    | Type  | Null | Key | Default | Extra |
+----------+-------+------+-----+---------+-------+
| quantity | int   | YES  |     | NULL    |       |
| price    | float | YES  |     | NULL    |       |
+----------+-------+------+-----+---------+-------+
2 rows in set (0.00 sec)

mysql> ALTER VIEW view_Z AS SELECT quantity FROM Z;
Query OK, 0 rows affected (0.01 sec)

mysql> DESC view_Z;
+----------+------+------+-----+---------+-------+
| Field    | Type | Null | Key | Default | Extra |
+----------+------+------+-----+---------+-------+
| quantity | int  | YES  |     | NULL    |       |
+----------+------+------+-----+---------+-------+
1 row in set (0.00 sec)
```

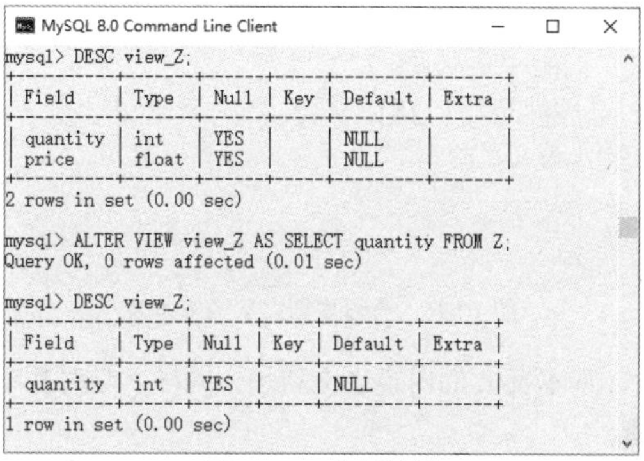

图 10-12　执行结果

通过 ALTER 语句同样可以达到修改视图 view_Z 的目的，从上面的执行过程来看，视图 view_Z 只剩下 1 个 quantity 字段，修改成功。

10.5　更新视图

更新视图是指通过视图来插入、更新、删除表中的数据。因为视图是一个虚拟表，所以其中没有数据。通过视图更新的时候都是转到基本表上进行更新的，对视图增加或者删除记录，实际上是对其基本表增加或者删除记录。本节将介绍视图更新的 3 种方法：INSERT、UPDATE 和 DELETE。

【例 10-10】使用 UPDATE 语句更新视图 view_Z。

(1) 执行视图更新之前，查看基本表和视图的信息，如图 10-13 所示。

(2) 使用 UPDATE 语句更新视图 view_Z，语句如下：

```
UPDATE view_Z SET quantity=5;
```

执行结果如图 10-14 所示。

```
MySQL 8.0 Command Li...
mysql> SELECT * FROM view_Z;
+----------+
| quantity |
+----------+
|        3 |
+----------+
1 row in set (0.00 sec)

mysql> SELECT * FROM Z;
+----------+-------+
| quantity | price |
+----------+-------+
|        3 |    50 |
+----------+-------+
1 row in set (0.00 sec)
```

图 10-13　查看视图和基本表

```
MySQL 8.0 Command Line Cli...
mysql> UPDATE view_Z SET quantity=5;
Query OK, 1 row affected (0.01 sec)
Rows matched: 1  Changed: 1  Warnings: 0
```

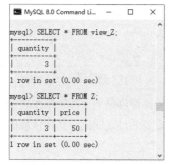

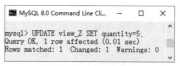

图 10-14　更新视图

(3) 查看视图更新之后，基本表的内容如图 10-15 所示。

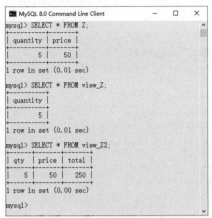

图 10-15　查看更新之后的基本表

对视图 view_Z 更新后，基本表 Z 的内容也更新了。同样，当对基本表 Z 更新后，另一个视图 view_Z2 中的内容也会更新。

【例 10-11】使用 INSERT 语句在基本表 Z 中插入一条记录，代码如下：

INSERT INTO Z VALUES(2,4);

执行结果如图 10-16 所示。

向表 Z 中插入一条记录后，通过 SELECT 语句查看表 Z 和视图 view_Z2，可以看到其中的内容也跟着更新，视图更新的不仅仅是数量和单价，总价也会更新。

【例 10-12】使用 DELETE 语句删除视图 view_Z2 中的一条记录，代码如下：

DELETE FROM view_Z2 WHERE price=8;

执行结果如图 10-17 所示。

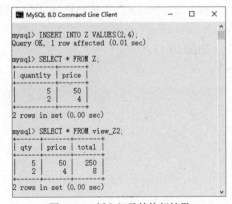

图 10-16　插入记录的执行结果

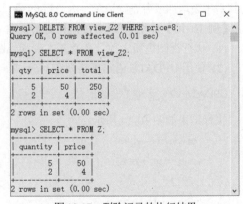

图 10-17　删除记录的执行结果

在视图 view_Z2 中删除 price=8 的记录，视图中的删除操作最终是通过删除基本表中相关的记录实现的，查看删除操作之后的表 Z 和视图 view_Z2，可以看到通过视图删除其所依赖的基本表中的数据。

当视图中包含如下内容时，视图的更新操作将不能被执行。

(1) 视图中不包含基表中被定义为非空的列。

(2) 在定义视图的 SELECT 语句后的字段列表中使用了数学表达式。

(3) 在定义视图的 SELECT 语句后的字段列表中使用了聚合函数。

(4) 在定义视图的 SELECT 语句中使用了 DISTINCT、UNION、TOP、GROUP BY 或 HAVING 子句。

10.6 删除视图

当视图不再需要时，可以将其删除。删除一个或多个视图可以使用 DROP VIEW 语句，语法格式如下：

```
DROP VIEW [IF EXISTS]
    view_name [,view_name]…
    [RESTRICT | CASCADE]
```

其中，view_name 是要删除的视图名称，可以添加多个需要删除的视图名称，各个名称之间使用逗号分隔。删除视图必须拥有 DROP 权限。

【例 10-13】 删除 student_view 视图。

代码如下：

```
DROP VIEW IF EXISTS student_view;
```

执行结果如图 10-18 所示。

如果名为 student_view 的视图存在，那么该视图将被删除。使用 SHOW CREATE VIEW 语句查看操作结果：

```
SHOW CREATE VIEW student_view;
```

执行结果如图 10-19 所示。

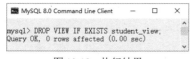

图 10-18 执行结果

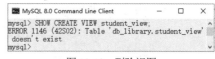

图 10-19 删除视图

可以看到，student_view 视图已经不存在，删除成功。

10.7 本章实战

本章介绍了 MySQL 数据库中视图的含义和作用，并且讲解了创建视图、修改视图和删除视图的方法。创建视图和修改视图是本章的重点。大家可以一边学习，一边在计算机上进行操作。要养成一个良好的习惯，在创建视图之后一定要查看视图的结构，确保创建的视图是正确的；修改过视图后也要查看视图的结构，保证修改是正确的。

1. 示例目的

通过示例来综合练习视图的创建、查询、更新和删除操作。基于图书信息系统，建立关于系统管理员、图书信息、借阅记录和归还记录的视图。

2. 操作过程

(1) 创建图书管理系统管理员的视图。基于管理员表 tb_admin，建立视图 view_tb_admin，包括用户名 username、创建时间 create_time、电子邮箱 email、手机号码 phone，代码如下：

```
CREATE VIEW view_tb_admin AS SELECT username,create_time,email,phone FROM tb_admin;
SELECT * FROM view_tb_admin;
```

运行结果如图 10-20 所示。

```
MySQL 8.0 Command Line Client
mysql> USE db_library;
Database changed
mysql> CREATE VIEW view_tb_admin AS SELECT username, create_time, email, phone FROM tb_admin;
Query OK, 0 rows affected (0.01 sec)

mysql> SELECT * FROM view_tb_admin;
+-------------+---------------------+----------------------------+---------------+
| username    | create_time         | email                      | phone         |
+-------------+---------------------+----------------------------+---------------+
| landy       | 2024-01-04 12:57:47 | NULL                       | NULL          |
| mingrisoft  | NULL                | NULL                       | NULL          |
| admin       | NULL                | NULL                       | NULL          |
| mingri      | NULL                | NULL                       | NULL          |
| mingrisoft  | NULL                | NULL                       | NULL          |
| Romero      | 2018-12-22 21:14:02 | romerodanielle@outlook.com | 180-8709-5053 |
| ChiehLun    | 2022-05-19 08:15:08 | 1chiehlun304@icloud.com    | 760-514-1935  |
| Koyama      | 2007-10-19 07:15:33 | koyamaair@gmail.com        | 166-8413-7376 |
| MingSze     | 2023-04-10 00:38:48 | 1am96@outlook.com          | 212-683-4437  |
| Fernandez   | 2015-09-20 16:23:16 | tina126@icloud.com         | 66-107-7126   |
| HokYau      | 2009-12-01 08:36:51 | hokyau2@outlook.com        | 312-661-1403  |
| Miller      | 2003-01-10 13:08:34 | jeffmiller@outlook.com     | 165-4984-0356 |
| Yuning      | 2004-11-27 03:32:03 | du307@mail.com             | 3-0011-1257   |
| Ayano       | 2005-05-23 16:57:35 | ayanofukuda@icloud.com     | 80-6414-2869  |
| YuLing      | 2014-01-12 18:17:57 | yulingti624@outlook.com    | 196-5813-9251 |
+-------------+---------------------+----------------------------+---------------+
15 rows in set (0.00 sec)
```

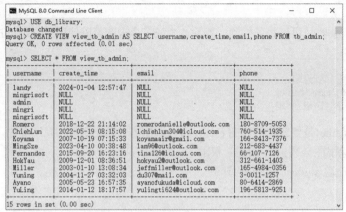

图 10-20　创建图书管理员视图

(2) 为了了解系统管理员的登录情况，为数据表 tb_admin 添加 last_time 字段，记录最后一次登录时间，语句如下：

```
ALTER TABLE tb_admin ADD last_time DATETIME;
UPDATE tb_admin SET last_time='2024-02-05 17:16:00';
```

执行结果如图 10-21 所示。

```
MySQL 8.0 Command Line Client
mysql> ALTER TABLE tb_admin ADD last_time DATETIME;
Query OK, 0 rows affected (0.02 sec)
Records: 0  Duplicates: 0  Warnings: 0

mysql> UPDATE tb_admin SET last_time='2024-02-05 17:16:00';
Query OK, 15 rows affected (0.01 sec)
Rows matched: 15  Changed: 15  Warnings: 0
```

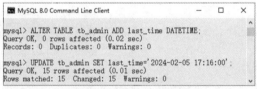

图 10-21　为管理员表 tb_admin 新增字段 last_time

(3) 查询管理员表 tb_admin，结果如图 10-22 所示。

```
MySQL 8.0 Command Line Client
mysql> SELECT * FROM tb_admin;
+----------+-------------+-------------+---------------------+----------------------------+---------------+---------------------+
| admin_id | username    | password    | create_time         | email                      | phone         | last_time           |
+----------+-------------+-------------+---------------------+----------------------------+---------------+---------------------+
|        1 | landy       | ******      | 2024-01-04 12:57:47 | NULL                       | NULL          | 2024-02-05 17:16:00 |
|        3 | mingrisoft  | mingrisoft  | NULL                | NULL                       | NULL          | 2024-02-05 17:16:00 |
|        4 | admin       | 244637      | NULL                | NULL                       | NULL          | 2024-02-05 17:16:00 |
|        5 | mingri      | 952879      | NULL                | NULL                       | NULL          | 2024-02-05 17:16:00 |
|        6 | mingrisoft  | 168737      | NULL                | NULL                       | NULL          | 2024-02-05 17:16:00 |
|        7 | Romero      | tSgxk1R8JE  | 2018-12-22 21:14:02 | romerodanielle@outlook.com | 180-8709-5053 | 2024-02-05 17:16:00 |
|        8 | ChiehLun    | xNcdqNXTgL  | 2022-05-19 08:15:08 | 1chiehlun304@icloud.com    | 760-514-1935  | 2024-02-05 17:16:00 |
|        9 | Koyama      | e5fK1FYzGj  | 2007-10-19 07:15:33 | koyamaair@gmail.com        | 166-8413-7376 | 2024-02-05 17:16:00 |
|       10 | MingSze     | GZ9hyCaswK  | 2023-04-10 00:38:48 | 1am96@outlook.com          | 212-683-4437  | 2024-02-05 17:16:00 |
|       11 | Fernandez   | 8sH9ib7OV7  | 2015-09-20 16:23:16 | tina126@icloud.com         | 66-107-7126   | 2024-02-05 17:16:00 |
|       12 | HokYau      | unVkUSCpMQ  | 2009-12-01 08:36:51 | hokyau2@outlook.com        | 312-661-1403  | 2024-02-05 17:16:00 |
|       13 | Miller      | zy6K1jWAL6  | 2003-01-10 13:08:34 | jeffmiller@outlook.com     | 165-4984-0356 | 2024-02-05 17:16:00 |
|       14 | Yuning      | qUCEN4U1Sj  | 2004-11-27 03:32:03 | du307@mail.com             | 3-0011-1257   | 2024-02-05 17:16:00 |
|       15 | Ayano       | Ms4kBF2VA6  | 2005-05-23 16:57:35 | ayanofukuda@icloud.com     | 80-6414-2869  | 2024-02-05 17:16:00 |
|       16 | YuLing      | 1hxowP1C5t  | 2014-01-12 18:17:57 | yulingti624@outlook.com    | 196-5813-9251 | 2024-02-05 17:16:00 |
+----------+-------------+-------------+---------------------+----------------------------+---------------+---------------------+
15 rows in set (0.00 sec)
```

图 10-22　查询管理员表 tb_admin

(4) 更新视图 view_tb_admin，增加 last_time 字段，然后查看视图，语句如下：

```
ALTER VIEW view_tb_admin AS SELECT username,create_time,email,phone,last_time FROM tb_admin;
SELECT * FROM view_tb_admin;
```

执行结果如图 10-23 所示。

```
MySQL 8.0 Command Line Client
mysql> ALTER VIEW view_tb_admin AS SELECT username, create_time, email, phone, last_time FROM tb_admin;
Query OK, 0 rows affected (0.01 sec)

mysql> SELECT * FROM view_tb_admin;
+-------------+---------------------+----------------------------+---------------+---------------------+
| username    | create_time         | email                      | phone         | last_time           |
+-------------+---------------------+----------------------------+---------------+---------------------+
| landy       | 2024-01-04 12:57:47 | NULL                       | NULL          | 2024-02-05 17:16:00 |
| mingrisoft  | NULL                | NULL                       | NULL          | 2024-02-05 17:16:00 |
| admin       | NULL                | NULL                       | NULL          | 2024-02-05 17:16:00 |
| mingri      | NULL                | NULL                       | NULL          | 2024-02-05 17:16:00 |
| mingrisoft  | NULL                | NULL                       | NULL          | 2024-02-05 17:16:00 |
| Romero      | 2018-12-22 21:14:02 | romerodanielle@outlook.com | 180-8709-5053 | 2024-02-05 17:16:00 |
| ChiehLun    | 2022-05-19 08:15:08 | lchiehlun304@icloud.com    | 760-514-1935  | 2024-02-05 17:16:00 |
| Koyama      | 2007-10-19 07:15:33 | koyamaair@gmail.com        | 166-8413-7376 | 2024-02-05 17:16:00 |
| MingSze     | 2023-04-10 00:38:48 | lam96@outlook.com          | 212-683-4437  | 2024-02-05 17:16:00 |
| Fernandez   | 2015-09-20 16:23:16 | tina126@icloud.com         | 66-107-7126   | 2024-02-05 17:16:00 |
| HokYau      | 2009-12-01 08:36:51 | hokyau2@outlook.com        | 312-661-1403  | 2024-02-05 17:16:00 |
| Miller      | 2003-01-10 13:08:34 | jeffmiller@outlook.com     | 165-4984-0356 | 2024-02-05 17:16:00 |
| Yuning      | 2004-11-27 03:32:03 | du307@mail.com             | 3-0011-1257   | 2024-02-05 17:16:00 |
| Ayano       | 2005-05-23 16:57:35 | ayanofukuda@icloud.com     | 80-6414-2869  | 2024-02-05 17:16:00 |
| YuLing      | 2014-01-12 18:17:57 | yulingti624@outlook.com    | 196-5813-9251 | 2024-02-05 17:16:00 |
+-------------+---------------------+----------------------------+---------------+---------------------+
15 rows in set (0.00 sec)
```

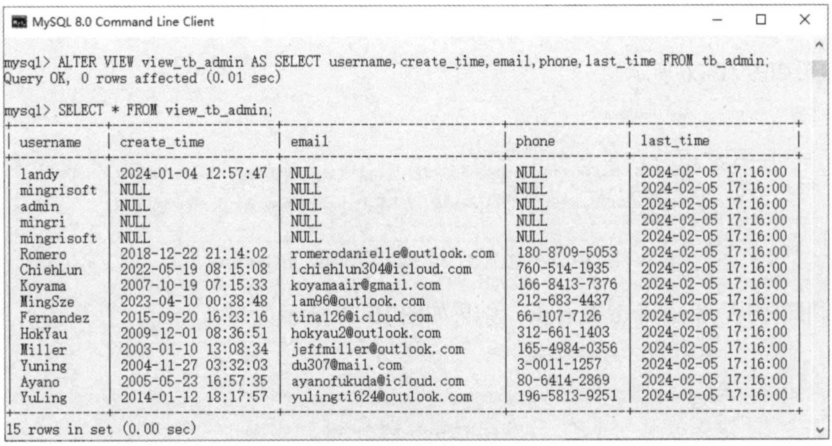

图 10-23 更新和查看视图

(5) 建立图书信息视图 view_tb_book，包括图书名称 bookname、图书分类名 cat_name、作者 author、译者 translator、价格 price，语句如下：

```
CREATE VIEW view_tb_book AS
SELECT tb_book.bookname,tb_category.cat_name,tb_book.author,tb_book.translator,tb_book.price FROM
tb_book,tb_category WHERE tb_book.cat_id=tb_category.cat_id;
```

执行结果如图 10-24 所示。

```
MySQL 8.0 Command Line Client
mysql> CREATE VIEW view_tb_book AS
    -> SELECT tb_book.bookname, tb_category.cat_name, tb_book.author, tb_book
.translator, tb_book.price
    -> FROM tb_book, tb_category WHERE tb_book.cat_id=tb_category.cat_id;
Query OK, 0 rows affected (0.01 sec)
```

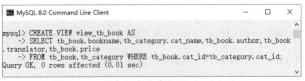

图 10-24 建立图书信息视图 view_tb_book

查询图书信息视图 view_tb_book，结果如图 10-25 所示。

```
MySQL 8.0 Command Line Client
mysql> SELECT * FROM view_tb_book;
+------------------------------------+----------+----------------------------------+------------------+-------+
| bookname                           | cat_name | author                           | translator       | price |
+------------------------------------+----------+----------------------------------+------------------+-------+
| C语言从入门到精通（第6版）         | IT科技   | 明日科技                         |                  |  39.9 |
| GO语言编程从入门到实践             | IT科技   | 黄永祥                           |                  |    54 |
| C语言趣味编程100例                 | IT科技   | 贾蓓，郭强，刘占敏               |                  |  24.9 |
| R语言数据可视化                    | IT科技   | 芯智，龙胜                       |                  |  64.5 |
| Java从入门到精通（第7版）          | IT科技   | 明日科技                         |                  |  44.9 |
| 深入浅出Go语言核心编程             | IT科技   | 张朝明，李奕锋，甘海彬           |                  |  74.5 |
| Arduino编程从零开始                | IT科技   | [美] 西蒙·蒙克（Simon Monk）     | 王超             |  24.9 |
| 小学生Scratch创意编程              | IT科技   | 刘凤飞                           |                  |  54.5 |
| C语言经典编程282例                 | IT科技   | 明日科技                         |                  |  34.9 |
| 深入浅出R语言数据分析              | IT科技   | 米霖                             |                  |  34.5 |
| Python高效编程                     | IT科技   | [美] 麦克斯韦尔·弗立顿           | 付岩             |  59.5 |
| python 语言程序设计教程            | IT科技   | 不详                             |                  | 22.75 |
| C#从入门到精通（第7版）            | IT科技   | 明日科技                         |                  |  49.9 |
| x64汇编语言：从新手到AVX专家       | IT科技   | [比] 乔·范·霍伊（Jo，Van，Hoey） | 贾玉彬，王昱波   |    44 |
| 微信小程序与云开发从入门到实践     | IT科技   | 张益珲                           |                  |  44.5 |
| Python树莓派开发从入门到精通       | IT科技   | 明日科技                         |                  |  44.9 |
| 深入理解Go语言                     | IT科技   | 刘丹冰                           |                  |  59.5 |
| 精通Go语言（第2版）                | IT科技   | [美] 米哈里斯·托卡洛斯           | 刘晓雪译         |  79.5 |
| HTML5+CSS3+JavaScript从入门到精通  | IT科技   | 明日科技                         |                  |  49.9 |
| 大话设计模式 Java溢彩加强版        | IT科技   | 程杰                             |                  |  64.5 |
+------------------------------------+----------+----------------------------------+------------------+-------+
20 rows in set (0.01 sec)
```

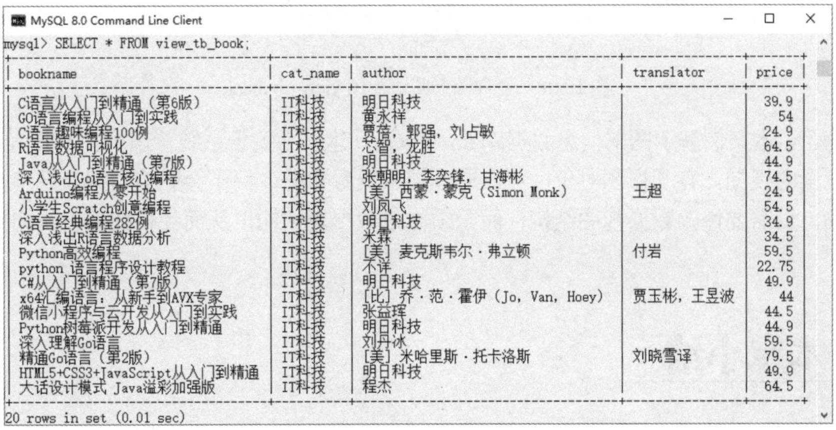

图 10-25 查询图书信息视图 view_tb_book

(6) 建立图书借阅视图 view_tb_borrow，包括图书名称 bookname、借阅者 username、借阅时间 borrowTime、归还时间 backTime、是否已归还 ifback，语句如下：

```
CREATE VIEW view_tb_borrow AS SELECT
tb_book.bookname,tb_readers.username,tb_borrow.borrowTime,tb_borrow.backTime,tb_borrow.ifback
FROM tb_borrow,tb_readers,tb_book
WHERE tb_borrow.reader_id=tb_readers.reader_id AND tb_borrow.book_id=tb_book.book_id;
```

运行结果如图 10-26 所示。

```
MySQL 8.0 Command Line Client

mysql> CREATE VIEW view_tb_borrow AS SELECT
    -> tb_book.bookname, tb_readers.username, tb_borrow.borrowTime, tb_borrow.backTime, tb_borrow.ifback
    -> FROM tb_borrow, tb_readers, tb_book
    -> WHERE tb_borrow.reader_id=tb_readers.reader_id AND tb_borrow.book_id=tb_book.book_id;
Query OK, 0 rows affected (0.01 sec)
```

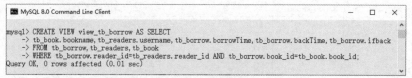

图 10-26　建立图书借阅视图 view_tb_borrow

查询图书借阅视图 view_tb_borrow，结果如图 10-27 所示。

```
MySQL 8.0 Command Line Client

mysql> SELECT * FROM view_tb_borrow;
+----------------------------+----------+------------+------------+--------+
| bookname                   | username | borrowTime | backTime   | ifback |
+----------------------------+----------+------------+------------+--------+
| C语言从入门到精通（第6版） | landy    | 2024-01-01 | 2024-02-01 |      1 |
| GO语言编程从入门到实践     | Jack     | 2024-01-01 | 2024-02-01 |      0 |
| GO语言编程从入门到实践     | Jack     | 2023-12-01 | 2024-01-01 |      1 |
+----------------------------+----------+------------+------------+--------+
3 rows in set (0.00 sec)
```

图 10-27　查询图书借阅视图 view_tb_borrow

(7) 建立图书归还视图 view_tb_back，包括图书名称 bookname、借阅者 username、归还时间 backTime、操作者 operator，语句如下：

```
CREATE VIEW view_tb_back AS SELECT
tb_book.bookname,tb_readers.username,tb_back.backTime,tb_back.operator
FROM tb_book,tb_readers,tb_back
WHERE tb_back.book_id=tb_book.book_id AND tb_back.reader_id=tb_readers.reader_id;
```

查询图书归还视图 view_tb_back，结果如图 10-28 所示。

```
MySQL 8.0 Command Line Client
mysql> SELECT * FROM view_tb_back;
+----------------------------+----------+------------+----------+
| bookname                   | username | backTime   | operator |
+----------------------------+----------+------------+----------+
| C语言从入门到精通（第6版） | landy    | 2024-02-01 | landy    |
| GO语言编程从入门到实践     | Jack     | 2024-02-01 | landy    |
+----------------------------+----------+------------+----------+
2 rows in set (0.00 sec)
```

图 10-28　查询图书归还视图 view_tb_back

到此为止，本案例基于图书信息数据库 db_library，建立了关于系统管理员、图书信息、借阅记录和归还记录的视图。有了视图对象，可以通过视图查看数据，而不会影响数据表。当需要查看的数据有变动，只需要修改数据视图结构，而无须修改数据表结构，从而使得数据表结构更加稳定和安全。

10.8　本章小结

数据库中的视图是一个虚拟表，也包含了一系列带有名称的行和列数据。行和列数据均来自由视图所引用的表，并且在引用视图时动态抽取数据表中的数据。

本章通过理论与实例相结合，介绍了视图的含义、视图的作用、创建视图、查看视图、修改视图、更新视图和删除视图等内容。在建立视图时，可以基于单个数据表创建视图，也可以基于多个数据表创建视图；可以通过 DESCRIBE 或 SHOW TABLE STATUS 语句查看视图基本信息，通过 SHOW CREATE VIEW 语句查看视图详细信息，或者在 views 表中查看视图的详细信息；通过 CREATE OR RELPLACE VIEW、ALTER 语句可以修改视图；更新视图的方法有 INSERT、UPDATE 和 DELETE 三种方式；当不再需要视图时，可以通过 DROP VIEW 语句删除视图。

本章最后的实战案例展示了综合运用视图操作方法。在实际数据库应用开发中，一般都是通过建立视图的方式，来向用户提供数据查看界面，从而保护数据表结构的稳定与安全，也使得数据查看界面更加直观方便。

10.9 思考与练习

1. 如何在一个表上创建视图？
2. 如何在多个表上创建视图？
3. 如何更改视图？
4. 如何查看视图的详细信息？
5. 如何更新视图的内容？
6. 如何理解视图和基本表之间的关系、用户操作的权限？

第 11 章
存 储 程 序

简单地说，存储程序就是一条或者多条 SQL 语句的集合，可视为批文件，但是其作用不仅限于批处理。存储程序分为存储过程与存储函数。本章主要介绍如何创建存储过程和存储函数以及变量的使用方法，如何调用、查看、修改、删除存储过程和存储函数等内容。

本章的学习目标：
- 掌握如何创建存储过程。
- 掌握如何创建存储函数。
- 熟悉变量的使用方法。
- 熟悉如何定义条件和处理程序。
- 了解光标的使用方法。
- 掌握流程控制的使用。
- 掌握如何调用存储过程和函数。
- 熟悉如何查看存储过程和函数。
- 掌握修改存储过程和函数的方法。
- 熟悉如何删除存储过程和函数。
- 掌握综合使用存储过程和函数的方法和技巧。

11.1 创建、调用存储过程和函数

存储程序可以分为存储过程和函数。MySQL 中创建存储过程和函数使用的语句分别是 CREATE PROCEDURE 和 CREATE FUNCTION。使用 CALL 语句调用存储过程，只能用输出变量返回值。函数可以从语句外调用(通过引用函数名)，也能返回标量值。存储过程也可以调用其他存储过程。

11.1.1 创建和调用存储过程

1. 创建存储过程

创建存储过程通过 CREATE PROCEDURE 语句实现，基本语法格式如下：

CREATE PROCEDURE sp_name ([proc_parameter])
[characteristics ...] routine_body

CREATE PROCEDURE 是用来创建存储过程的关键字；sp_name 是存储过程的名称；

proc_parameter 是存储过程的参数列表。参数列表的形式如下：

[IN | OUT | INOUT] param_name type

其中，IN 表示输入参数；OUT 表示输出参数；INOUT 表示既可以输入又可以输出；param_name 表示参数名称；type 表示参数的数据类型，该类型可以是 MySQL 数据库中的任意数据类型。

characteristics 指定存储过程的特性，有以下取值。

- LANGUAGE SQL：说明 routine_body 部分是由 SQL 语句组成的，当前系统支持的语言为 SQL，SQL 是 LANGUAGE 特性的唯一值。
- [NOT]DETERMINISTIC：指明存储过程执行的结果是否正确。DETERMINISTIC 表示结果是确定的。每次执行存储过程时，相同的输入会得到相同的输出。NOT DETERMINISTIC 表示结果是不确定的，相同的输入可能得到不同的输出。如果没有指定任意一个值，默认值为 NOT DETERMINISTIC。
- {CONTAINS SQL | NO SQL | READS SQL DATA | MODIFIES SQL DATA}：指明子程序使用 SQL 语句的限制。CONTAINS SQL 表明子程序包含 SQL 语句，但是不包含读写数据的语句；NO SQL 表明子程序不包含 SQL 语句；READS SQL DATA 表明子程序包含读数据的语句；MODIFIES SQL DATA 表明子程序包含写数据的语句。默认情况下，系统指定为 CONTAINS SQL。
- SQL SECURITY{DEFINER | INVOKER}：指明谁有权限来执行。DEFINER 表示只有定义者才能执行。INVOKER 表示拥有权限的调用者可以执行。默认情况下，系统指定为 DEFINER。
- COMMENT 'string'：注释信息，可以用来描述存储过程或函数。

routine_body 是 SQL 代码的内容，可以用 BEGIN...END 来表示 SQL 代码的开始和结束。

编写存储过程并不是一件简单的事情，可能存储过程中需要复杂的 SQL 语句，并且要有创建存储过程的权限，但是使用存储过程将简化操作，减少冗余的操作步骤，同时，还可以减少操作过程中的失误，提高效率，因此存储过程是非常有用的，而且应该尽可能地学会使用。

2. 调用存储过程

存储过程是通过 CALL 语句进行调用的，语法如下：

CALL sp_name([parameter[,...]])

CALL 语句调用一个先前用 CREATE PROCEDURE 语句创建的存储过程，其中 sp_name 为存储过程名称，parameter 为存储过程的参数。

3. 建立测试数据表

定义一个水果表 tb_fruits，SQL 语句如下：

CREATE TABLE `tb_fruits` (
  `f_id` tinyint NOT NULL AUTO_INCREMENT,
  `name` varchar(255) COLLATE utf8mb4_general_ci DEFAULT NULL,
  `price` decimal(10,0) DEFAULT NULL,
  PRIMARY KEY (`f_id`)
) ENGINE=InnoDB AUTO_INCREMENT=6 DEFAULT CHARSET=utf8mb4 COLLATE=utf8mb4_general_ci;
INSERT INTO `tb_fruits` VALUES ('1', 'apple', '9');
INSERT INTO `tb_fruits` VALUES ('2', 'pear', '3');
INSERT INTO `tb_fruits` VALUES ('3', 'grape', '7');

INSERT INTO `tb_fruits` VALUES ('4', 'strawberry', '13');
INSERT INTO `tb_fruits` VALUES ('5', 'tangerine', '6');

执行程序，查看数据表，结果如图 11-1 所示。

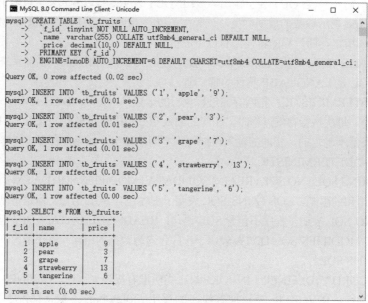

图 11-1　新建 tb_fruits 数据表

4. 建立一个简单的存储过程并调用

下面的代码演示了存储过程的内容，名为 AvgFruitPrice，返回所有水果的平均价格，输入代码如下：

```
CREATE PROCEDURE AvgFruitPrice()
BEGIN
    SELECT AVG(price) AS avgprice
    FROM tb_fruits;
END
```

上述代码中，定义存储过程名称为 AvgFruitPrice，使用 CREATE PROCEDURE AvgFruitPrice() 语句定义。此存储过程没有参数，但是后面的"( )"仍然需要。BEGIN 和 END 语句用来限定存储过程体，过程本身仅是一个简单的 SELECT 语句(AVG 为求字段平均值的函数)。

调用存储过程，语句如下：

```
CALL AvgFruitPrice();
```

5. 在命令提示符窗口中创建存储过程并调用

【例 11-1】创建查看 tb_fruits 表的存储过程 show_fruits，代码如下：

```
CREATE PROCEDURE show_fruits()
    BEGIN
        SELECT * FROM tb_fruits;
    END
```

上述代码创建了一个查看 tb_fruits 表的存储过程，每次调用这个存储过程的时候都会执行

SELECT 语句查看表的内容，代码的执行过程如图 11-2 所示。

这个存储过程和使用 SELECT 语句查看表的效果得到的结果是一样的。当然，存储过程也可以是很多语句的复杂组合，就好像这个例子刚开始给出的那个语句一样，其本身也可以调用其他的函数来组成更加复杂的操作。

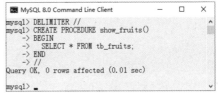

图 11-2　代码执行过程

提示：

图 11-2 中的 "DELIMITER //" 语句的作用是将 MySQL 的结束符设置为//，因为 MySQL 默认的语句结束符号为分号";"，为了避免与存储过程中 SQL 语句的结束符相冲突，需要使用 DELIMITER 改变存储过程的结束符，并以 "//" 结束存储过程。存储过程定义完毕之后再使用 "DELIMITER;" 恢复默认结束符。DELIMITER 也可以指定其他符号作为结束符。

调用存储过程，语句如下：

CALL show_fruits();

执行结果如图 11-3 所示。

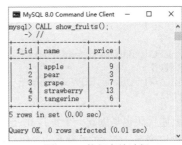

图 11-3　执行存储过程

6. 创建带 IN 参数的存储过程

【例 11-2】创建带 IN 参数的存储过程，名称为 SP_SEARCH，代码如下：

```
CREATE PROCEDURE SP_SEARCH(IN p_name CHAR(50))
BEGIN
IF p_name is null or p_name='' THEN
SELECT * FROM tb_fruits;
ELSE
SELECT * FROM tb_fruits WHERE name LIKE p_name;
END IF;
END
```

上述代码创建一个查找 tb_fruits 表中指定记录的存储过程，名称是 SP_SEARCH。存储过程首先判断输入参数是否为空，若为空，则查找所有记录；若不为空，则查找是否存在指定记录。代码的执行结果如图 11-4 所示。

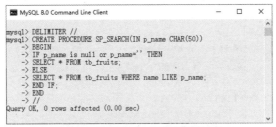

图 11-4　创建带 IN 参数的存储过程

调用并输出结果，语句如下：

CALL SP_SEARCH('apple')

执行结果如图 11-5 所示。

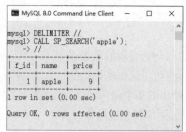

图 11-5 调用带 IN 参数的存储过程

7. 创建带 OUT 参数的存储过程

【例 11-3】创建带 OUT 参数的存储过程，名称为 SP_SEARCH2，代码如下：

```
CREATE PROCEDURE SP_SEARCH2(IN p_name CHAR(20),OUT p_int INT)
BEGIN
IF p_name is null or p_name='' THEN
SELECT * FROM tb_fruits;
ELSE
SELECT * FROM tb_fruits WHERE name LIKE p_name;
END IF;
SELECT FOUND_ROWS() INTO p_int;
END
```

上述代码也是创建一个查找 tb_fruits 表中指定记录的存储过程，名称是 SP_SEARCH2。不同的是，这里多了一个 OUT 参数 p_int，用于返回查询结果。代码的执行结果如图 11-6 所示。

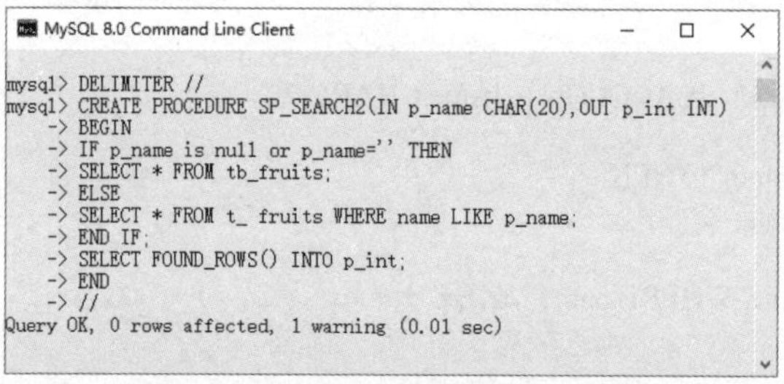

图 11-6 创建带 OUT 参数的存储过程

调用并输出结果，语句如下：

```
CALL SP_SEARCH2('a%',@p_num);
SELECT @p_num;
```

执行结果如图 11-7 所示。

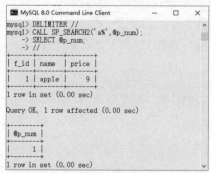

图 11-7 调用带 OUT 参数的存储过程

8. 创建带 INOUT 参数的存储过程

【例 11-4】创建带 INOUT 参数的存储过程，名称为 SP_INOUT，代码如下：

```
CREATE PROCEDURE SP_INOUT(INOUT p_num INT)
BEGIN
SET p_num=p_num*10;
END
```

上述代码创建了一个带 INOUT 参数的存储过程 SP_INOUT。

调用带 INOUT 参数的存储过程，代码如下：

```
//调用并输出结果
SET @p_num=2;
call SP_INOUT(@p_num);
SELECT @p_num;
```

执行结果如图 11-8 所示。

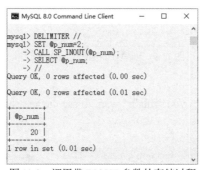

图 11-8　调用带 INOUT 参数的存储过程

11.1.2　创建和调用存储函数

1. 创建存储函数

创建存储函数需要使用 CREATE FUNCTION 语句，基本语法格式如下：

```
CREATE FUNCTION func_name ([func_parameter])
RETURNS type
[characteristic...] routine_body
```

CREATE FUNCTION 为用来创建存储函数的关键字；func_name 表示存储函数的名称；func_parameter 为存储函数的参数列表，参数列表形式如下：

```
[IN | OUT | INOUT] param_name type
```

其中，IN 表示输入参数；OUT 表示输出参数；INOUT 表示既可以输入又可以输出；param_name 表示参数名称；type 表示参数的数据类型，该数据类型可以是 MySQL 数据库中的任意数据类型。

RETURNS type 语句表示函数返回数据的数据类型；characteristic 指定存储函数的特性，取值与创建存储过程时的相同，这里不再赘述。

2. 定义并调用存储函数示例

在 MySQL 中，存储函数的使用方法与 MySQL 内部函数的使用方法是一样的。换言之，用户自己定义的存储函数与 MySQL 内部函数是一个性质的。区别在于，存储函数是用户自己定义的，而内部函数是 MySQL 内置的。

【例 11-5】定义存储函数 CountProc2，然后调用这个函数，代码如下：

```
DELIMITER //
CREATE FUNCTION CountProc2(sid INT)
RETURNS INT
BEGIN
RETURN (SELECT COUNT(*) FROM tb_fruits WHERE f_id=sid);
END;
//
```

运行程序，结果如图 11-9 所示。

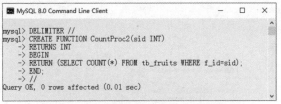

图 11-9　创建存储函数 CountProc2

注意：

如果在创建存储函数中报错：you *might* want to use the less safe log_bin_trust_function_creators variable，就需要执行以下代码：

mysql> SET GLOBAL log_bin_trust_function_creators = 1;

调用存储函数 CountProc2，结果如图 11-10 所示。

虽然存储函数和存储过程的定义稍有不同，但可以实现相同的功能，读者应该在实际应用中灵活选择。

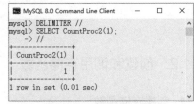

图 11-10　调用存储函数

提示：

指定参数为 IN、OUT 或 INOUT 只对 PROCEDURE 是合法的(FUNCTION 中总是默认为 IN 参数)。RETURNS 子句只能对 FUNCTION 进行指定，对函数而言这是强制的。它用来指定函数的返回类型，而且函数体必须包含一个 RETURN value 语句。

11.1.3　变量的使用

用户可以在子程序中声明并使用变量。这些变量的作用范围是 BEGIN...END 之间。本小节主要介绍如何定义变量和为变量赋值。

1. 定义变量

在存储过程中使用 DECLARE 语句定义变量，语法格式如下：

DECLARE var_name[,varname]… date_type [DEFAULT value];

var_name 为局部变量的名称。DEFAULT value 子句给变量提供一个默认值，这里除了可以被声明为一个常数，还可以被指定为一个表达式。如果没有 DEFAULT 子句，初始值就为 NULL。

【例 11-6】定义名为 myparam 的变量，类型为 INT，默认值为 10，代码如下：

```
DECLARE myparam INT DEFAULT 10;
```

2. 为变量赋值

定义变量之后，通过为变量赋值可以改变变量的默认值。MySQL 中使用 SET 语句为变量赋值，语法格式如下：

```
SET var_name = expr[, var_name = expr]...;
```

在存储程序中的 SET 语句是一般 SET 语句的扩展版本。被参考变量可能是子程序内声明的变量，或者是全局服务器变量，如系统变量或者用户变量。

在存储程序中的 SET 语句作为预先存在的 SET 语法的一部分来实现。这允许 SET a=x,b=y,... 这样的扩展语法。其中不同的变量类型(局域变量和全局变量)可以被混合起来。这也允许把局部变量和一些只对系统变量有意义的选项合并起来。

【例 11-7】声明 3 个变量，分别为 var1、var2 和 var3，数据类型为 INT，使用 SET 为变量赋值，代码如下：

```
DECLARE var1, var2, var3 INT;
SET var1=10,var2=20;
SET var3=var1+var2;
```

MySQL 中还可以通过 SELECT...INTO 为一个或多个变量赋值，语法如下：

```
SELECT col_name[,...] INTO var_name[,...] table_expr;
```

这个 SELECT 语法把选定的列直接存储到对应位置的变量。col_name 表示字段名称；var_name 表示定义的变量名称；table_expr 表示查询条件表达式，包括表名称和 WHERE 子句。

【例 11-8】声明变量 fruit_name 和 fruit_price，通过 SELECT...INTO 语句查询指定记录并为变量赋值，代码如下：

```
DECLARE fruit_name CHAR(50);
DECLARE fruit_price DECIMAL(8,2);
SELECT name,price INTO fruit_name,fruit_price
FROM tb_fruits WHERE f_id='1';
```

11.1.4 定义条件和处理程序

特定条件需要特定处理，这些条件可以联系到错误，以及子程序中的一般流程控制。定义条件是事先定义程序执行过程中遇到的问题，处理程序定义了在遇到这些问题时应当采取的处理方式，并且保证存储过程或函数在遇到警告或错误时能继续执行。这样可以增强存储程序处理问题的能力，避免程序异常，停止运行。本节将介绍使用 DECLARE 关键字来定义条件和处理程序。

1. 定义条件

定义条件使用 DECLARE 语句，语法格式如下：

```
DECLARE condition_name CONDITION FOR [condition_type]
[condition_type]:
SQLSTATE [VALUE] sqlstate_value | mysql_error_code
```

其中，condition_name 参数表示条件的名称；condition_type 参数表示条件的类型；sqlstate_value

和 mysql_error_code 都可以表示 MySQL 的错误，sqlstate_value 为长度为 5 的字符串类型错误代码，mysql_error_code 为数值类型错误代码。例如，ERROR 1142(42000)中，sqlstate_value 的值是 42000，mysql_error_code 的值是 1142。

这个语句指定需要特殊处理的条件，它将一个名称和指定的错误条件关联起来。这个名称可以随后被用在定义处理程序的 DECLARE HANDLER 语句中。

【例 11-9】定义 ERROR 1148(42000)错误，名称为 command_not_allowed。可以用两种不同的方法来定义，代码如下：

```
//方法一：使用 sqlstate_value
DECLARE command_not_allowed CONDITION FOR SQLSTATE '42000';
//方法二：使用 msql_error_code
DECLARE command_not_allowed CONDITION FOR 1148
```

2. 定义处理程序

定义处理程序时，使用 DECLARE 语句，语法如下：

```
DECLARE handler_type HANDLER FOR condition_value[,…] sp_statement
handler_type:
    CONTINUE | EXIT | UNDO

Condition_value:
    SQLSTATE [VALUE] sqlstate_value
  | condition_name
  | SQLWARNING
  | NOT FOUND
  | SQLEXCEPTION
  | mysql_error_code
```

其中，handler_type 为错误处理方式，参数取 3 个值：CONTINUE、EXIT 和 UNDO。CONTINUE 表示遇到错误不处理，继续执行；EXIT 表示遇到错误马上退出；UNDO 表示遇到错误后撤回之前的操作，MySQL 中暂时不支持这样的操作。

condition_value 表示错误类型，可以有以下取值。

- SQLSTATE [VALUE] sqlstate_value：包含 5 个字符的字符串错误值。
- condition_name：表示 DECLARE CONDITION 定义的错误条件名称。
- SQLWARNING：匹配所有以 01 开头的 SQLSTATE 错误代码。
- NOT FOUND：匹配所有以 02 开头的 SQLSTATE 错误代码。
- SQLEXCEPTION：匹配所有没有被 SQLWARNING 或 NOT FOUND 捕获的 SQLSTATE 错误代码。
- mysql_error_code：匹配数值类型错误代码。

sp_statement 参数为程序语句段，表示在遇到定义的错误时，需要执行的存储过程或函数。

【例 11-10】定义处理程序的几种方式，代码如下：

```
//方法一：捕获 sqlstate_value 值
DECLARE CONTINUE HANDLER FOR SQLSTATE '42S02' SET @info='NO_SUCH_TABLE',
//方法二：捕获 mysql_error_code 值
DECLARE CONTINUE HANDLER FOR 1146 SET @info='NO_SUCH_TABLE';
//方法三：先定义条件，然后调用条件
DECLARE no_such_table CONDITION FOR 1146;
DECLARE CONTINUE HANDLER FOR NO_SUCH_TABLE SET @info='NO_SUCH_TABLE';
```

```
//方法四：使用 SQLWARNING
DECLARE EXIT HANDLER FOR SOLWARNING SET @info='ERROR';
//方法五：使用 NOT FOUND
DECLARE EXIT HANDLER FOR NOT FOUND SET @info='NO_SUCH_TABLE';
//方法六：使用 SQLEXCEPTION
DECLARE EXIT HANDLER FOR SQLEXCEPTION SET @info='ERROR';
```

上述代码是 6 种定义处理程序的方法。

第一种方法是捕获 sqlstate_value 值。如果遇到 sqlstate_value 值为"42S02"，就执行 CONTINUE 操作，并且输出"NO_SUCH_TABLE"信息。

第二种方法是捕获 mysql_error_code 值。如果遇到 mysql_error_code 值为 1146，就执行 CONTINUE 操作，并且输出"NO_SUCH_TABLE"信息。

第三种方法是先定义条件，再调用条件。这里先定义 no_such_table 条件，遇到 1146 错误就执行 CONTINUE 操作。

第四种方法是使用 SQLWARNING。SQLWARNING 捕获所有以 01 开头的 sqlstate_value 值，然后执行 EXIT 操作，并且输出信息"ERROR"。

第五种方法是使用 NOT FOUND。NOT FOUND 捕获所有以 02 开头的 sqlstate_value 值，然后执行 EXIT 操作，并且输出信息"NO_SUCH_TABLE"。

第六种方法是使用 SQLEXCEPTION。SQLEXCEPTION 捕获所有没有被 SQLWARNING 或 NOT FOUND 捕获的 sqlstate_value 值，然后执行 EXIT 操作，并且输出信息"ERROR"。

【例 11-11】定义条件和处理程序，具体执行的过程如下：

```
CREATE TABLE db_library.t(s1 int,primary key(s1));

CREATE PROCEDURE handlerdemo()
BEGIN
DECLARE CONTINUE HANDLER FOR SQLSTATE '23000' SET @x2=1;
SET @x=1;
INSERT INTO db_library.t VALUES(1);
SET @x=2;
INSERT INTO db_library.t VALUES(1);
SET @x=3;
INSERT INTO db_library.t VALUES(1);
END;
//
```

建立过程如图 11-11 所示。

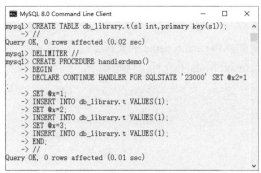

图 11-11　建立带条件的存储过程 handlerdemo()

@x 是 1 个用户变量，执行结果@x 等于 3，这表明 MySQL 被执行到程序的末尾。若"DECLARE

CONTINUE HANDLER FOR SQLSTATE '23000' SET@x3 =1;"这一行不存在,第三个 INSERT 因 PRIMARY KEY 强制而失败之后,则 MySQL 可能已经采取默认(EXIT)路径,并且 SELECT @x 可能已经返回 3。

提示:

"@var_name"表示用户变量,使用 SET 语句为其赋值,用户变量与连接有关,一个客户端定义的变量不能被其他客户端看到或使用。当客户端退出时,该客户端连接的所有变量将自动释放。

调用存储过程,结果如图 11-12 所示。

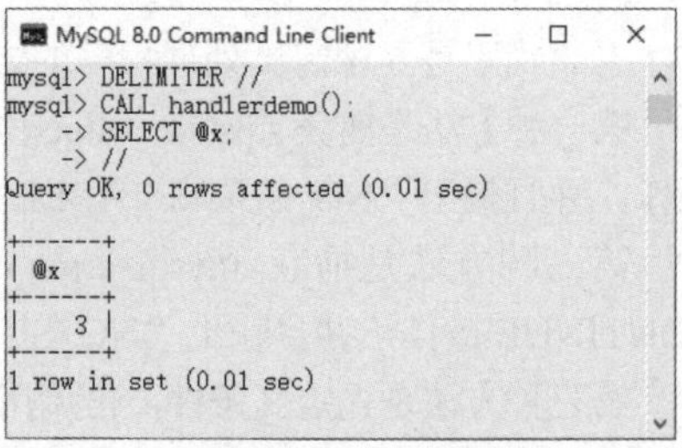

图 11-12 执行结果

11.1.5 光标的使用

查询语句可能返回多条记录,如果数据量非常大,就需要在存储过程和存储函数中使用光标来逐条读取查询结果集中的记录。应用程序可以根据需要滚动或浏览其中的数据。本节将介绍如何声明、打开、使用和关闭光标。

光标必须在声明处理程序之前被声明,并且变量和条件必须在声明光标或处理程序之前被声明。

1. 声明光标

MySQL 中使用 DECLARE 关键字来声明光标,语法格式如下:

DECLARE cursor_name CURSOR FOR select_statement

其中,cursor_name 参数表示光标的名称;select_statement 参数表示 SELECT 语句的内容,返回一个用于创建光标的结果集。

【例 11-12】声明名为 cursor_fruit 的光标,代码如下:

DECLARE cursor_fruits CURSOR FOR SELECT name, price FROM tb_fruits;

上面的示例中,光标的名称为 cursor_fruits,SELECT 语句部分为从 tb_fruits 表中查询出 name 和 price 字段的值。

2. 打开光标

打开光标的语法格式如下:

OPEN cursor_name;

这个语句打开之前声明的名为 cursor_name 的光标。

【例 11-13】打开名为 cursor_fruits 的光标,代码如下:

OPEN cursor_fruits;

3. 使用光标

使用光标的语法如下:

FETCH cursor_name INTO var_name[, var_name]...

其中,cursor_name 参数表示光标的名称;var_name 参数表示将光标中的 SELECT 语句查询出来的信息存入该参数中,var_name 必须在声明光标之前就定义好。

【例 11-14】使用名为 cursor_fruits 的光标,将查询出来的数据存入 fruit_name 和 fruit_price 这两个变量中,代码如下:

```
FETCH cursor_fruits INTO fruit_name, fruit_price;
```

上面的示例中,将光标 cursor_fruits 中 SELECT 语句查询出来的信息存入 fruit_name 和 fruit_price 中。fruit_name 和 fruit_price 必须在这之前已经定义好。

4. 关闭光标

关闭光标的语法格式如下:

```
CLOSE cursor_name
```

这个语句关闭之前打开的光标 cursor_name。如果未被明确地关闭,光标就在它被声明的复合语句的末尾被关闭。

【例 11-15】关闭名为 cursor_fruits 的光标,代码如下:

```
CLOSE cursor_fruits;
```

提示:

在 MySQL 中,光标只能在存储过程和函数中使用。

11.1.6 流程控制的使用

流程控制语句根据条件控制语句的执行。MySQL 中流程控制语句有 IF、CASE、LOOP、LEAVE、ITERATE、REPEAT 和 WHILE 语句。

每个流程中可能包含一个单独语句,或者使用 BEGIN...END 构造的复合语句,构造可以被嵌套。本节将介绍这些流程控制语句。

1. IF 语句

IF 语句包含多个条件判断,根据判断的结果为 TRUE 或 FALSE 执行相应的语句,语法格式如下:

```
IF expr_condition THEN statement_list
    [ELSEIF expr_condition THEN statement_list]…
    [ELSE statement_list]
END IF
```

IF 实现了一个基本的条件构造。若 expr_condition 求值为真(TRUE),则相应的 SQL 语句列表被执行;若没有 expr_condition 匹配,则 ELSE 子句里的语句列表被执行。statement_list 可以包括一个或多个语句。

提示:

MySQL 中还有一个 IF()函数,它不同于这里描述的 IF 语句。

【例 11-16】IF 语句的示例,代码如下:

```
IF val IS NULL
    THEN SELECT 'val IS NULL';
    ELSE SELECT 'val IS NOT NULL';
END IF;
```

该示例判断 val 值是否为空，如果 val 值为空，就输出字符串"val IS NULL"；否则输出字符串"val IS NOT NULL"。IF 语句都需要使用 END IF 来结束。

2. CASE 语句

CASE 是另一个进行条件判断的语句，该语句有两种语句格式。

(1) 第一种格式如下：

```
CASE case_expr
    WHEN when_value THEN statement_list
    [WHEN when_value THEN statement_list]…
    [ELSE statement_list]
END CASE
```

其中，case_expr 参数表示条件判断的表达式，决定了哪一个 WHEN 子句会被执行；when_value 参数表示表达式可能的值，如果某个 when_value 表达式与 case_expr 表达式的结果相同，就执行对应 THEN 关键字后的 statement_list 中的语句；statement_list 参数表示不同 when_value 值的执行语句。

【例 11-17】使用上述语句格式，判断 val 值等于 1 还是等于 2，或者两者都不等，语句如下：

```
CASE val
    WHEN 1 THEN SELECT 'val IS 1';
    WHEN 2 THEN SELECT 'val IS 2';
    ELSE SELECT 'val IS NOT 1 or 2';
END CASE;
```

当 val 值为 1 时，输出字符串"val IS 1"；当 val 值为 2 时，输出字符串"val IS 2"；否则输出字符串"val IS NOT 1 or 2"。

(2) 第二种格式如下：

```
CASE
    WHEN expr_condition1 THEN statement_list1;
    WHEN expr_condition2 THEN statement_list2;
    ……
    WHEN expr_conditionN THEN statement_listN;
END CASE;
```

其中，expr_condition 参数表示条件判断语句；statement_list 参数表示不同条件的执行语句。该语句中，WHEN 语句将被逐个执行，直到某个 expr_condition 表达式为真，则执行对应 THEN 关键字后面的 statement_list 语句。

提示：

这里介绍的用在存储程序里的 CASE 语句与控制流程函数里描述的 SQL CASE 表达式的 CASE 语句有稍许不同。这里的 CASE 语句不能有 ELSE NULL 子句，并且用 END CASE 替代 END 来终止。

【例 11-18】使用第二种语句格式，判断 val 是否为空、小于 0、大于 0 或者等于 0，语句如下：

```
CASE
    WHEN val IS NULL THEN SELECT 'val IS NULL';
    WHEN val<0 THEN SELECT 'val IS LESS THAN 0';
    WHEN val>0 THEN SELECT 'val IS GREATER THAN 0';
    WHEN val=0 THEN SELECT 'val IS 0';
END CASE;
```

当 val 值为空时，输出字符串"val IS NULL"；当 val 值小于 0 时，输出字符串"val IS LESS THAN

0"；当val值大于0时，输出字符串"val IS GREATER THAN 0"；否则输出字符串"val IS 0"。

3. LOOP 语句

LOOP 循环语句用来重复执行某些语句，与 IF 和 CASE 语句相比，LOOP 只是创建一个循环操作的过程，并不进行条件判断。LOOP 内的语句一直重复执行直到循环被退出，跳出循环过程使用 LEAVE 子句。LOOP 语句的基本语法格式如下：

```
[loop_label:] LOOP
    statement_list
END LOOP [loop_label]
```

loop_label 表示 LOOP 语句的标注名称，该参数可以省略；statement_list 参数表示需要循环执行的语句。

【例 11-19】使用 LOOP 语句进行循环操作，id 值小于或等于 10 之前，将重复执行循环过程，代码如下：

```
DECLARE id INT DEFAULT 0;
add_loop:LOOP
SET id= id +1;
  IF id>=10 THEN LEAVE add_loop;
  END IF;
END LOOP add_loop;
```

该示例循环执行 id 加 1 的操作。当 id 值小于 10 时，循环重复执行；当 id 值大于或等于 10 时，使用 LEAVE 语句退出循环。LOOP 循环都以 END LOOP 结束。

4. LEAVE 语句

LEAVE 语句用来退出任何被标注的流程控制构造，LEAVE 语句基本语法格式如下：

```
LEAVE label
```

其中，label 参数表示循环的标志。LEAVE 和 BEGIN...END 或循环一起使用。

【例 11-20】使用 LEAVE 语句退出循环，代码如下：

```
add_num:LOOP
SET @count=@count+1;
IF @count=50 THEN LEAVE add_num;
END LOOP add_num;
```

该示例循环执行 count 加 1 的操作。当 count 的值等于 50 时，使用 LEAVE 语句跳出循环。

5. ITERATE 语句

ITERATE 语句将执行顺序转到语句段开头处，语句基本语法格式如下：

```
ITERATE label
```

ITERATE 只可以出现在 LOOP、REPEAT 和 WHILE 语句内。ITERATE 的意思为"再次循环"，label 参数表示循环的标志。ITERATE 语句必须跟在循环标志前面。

【例 11-21】ITERATE 语句示例，代码如下：

```
CREATE PROCEDURE doiterate()
BEGIN
DECLARE p1 INT DEFAULT 0;
```

```
my_loop:LOOP
    SET p1=p1 +1;
    IF p1 <5 THEN ITERATE my_loop;
    ELSEIF p1>10 THEN LEAVE my_loop;
    END IF;
    SELECT 'p1 IS BETWEEN 5 AND 10 ';
END LOOP my_loop;
END
```

p1 的默认值为 0，当 p1 的值小于 5 时，重复执行 p1 加 1 的操作；当 p1 大于或等于 5 并且小于 10 时，打印消息"p1 IS BETWEEN 5 AND 10"；当 p1 大于 10 时，退出循环。

6. REPEAT 语句

REPEAT 语句创建一个带条件判断的循环过程，每次语句执行完毕之后，会对条件表达式进行判断，若表达式为真，则循环结束；否则重复执行循环中的语句。REPEAT 语句的基本格式如下：

```
[repeat_label:]]REPEAT
    statement_list
UNTIL expr_condition
END REPEAT [repeat_label]
```

repeat_label 为 REPEAT 语句的标注名称，该参数可以省略；REPEAT 语句内的语句或语句群被重复，直至 expr_condition 为真。

【例 11-22】REPEAT 语句示例，代码如下：

```
DECLARE id INT DEFAULT 0;
REPEAT
SET id=id+1;
UNTIL id>=5;
END REPEAT;
```

该示例循环执行 id 加 1 的操作。当 id 值小于 5 时，循环重复执行；当 id 值大于或者等于 5 时，退出循环。REPEAT 循环都以 END REPEAT 结束。

7. WHILE 语句

WHILE 语句创建一个带条件判断的循环过程，与 REPEAT 不同，WHILE 在执行语句时，先对指定的表达式进行判断，如果为真，就执行循环内的语句，否则退出循环。WHILE 语句的基本格式如下：

```
[while_label:] WHILE expr_condition DO
    statement_list
END WHILE [while_label]
```

while_label 为 WHILE 语句的标注名称；expr_condition 为进行判断的表达式，若表达式结果为真，则 WHILE 语句内的语句或语句群被执行，直至 expr_condition 为假，退出循环。

【例 11-23】WHILE 语句示例，i 值小于 5 时，将重复执行循环过程，代码如下：

```
DECLARE i INT DEFAULT 0;
WHILE i<5 DO
SET i=i+1;
END WHILE;
```

11.2 查看存储过程和函数

MySQL 存储了存储过程和函数的状态信息，用户可以使用 SHOW STATUS 语句或 SHOW CREATE 语句进行查看，也可以直接从系统的 information_schema 数据库中查询。本节将通过实例来介绍这 3 种方法。

11.2.1 使用 SHOW STATUS 语句查看存储过程和函数的状态

SHOW STATUS 语句可以查看存储过程和函数的状态，其基本语法格式如下：

SHOW {PROCEDURE | FUNCTION} STATUS [LIKE 'pattern']

这个语句是 MySQL 的一个扩展。它返回子程序的特征，如数据库、名称、类型、创建者及创建和修改日期。若没有指定样式，则根据使用的语句，所有存储过程或存储函数的信息都被列出。PROCEDURE 和 FUNCTION 分别表示查看存储过程和存储函数；LIKE 语句表示匹配存储过程或存储函数的名称。

【例 11-24】SHOW STATUS 语句示例，代码如下：

SHOW PROCEDURE STATUS LIKE 'SP%'\G;

执行结果如图 11-13 所示。

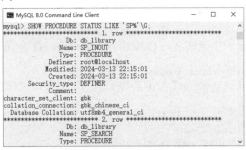

图 11-13　执行结果

执行 "SHOW PROCEDURE STATUS LIKE 'SP%'\G" 语句可获取数据库中所有名称以字母 "SP" 开头的存储过程的信息。通过上面的语句，可以看到这个存储函数所在的数据库为 db_library，顺序列出存储过程与存储函数的相关信息。

11.2.2 使用 SHOW CREATE 语句查看存储过程和函数的定义

除了 SHOW STATUS，MySQL 还可以使用 SHOW CREATE 语句查看存储过程和函数的状态。

SHOW CREATE {PROCEDURE | FUNCTION} sp_name

这个语句是 MySQL 的一个扩展。类似于 SHOW CREATE TABLE，它返回一个可用来重新创建已命名子程序的确切字符串。PROCEDURE 和 FUNCTION 分别表示查看存储过程和存储函数；sp_name 参数表示匹配存储过程或存储函数的名称。

【例 11-25】SHOW CREATE 语句示例，代码如下：

SHOW CREATE FUNCTION db_library.CountProc2 \G

执行结果如图 11-14 所示。

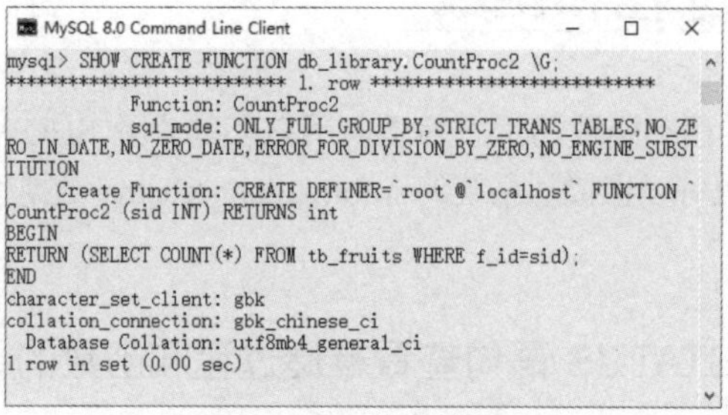

```
MySQL 8.0 Command Line Client
mysql> SHOW CREATE FUNCTION db_library.CountProc2 \G;
*************************** 1. row ***************************
            Function: CountProc2
            sql_mode: ONLY_FULL_GROUP_BY,STRICT_TRANS_TABLES,NO_ZE
RO_IN_DATE,NO_ZERO_DATE,ERROR_FOR_DIVISION_BY_ZERO,NO_ENGINE_SUBST
ITUTION
     Create Function: CREATE DEFINER=`root`@`localhost` FUNCTION `
CountProc2`(sid INT) RETURNS int
BEGIN
RETURN (SELECT COUNT(*) FROM tb_fruits WHERE f_id=sid);
END
character_set_client: gbk
collation_connection: gbk_chinese_ci
  Database Collation: utf8mb4_general_ci
1 row in set (0.00 sec)
```

图 11-14　执行结果

执行上面的语句可以得到存储函数的名称为 CountProc2，sql_mode 为 SQL 的模式，Create Function 为存储函数的具体定义语句，还有数据库设置的一些信息。

11.2.3　从 information_schema.Routines 表中查看存储过程和函数的信息

MySQL 中存储过程和函数的信息存储在 information_schema 数据库下的 Routines 表中，可以通过查询该表的记录来查询存储过程和函数的信息。其基本语法形式如下：

```
SELECT * FROM information_schema.Routines
WHERE ROUTINE_NAME='sp_name';
```

其中，ROUTINE_NAME 字段中存储的是存储过程和存储函数的名称；sp_name 参数表示存储过程或存储函数的名称。

【例 11-26】从 Routines 表中查询名为 CountProc2 的存储函数的信息，代码如下：

```
SELECT * FROM information_schema.Routines
WHERE ROUTINE_NAME='CountProc2' AND ROUTINE_TYPE='FUNCTION' \G;
```

执行结果如图 11-15 所示。

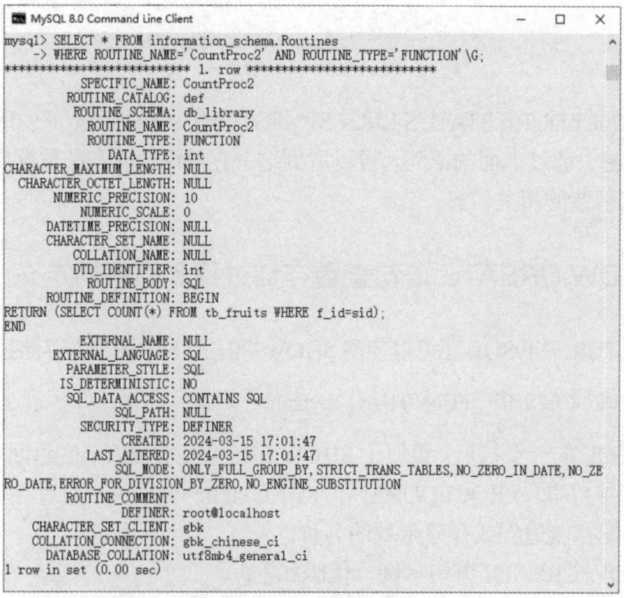

```
MySQL 8.0 Command Line Client
mysql> SELECT * FROM information_schema.Routines
    -> WHERE ROUTINE_NAME='CountProc2' AND ROUTINE_TYPE='FUNCTION' \G;
*************************** 1. row ***************************
           SPECIFIC_NAME: CountProc2
         ROUTINE_CATALOG: def
          ROUTINE_SCHEMA: db_library
            ROUTINE_NAME: CountProc2
            ROUTINE_TYPE: FUNCTION
               DATA_TYPE: int
CHARACTER_MAXIMUM_LENGTH: NULL
  CHARACTER_OCTET_LENGTH: NULL
       NUMERIC_PRECISION: 10
           NUMERIC_SCALE: 0
      DATETIME_PRECISION: NULL
      CHARACTER_SET_NAME: NULL
          COLLATION_NAME: NULL
          DTD_IDENTIFIER: int
            ROUTINE_BODY: SQL
      ROUTINE_DEFINITION: BEGIN
RETURN (SELECT COUNT(*) FROM tb_fruits WHERE f_id=sid);
END
           EXTERNAL_NAME: NULL
       EXTERNAL_LANGUAGE: SQL
         PARAMETER_STYLE: SQL
        IS_DETERMINISTIC: NO
         SQL_DATA_ACCESS: CONTAINS SQL
                SQL_PATH: NULL
           SECURITY_TYPE: DEFINER
                 CREATED: 2024-03-15 17:01:47
            LAST_ALTERED: 2024-03-15 17:01:47
                SQL_MODE: ONLY_FULL_GROUP_BY,STRICT_TRANS_TABLES,NO_ZERO_IN_DATE,NO_ZE
RO_DATE,ERROR_FOR_DIVISION_BY_ZERO,NO_ENGINE_SUBSTITUTION
         ROUTINE_COMMENT:
                 DEFINER: root@localhost
    CHARACTER_SET_CLIENT: gbk
    COLLATION_CONNECTION: gbk_chinese_ci
      DATABASE_COLLATION: utf8mb4_general_ci
1 row in set (0.00 sec)
```

图 11-15　执行结果

在 information_schema 数据库下的 Routines 表中，存储所有存储过程和函数的定义。使用 SELECT 语句查询 Routines 表中的存储过程和函数的定义时，一定要使用 ROUTINE_NAME 字段指定存储过程或函数的名称。否则，将查询出所有的存储过程或函数的定义。若有存储过程和存储函数名称相同，则需要同时指定 ROUTINE_TYPE 字段表明查询的是哪种类型的存储程序。

11.3 修改存储过程和函数

使用 ALTER 语句可以修改存储过程或函数的特性，本节将介绍如何使用 ALTER 语句修改存储过程和函数。

```
ALTER {PROCEDURE | FUNCTION} sp_name [characteristic ...]
```

其中，sp_name 参数表示存储过程或函数的名称；characteristic 参数指定存储函数的特性，可能的取值如下。

- CONTAINS SQL：表示子程序包含 SQL 语句，但不包含读或写数据的语句。
- NO SQL：表示子程序中不包含 SQL 语句。
- READS SQL DATA：表示子程序中包含读数据的语句。
- MODIFIES SQL DATA：表示子程序中包含写数据的语句。
- SQL SECURITY { DEFINER | INVOKER }：指明谁有权限来执行。
- DEFINER：表示只有定义者自己才能够执行。
- INVOKER：表示调用者可以执行。
- COMMENT 'string'：表示注释信息。

提示：
修改存储过程使用 ALTER PROCEDURE 语句，修改存储函数使用 ALTER FUNCTION 语句。但是，这两个语句的结构是一样的，语句中的所有参数也是一样的。而且，它们与创建存储过程或存储函数的语句中的参数基本也是一样的。

【例 11-27】修改存储过程 SP_SEARCH 的定义。将读写权限改为 MODIFIES SQL DATA，并指明调用者可以执行，代码如下：

```
ALTER PROCEDURE SP_SEARCH
MODIFIES SQL DATA
SQL SECURITY INVOKER;
```

执行代码，查看修改后的信息：

```
SELECT SPECIFIC_NAME,SQL_DATA_ACCESS,SECURITY_TYPE
FROM information_schema.Routines
WHERE ROUTINE_NAME='SP_SEARCH' AND ROUTINE_TYPE='PROCEDURE';
```

执行结果如图 11-16 所示。

结果显示，存储过程修改成功。从查询的结果可以看出，访问数据的权限(SQL_DATA_ACCESS) 已经变成 MODIFIES SQL DATA，安全类型(SECURITY_TYPE)已经变成 INVOKER。

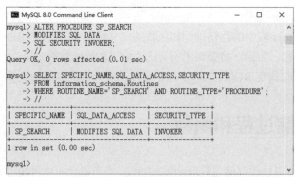

图 11-16　执行结果

【例 11-28】修改存储函数 CountProc2 的定义。将读写权限改为 READS SQL DATA，并加上注释信息"FIND NAME"，代码如下：

ALTER FUNCTION CountProc2
READS SQL DATA
COMMENT 'FIND NAME';

执行代码，查看修改后的信息：

SELECT SPECIFIC_NAME,SQL_DATA_ACCESS,ROUTINE_COMMENT
FROM information_schema.Routines
WHERE ROUTINE_NAME='CountProc2' AND ROUTINE_TYPE='FUNCTION';

执行结果如图 11-17 所示。

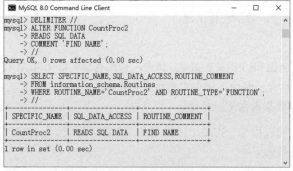

图 11-17　执行结果

结果显示，存储函数修改成功。从查询的结果可以看出，访问数据的权限(SQL_DATA_ACCESS)已经变成 READS SQL DATA，函数注释(ROUTINE_COMMENT)已经变成 FIND NAME。

11.4　删除存储过程和函数

删除存储过程和存储函数可以使用 DROP 语句，其语法格式如下：

DROP {PROCEDURE | FUNCTION} [IF EXISTS] sp_name

这个语句用来移除一个存储过程或存储函数。sp_name 为要移除的存储过程或函数的名称。
IF EXISTS 子句是一个 MySQL 的扩展。如果程序或函数不存储，它就可以防止发生错误，产生一个用 SHOW WARNINGS 查看的警告。

【例 11-29】删除存储过程和存储函数，代码如下：

```
DROP PROCEDURE SP_INOUT;
DROP FUNCTION CountProc2;
```

语句的执行结果如图 11-18 所示。

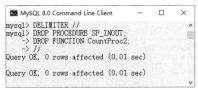

图 11-18　执行结果

上面语句的作用就是删除存储过程 SP_INOUT 和存储函数 CountProc2。

11.5　MySQL 8.0 的全局变量的持久化

在 MySQL 数据库中，全局变量可以通过 SET GLOBAL 语句来设置。例如，设置服务器语句超时的限制可以通过设置系统变量 max_execution_time 来实现：

```
SET GLOBAL MAX_EXECUTION_TIME=2000;
```

使用 SET GLOBAL 语句设置的变量值只会临时生效。数据库重启后，服务器又会从 MySQL 配置文件中读取变量的默认值。

MySQL 8.0 版本新增了 SET PERSIST 命令。例如，设置服务器的最大连接数为 1000：

```
SET PERSIST max_connections = 1000;
```

MySQL 会将该命令的配置保存到数据目录下的 mysqld-auto.cnf 文件中，下次启动时会读取该文件，用其中的配置来覆盖默认的配置文件。

下面通过一个案例来理解全部变量的持久化。

查看全局变量 max_connections 的值，语句如下：

```
SHOW VARIABLES LIKE '%max_connections%';
```

执行结果如图 11-19 所示。

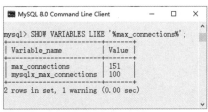

图 11-19　执行结果

设置全局变量 max_connections 的值：

```
SET persist max_connections=1000;
```

重启 MySQL 服务器，再次查询 max_connections 的值：

SHOW VARIABLES LIKE '%MAX_CONNECTIONS%';

执行结果如图 11-20 所示。

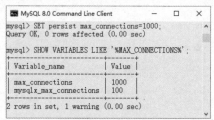

图 11-20　执行结果

11.6　本章小结

存储程序就是一条或者多条 SQL 语句的集合，可视为批文件。存储程序分为存储过程与存储函数。本章通过理论与实践相结合的方式，详细介绍了存储过程和存储函数的创建、调用、查看、修改和删除操作。然后详细介绍了变量、条件、光标、控制流程等在存储程序中的使用方法。最后介绍了 MySQL 8.0 新增的重要全局变量。在应用开发过程中，可以将经常需要进行的数据库读写查看操作，编写为存储程序，既能节省应用端重复编写 SQL 语句的时间，又能充分利用存储程序执行高效的优势。

11.7　思考与练习

1. 什么是存储过程？简单描述其概念、功能和语法格式。
2. 什么是存储函数？简单描述其概念、功能和语法格式。
3. 存储过程和存储函数的区别是什么？
4. 存储过程和存储函数的使用场景分别是什么？
5. 上机练习本章中的示例代码。

第 12 章

触 发 器

MySQL 的触发器和存储过程一样，都是嵌入 MySQL 的一段程序。触发器是由一些事件来触发某个操作的，这些事件包括 INSERT、UPDATAE 和 DELETE 语句。如果定义了触发程序，当数据库执行这些语句的时候，就会激发触发器执行相应的操作。触发程序是与表有关的命名数据库对象，当表上出现特定事件时，将激活该对象。本章通过实例来介绍触发器的含义、如何创建触发器、如何查看触发器、触发器的使用方法以及如何删除触发器。

本章的学习目标：
- 了解什么是触发器。
- 掌握创建、查看、删除触发器的方法。
- 掌握触发器的使用技巧。
- 熟练掌握综合使用触发器的方法和技巧。

12.1 创建触发器

触发器是一个特殊的存储过程，不同的是，执行存储过程要使用 CALL 语句来调用，而触发器的执行不需要使用 CALL 语句来调用，也不需要手工启动，只要当一个预定义的事件发生的时候，就会被 MySQL 自动调用。比如，当对 tb_fruits 表进行操作(如 INSERT、DELETE 或 UPDATE)时就会激活语句的执行。

触发器可以查询其他表，而且可以包含复杂的 SQL 语句。它们主要用于满足复杂的业务规则或要求。例如，可以根据客户当前的账户状态，控制是否允许插入新订单。本节将介绍如何创建触发器。

12.1.1 创建只有一个执行语句的触发器

创建一个执行语句的触发器，语法格式如下：

```
CREATE TRIGGER trigger_name trigger_time trigger_event
ON tbl_name FOR EACH ROW trigger_stmt
```

其中，trigger_name 表示触发器名称，用户自行指定；trigger_time 表示触发时机，可以指定为 before 或 after；trigger_event 表示触发事件，包括 INSERT、UPDATE 和 DELETE；tbl_name 表示建立触发器的表名，即在哪张表上建立触发器；trigger_stmt 是触发器执行语句。

【例 12-1】创建一个单执行语句的触发器，代码如下：

```
CREATE TABLE tb_account (acct_num INT,amount DECIMAL(10,2));
CREATE TRIGGER ins_sum BEFORE INSERT ON tb_account
    FOR EACH ROW SET @sum=@sum+NEW.amount;
```

代码执行结果如图 12-1 所示。

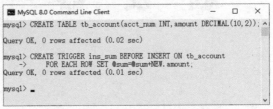

图 12-1 创建一个单执行语句的触发器

首先创建一个 tb_account 表，表中有两个字段，分别为 acct_num 字段(int 类型)和 amount 字段(浮点类型)；然后创建一个名为 ins_sum 的触发器，触发的条件是向数据表 tb_account 插入数据之前，对新插入的 amount 字段值进行求和计算。

定义变量 sum，并初始化为 0；然后向数据表 tb_account 中插入两条数据，然后输出变量 sum，代码如下：

```
SET @sum=0;
INSERT INTO tb_account VALUES(1,1.00),(2,2.00);
SELECT @sum;
```

执行结果如图 12-2 所示。从图中可以看到，插入数据记录，ins_sum 触发器被触发，将 amount 值求和，并赋给 sum 变量，因此 sum 的值为 3。

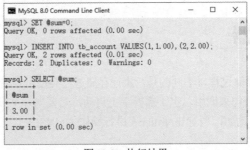

图 12-2 执行结果

12.1.2 创建有多个执行语句的触发器

创建多个执行语句的触发器，语法格式如下：

```
CREATE TRIGGER trigger_name trigger_time trigger_event
ON tbl_name FOR EACH ROW
BEGIN
    语句执行列表
END
```

其中，trigger_name 表示触发器的名称，用户自行指定；trigger_time 表示触发时机，可以指定为 before 或 after；trigger_event 表示触发事件，包括 INSERT、UPDATE 和 DELETE；tbl_name 表示建立触发器的表名，即在哪张表上建立触发器；触发器程序可以使用 BEGIN 和 END 作为开始和结束，中间包含多条语句。

【例 12-2】 创建一个包含多个执行语句的触发器,代码如下:

```
CREATE TABLE tb_test1(a1 INT);
CREATE TABLE tb_test2(a2 INT);
CREATE TABLE tb_test3(a3 INT NOT NULL AUTO_INCREMENT PRIMARY KEY);
CREATE TABLE tb_test4(
    a4 INT NOT NULL AUTO_INCREMENT PRIMARY KEY,
    b4 INT DEFAULT 0
);
DELIMITER //
CREATE TRIGGER testref BEFORE INSERT ON tb_test1
FOR EACH ROW BEGIN
    INSERT INTO tb_test2 SET a2 = NEW.a1;
    DELETE FROM tb_test3 WHERE a3=NEW.a1;
    UPDATE tb_test4 SET b4=b4+1 WHERE a4=NEW.a1;
END
//
INSERT INTO tb_test3(a3) VALUES
(NULL),(NULL),(NULL),(NULL),(NULL),
(NULL),(NULL),(NULL),(NULL),(NULL);
//
INSERT INTO tb_test4 (a4) VALUES(0), (0), (0), (0), (0), (0), (0), (0), (0), (0);//
```

执行结果如图 12-3 所示。

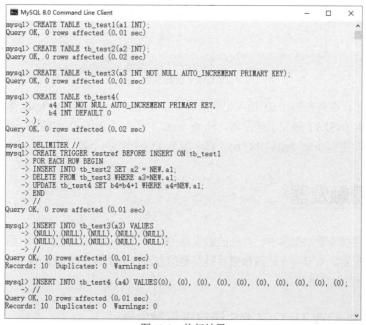

图 12-3 执行结果

上面的代码创建了一个名为 testref 的触发器,这个触发器的触发条件是在向表 tb_test1 插入数据前执行触发器的语句,具体代码如下:

```
INSERT INTO tb_test1 VALUES(1),(3),(1),(7),(1),(8),(4),(4);
```

执行结果如图 12-4 所示。

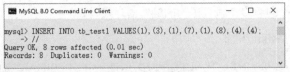

图 12-4　执行结果

查询 4 个表中的数据，结果如图 12-5 所示。

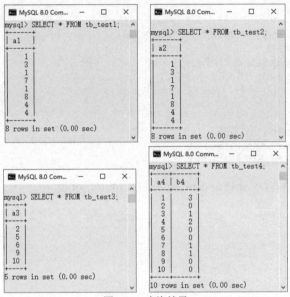

图 12-5　查询结果

执行结果显示，在向表 tb_test1 插入记录的时候，tb_test2、tb_test3、tb_test4 都发生了变化。从这个例子可以看到 INSERT 触发了触发器，向 tb_test2 中插入了 tb_test1 中的值，删除了 tb_test3 中相同的内容，同时更新了 tb_test4 中的 b4，即与插入的值相同的个数。

12.2　查看触发器

查看触发器是指查看数据库中已存在的触发器的定义、状态和语法信息等。可以通过命令来查看已经创建的触发器。本节将介绍两种查看触发器的方法，分别是使用 SHOW TRIGGERS 语句和在 triggers 表中查看触发器信息。

12.2.1　使用 SHOW TRIGGERS 语句查看触发器

通过 SHOW TRIGGERS 语句查看触发器信息的语句如下：

```
SHOW TRIGGERS;
```

【例 12-3】通过 SHOW TRIGGERS 命令查看一个触发器。

创建一个简单的触发器，名称为 trig_update，每次在 account 表更新数据之后都会向名为 myevent 的数据表中插入一条记录，数据表 tb_myevent 定义如下：

```
CREATE TABLE tb_myevent
(id int(11) DEFAULT NULL,
evt_name char(20) DEFAULT NULL
);
```

创建触发器，代码如下：

```
CREATE TRIGGER trig_update AFTER UPDATE ON tb_account
FOR EACH ROW INSERT INTO tb_myevent VALUES(1, 'after update');
```

代码执行结果如图 12-6 所示。

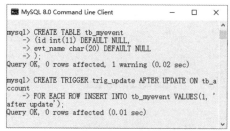

图 12-6　创建的触发器的执行结果

使用 SHOW TRIGGERS 命令查看触发器，执行结果如图 12-7 所示。

```
SHOW TRIGGERS;
```

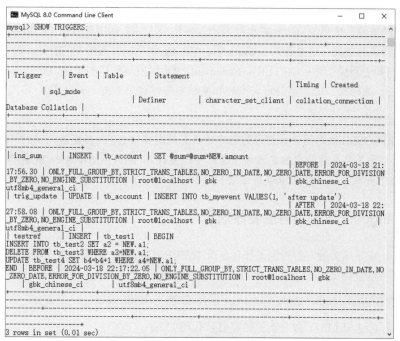

图 12-7　查看触发器的执行结果

可以看到，信息显示比较混乱。如果在 SHOW TRIGGERS 命令的后面添加上"\G"，显示信息就会比较有条理，执行结果如图 12-8 所示。

```
SHOW TRIGGERS \G;
```

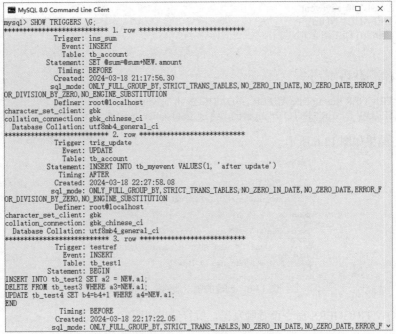

图 12-8　加上\G 之后的输出效果

Trigger 表示触发器的名称，在这里两个触发器的名称分别为：ins_sum 和 trig_update；Event 表示激活触发器的事件，这里的两个触发事件为插入操作 INSERT 和更新操作 UPDATE；Table 表示激活触发器的操作对象表，这里都为 account 表；Timing 表示触发器触发的时间，分别为插入操作之前(BEFORE)和更新操作之后(AFTER)；Statement 表示触发器执行的操作。此外还显示一些其他信息，比如 SQL 的模式、触发器的定义账户和字符集等，这里不再一一介绍。

提示：

SHOW TRIGGERS 语句用于查看当前创建的所有触发器信息，在触发器较少的情况下，使用该语句会很方便。如果要查看特定触发器的信息，可以直接从 INFORMATION_SCHEMA 数据库的 TRIGGERS 表中查找。下节将介绍这种方法。

12.2.2　在 triggers 表中查看触发器信息

在 MySQL 中，所有触发器的定义都存在于 INFORMATION_SCHEMA 数据库的 TRIGGERS 表格中，可以通过查询命令 SELECT 来查看，具体的语法如下：

SELECT * FROM INFORMATION_SCHEMA.TRIGGERS WHERE condition;

【例 12-4】通过 SELECT 命令查看触发器，代码如下：

SELECT * FROM INFORMATION_SCHEMA.TRIGGERS WHERE TRIGGER_NAME= 'trig_update'\G;

上述命令是通过 WHERE 来指定查看特定名称的触发器的。执行结果如图 12-9 所示。

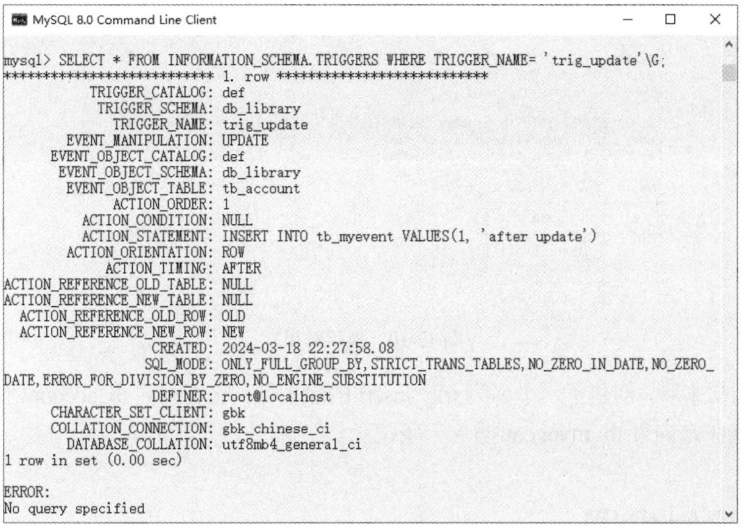

```
MySQL 8.0 Command Line Client
mysql> SELECT * FROM INFORMATION_SCHEMA.TRIGGERS WHERE TRIGGER_NAME='trig_update'\G;
*************************** 1. row ***************************
           TRIGGER_CATALOG: def
            TRIGGER_SCHEMA: db_library
              TRIGGER_NAME: trig_update
        EVENT_MANIPULATION: UPDATE
      EVENT_OBJECT_CATALOG: def
       EVENT_OBJECT_SCHEMA: db_library
        EVENT_OBJECT_TABLE: tb_account
              ACTION_ORDER: 1
          ACTION_CONDITION: NULL
          ACTION_STATEMENT: INSERT INTO tb_myevent VALUES(1, 'after update')
        ACTION_ORIENTATION: ROW
             ACTION_TIMING: AFTER
 ACTION_REFERENCE_OLD_TABLE: NULL
 ACTION_REFERENCE_NEW_TABLE: NULL
   ACTION_REFERENCE_OLD_ROW: OLD
   ACTION_REFERENCE_NEW_ROW: NEW
                   CREATED: 2024-03-18 22:27:58.08
                  SQL_MODE: ONLY_FULL_GROUP_BY,STRICT_TRANS_TABLES,NO_ZERO_IN_DATE,NO_ZERO_
DATE,ERROR_FOR_DIVISION_BY_ZERO,NO_ENGINE_SUBSTITUTION
                   DEFINER: root@localhost
      CHARACTER_SET_CLIENT: gbk
      COLLATION_CONNECTION: gbk_chinese_ci
        DATABASE_COLLATION: utf8mb4_general_ci
1 row in set (0.00 sec)

ERROR:
No query specified
```

图 12-9　执行结果

从上面的执行结果可以得到：TRIGGER_SCHEMA 表示触发器所在的数据库；TRIGGER_NAME 后面是触发器的名称；EVENT_OBJECT_TABLE 表示在哪个数据表上触发；ACTION_STATEMENT 表示触发器触发的时候执行的具体操作；ACTION_ORIENTATION 是 ROW，表示在每条记录上都触发；ACTION_TIMING 表示触发的时刻是 AFTER；剩下的是和系统相关的信息。

也可以不指定触发器名称，这样将查看所有的触发器，命令如下：

SELECT * FROM INFORMATION_SCHEMA.TRIGGERS \G

这个命令会显示 TRIGGERS 表中所有的触发器信息。

12.3　触发器的使用

触发程序是与表有关的命名数据库对象，当表上出现特定事件时，将激活该对象。某些触发程序可用于检查插入表中的值，或对更新涉及的值进行计算。

触发程序与表相关，当对表执行 INSERT、DELETE 或 UPDATE 语句时，将激活触发程序。可以将触发程序设置为在执行语句之前或之后激活。例如，可以在从表中删除每一行之前，或在更新每一行之后激活触发程序。

【例 12-5】创建一个在 account 表插入记录之后，更新 tb_myevent 数据表的触发器，代码如下：

```
CREATE TRIGGER trig_insert AFTER INSERT ON tb_account
FOR EACH ROW INSERT INTO tb_myevent VALUES(2, 'after insert');
```

上面的代码创建了一个名为 trig_insert 的触发器，在向表 account 插入数据之后会向表 myevent 插入一组数据，执行代码如下：

```
INSERT INTO tb_account VALUES(1,1.00),(2,2.00);
SELECT * FROM tb_myevent;
```

代码执行结果如图 12-10 所示。

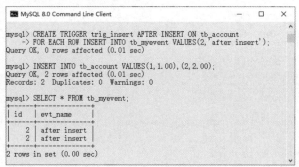

图 12-10　执行结果

从执行的结果来看，创建了一个名为 trig_insert 的触发器，它是在向 tb_account 插入记录之后触发的，执行的操作是向表 tb_myevent 插入一条记录。

12.4　删除触发器

使用 DROP TRIGGER 语句可以删除 MySQL 中已经定义的触发器，删除触发器的基本语法格式如下：

DROP TRIGGER [schema_name.]trigger_name

其中，schema_name 表示数据库名称，是可选的，如果省略了 schema，那么将从当前数据库中舍弃触发程序；trigger_name 是要删除的触发器的名称。

【例 12-6】删除一个触发器，代码如下：

DROP TRIGGER db_library.ins_sum;

上面代码中的 db_library 是触发器所在的数据库，ins_sum 是一个触发器的名称。执行结果如图 12-11 所示。从图中可以看出，触发器 ins_sum 删除成功。

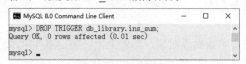

图 12-11　执行结果

12.5　本章实战

本章介绍了 MySQL 数据库触发器的定义和作用、创建触发器、查看触发器、使用触发器和删除触发器等内容。创建触发器和使用触发器是本章的重点内容。在创建触发器的时候，一定要弄清楚触发器的结构。在使用触发器的时候，要清楚触发器触发的时间(BEFORE 或 AFTER)和触发的条件(INSERT、DELETE 或 UPDATE)。在创建触发器后，要清楚怎么修改触发器。

1. 示例目的

掌握触发器的创建和调用方法。下面是创建触发器的实例，每更新一次 tb_persons 表的 num 字段后，都要更新 tb_sales 表对应的 sum 字段。其中，tb_persons 表结构如表 12-1 所示，tb_sales 表结构如表 12-2 所示，按照操作过程完成操作。

表 12-1 tb_persons 表结构

字段名	数据类型	主键	外键	非空	唯一	自增
name	varchar(40)	否	否	是	否	否
num	int(11)	否	否	是	否	否

表 12-2 tb_sales 表结构

字段名	数据类型	主键	外键	非空	唯一	自增
name	varchar(40)	否	否	是	否	否
sum	int(11)	否	否	是	否	否

2. 操作过程

(1) 创建一个业务统计表 tb_persons，代码如下：

CREATE TABLE tb_persons (name VARCHAR(40), num INT);

(2) 创建一个销售额表 tb_sales，代码如下：

CREATE TABLE tb_sales (name VARCHAR(40), sum INT);

(3) 创建一个触发器，在更新过 tb_persons 表的 num 字段后，更新 tb_sales 表的 sum 字段，代码如下：

CREATE TRIGGER num_sum AFTER INSERT ON tb_persons
FOR EACH ROW INSERT INTO tb_sales VALUES(NEW.name,7*NEW.num);

向 tb_persons 表中插入记录。插入新的记录后，更新销售额表。

INSERT INTO tb_persons VALUES ('xiaoxiao',20),('xiaohua',69);

执行查询如下：

SELECT * FROM tb_persons;
SELECT * FROM tb_sales;

从执行的结果来看，在 tb_persons 表插入记录之后，num_sum 触发器计算插入 tb_persons 表中的数据，并将结果插入 tb_sales 表中相应的位置。

12.6 本章小结

　　MySQL 的触发器和存储过程一样，都是嵌入 MySQL 的一段程序。触发器是由事件来触发某个操作的，这些事件包括 INSERT、UPDATAE 和 DELETE 语句。如果定义了触发程序，当数据库执行这些语句的时候，就会激发触发器执行相应的操作。触发程序是与表有关的命名数据库对象，当表上出现特定事件时，将激活该触发器对象。本章首先详细介绍了触发器的创建，包括单执行语句和多执行语句的触发器；接着介绍了触发器的查看操作，可以使用 SHOW TRIGGERS 语句查看触发器，也可以在 triggers 表中查看触发器信息；接着介绍了触发器的使用、触发器的删除等操作。最后通过一个综合示例，综合运用本章所学知识，展示如何创建和调用触发器。

12.7 思考与练习

1. 创建 INSERT 事件的触发器。
2. 创建 UPDATE 事件的触发器。
3. 创建 DELETE 事件的触发器。
4. 查看触发器。
5. 删除触发器。
6. 使用触发器时需注意什么?
7. 为什么要及时删除不再需要的触发器?

第 13 章

MySQL权限与安全管理

MySQL 是一个多用户数据库，具有功能强大的访问控制系统，可以为不同用户指定允许的权限。MySQL 用户可以分为普通用户和 root 用户。root 用户是超级管理员，拥有所有权限，包括创建用户、删除用户和修改用户的密码等管理权限；普通用户只拥有被授予的各种权限。用户管理包括管理用户账户、权限等。本章将向读者介绍 MySQL 用户管理中的相关知识点，包括权限表、账户管理和权限管理。

本章的学习目标：
- 了解什么是权限表。
- 掌握权限表的用法。
- 掌握账户管理的方法。
- 掌握权限管理的方法。
- 掌握访问控制的用法。
- 熟练运用本章知识新建 MySQL 用户。

13.1 权限表

MySQL 服务器通过权限表来控制用户对数据库的访问，权限表存放在 MySQL 数据库中，由 mysql_install_db 脚本初始化。存储账户权限信息表主要有 user、db、host、tables_priv、columns_priv 和 procs_priv。本节将为读者介绍这些表的内容和作用。

13.1.1 user 表

user 表是 MySQL 中最重要的一个权限表，记录允许连接到服务器的账号信息，里面的权限是全局级的。例如，一个用户在 user 表中被授予了 DELETE 权限，则该用户可以删除 MySQL 服务器上所有数据库中的任何记录。MySQL 8.0 中 user 表有 42 个字段，如表 13-1 所示，这些字段可以分为 4 类，分别是用户列、权限列、安全列和资源控制列。本节将为读者介绍 user 表中各字段的含义。

表 13-1 user 表结构

字段名	数据类型	默认值
Host	CHAR(60)	
User	CHAR(16)	

(续表)

字段名	数据类型	默认值
authentication_string	TEXT	
Select_priv	ENUM('N','Y')	N
Insert_priv	ENUM('N','Y')	N
Update_priv	ENUM('N','Y')	N
Delete_priv	ENUM('N','Y')	N
Create_priv	ENUM('N','Y')	N
Drop_priv	ENUM('N','Y')	N
Reload_priv	ENUM('N','Y')	N
Shutdown_priv	ENUM('N','Y')	N
Process_priv	ENUM('N','Y')	N
File_priv	ENUM('N','Y')	N
Grant_priv	ENUM('N','Y')	N
References_priv	ENUM('N','Y')	N
Index_priv	ENUM('N','Y')	N
Alter_priv	ENUM('N','Y')	N
Show_db_priv	ENUM('N','Y')	N
Super_priv	ENUM('N','Y')	N
Create_tmp_table_priv	ENUM('N','Y')	N
Lock_tables_priv	ENUM('N','Y')	N
Excute_priv	ENUM('N','Y')	N
Repl_slave_priv	ENUM('N','Y')	N
Create_view_priv	ENUM('N','Y')	N
Show_view_priv	ENUM('N','Y')	N
Create_routine_priv	ENUM('N','Y')	N
Alter_routine_priv	ENUM('N','Y')	N
Create_user_priv	ENUM('N','Y')	N
Event_priv	ENUM('N','Y')	N
Trigger_priv	ENUM('N','Y')	N
Create_tablespace_priv	ENUM('N','Y')	N
ssl_type	ENUM('','ANY','X509','SPECIFIED')	N
Create_tablespace_priv	ENUM('N','Y')	N
ssl_cipher	BLOB	NULL
x509_issuer	BLOB	NULL
x509_subject	BLOB	NULL
Max_questions	INT(11) UNSIGNED	0
Max_updates	INT(11) UNSIGNED	0
Max_connections	INT(11) UNSIGNED	0

(续表)

字段名	数据类型	默认值
Max_user_connections	INT(11) UNSIGNED	0
Plugin	CHAR(64)	
Authentication_string	TEXT	NULL

1. 用户列

user 表的用户列包括 Host、User、authentication_string，分别表示主机名、用户名和密码。其中 User 和 Host 为 User 表的联合主键。当用户与服务器之间建立连接时，输入的账户信息中的用户名、主机名和密码必须匹配 User 表中对应的字段，只有 3 个值都匹配的时候，才允许连接的建立。这 3 个字段的值就是创建账户时保存的账户信息。修改用户密码时，实际就是修改 user 表的 authentication_string 字段的值。

2. 权限列

权限列的字段决定了用户的权限，描述了在全局范围内允许对数据和数据库进行的操作，包括查询权限、修改权限等普通权限，还包括关闭服务器、超级权限和加载用户等高级权限。普通权限用于操作数据库，高级权限用于数据库管理。

user 表中对应的权限是针对所有用户数据库的。这些字段值的类型为 ENUM，可以取的值只能为 Y 和 N，Y 表示该用户有对应的权限，N 表示用户没有对应的权限。查看 user 表的结构可以看到，这些字段的值默认都是 N。如果要修改权限，那么可以使用 GRANT 语句或 UPDATE 语句更改 user 表的这些字段来修改用户对应的权限。

3. 安全列

安全列只有 6 个字段，其中两个是 ssl 相关的，两个是 x509 相关的，另外两个是授权插件相关的。ssl 用于加密；x509 标准可用于标识用户；Plugin 字段表示可以用于验证用户身份的插件，如果该字段为空，服务器就使用内建授权验证机制验证用户身份。读者可以通过 SHOW VARIABLES LIKE 'have_openssl'语句来查询服务器是否支持 ssl 功能。

4. 资源控制列

资源控制列的字段用来限制用户使用的资源，包含以下 4 个字段。
(1) Max_questions：用户每小时允许执行的查询操作次数。
(2) Max_updates：用户每小时允许执行的更新操作次数。
(3) Max_connections：用户每小时允许执行的连接操作次数。
(4) Max_user_connections：用户允许同时建立的连接次数。

一个小时内用户查询或者连接数量超过资源控制限制，用户将被锁定，直到下一个小时，才可以再次执行对应的操作。可以使用 GRANT 语句更新这些字段的值。

13.1.2 db 表

db 表是 MySQL 数据中非常重要的权限表。db 表中存储了用户对某个数据库的操作权限，决定用户能从哪个主机存取哪个数据库。db 表比较常用，其结构如表 13-2 所示。

表 13-2 db 表的结构

字段名	数据类型	默认值
Host	CHAR(60)	
Db	CHAR(64)	
User	CHAR(32)	
Select_priv	ENUM('N','Y')	N
Insert_priv	ENUM('N','Y')	N
Update_priv	ENUM('N','Y')	N
Delete_priv	ENUM('N','Y')	N
Create_priv	ENUM('N','Y')	N
Drop_priv	ENUM('N','Y')	N
Grant_priv	ENUM('N','Y')	N
References_priv	ENUM('N','Y')	N
Index_priv	ENUM('N','Y')	N
Alter_priv	ENUM('N','Y')	N
Create_tmp_table_priv	ENUM('N','Y')	N
Lock_tables_priv	ENUM('N','Y')	N
Create_view_priv	ENUM('N','Y')	N
Show_view_priv	ENUM('N','Y')	N
Create_routine_priv	ENUM('N','Y')	N
Alter_routine_priv	ENUM('N','Y')	N
Excute_priv	ENUM('N','Y')	N
Trigger_priv	ENUM('N','Y')	N

1. 用户列

db 表用户列有 3 个字段，分别是 Host、User、Db，表示从某个主机连接某个用户对某个数据库的操作权限，这 3 个字段的组合构成了 db 表的主键。host 表不存储用户名称，用户列只有 2 个字段，分别是 Host 和 Db，表示从某个主机连接的用户对某个数据库的操作权限，其主键包括 Host 和 Db 两个字段。host 表很少用到，一般情况下 db 表就可以满足权限控制需求了。

2. 权限列

db 表中 Create_routine_priv 和 Alter_routine_priv 两个字段表明用户是否有创建和修改存储过程的权限。

user 表中的权限是针对所有数据库的，如果希望用户只对某个数据库有操作权限，那么需要将 user 表中对应的权限设置为 N，然后在 db 表中设置对应数据库的操作权限。例如，有一个名为 buaaadmin 的用户分别从名为 large.domain.com 和 small.domain.com 的两个主机连接到数据库，并需要操作 books 数据库。这时，可以将用户名 buaaadmin 添加到 db 表中，而 db 表中的 host 字段值为空，然后将两个主机地址分别作为两条记录的 host 字段值添加到 host 表中，并将两个表的数据库字段设置为相同的值 books。当有用户连接到 MySQL 服务器时，db 表中没有用户登录的主机名称，MySQL 会从 host 表中查找相匹配的值，并根据查询的结果决定用户的操作是否被允许。

13.1.3 tables_priv 表和 columns_priv 表

tables_priv 表用来对表设置操作权限，columns_priv 表用来对表的某一列设置权限。tables_priv 表和 columns_priv 表的结构分别如表 13-3 和表 13-4 所示。

表 13-3 tables_priv 表结构

字段名	数据类型	默认值
Host	CHAR(60)	
Db	CHAR(64)	
User	CHAR(16)	
Table_name	CHAR(64)	
Grantor	CHAR(77)	
Timestamp	timestamp	CURRENT_TIMESTAMP
Table_priv	set('Select', 'Insert', 'Update', 'Delete', 'Create', 'Drop', 'Grant', 'References', 'Index', 'Alter', 'Create View', 'Show View', 'Trigger')	
Column_priv	set('Select', 'Insert', 'Update', 'References')	

表 13-4 columns_priv 表结构

字段名	数据类型	默认值
Host	CHAR(60)	
Db	CHAR(64)	
User	CHAR(16)	
Table_name	CHAR(64)	
Column_name	CHAR(64)	
Timstamp	timestamp	CURRENT_TIMESTAMP
Column_priv	set('Select', 'Insert', 'Update', 'References')	

tables_priv 表有 8 个字段，分别是 Host、Db、User、Table_name、Grantor、Timestamp、Table_priv 和 Column_priv，各个字段说明如下。

(1) Host、Db、User 和 Table_name 这 4 个字段分别表示主机名、数据库名、用户名和表名。

(2) Grantor 表示修改该记录的用户。

(3) Timestamp 字段表示修改该记录的时间。

(4) Table_priv 表示对表的操作权限，包括 Select、Insert、Update、Delete、Create、Drop、Grant、References、Index 和 Alter。

(5) Column_priv 字段表示对表中的列的操作权限，包括 Select、Insert、Update 和 References。

columns_priv 表只有 7 个字段，分别是 Host、Db、User、Table_name、Column_name、Timestamp、Column_priv。其中，Column_name 用来指定对哪些数据列具有操作权限。

13.1.4 procs_priv 表

procs_priv 表可以对存储过程和存储函数设置操作权限。procs_priv 表结构如表 13-5 所示。

表 13-5　procs_priv 表结构

字段名	数据类型	默认值
Host	CHAR(60)	
Db	CHAR(64)	
User	CHAR(16)	
Routine_name	CHAR(64)	
Routine_type	enum('FUNCTION ', 'PROCEDURE ')	NULL
Grantor	CHAR(77)	
Proc_priv	set('Excute', 'Alter Routine', 'Grant')	
Timstamp	timestamp	CURRENT_TIMESTAMP

procs_priv 表包含 8 个字段，分别是 Host、Db、User、Routine_name、Routine_type、Grantor、Proc_priv 和 Timestamp，各个字段的说明如下。

（1）Host、Db 和 User 字段分别表示主机名、数据库名和用户名。

（2）Routine_name 表示存储过程或函数的名称。

（3）Routine_type 表示存储过程或函数的类型。Routine_type 字段有两个值，分别是 FUNCTION 和 PROCEDURE。FUNCTION 表示这是一个函数，PROCEDURE 表示这是一个存储过程。

（4）Grantor 表示插入或修改该记录的用户。

（5）Proc_priv 表示拥有的权限，包括 Execute、Alter Routine、Grant 三种。

（6）Timestamp 表示记录更新时间。

13.2　账户管理

MySQL 提供许多语句用来管理用户账号，这些语句可以用来管理包括登录和退出 MySQL 服务器、创建用户、删除用户、密码管理和权限管理等内容。MySQL 数据库的安全性需要通过账户管理来保证。本节将介绍 MySQL 中如何对账户进行管理。

13.2.1　登录和退出 MySQL 服务器

读者已经知道登录 MySQL 时，可使用 MySQL 命令并在后面指定登录主机以及用户名和密码。本小节将详细介绍 MySQL 命令的常用参数以及登录、退出 MySQL 服务器的方法。通过 mysql－help 命令可以查看 MySQL 命令帮助信息。MySQL 命令的常用参数如下。

（1）-h 主机名，可以使用该参数指定主机名或 IP，若不指定，则默认是 localhost。

（2）-u 用户名，可以使用该参数指定用户名。

（3）-p 密码，可以使用该参数指定登录密码。若该参数后面有一段字段，则该段字符串将作为用户的密码直接登录。若后面没有内容，则登录的时候会提示输入密码。注意：该参数后面的字符串和-p 前面不能有空格。

（4）-P 端口号，该参数后面接 MySQL 服务器的端口号，默认为 3306。

（5）数据库名，可以在命令的最后指定数据库名。

（6）-e 执行 SQL 语句。若指定了该参数，则将在登录后执行-e 后面的命令或 SQL 语句并退出。

【例13-1】使用root用户登录到本地MySQL服务器的mysql库，命令如下：

mysql -h localhost -u root -P 3307 -p

按Enter键后，会提示Enter password:，若没有设置密码，则可以直接按Enter键。密码正确就可以直接登录服务器下的mysql数据库。代码执行结果如图13-1所示。

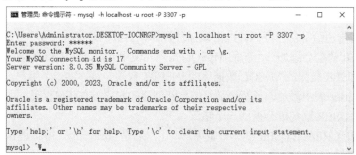

图13-1　代码执行结果

【例13-2】使用root用户登录本地MySQL服务器的db_library数据库，同时执行一条查询语句。命令如下：

mysql -h localhost -u root-P 3307 -p db_library　-e "DESC tb_test;"

代码执行结果如图13-2所示。

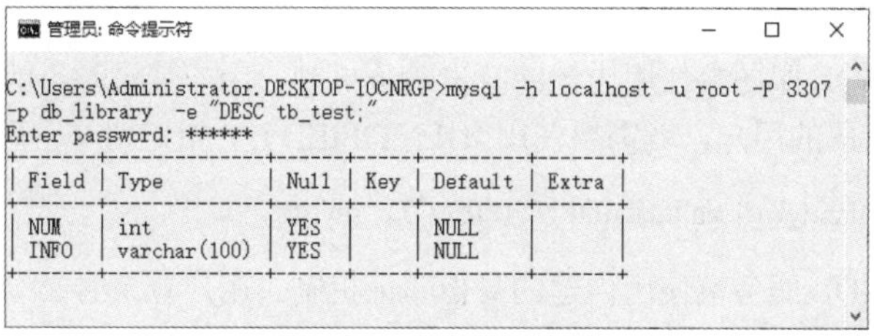

图13-2　代码执行结果

按照提示输入密码，命令执行完成后查询出tb_test表的结构，查询返回之后会自动退出MySQL。

13.2.2　新建普通用户

要创建新用户，必须有相应的权限来执行创建操作。在MySQL数据库中，有两种方式创建新用户：一种是使用CREATE USER语句；另一种是直接操作MySQL授权表。下面分别介绍这两种创建新用户的方法。

1. 使用CREATE USER语句创建新用户

执行CREATE USER或GRANT语句时，服务器会修改相应的用户授权表，添加或者修改用户及其权限。CREATE USER语句的基本语法格式如下：

```
CREATE USER user_specification
[,user_specification]…
User_specification:
    user@host
    [
        IDENTIFIED BY [PASSWORD] 'password'
```

263

```
| IDENTIFIED WITH auth_plugin [AS 'auth_string']
]
```

user 表示创建的用户的名称；host 表示允许登录的用户主机名称；IDENTIFIED BY 表示用来设置用户的密码；[PASSWORD]表示使用哈希值设置密码，该参数可选；password 表示用户登录时使用的普通明文密码；IDENTIFIED WITH 语句为用户指定一个身份验证插件；auth_plugin 是插件的名称，插件的名称可以是一个带单引号的字符串或者带双引号的字符串；auth_string 是可选的字符串参数，该参数将传递给身份验证插件，由该插件解释该参数的意义。

CREATE USER 语句会添加一个新的 MySQL 账户。使用 CREATE USER 语句的用户，必须有全局的 CREATE USER 权限或 MySQL 数据库的 INSERT 权限。每添加一个用户，CREATE USER 语句会在 MySQL.user 表中添加一条新记录，但是新创建的账户没有任何权限。如果添加的账户已经存在，CREATE USER 语句就会返回一个错误。

【例 13-3】使用 CREATE USER 创建一个用户，用户名是 buaalandy，密码是 mypass，主机名是 localhost，命令如下：

```
CREATE USER 'buaalandy'@'localhost' IDENTIFIED BY 'mypass';
```

如果只指定用户名部分'buaalandy'，主机名部分就默认为'%'(对所有的主机开放权限)。

user_specification 告诉 MySQL 服务器当用户登录时怎么验证用户的登录授权。如果指定用户登录不需要密码，就可以省略 IDENTIFIED BY 部分：

```
CREATE USER 'buaalandy'@'localhost';
```

这种情况下，MySQL 服务端使用内建的身份验证机制，用户登录时不能指定密码。

如果要创建指定密码的用户，就需要使用 IDENTIFIED BY 指定明文密码值：

```
CREATE USER 'buaalandy'@'localhost' IDENTIFIED BY 'mypass';
```

这种情况下，MySQL 服务端使用内建的身份验证机制，用户登录时必须指定密码。

MySQL 的某些版本中会引入授权表的结构变化，添加新的特权或功能。每当更新 MySQL 到一个新的版本时，应该更新授权表，以确保它们有最新的结构，确认可以使用任何新功能。

2. 直接操作 MySQL 用户表

通过前面的介绍，使用 CREATE USER 创建新用户时，实际上都是在 user 表中添加一条新的记录。因此，可以使用 INSERT 语句向 user 表中直接插入一条记录来创建一个新的用户。使用 INSERT 语句必须拥有对 MySQL.user 表的 INSERT 权限。使用 INSERT 语句创建新用户的基本语法格式如下：

```
INSERT INTO MYSQL.user(Host,User,authentication_string)
VALUES('host', 'username',MD5('password'));
```

Host、User、authentication_string 分别为 user 表中的主机、用户名和密码字段；MD5()函数为密码加密函数。

【例 13-4】使用 INSERT 语句创建一个新账户，其用户名为 user1，主机名为 localhost，密码为 pp123456，INSERT 语句如下：

```
INSERT INTO user(Host,User,ssl_cipher,x509_issuer,x509_subject)
VALUES('localhost', 'user1',MD5('pp123456'),'','');
```

执行结果如图 13-3 所示。

user 表中，ssl_cipher、x509_issuer 和 x509_subject 三个字段在 user 表定义中没有设置默认值，因此若不提供默认值，就会提示错误信息，影响 INSERT 语句的执行。账号创建成功后，使用 SELECT 语句查看 user 表中的记录进行确认：

SELECT host,user,authentication_string FROM user;

13.2.3 删除普通用户

在 MySQL 数据库中，可以使用 DROP USER 语句删除用户，也可以直接通过 DELETE 语句从 MySQL.user 表中删除对应的记录来删除用户。

1. 使用 DROP USER 语句删除用户

DROP USER 语句语法格式如下：

DROP USER user [, user];

DROP USER 语句用于删除一个或多个 MySQL 账户。要使用 DROP USER，必须拥有 MySQL 数据库的全局 CREATE USER 权限或 DELETE 权限。使用与 GRANT 或 REVOKE 相同的格式为每个账户命名。例如，"'jeffrey'@'localhost'"账户名称的用户和主机部分与用户表记录的 User 和 Host 列值相对应。

使用 DROP USER 语句可以删除一个账户和其权限，操作如下：

DROP USER 'user1'@'@localhost';
DROP USER;

第 1 条语句可以删除 user1 在本地的登录权限；第 2 条语句可以删除来自所有授权表的账户权限记录。

【例 13-5】使用 DROP USER 语句删除账户 "'user1'@'localhost'"，DROP USER 语句如下：

DROP USER 'user1'@'localhost';

执行结果如图 13-4 所示。

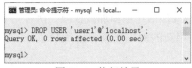

图 13-4 执行结果

语句执行成功，user 表中已经没有名称为 user1、主机名为 localhost 的账户，即"'user1'@'localhost'"的用户账号已经被删除。

提示：
DROP USER 不能自动关闭任何打开的用户对话。而且，如果用户有打开的对话，此时取消用户，命令就不会生效，直到用户对话被关闭后才能生效。一旦对话被关闭，用户也被取消，此用户再次试图登录时将会失败。

2. 使用 DELETE 语句删除用户

DELETE 语句基本语法格式如下：

```
DELETE FROM MySQL.user WHERE host='hostname' and user='username'
```

host 和 user 为 user 表中的两个字段，两个字段的组合确定所要删除的账户记录。

【例 13-6】使用 DELETE 语句删除用户"'buaalandy'@'localhost'"，DELETE 语句如下：

```
DELETE FROM MYSQL.user WHERE host='localhost' AND user='buaalandy';
```

执行结果如图 13-5 所示，可以看到语句执行成功，"'buaalandy'@'localhost'"的用户账号已经被删除。读者可以使用 SELECT 语句查询 user 表中的记录，确认删除操作是否成功。

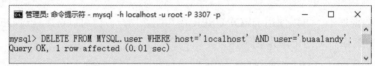

图 13-5　执行结果

13.2.4　root 用户修改自己的密码

root 用户的安全对于保证 MySQL 的安全非常重要，因为 root 用户拥有很高的权限。下面讲述如何修改 root 用户的密码。因为所有账户信息都保存在 user 表中，所以可以通过直接修改 user 表来改变 root 用户的密码。root 用户登录 MySQL 服务器后，使用 UPDATE 语句修改 MySQL 数据库的 user 表的 authentication_string 字段，从而修改用户的密码。使用 UPDATA 语句修改 root 用户密码的语句如下：

```
UPDATE mysql.user SET authentication_string=MD5("123456")WHERE User="root"
and Host="localhost";
```

执行 UPDATE 语句后，需要执行 FLUSH PRIVILEGES 语句重新加载用户权限。

【例 13-7】使用 UPDATE 语句将 root 用户的密码修改为"123456"。

使用 root 用户登录 MySQL 服务器后，执行如下语句：

```
UPDATE mysql.user SET authentication_string=MD5("123456")
WHERE User="root" AND Host="localhost";
FLUSH PRIVILEGES;
```

代码中使用 FLUSH PRIVILEGES 语句重新加载权限。执行完 UPDATE 语句后，root 的密码被修改成了 123456，这样就可以使用新的密码登录 root 用户了。

13.2.5　root 用户修改普通用户密码

root 用户拥有很高的权限，不仅可以修改自己的密码，还可以修改其他用户的密码。root 用户登录 MySQL 服务器后，可以通过 SET 语句修改 MySQL.user 表，或通过 UPDATE 语句修改用户的密码。

创建用户 user1，命令如下：

```
CREATE USER 'user1'@'localhost' IDENTIFIED BY 'my123';
```

1. 使用 SET 语句修改普通用户的密码

使用 SET 语句修改普通用户密码的语法格式如下：

```
SET PASSWORD FOR 'user'@'localhost' = 'password';
```

【例 13-8】使用 SET 语句将 user 用户的密码修改为"sa123"。

使用 root 用户登录 MySQL 服务器后，执行如下语句：

```
SET PASSWORD FOR 'user1'@'localhost'='sa123';
```

SET 语句执行成功后，user1 用户的密码被成功设置为 sa123。

2. 使用 UPDATE 语句修改普通用户的密码

使用 root 用户登录 MySQL 服务器后，可以使用 UPDATE 语句修改 MySQL 数据库的 user 表的 password 字段，从而修改普通用户的密码。使用 UPDATA 语句修改用户密码的语法如下：

```
UPDATE MYSQL.user SET authentication_string=MD5("123456")
WHERE User="username" AND Host="hostname";
```

MD5()函数用来加密用户密码。执行 UPDATE 语句后，需要执行 FLUSH PRIVILEGES 语句重新加载用户权限。

【例 13-9】使用 UPDATE 语句将 user1 用户的密码修改为"sns123"。

使用 root 用户登录 MySQL 服务器后，执行如下语句：

```
UPDATE MySQL.user SET authentication_string=MD5("sns123")
WHERE User="user1" AND Host="localhost";
FLUSH PRIVILEGES;
```

执行完 UPDATE 语句后，user 的密码被修改成了 sns123。使用 FLUSH PRIVILEGES 语句重新加载权限，就可以使用新的密码登录 user 用户了。

13.3 权限管理

权限管理主要对登录 MySQL 的用户进行权限验证。所有用户的权限都存储在 MySQL 的权限表中，不合理的权限规划会给 MySQL 服务器带来安全隐患。数据库管理员要对所有用户的权限进行合理的规划管理。MySQL 权限系统的主要功能是确认连接到一台给定主机的用户，并且赋予该用户在数据库上的 SELECT、INSERT、UPDATE 和 DELETE 权限。本节将为读者介绍 MySQL 权限管理的内容。

13.3.1 MySQL 的各种权限

账户权限信息被存储在 MySQL 数据库的 user、db、host、tables_priv、columns_priv 和 procs_priv 表中。在 MySQL 启动时，服务器将这些数据表中权限信息的内容读入内存。

GRANT 和 REVOKE 语句所涉及的权限如表 13-6 所示，其中展示了权限名称、在授权表中每个权限的表列名称和每个权限有关的操作对象等。

表 13-6　GRANT 和 REVOKE 语句中可以使用的权限

权限	user 表中对应的列	权限的范围
CREATE	Create_priv	数据库、表或索引
DROP	Drop_priv	数据库、表或视图
GRANT OPTION	Grant_priv	数据库、表或存储过程
REFERENCES	References_priv	数据库或表
EVENT	Event_priv	数据库
ALTER	Alter_priv	数据库
DELETE	Delete_priv	表
INDEX	Index_priv;	表
INSERT	Insert_priv	表
SELECT	Select_priv	表或列
UPDATE	Update_priv	表或列
CREATE TEMPORARY TABLES	Create_tmp_table_priv	表
LOCK TABLES	Lock_tables_priv	表
TRIGGER	Trigger_priv	表
CREATE VIEW	Creale_view_priv	视图
SHOW VIEW	Show_view_priv	视图
ALTER ROUTNE	Alter_routine_priv	存储过程和函数
CREATE ROUTINE	Crcate_routine_priv	存储过程和函数
EXECUTE	Execute_priv	存储过程和函数
FILE	File_priv	访问服务器上的文件
CREATE TABLESPACE	Create_tablespace_priv	服务器管理
CREATE USER	Create_user_priv	服务器管理
PROCESS	Process_priv	存储过程和函数
RELOAD	Reload_priv	访问服务器上的文件
REPLICATON CLIENT	Repl_client_priv	服务器管理
REPLICATION SLAVE	Repl_slave_priv	服务器管理
SHOW DATABASES	Show_db_priv	服务器管理
SHUTDOWN	Shutdown_priv	服务器管理
SUPER	Super_priv	服务器管理

表 13-6 中权限的说明如下。

(1) CREATE 和 DROP 权限，可以创建新的数据库和表，或删除(移掉)已有的数据库和表。如果将 MySQL 数据库中的 DROP 权限授予某用户，用户就可以删除 MySQL 访问权限保存的数据库。

(2) SELECT、INSERT、UPDATE 和 DELETE 权限允许在一个数据库现有的表上实施操作。

(3) SELECT 权限只有在它们真正从一个表中检索行时才被用到。

(4) INDEX 权限允许创建或删除索引，INDEX 适用于已有的表。如果具有某个表的 CREATE 权限，就可以在 CREATE TABLE 语句中包括索引定义。

(5) ALTER 权限可以使用 ALTER TABLE 来更改表的结构和重新命名表。

(6) CREATE ROUTINE 权限用来创建保存的程序(函数和程序)，ALTER ROUTINE 权限用来更改和删除保存的程序，EXECUTE 权限用来执行保存的程序。

(7) GRANT 权限允许授权给其他用户，可用于数据库、表和保存的程序。

(8) FILE 权限使用户可以使用 LOAD DATA INFILE 和 SELECT ...INTO OUTFILE 语句读或写服务器上的文件，任何被授予 FILE 权限的用户都能读或写 MySQL 服务器上的任何文件(说明用户可以读任何数据库目录下的文件，因为服务器可以访问这些文件)。FILE 权限允许用户在 MySQL 服务器具有写权限的目录下创建新文件，但不能覆盖已有文件。

其余的权限用于管理性操作，它使用 MySQLadmin 程序或 SQL 语句实施。表 13-7 显示每个权限允许执行的 MySQLadmin 命令。

表 13-7 不同权限下可以使用的 MySQLadmin 命令

权限	权限拥有者允许执行的命令
RELOAD	fush-hosts,flush-logs,flush-privileges,flush-status,flush-tables,flush-threads,refresh,reload
SHUTDOWN	shutdown
PROCESS	processlist
SUPER	kill

(1) reload 命令告诉服务器将授权表重新读入内存；flush-privileges 是 reload 的同义词；refresh 命令清空所有表并关闭/打开记录文件；其他 flush-xxx 命令执行类似于 refresh 的功能，但是范围更有限，并且在某些情况下可能更好用。例如，如果只是想清空记录文件，那么 flush-logs 是比 refresh 更好的选择。

(2) shutdown 命令用于关掉服务器，只能从 MySQLadmin 发出命令。

(3) processlist 命令显示在服务器内执行的线程的信息(其他账户相关的客户端执行的语句)。kill 命令杀死服务器线程。用户总是能显示或杀死自己的线程，但是需要 PROCESS 权限来显示或杀死其他用户和 SUPER 权限启动线程。

(4) kill 命令用于终止其他用户或更改服务器的操作方式。

13.3.2 授权

授权就是为某个用户授予权限。合理的授权可以保证数据库的安全。MySQL 中可以使用 GRANT 语句为用户授予权限。授予的权限可以分为多个层级。

1. 全局层级

全局权限适用于一个给定服务器中的所有数据库。这些权限存储在 MySQL.user 表中。GRANT ALL ON *.*和 REVOKE ALL ON *.*只授予和撤销全局权限。

2. 数据库层级

数据库权限适用于一个给定数据库中的所有目标。这些权限存储在 MySQL.db 和 MySQL.host 表中。GRANT ALL ON db_name.和 REVOKE ALL ON db_name.*只授予和撤销数据库权限。

3. 表层级

表权限适用于一个给定表中的所有列。这些权限存储在 MySQL.talbes_priv 表中。GRANT ALL ON db_name.tbl_name 和 REVOKE ALL ON db_name.tbl_name 只授予和撤销表权限。

4. 列层级

列权限适用于一个给定表中的单一列。这些权限存储在 MySQL.columns_priv 表中。当使用 REVOKE 时，必须指定与被授权列相同的列。

5. 子程序层级

CREATE ROUTINE、ALTER ROUTINE、EXECUTE 和 GRANT 权限适用于已存储的子程序。这些权限可以被授予为全局层级和数据库层级。而且，除 CREATE ROUTINE 外，这些权限可以被授予子程序层级，并存储在 MySQL.procs_priv 表中。

在 MySQL 中，必须是拥有 GRANT 权限的用户才可以执行 GRANT 语句。

要使用 GRANT 或 REVOKE，必须拥有 GRANT OPTION 权限，并且必须用于正在授予或撤销的权限。GRANT 的语法如下：

```
GRANT priv_type [(columns)][,priv_type[(columns)]]…
ON [object_type] table1,table2,...,tablen
TO user [WITH GRANT OPTION]
object_type=TABLE | FUNCTION | PROCEDURE
```

其中，priv_type 参数表示权限类型；columns 参数表示权限作用于哪些列上，若不指定该参数，则表示作用于整个表；table1,table2,...,tablen 表示授予权限的列所在的表；object_type 指定授权作用的对象类型，包括 TABLE(表)、FUNCTION(函数)和 PROCEDURE(存储过程)，当从旧版本的 MySQL 升级时，要使用 object_tpye 子句，必须升级授权表；user 参数表示用户账户，由用户名和主机名构成，形式是 "'username'@'hostname'"。

WITH 关键字后可以跟一个或多个 with_option 参数。这个参数有 5 个选项，功能如下。

(1) GRANT OPTION：被授权的用户可以将这些权限赋予别的用户。
(2) MAX_QUERIES_PER_HOUR count：设置每小时可以执行 count 次查询。
(3) MAX_UPDATES_PER_HOUR count：设置每小时可以执行 count 次更新。
(4) MAX_CONNECTIONS_PER_HOUR count：设置每小时可以建立 count 个连接。
(5) MAX_USER_CONNECTIONS count：设置单个用户可以同时建立 count 个连接。

【例 13-10】创建用户 user2，然后使用 GRANT 语句为用户 user2 授予所有的权限。

(1) 查看当前登录 MySQL 的用户，执行结果图 13-6 所示。

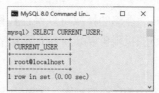

图 13-6　查看当前登录用户

(2) 创建新用户 user2，语句如下：

CREATE USER 'user2'@'localhost' IDENTIFIED BY '123456';

执行结果如图 13-7 所示。

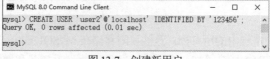

图 13-7　创建新用户

(3) 设置用户权限，代码如下：

GRANT ALL ON *.* TO 'user2'@'localhost';

执行结果如图 13-8 所示。

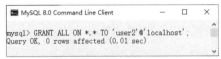

图 13-8　设置用户权限

打开 Navicat 客户端，打开 mysql 数据库的 user 数据表，查询到用户 user2 被创建成功，并被赋予所有权限，其相应字段值均为"Y"。如图 13-9 所示。

图 13-9　新创建的用户 user2 及其权限

注意：

MySQL 8.0 之后的 MySQL 不支持授权的时候就进行用户创建，所以需要先创建用户，然后再进行授权。

13.3.3　收回权限

收回权限就是取消已经赋予用户的某些权限。收回不必要的权限可以在一定程度上保证系统的安全性。MySQL 中使用 REVOKE 语句取消用户的某些权限。使用 REVOKE 收回权限之后，用户账户的记录将从 db、host、tables_priv 和 columns_priv 表中删除，但是用户账户记录仍然在 user 表中保存(删除 user 表中的账户记录使用 DROP USER 语句)。

在将用户账户从 user 表删除之前，应该收回相应用户的所有权限，REVOKE 语句有两种语法格式：第一种语法是收回所有用户的所有权限，此语法用于取消对于已命名的用户的所有全局层级、数据库层级、表层级和列层级的权限，其语法如下：

REVOKE ALL PRIVILEGES,GRANT OPTION
FROM 'user'@'host'[,'user'@'host'…]

REVOKE 语句必须和 FROM 语句一起使用，FROM 语句指明需要收回权限的账户。

第二种为长格式的 REVOKE 语句，基本语法如下：

REVOKE priv_type [(columns)][,priv_type[(columns)]]…
ON table1,table2,…,tablen
FROM 'user'@'host'[,'user'@'host'…]

该语法收回指定的权限。其中，priv_type 参数表示权限类型；columns 参数表示权限作用于哪些列上，如果不指定该参数，就表示作用于整个表；table1,table2,...,tablen 表示从哪个表中收回权限；'user'@'host'参数表示用户账户，由用户名和主机名构成。

要使用 REVOKE 语句，必须拥有 MySQL 数据库的全局 CREATE USER 权限或 UPDATE 权限。

【例 13-11】使用 REVOKE 语句取消用户 user2 的更新权限。

REVOKE 语句如下：

REVOKE UPDATE ON *.* FROM 'user2'@'localhost';

执行结果显示执行成功，使用 SELECT 语句查询用户 user 的权限：

SELECT Host,User,Select_priv,Update_priv,Grant_priv FROM MySQL.user WHERE user='user2';

代码执行结果如图 13-10 所示。

图 13-10　代码执行结果

查询结果显示用户 user2 的 Update_priv 字段值为"N"，UPDATE 权限已经被收回。

提示：

当旧版本的 MySQL 升级时，如果要使用 EXECUTE、CREATE VIEW、SHOW VIEW、CREATE USER、CREATE ROUTINE 和 ALTER ROUTINE 权限，必须首先升级授权表。

13.3.4　查看权限

SHOW GRANTS 语句可以显示指定用户的权限信息，使用 SHOW GRANTS 语句查看账户信息的基本语法格式如下：

SHOW GRANTS FOR 'user'@ 'host' ;

其中，user 表示登录用户的名称，host 表示登录的主机名称或者 IP 地址。在使用该语句时，要确保指定的用户名和主机名都要用单引号引起来，并使用"@"符号将两个名字分隔开。

【例 13-12】使用 SHOW GRANTS 语句查询用户 user2 的权限信息。

SHOW GRANTS 语句如下：

SHOW GRANTS FOR 'user2'@'localhost' \G;

代码执行结果如图 13-11 所示。

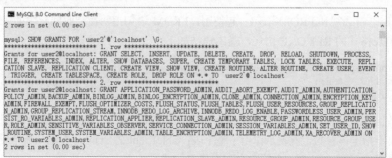

图 13-11　代码执行结果

返回的结果显示了 user2 表中的账户信息；接下来的行以 GRANT SELECT INSERT ON 关键字开头，表示用户被授予了 SELECT 和 INSERT 权限；*.*表示 SELECT 和 INSERT 权限作用于所有数据库的所有数据表。

在这里，只是定义了个别用户的权限，GRANT 可以显示更加详细的权限信息，包括全局级的和非全局级的权限，如果表层级或者列层级的权限被授予用户的话，那么它们也能在结果中显示出来。

在前面创建用户时，查看新建的账户时使用 SELECT 语句，也可以通过 SELECT 语句查看 user 表中的各个权限字段以确定用户的权限信息，其基本语法格式如下：

SELECT privileges_list FROM user WHERE user='username', host='hostname';

其中，privileges_list 为想要查看的权限字段，可以为 Select_priv、Insert_priv 等。读者可以根据需要选择要查询的字段。

13.4 访问控制

正常情况下，并不希望每个用户都可以执行所有的数据库操作。当 MySQL 允许一个用户执行各种操作时，它将首先核实该用户向 MySQL 服务器发送的连接请求，然后确认用户的操作请求是否被允许。本节将向读者介绍 MySQL 中的访问控制过程。MySQL 的访问控制分为两个阶段：连接核实阶段和请求核实阶段。

13.4.1 连接核实阶段

当连接 MySQL 服务器时，服务器基于用户的身份以及用户是否能通过正确的密码身份验证来接受或拒绝连接，即客户端用户连接请求中会提供用户名称、主机地址名和密码，MySQL 使用 user 表中的 3 个字段(Host、User 和 authentication_string)执行身份检查，服务器只有在 user 表记录的 Host 和 User 字段匹配客户端主机名和用户名，并且提供正确的密码时才接受连接。如果连接核实没有通过，服务器就完全拒绝访问；否则，服务器接受连接，然后进入阶段 2 等待用户请求。

13.4.2 请求核实阶段

建立了连接之后，服务器进入访问控制的阶段 2。对在此连接上的每个请求，服务器检查用户要执行的操作，然后检查是否有足够的权限来执行它。这正是在授权表中的权限列发挥作用的地方。这些权限可以来自 user、db、host、tables_priv 或 columns_priv 表。

确认权限时，MySQL 首先检查 user 表，如果指定的权限没有在 user 表中被授权，MySQL 将检查 db 表，db 表是下一安全层级，其中的权限限定于数据库层级，在该层级的 SELECT 权限允许用户查看指定数据库的所有表中的数据，如果在该层级没有找到限定的权限，MySQL 就继续检查 tables_priv 表以及 columns_priv 表，如果所有权限表都检查完毕，但还是没有找到允许的权限操作，MySQL 就返回错误信息，用户请求的操作不能执行，操作失败。

请求核实的过程如图 13-12 所示。

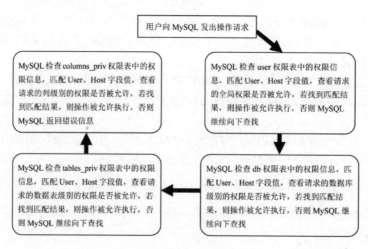

图 13-12　MySQL 请求核实过程

提示：

MySQL 通过向下层级的顺序检查权限表(从 user 表到 columns_priv 表)，但并不是所有的权限都要执行该过程。例如，一个用户登录 MySQL 服务器之后只执行对 MySQL 的管理操作，此时只涉及管理权限，因此 MySQL 只检查 user 表。另外，如果请求的权限操作不被允许，MySQL 也不会继续检查下一层级的表。

13.5 提升安全性的措施

在 MySQL 中可以通过以下措施提升数据库的安全性。

13.5.1 AES 256 加密

在第 8 章中，曾经讲述过加密函数。其实，MySQL 支持多种加密解密模式。

MySQL 8.0 支持多种 AES 256 加密模式，通过更大的密钥长度和不同的块模式增强了高级加密标准。这里主要通过加密函数 AES_ENCODE()和解密函数 AES_DECODE()来提高安全强度。下面分别讲述这两种函数的使用方法。

1. AES_ENCODE()

该函数的语法格式如下：

```
AES_ENCODE(str,pswd_str)
```

其中，str 为需要加密的字符串，参数 pswd_str 是密钥。

下面将字符串"Adversity does teach who your real friends are"加密，密钥为"key10001"，加密后的字符串存于@ss 中。输入语句如下：

```
SET@ss=AES_ENCRYPT('Adversity does teach who your real friends are','key10001');
```

查看加密后的字符串，输入语句如下：

```
SELECT @ss;
```

代码执行结果如图 13-13 所示。

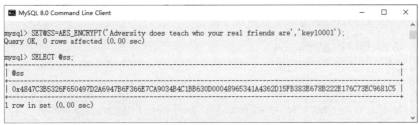

图 13-13　查看加密后的字符串

可以看到，加密后的显示结果为乱码。查看加密后字符串的长度，输入语句如下：

SELECT CHAR_LENGTH(@ss);

代码执行结果如图 13-14 所示。

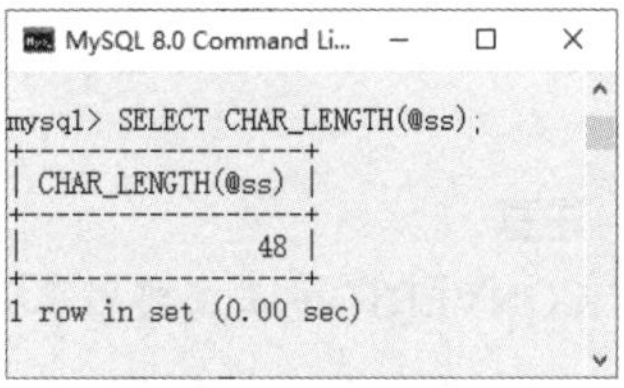

2. AES_DECODE()

图 13-14　查看字符串的长度

该函数的语法格式如下：

AES_ENCODE(str,pswd_str)

其中，str 为需要解密的字符串，参数 pswd_str 是密钥。

下面将@SS 中的字符串解密。输入语句如下：

SELECT AES_DECRYPT(@SS,'KEY10001');

代码执行结果如图 13-15 所示。

3. 将加密字符串存入数据表中

用户将加密后的字符串存入数据表的过程中经常会出问题，下面将通过案例来学习其方法。

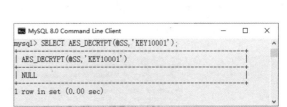

图 13-15　解密字符串

创建数据表 mm，包含 3 个字段，属性分别为 varbinary、binary、blob。输入语句如下：

CREATE TABLE mm(s1 varbinary(16),s2 binary(16),s3 blob);

代码执行结果如图 13-16 所示。

将"雨里一两家""two things""闲看栀子花"加密，密钥为 key，存入数据表 mm 中。输入语句如下：

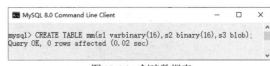

图 13-16　创建数据表

INSERT INTO mm VALUES(AES_ENCRYPT('雨里一两家', 'key'),AES_ENCRYPT('two tings', 'key'),AES_ENCRYPT('闲看栀子花', 'key'));

代码执行结果如图 13-17 所示。

图 13-17　加密加符串

解密数据表 mm 的内容，输入语句如下：

SELECT CONVERT(AES_DECRYPT(s1,'key'),CHAR),CONVERT(AES_DECRYPT(s2,'key'),CHAR),CONVERT(AES_DECRYPT(s3,'key'),CHAR) FROM mm;

代码执行结果如图 13-18 所示。

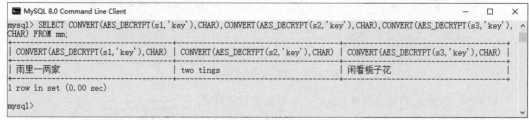

图 13-18　解密字符串

注意：
CONVERT()方法主要用来将解密后的十六进制数转换为字符。

13.5.2　密码到期更换策略

MySQL 8.0 允许数据库管理员手动设置账户密码过期时间。任何密码超期的账户想要连接服务端时都必须更改密码。通过设置 default_password_lifetime 参数，可以设置账户过期时间。

首先查看系统中账户的过期时间。输入语句如下：

SELECT user,host,password_last_changed,password_lifetime,password_expired FROM mysql.user \G;

代码执行结果如图 13-19 所示。

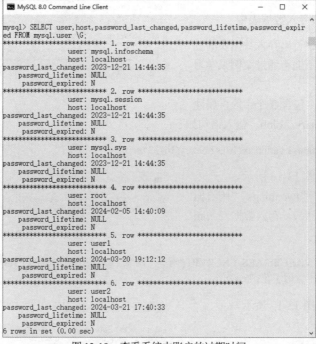

图 13-19　查看系统中账户的过期时间

从结果可以看出，password_lifetime:NULL 表示密码永不过期。

下面设置 root 用户的密码过期时间为 260 天。输入语句如下：

ALTER USER root@localhost PASSWORD EXPIRE INTERVAL 260 DAY;

代码执行结果如图 13-20 所示。

图 13-20　设置 root 用户的密码过期时间

再次查看 root 用户的信息。输入语句如下：

SELECT user,host,password_last_changed,password_lifetime,password_expired FROM mysql.user WHERE user='root' \G;

代码执行结果如图 13-21 所示。

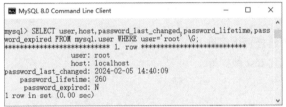

图 13-21　查看 root 用户的信息

从结果可以看出，root 用户的 password_lifetime 为 260 天。

将 root 用户的密码过期时间重新设置为永不过期，输入语句如下：

ALTER USER root@localhost PASSWORD EXPIRE DEFAULT;

代码执行结果如图 13-22 所示。

图 13-22　设置 root 用户密码永不过期

再次查看 root 用户的信息，输入语句如下：

SELECT user,host,password_last_changed,password_lifetime,password_expired FROM mysql.user WHERE user='root' \G;

代码执行结果如图 13-23 所示。

图 13-23　查看 root 用户的信息

从结果可以看出，password_lifetime 被重新设置为 NULL，此时该用户的密码将永不过期。

13.5.3 安全模式安装

MySQL 新增了"安全模式"的安装形式，从而可以避免用户的数据被泄露。用户通过以下方式来提升 MySQL 安装的安全性。

(1) 为 root 账户设置密码。
(2) 移除能从本地主机以外的地址访问数据库的 root 账户。
(3) 移除匿名账户。
(4) 移除 test 数据库，该数据库默认可被任意用户甚至匿名账户访问。

使用 mysqld – initialize 命令来安装 MySQL 实例默认是安全的，主要原因如下。
(1) 在安装过程中只创建一个 root 账户 "'root'@'localhost'"，且自动为这个账户生成一个随机密码并标记密码过期。
(2) 数据库管理员必须用 root 账户及该随机密码登录，并设置一个新密码后才能对数据库进行正常操作。
(3) 安装过程中不创建任何匿名账户。
(4) 安装过程中不创建 test 数据库。

13.6 管理角色

在 MySQL 8.0 数据库中，角色可以看成是一些权限的集合，为用户赋予统一的角色，权限的修改直接通过角色来进行，无须为每个用户单独授权。

下面通过案例来学习如何管理角色。

创建角色，执行语句如下：

CREATE ROLE role_tt;   #创建角色

代码执行结果如图 13-24 所示。

给角色授予权限，执行语句如下：

GRANT SELECT ON db.* to 'role_tt';   #给角色 role_tt 授予查询权限

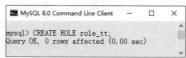

图 13-24 创建角色

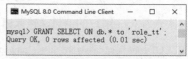

图 13-25 给角色授予权限

代码执行结果如图 13-25 所示。

创建用户 user3，执行语句如下：

CREATE USER 'user3'@'%' identified by '123456';

代码执行结果如图 13-26 所示。

为用户 user3 赋予角色 role_tt，执行语句如下：

GRANT 'role_tt' TO 'user3'@'%';

代码执行结果如图 13-27 所示。

给角色 role_tt 增加 insert 权限，执行语句如下：

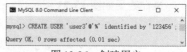

图 13-26 创建用户

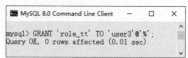

图 13-27 为用户赋予角色

GRANT INSERT ON db.* TO 'role_tt';

代码执行结果如图 13-28 所示。
给角色 role_tt 删除 insert 权限，执行语句如下：

REVOKE INSERT ON db.* FROM 'role_tt';

代码执行结果如图 13-29 所示。
查看默认角色信息，执行语句如下：

SELECT * FROM mysql.default_roles;

代码执行结果如图 13-30 所示。
查看角色与用户的关系，执行语句如下：

SELECT * FROM mysql.role_edges;

代码执行结果如图 13-31 所示。
删除角色，执行语句如下：

DROP ROLE role_tt;

代码执行结果如图 13-32 所示。

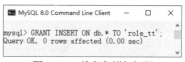

图 13-28　给角色增加权限

图 13-29　给角色删除权限

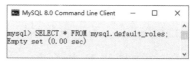

图 13-30　查看默认角色信息

图 13-31　查看角色与用户的关系

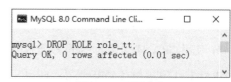

图 13-32　删除角色

13.7　本章实战

本章详细介绍了 MySQL 如何管理用户对服务器的访问控制和 root 用户如何对每一个账户授予权限。这些被授予的权限分为不同的层级，可以是全局层级、数据库层级、表层级或者列层级等，读者可以灵活地将混合权限授予各个需要的用户。通过本章的内容，读者将学会如何创建账户、如何对账户授权、如何收回权限以及如何删除账户。下面的综合案例将帮助读者培养执行这些操作的能力。

1. 示例目的

掌握创建用户和授权的方法。

2. 操作过程

(1) 打开 MySQL 客户端工具，输入登录命令，登录 MySQL。
(2) 选择数据库 db_library 为当前数据库。

use db_library;

(3) 创建新账户，用户名称为 user4，密码为 pw123。
使用 GRANT 语句创建新账户，创建过程如下：

```
CREATE USER 'user4'@'localhost' IDENTIFIED BY 'pw123';
```

代码执行结果如图 13-33 所示。

图 13-33　创建新账户

(4) 分别从 user 表中查看新账户的账户信息。

用户账户创建完成之后，账户信息已经保存在 user 表中，查询 user 表中名为 user4 的账户信息，执行语句如下：

```
SELECT host,user,select_priv,update_priv FROM user WHERE user='user4';
```

执行结果如图 13-34 所示。

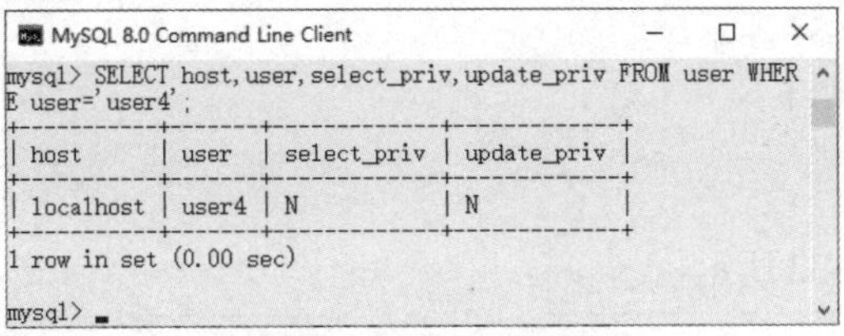

图 13-34　查看账户信息

(5) 使用 GRANT 语句为 user4 授予权限，语句如下：

```
GRANT ALL ON *.* TO 'user4'@'localhost';
```

然后使用 SHOW GRANTS 语句查看 user4 账户的权限信息。输入语句如下：

```
SHOW GRANTS FOR 'user4'@'localhost';
```

执行结果如图 13-35 所示。

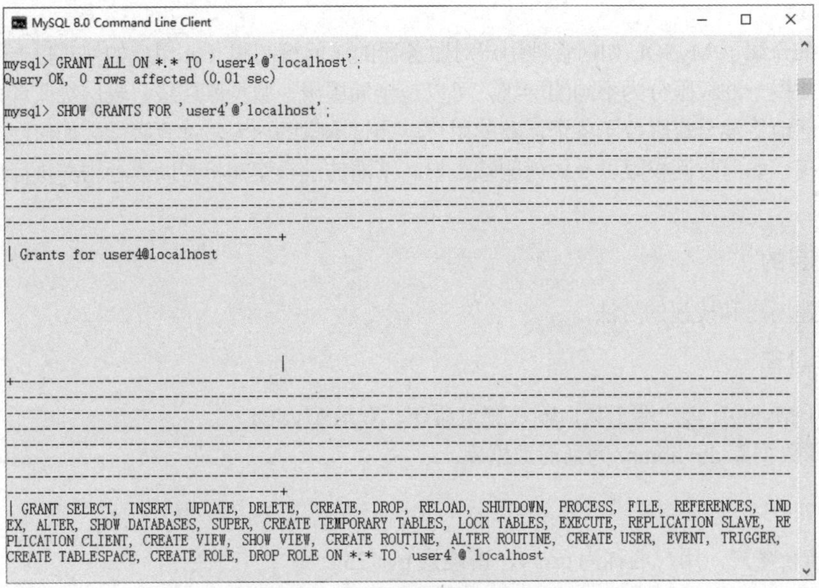

图 13-35　为用户授权并查看权限信息

(6) 使用 user4 用户登录 MySQL。

使用 EXIT 命令退出当前登录，语句如下：

exit;

使用 user4 账户登录 MySQL，语句如下：

mysql -u user4 -P 3307 -p

按 Enter 键，要求输入密码。输入正确的密码后，出现"MySQL>"提示符，登录成功，如图 13-36 所示。

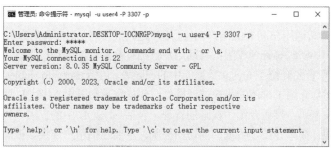

图 13-36　登录 user4 账户

(7) 使用 user4 用户查看 db_library 数据库中 tb_test 表中的数据。

user4 用户被授予了所有权限，这里查询 db_library 数据库中 tb_test 表的数据，查看查询权限是否生效，查询语句如下：

SELECT * FROM db_library.tb_test LIMIT 5;

运行程序，执行结果如图 13-37 所示。

图 13-37　查询数据

可以看到，查询结果显示了表中有 4 条记录。同样的道理，大家也可以用来验证是否能够对数据表进行 INSERT、ALTER、UPDATE、DROP 等操作，以此验证 user4 用户是否拥有相应的权限。

(8) 退出当前登录，使用 root 用户重新登录，收回 user4 账户的权限。在 root 账号下执行以下语句收回 user4 的权限：

REVOKE SELECT, UPDATE ON *.* FROM 'user4'@'localhost';

执行结果如图 13-38 所示。

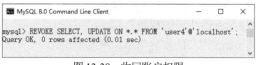

图 13-38　收回账户权限

(9) 删除 user4 的账户信息。删除指定账户，可以使用 DROP USER 语句，输入如下：

```
DROP USER 'user4'@'localhost';
```

语句执行成功之后，tables_priv 和 columns_priv 中相关的记录将被删除。大家也可以重新登录 user4 账户看是否成功，以此验证 user4 账户是否存在。

13.8 本章小结

　　MySQL 是一个多用户数据库，具有功能强大的访问控制系统，可以为不同用户指定允许的权限。MySQL 用户分为普通用户和 root 用户。root 用户是超级管理员，拥有所有权限，包括创建用户、删除用户和修改用户的密码等管理权限；普通用户只拥有被授予的各种权限。用户管理包括管理用户账户、权限等。本章首先介绍了 mysql 数据库中的权限表，包括 user、db、tables_priv、columns_priv 和 procs_priv 表；然后介绍了常用的账户管理操作，包括登录和退出 MySQL 服务器，新建和删除普通用户，修改账户密码；接着介绍了权限的管理，包括 MySQL 中的权限，为用户授予权限，查看权限以及收回权限；简单介绍了数据库的访问控制，主要包括用户连接数据库的核实与请求，还介绍了提升安全性的措施，并介绍了 MySQL 8.0 数据库的角色管理操作。本章最后通过一个综合案例来介绍如何综合运用本章技术知识来建立用户，对用户的权限进行管理。

13.9 思考与练习

1. 已经将一个账户的信息从数据库中完全删除，为什么该用户还能登录数据库？
2. 应该使用哪种方法创建用户？
3. 在数据库 library 中定义数据表 tb_temp_user，语句如下：

```
USE db_library;
CREATE TABLE tb_temp_user
{
    user_id INT PRIMARY KEY,
    username VARCHAR(50) NOT NULL,
    info VARCHAR(100)
};
```

执行以下操作：

　　(1) 创建一个新账户，用户名为 user5，该用户通过本地主机连接数据库，密码为 oldpwd1。授权该用户对 db_library 数据库中 tb_temp_user 表的 SELECT 和 INSERT 权限，并且授权该用户对 tb_temp_user 表的 info 字段的 UPDATE 权限。

　　(2) 创建 SQL 语句，更改 uesr5 用户的密码为 newpwd2。

　　(3) 创建 SQL 语句，使用 FLUSH PRIVILEGES 重新加载权限表。

　　(4) 创建 SQL 语句，查看授权给 user5 用户的权限。

　　(5) 创建 SQL 语句，收回 user5 用户的权限。

　　(6) 创建 SQL 语句，将 user5 用户的账号信息从系统中删除。

第 14 章 数据备份与恢复

尽管采取了一些管理措施来保证数据库的安全，但是不确定的意外情况总有可能造成数据的损失，例如意外的停电、操作失误等，都可能会造成数据的丢失。保证数据安全的最重要的一个措施是确保对数据进行定期备份。当数据库中的数据丢失或者出现错误，可以使用备份的数据进行恢复，尽可能地降低了意外原因导致的数据丢失。MySQL 提供了多种方法对数据进行备份和恢复。本章将介绍数据备份、数据恢复、数据迁移和数据导入导出的相关知识。

本章的学习目标：
- 了解什么是数据备份。
- 掌握各种数据备份的方法。
- 掌握各种数据恢复的方法。
- 掌握数据库迁移的方法。
- 掌握表导入和导出的方法。
- 熟练掌握综合案例中数据备份与恢复的方法和技巧。

14.1 数据备份

数据备份是数据库管理员非常重要的工作之一。系统意外崩溃或者硬件的损坏都可能导致数据的丢失，因此 MySQL 管理员应该定期备份数据，使得在意外情况发生时，尽可能减少损失。本节将介绍数据备份的 3 种方法。

14.1.1 使用 MySQLdump 命令备份

MySQLdump 是 MySQL 提供的一个非常有用的数据库备份工具。执行 MySQLdump 命令时，可以将数据库备份成一个文本文件，该文件中实际上包含多个 CREATE 和 INSERT 语句，使用这些语句可以重新创建表和插入数据。MySQLdump 备份数据库语句的基本语法格式如下：

```
mysqldump –u user –h host –p password dbname[tbname, [tbname...]]> filename.sql
```

user 表示用户名称；host 表示登录用户的主机名称；password 为登录密码；dbname 为需要备份的数据库名称；tbname 为 dbname 数据库中需要备份的数据表，可以指定多个需要备份的表；右箭头符号 ">" 告诉 MySQLdump 将备份数据表的定义和数据写入备份文件；filename.sql 为备份文件的名称。

1. 使用 MySQLdump 备份单个数据库中的所有表

【例 14-1】使用 MySQLdump 命令备份 db_library 数据库中的所有表。

(1) 启动 MySQL 服务器。

(2) 打开命令提示符窗口，输入如下备份命令：

```
mysqldump -u root -P 3307 -p db_library > C:/backup/db_library_20240322.sql
```

执行程序，输入确认密码，按 Enter 键，MySQL 便对数据库进行了备份，如图 14-1 所示。

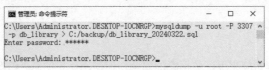

图 14-1　执行备份过程

提示：

这里要保证 C 盘下的 backup 文件夹存在，否则将提示错误信息：系统找不到指定的路径。

(3) 在 C:\backup 文件夹下查看刚才备份过的文件，可以看到生成的备份文件，如图 14-2 所示。

图 14-2　生成的备份文件

打开备份文件，可以看到如下内容：

```
-- MySQL dump 10.13    Distrib 8.0.35, for Win64 (x86_64)
--
-- Host: localhost      Database: db_library
-- ------------------------------------------------------
-- Server version       8.0.35

/*!40101 SET @OLD_CHARACTER_SET_CLIENT=@@CHARACTER_SET_CLIENT */;
/*!40101 SET @OLD_CHARACTER_SET_RESULTS=@@CHARACTER_SET_RESULTS */;
/*!40101 SET @OLD_COLLATION_CONNECTION=@@COLLATION_CONNECTION */;
/*!50503 SET NAMES utf8mb4 */;
/*!40103 SET @OLD_TIME_ZONE=@@TIME_ZONE */;
/*!40103 SET TIME_ZONE='+00:00' */;
/*!40014 SET @OLD_UNIQUE_CHECKS=@@UNIQUE_CHECKS, UNIQUE_CHECKS=0 */;
/*!40014 SET @OLD_FOREIGN_KEY_CHECKS=@@FOREIGN_KEY_CHECKS, FOREIGN_KEY_CHECKS=0 */;
/*!40101 SET @OLD_SQL_MODE=@@SQL_MODE, SQL_MODE='NO_AUTO_VALUE_ON_ZERO' */;
/*!40111 SET @OLD_SQL_NOTES=@@SQL_NOTES, SQL_NOTES=0 */;

--
```

```sql
-- Table structure for table `db_branch`
--

DROP TABLE IF EXISTS `db_branch`;
/*!40101 SET @saved_cs_client     = @@character_set_client */;
/*!50503 SET character_set_client = utf8mb4 */;
CREATE TABLE `db_branch` (
  `name` char(255) COLLATE utf8mb4_general_ci NOT NULL,
  `brcount` int NOT NULL
) ENGINE=InnoDB DEFAULT CHARSET=utf8mb4 COLLATE=utf8mb4_general_ci;
/*!40101 SET character_set_client = @saved_cs_client */;

--
-- Dumping data for table `db_branch`
--

LOCK TABLES `db_branch` WRITE;
/*!40000 ALTER TABLE `db_branch` DISABLE KEYS */;
INSERT INTO `db_branch` VALUES ('branch1',5),('branch2',10),('branch3',8),('branch4',20),('branch5',9);
/*!40000 ALTER TABLE `db_branch` ENABLE KEYS */;
UNLOCK TABLES;

--
-- Table structure for table `mm`
--
……
```

可以看到，备份文件包含一些信息，文件开头首先表明了备份文件使用的 MySQLdump 工具的版本号；然后是备份账户的名称和主机信息，以及备份的数据库的名称；最后是 MySQL 服务器的版本号，在这里为 8.0.35。

备份文件接下来的部分是一些 SET 语句，这些语句将一些系统变量值赋给用户定义变量，以确保被恢复的数据库的系统变量和原来备份时的变量相同，例如：

```sql
/*!40101 SET @OLD_CHARACTER_SET_CLIENT=@@CHARACTER_SET_CLIENT */;
```

该 SET 语句将当前系统变量 CHARACTER_SET_CLIENT 的值赋给用户定义变量 @OLD_CHARACTER_SET_CLIENT。其他变量与此类似。

备份文件的最后几行，MySQL 使用 SET 语句恢复服务器系统变量原来的值，例如：

```sql
/*!40101 SET SQL_MODE=@OLD_SQL_MODE */;
/*!40014 SET FOREIGN_KEY_CHECKS=@OLD_FOREIGN_KEY_CHECKS */;
/*!40014 SET UNIQUE_CHECKS=@OLD_UNIQUE_CHECKS */;
/*!40101 SET CHARACTER_SET_CLIENT=@OLD_CHARACTER_SET_CLIENT */;
/*!40101 SET CHARACTER_SET_RESULTS=@OLD_CHARACTER_SET_RESULTS */;
/*!40101 SET COLLATION_CONNECTION=@OLD_COLLATION_CONNECTION */;
/*!40111 SET SQL_NOTES=@OLD_SQL_NOTES */;

-- Dump completed on 2024-03-22 20:57:28
```

该语句将用户定义的变量@OLD_CHARACTER_SET_CLIENT 中保存的值赋给实际的系统变量 CHARACTER_SET_CLIENT。

备份文件中的"--"字符开头的行是注释语句；以"/*!"开头、"*/"结尾的语句为可执行的

MySQL 注释，这些语句可以被 MySQL 执行，但在其他数据库管理系统中将被作为注释忽略，这可以提高数据库的可移植性。

另外注意到，备份文件开始的一些语句以数字开头，这些数字代表 MySQL 版本号，这些数字告诉我们，这些语句只有在指定的 MySQL 版本或者比该版本高的情况下才能执行。例如 40101，表明这些语句只有在指定 MySQL 版本号或者更高的条件下才可以被执行。

2. 使用 MySQLdump 备份数据库中的某个表

MySQLdump 还可以备份数据中的某个表，其语法格式如下：

mysqldump –u user –h host –p dbname　　[tbname,[tbname...]] > filename.sql

tbname 表示数据库中的表名，多个表名之间用空格隔开。

备份单个表和备份数据库中所有表的语句不同的地方在于，要在数据库名称 dbname 之后指定需要备份的表名称。

【例 14-2】备份 db_library 数据库中的 tb_test 表，输入语句如下：

mysqldump -u root -P 3307 -p db_library tb_test> C:/backup/tb_test_20240322.sql

该语句创建名为 tb_test_20240322.sql 的备份文件，文件中包含前面介绍的 SET 语句等内容，不同的是，该文件主体部分只包含 tb_test 表的 CREATE 和 INSERT 语句。内容如下：

```
-- MySQL dump 10.13    Distrib 8.0.35, for Win64 (x86_64)
--
-- Host: localhost         Database: db_library
-- ------------------------------------------------------
-- Server version        8.0.35

/*!40101 SET @OLD_CHARACTER_SET_CLIENT=@@CHARACTER_SET_CLIENT */;
/*!40101 SET @OLD_CHARACTER_SET_RESULTS=@@CHARACTER_SET_RESULTS */;
/*!40101 SET @OLD_COLLATION_CONNECTION=@@COLLATION_CONNECTION */;
/*!50503 SET NAMES utf8mb4 */;
/*!40103 SET @OLD_TIME_ZONE=@@TIME_ZONE */;
/*!40103 SET TIME_ZONE='+00:00' */;
/*!40014 SET @OLD_UNIQUE_CHECKS=@@UNIQUE_CHECKS, UNIQUE_CHECKS=0 */;
/*!40014 SET @OLD_FOREIGN_KEY_CHECKS=@@FOREIGN_KEY_CHECKS, FOREIGN_KEY_CHECKS=0 */;
/*!40101 SET @OLD_SQL_MODE=@@SQL_MODE, SQL_MODE='NO_AUTO_VALUE_ON_ZERO' */;
/*!40111 SET @OLD_SQL_NOTES=@@SQL_NOTES, SQL_NOTES=0 */;

--
-- Table structure for table `tb_test`
--

DROP TABLE IF EXISTS `tb_test`;
/*!40101 SET @saved_cs_client     = @@character_set_client */;
/*!50503 SET character_set_client = utf8mb4 */;
CREATE TABLE `tb_test` (
  `NUM` int DEFAULT NULL,
  `INFO` varchar(100) COLLATE utf8mb4_general_ci DEFAULT NULL
) ENGINE=InnoDB DEFAULT CHARSET=utf8mb4 COLLATE=utf8mb4_general_ci;
/*!40101 SET character_set_client = @saved_cs_client */;

--
-- Dumping data for table `tb_test`
```

```
--
LOCK TABLES `tb_test` WRITE;
/*!40000 ALTER TABLE `tb_test` DISABLE KEYS */;
INSERT INTO `tb_test` VALUES (50,' fivehundredmiles'),(1,'one'),(2,'one'),(3,'two');
/*!40000 ALTER TABLE `tb_test` ENABLE KEYS */;
UNLOCK TABLES;
/*!40103 SET TIME_ZONE=@OLD_TIME_ZONE */;

/*!40101 SET SQL_MODE=@OLD_SQL_MODE */;
/*!40014 SET FOREIGN_KEY_CHECKS=@OLD_FOREIGN_KEY_CHECKS */;
/*!40014 SET UNIQUE_CHECKS=@OLD_UNIQUE_CHECKS */;
/*!40101 SET CHARACTER_SET_CLIENT=@OLD_CHARACTER_SET_CLIENT */;
/*!40101 SET CHARACTER_SET_RESULTS=@OLD_CHARACTER_SET_RESULTS */;
/*!40101 SET COLLATION_CONNECTION=@OLD_COLLATION_CONNECTION */;
/*!40111 SET SQL_NOTES=@OLD_SQL_NOTES */;

-- Dump completed on 2024-03-22 10:27:05
```

3. 使用 MySQLdump 备份多个数据库

如果要使用 MySQLdump 备份多个数据库，就需要使用--databases 参数。备份多个数据库的语句格式如下：

```
mysqldump -u user -h host  -P 3307 -p --databases[dbname, [dbname...]] > filename.sql
```

使用--databases 参数之后，必须指定至少一个数据库的名称，多个数据库名称之间用空格隔开。

【例 14-3】 使用 MySQLdump 备份 db_library 和 db_library1 数据库，输入语句如下：

```
mysqldump -u root -P 3307 -p --databases db_library db_library1>C:\backup\db_libraryDB_20240322.sql
```

该语句创建名为 db_libraryDB_20240322.sql 的备份文件，文件中包含创建两个数据库 db_library 和 db_library1 所必需的所有语句，如图 14-3 所示。

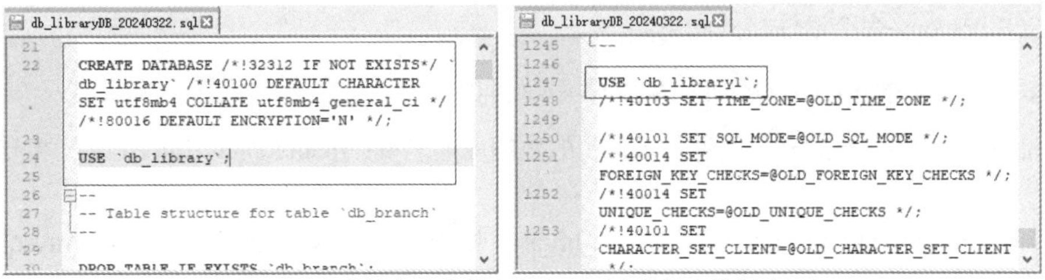

图 14-3　生成的备份文件中包含了两个数据库的创建语句

另外，使用--all-databases 参数可以备份系统中所有的数据库，语句如下：

```
mysqldump   -u user -h host -P port -p --all-databases > filename.sql
```

使用参数--all-databases 时，不需要指定数据库名称。

【例 14-4】 使用 MySQLdump 备份服务器中的所有数据库，输入语句如下：

```
mysqldump -u root -P 3307 -p --all-databases > C:/backup/alldbinMySQL.sql
```

该语句创建名为 alldbinMySQL.sql 的备份文件，文件中包含对系统中所有数据库的备份信息。

提示：
如果在服务器上进行备份，并且表均为 MyISAM 表，就应考虑使用 MySQLhotcopy 工具，因为可以更快地进行备份和恢复。

14.1.2 直接复制整个数据库目录

因为 MySQL 表保存为文件方式,所以可以直接复制 MySQL 数据库的存储目录及文件进行备份。MySQL 的数据库目录位置不一定相同,在 Windows 平台下,MySQL 8.0 存放数据库的目录通常默认为"C:\Documents and Settings\All Users\Application Data\MySQL\MySQL Server 8.0\data"或者其他用户自定义目录;在 Linux 平台下,数据库目录位置通常为/var/lib/MySQL/,不同 Linux 版本下目录会有不同,读者应在自己使用的平台下查找该目录。

这是一种简单、快速、有效的备份方式。要想保持备份的一致性,备份前需要对相关表执行 LOCK TABLES 操作,然后对表执行 FLUSH TABLES 操作。这样当复制数据库目录中的文件时,允许其他客户继续查询表。需要 FLUSH TABLES 语句来确保开始备份前将所有激活的索引页写入硬盘。当然,也可以先停止 MySQL 服务,再进行备份操作。

这种方法虽然简单,但并不是最好的方法。因为这种方法对 InnoDB 存储引擎的表不适用。使用这种方法备份的数据最好恢复到相同版本的服务器中,不同的版本可能不兼容。

提示:
在 MySQL 版本号中,第一个数字表示主版本号,主版本号相同的 MySQL 数据库文件格式相同。

14.1.3 使用 MySQLhotcopy 工具快速备份

MySQLhotcopy 在 UNIX 系统中运行。MySQLhotcopy 是一个 Perl 脚本,最初由 Tim Bunce 编写并提供。它使用 LOCK TABLES、FLUSH TABLES 和 cp 或 scp 来快速备份数据库。它是备份数据库或单个表最快的途径,但它只能运行在数据库目录所在的机器上,并且只能备份 MyISAM 类型的表。

MySQLhotcopy 命令语法格式如下:

```
mysqlhotcopy db_name_1, ... db_name_n /path/to/new_directory
```

db_name_1,...,db_name_n 分别为需要备份的数据库的名称;/path/to/new_directory 为指定备份文件目录。

【例 14-5】使用 MySQLhotcopy 备份 db_library1 数据库到/usr/backup/test usr/local/mysql/data 目录下,输入语句如下:

```
mysqlhotcopy -u root -P 3307 -p db_library1 /usr/backup/test usr/local/mysql/data
```

要想执行 MySQLhotcopy,必须可以访问备份的表文件,具有那些表的 SELECT 权限、RELOAD 权限(以便能够执行 FLUSH TABLES)和 LOCK TABLES 权限。

提示:
MySQLhotcopy 只是将表所在的目录复制到另一个位置,只能用于备份 MyISAM 和 ARCHIVE 表,备份 InnoDB 类型的数据表时会出现错误信息。由于它复制本地格式的文件,故不能移植到其他硬件或操作系统下。

14.2 数据恢复

管理人员操作的失误、计算机故障以及其他意外情况，都会导致数据的丢失和破坏。当数据丢失或意外破坏时，可以通过恢复已经备份的数据，尽量减少数据丢失和破坏造成的损失。本节将介绍数据恢复的方法。

14.2.1 使用 MySQL 命令恢复

对于已经备份的包含 CREATE、INSERT 语句的文本文件，可以使用 MySQL 命令将其导入数据库中。本小节将介绍使用 MySQL 命令导入 SQL 文件的方法。

备份的 SQL 文件中包含 CREATE、INSERT 语句(有时也会有 DROP 语句)，MySQL 命令可以直接执行文件中的这些语句。其语法如下：

```
mysql -u user -p [dbname] < filename.sql
```

user 是执行 backup.sql 中语句的用户名；-p 表示输入用户密码；dbname 是数据库名。如果 filename.sql 文件为 MySQLdump 工具创建的包含创建数据库语句的文件，执行的时候就不需要指定数据库名。

【例 14-6】使用 MySQL 命令将 C:\backup\tb_test_20240322.sql 文件中的备份导入数据库中，输入语句如下：

```
mysql -u root -p 3307 -p db_library< C:/backup/ tb_test_20240322.sql
```

执行该语句前，必须先在 MySQL 服务器中创建 db_library 数据库，如果不存在，恢复过程就会出错。命令执行成功之后，tb_test_20240322.sql 文件中的语句就会在指定的数据库中恢复以前的表。

如果已经登录 MySQL 服务器，那么还可以使用 source 命令导入 SQL 文件。source 语句语法如下：

```
source filename
```

【例 14-7】使用 root 用户登录服务器，然后使用 source 命令导入本地的备份文件 db_library_20240322.sql，输入语句如下：

```
USE db_library;
source C:\backup\db_library_20240322.sql
```

命令执行后，会列出备份文件 db_library_20240322.sql 中每一条语句的执行结果。source 命令执行成功后，db_library_20240322.sql 中的语句会全部导入现有数据库中。

提示：

执行 source 命令前，必须使用 USE 语句选择数据库。不然，恢复过程中会出现"ERROR 1046 (3D000):No database selected"的错误。

14.2.2 直接复制到数据库目录

如果数据库通过复制数据库文件备份，可以直接复制备份的文件到 MySQL 数据目录下实现恢复。通过这种方式恢复时，必须确保备份数据的数据库和待恢复的数据库服务器的主版本号相同。

而且这种方式只对 MyISAM 引擎的表有效,对于 InnoDB 引擎的表不可用。

执行恢复操作以前关闭 MySQL 服务,将备份的文件或目录覆盖 MySQL 的 data 目录,启动 MySQL 服务。对于 Linux/UNIX 操作系统来说,复制完文件需要将文件的用户和组更改为 MySQL 运行的用户和组,通常用户是 MySQL,组也是 MySQL。

14.2.3 MySQLhotcopy 快速恢复

使用 MySQLhotcopy 备份后的文件也可以用来恢复数据库,在 MySQL 服务器停止运行时,将备份的数据库文件复制到 MySQL 存放数据的位置(MySQL 的 data 文件夹),重新启动 MySQL 服务即可。如果以根用户执行该操作,就必须指定数据库文件的所有者,输入语句如下:

```
chown -R mysql.mysql /var/lib/mysql/dbname
```

【例 14-8】通过 MySQLhotcopy 复制的备份文件恢复数据库,输入语句如下:

```
cp -R /usr/backup/test usr/local/mysql/data
```

执行完该语句,重启服务器,MySQL 将恢复到备份状态。

提示:

如果需要恢复的数据库已经存在,那么使用 DROP 语句删除已经存在的数据库之后,恢复才能成功。另外,MySQL 不同版本之间必须兼容,恢复之后的数据才可以使用。

14.3 数据库迁移

数据库迁移就是把数据从一个系统移动到另一个系统上。数据库迁移有以下原因。
(1) 需要安装新的数据库服务器。
(2) MySQL 版本更新。
(3) 数据库管理系统的变更(如从 Microsoft SQL Server 迁移到 MySQL)。
本节将讲解数据库迁移的方法。

14.3.1 相同版本的 MySQL 数据库之间的迁移

相同版本的 MySQL 数据库之间的迁移就是在主版本号相同的 MySQL 数据库之间进行数据库移动。迁移过程其实就是源数据库备份和目标数据库恢复过程的组合。

在讲解数据库备份和恢复时,已经知道最简单的方式是通过复制数据库文件目录,但是这种方法只适用于 MyISAM 引擎的表。而对于 InnoDB 表,不能用直接复制文件的方式备份数据库,因此最常用和最安全的方式是使用 MySQLdump 命令导出数据,然后在目标数据库服务器使用 MySQL 命令导入。

【例 14-9】将 www.a.com 主机上的 MySQL 数据库全部迁移到 www.b.com 主机上。

在 www.a.com 主机上执行的命令格式如下:

```
mysqldump -h www.b.com -u root -P port -p password dbname |
mysql -h www.b.com -u root -P port -p password
```

MySQLdump 导入的数据直接通过管道符"｜"传递给 MySQL 命令来导入主机 www.b.com 数据库中，dbname 为需要迁移的数据库名称，如果要迁移全部的数据库，那么可使用参数 --all-databases。

14.3.2 不同版本的 MySQL 数据库之间的迁移

因为数据库升级等原因，所以需要将较旧版本 MySQL 数据库中的数据迁移到较新版本的数据库中。MySQL 服务器升级时，需要先停止服务，然后卸载旧版本，并安装新版的 MySQL，这种更新方法很简单，如果想保留旧版本中的用户访问控制信息，就需要备份 MySQL 中的 MySQL 数据库，在新版本 MySQL 安装完成之后，重新读入 MySQL 备份文件中的信息。

旧版本与新版本的 MySQL 可能使用不同的默认字符集，例如 MySQL 8.0 版本之前，默认字符集为 latin1，而 MySQL 8.0 版本默认字符集为 utf8mb4。如果数据库中有中文数据，迁移过程中就需要对默认字符集进行修改，不然可能无法正常显示结果。

新版本会对旧版本有一定兼容性。从旧版本的 MySQL 向新版本的 MySQL 迁移时，对于 MyISAM 引擎的表，可以直接复制数据库文件，也可以使用 MySQLhotcopy 工具、MySQLdump 工具。对于 InnoDB 引擎的表，一般只能使用 MySQLdump 将数据导出，然后使用 MySQL 命令导入目标服务器上。从新版本向旧版本 MySQL 迁移数据时要特别小心，最好使用 MySQLdump 命令导出，然后导入目标数据库中。

14.3.3 不同数据库之间的迁移

不同类型的数据库之间的迁移是指把 MySQL 的数据库转移到其他类型的数据库，例如从 MySQL 迁移到 Oracle、从 Oracle 迁移到 MySQL、从 MySQL 迁移到 SQL Server 等。

迁移之前，需要了解不同数据库的架构，比较它们之间的差异。不同数据库中定义相同类型的数据的关键字可能会不同。例如，MySQL 中日期字段分为 DATE 和 TIME 两种，而 Oracle 日期字段只有 DATE。另外，数据库厂商并没有完全按照 SQL 标准来设计数据库系统，导致不同的数据库系统的 SQL 语句有差别。例如，MySQL 几乎完全支持标准 SQL 语言，而 Microsoft SQL Server 使用的是 T-SQL 语言，T-SQL 中有一些非标准的 SQL 语句，因此在迁移时必须对这些语句进行语句映射处理。

数据库迁移可以使用一些工具，例如在 Windows 系统下，可以使用 MyODBC 实现 MySQL 和 SQL Server 之间的迁移。MySQL 官方提供的工具 MySQL Migration Toolkit，也可以在不同数据库间进行数据迁移。

14.4 表的导出和导入

有时需要将 MySQL 数据库中的数据导出到外部存储文件中，MySQL 数据库中的数据可以导出成 SQL 文本文件、XML 文件或者 HTML 文件。同样，这些导出文件也可以导入 MySQL 数据库中。本节将介绍数据导出和导入的常用方法。

14.4.1 使用 SELECT...INTO OUTFILE 导出文本文件

MySQL 数据库导出数据时，允许使用包含导出定义的 SELECT 语句进行数据的导出操作。该文件被创建到服务器主机上，因此必须拥有文件写入权限(FILE 权限)，才能使用此语法。"SELECT...INTO OUTFILE 'filename'" 形式的 SELECT 语句可以把被选择的行写入一个文件中，filename 不能是一个已经存在的文件。SELECT...INTO OUTFILE 语句基本格式如下：

```
SELECT columnlist FROM table WHERE condition INTO OUTFILE 'filename' [OPTION]
---OPTIONS 选项
FIELDS TERMINATED BY 'value'
FIELDS [OPTIONALLY] ENCLOSED BY 'value'
FIELDS ESCAPED BY 'value'
LINES STARTING BY 'value'
LINES TERMINATED BY 'value'
```

可以看到 SELECT columnlist FROM table WHERE condition 为一个查询语句，查询结果返回满足指定条件的一条或多条记录；INTO OUTFILE 语句的作用是把前面 SELECT 语句查询出来的结果导出到名为"filename"的外部文件中。[OPTIONS]为可选参数选项，OPTIONS 部分的语法包括 FIELDS 和 LINES 子句，其可能的取值如下。

- FIELDS TERMINATED BY 'value'：设置字段之间的分隔字符，可以为单个或多个字符，默认情况下为制表符"\t"。
- FIELDS [OPTIONALLY] ENCLOSED BY 'value'：设置字段的包围字符，只能为单个字符，如果使用了 OPTIONALLY，就只有 CHAR 和 VERCHAR 等字符数据字段被包括。
- FIELDS ESCAPED BY 'value'：设置如何写入或读取特殊字符，只能为单个字符，即设置转义字符，默认值为"\"。
- LINES STARTING BY 'value'：设置每行数据开头的字符，可以为单个或多个字符，默认情况下不使用任何字符。
- LINES TERMINATED BY 'value'：设置每行数据结尾的字符，可以为单个或多个字符，默认值为"\n"。

FIELDS 和 LINES 两个子句都是自选的，但是如果两个都被指定了，FIELDS 就必须位于 LINES 的前面。

SELECT...INTO OUTFILE 语句可以非常快速地把一个表转储到服务器上。如果想要在服务器主机之外的部分客户主机上创建结果文件，就不能使用 SELECT...INTO OUTFILE。在这种情况下，应该在客户主机上使用比如"MySQL -e "SELECT ..." > file_name"的命令来生成文件。

SELECT...INTO OUTFILE 是 LOAD DATA INFILE 的补语。用于语句的 OPTIONS 部分的语法包括部分 FIELDS 和 LINES 子句，这些子句与 LOAD DATA INFILE 语句同时使用。

【例 14-10】使用 SELECT...INTO OUTFILE 将 db_library 数据库的 tb_book 表中的记录导出到文本文件，输入命令如下：

```
mysql>SELECT * FROM db_library. tb_book INTO OUTFILE 'C:/backup/tb_book01.txt';
```

执行后报错信息如下：

```
The MySQL server is running with the --secure-file-priv option so it cannot execute this statement
```

这是因为 MySQL 默认对导出的目录有权限限制，也就是说使用命令行进行导出的时候，需要指定目录进行操作。那么指定的目录是什么呢？

查询指定目录的命令如下：

```
show global variables like '%secure%';
```

执行结果如图 14-4 所示。

```
mysql> SHOW GLOBAL VARIABLES LIKE '%secure%';
+--------------------------+------------------------------------------------+
| Variable_name            | Value                                          |
+--------------------------+------------------------------------------------+
| require_secure_transport | OFF                                            |
| secure_file_priv         | C:\ProgramData\MySQL\MySQL Server 8.0\Uploads\ |
+--------------------------+------------------------------------------------+
2 rows in set, 1 warning (0.01 sec)
```

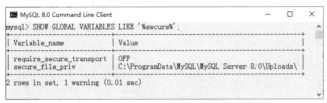

图 14-4　执行结果

因为 secure_file_priv 配置的关系，所以必须导出到 C:\ProgramData\MySQL\MySQL Server 8.0\Uploads\ 目录下。如果想自定义导出路径，就需要修改 my.ini 配置文件。打开路径 C:\ProgramData\MySQL\MySQL Server 8.0，用记事本打开 my.ini，然后搜索以下代码：

```
secure-file-priv="C:/ProgramData/MySQL/MySQL Server 8.0/Uploads\"
```

在上述代码前添加#号，然后添加以下内容：

```
secure-file-priv="C:/backup"
```

结果如图 14-5 所示。

```
# This variable is used to limit the effect of data import and export operations, such as
# those performed by the LOAD DATA and SELECT ... INTO OUTFILE statements and the
# LOAD_FILE() function. These operations are permitted only to users who have the FILE privilege.
#secure-file-priv="C:/ProgramData/MySQL/MySQL Server 8.0/Uploads"
secure-file-priv="C:/backup"

# The maximum amount of concurrent sessions the MySQL server will
# allow. One of these connections will be reserved for a user with
# SUPER privileges to allow the administrator to login even if the
```

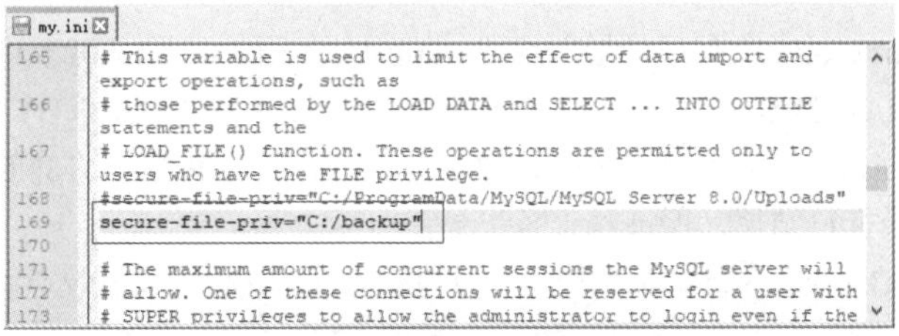

图 14-5　设置数据表的导出路径

重启 MySQL 服务。再次使用 SELECT...INTO OUTFILE 将 db_library 数据库的 tb_book 表中的记录导出到文本文件，运行结果如图 14-6 所示。

```
mysql> SELECT * FROM db_library.tb_book INTO OUTFILE 'C:/backup/tb_book01.txt'
;
ERROR 2013 (HY000): Lost connection to MySQL server during query
No connection. Trying to reconnect...
Connection id:    8
Current database: *** NONE ***

Query OK, 20 rows affected (0.02 sec)
```

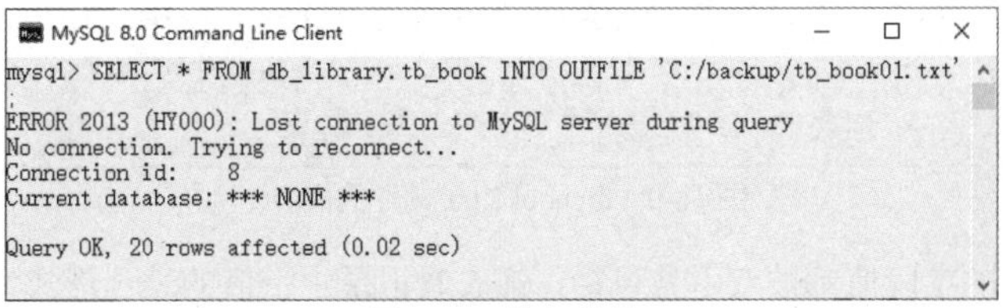

图 14-6　执行结果

由于指定了 INTO OUTFILE 子句，因此 SELECT 将查询出来的字段的值保存到 C:\backup\tb_book01.txt 文件中，打开文件内容如图 14-7 所示。

```
1001    00333979    C语言从入门到精通（第6版）  100
明日科技        9787302635673   450 39.9    IT技术综合书架
2021-10-06  landy   0   2   79.8    A
1002    58156377    GO语言编程从入门到实践  100 黄永祥
9787302635673   400 54  IT技术综合书架  2020-10-01  landy
0   2   108 B
1003    9780843675481   C语言趣味编程100例  100
```

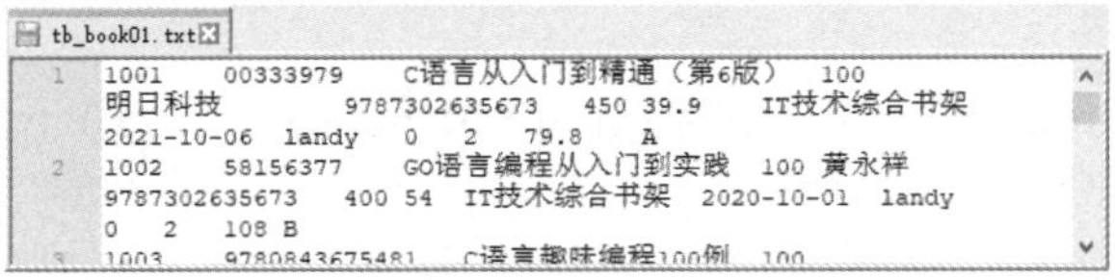

图 14-7　tb_book01.txt 文件的内容

可以看到，默认情况下，MySQL 使用制表符"\t"分隔不同的字段，字段没有被其他字符括起来。另外，注意到第 5 行中有一个字段值为"\N"，这表示该字段的值为 NULL。默认情况下，如果遇到 NULL 值，就会返回"\N"，代表空值，反斜线"\"表示转义字符，如果使用 ESCAPED BY 选项，N 前面就为指定的转义字符。

【例 14-11】使用 SELECT...INTO OUTFILE 将 db_library 数据库的 tb_book 表中的记录导出到文本文件，使用 FIELDS 选项和 LINES 选项，要求字段之间使用逗号","间隔，所有字段值用双引号引起来，定义转义字符为"\'"，执行的命令如下：

```
SELECT * FROM db_library.tb_book INTO OUTFILE "C:/backup/tb_book02.txt"
FIELDS
TERMINATED BY ','
ENCLOSED BY '\"'
ESCAPED BY '\''
LINES
TERMINATED BY '\r\n';
```

执行结果如图 14-8 所示。

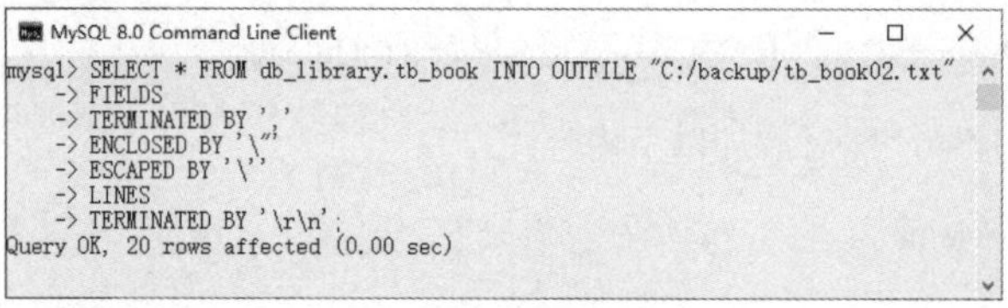

图 14-8　执行结果

该语句将把 tb_book 表中所有记录导入 C:\backup 目录下的 tb_book02.txt 文本文件中。

FIELDS TERMINATED BY ','表示字段之间用逗号分隔；ENCLOSED BY '\"'表示每个字段用双引号引起来；ESCAPED BY '\''表示将系统默认的转义字符替换为单引号；LINES TERMINATED BY '\r\n'表示每行以回车换行符结尾，保证每一条记录占一行。

执行成功后，在 C:\backup 目录下生成一个 tb_book2.txt 文件，打开文件内容如图 14-9 所示。

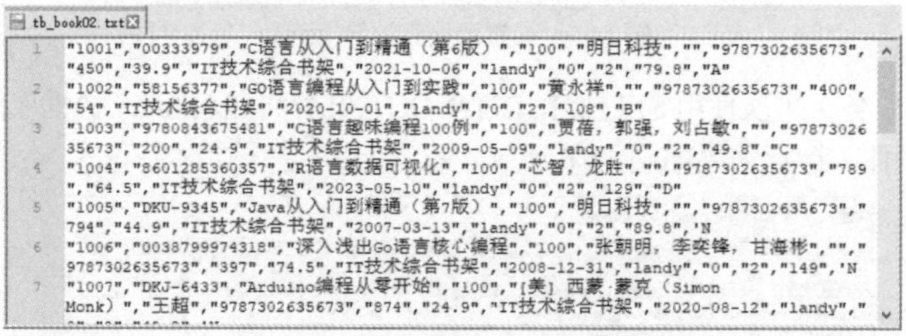

图 14-9　tb_book2.txt 文件的内容

可以看到，所有的字段值都被双引号包括；第 5 条记录中空值的表示形式为"'N"，即使用单引号替换了反斜线转义字符。

【例 14-12】使用 SELECT...INTO OUTFILE 将 db_library 数据库的 tb_branch 表中的记录导出到文本文件，使用 LINES 选项，要求每行记录以字符串">"开始、以字符串"<end>"结尾，程序代码如下：

```
SELECT * FROM db_library.tb_branch INTO OUTFILE "C:/backup/tb_branch01.txt"
LINES
STARTING BY '>'
TERMINATED BY '<end>';
```

执行结果如图 14-10 所示。

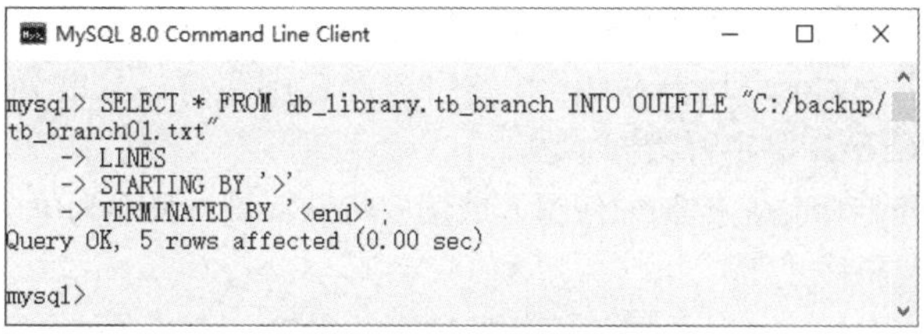

```
MySQL 8.0 Command Line Client                    —   □   ×
mysql> SELECT * FROM db_library.tb_branch INTO OUTFILE "C:/backup/
tb_branch01.txt"
    -> LINES
    -> STARTING BY '>'
    -> TERMINATED BY '<end>';
Query OK, 5 rows affected (0.00 sec)

mysql>
```

图 14-10 执行结果

执行成功后，在 C:\backup 目录下生成一个 tb_branch01.txt 文件，打开文件内容如下：

>branch1   5<end>>branch2   10<end>>branch3   8<end>>branch4   20<end>>branch5   9<end>

可以看到，虽然将所有的字段值导出到文本文件中，但是所有的记录没有分行区分。出现这种情况是因为 TERMINATED BY 选项替换了系统默认的"\n"换行符，如果希望换行显示，就需要修改导出语句如下：

SELECT * FROM db_library.tb_branch INTO OUTFILE "C:/backup/tb_branch01.txt"
LINES
STARTING BY '>'
TERMINATED BY '<end>\r\n';

执行完语句之后，换行显示每条记录，tb_branch01.txt 的内容如下：

>branch1   5<end>
>branch2   10<end>
>branch3   8<end>
>branch4   20<end>
>branch5   9<end>

14.4.2 使用 MySQLdump 导出文本文件

除了使用 SELECT...INTO OUTFILE 语句导出文本文件，还可以使用 MySQLdump。本章开始介绍了使用 MySQLdump 备份数据库，该工具不仅可以将数据导出为包含 CREATE、INSERT 的 SQL 文件，还可以导出为纯文本文件。

MySQLdump 创建一个包含创建表的 CREATE TABLE 语句的 tablename.sql 文件和一个包含其数据的 tablename.txt 文件。MySQLdump 导出文本文件的基本语法格式如下：

mysqldump -T path -u root -P port -p dbname [tables] [OPTIONS]
--OPTIONS 选项
--fields-terminated-by=value
--fields-enclosed-by=value
--fields-optionally-enclosed-by=value
--fields-escaped-by=value
--lines-terminated-by=value

只有指定了-T 参数才可以导出纯文本文件；path 表示导出数据的目录；tables 为指定要导出的表名称，如果不指定，就会导出数据库 dbname 中所有的表；[OPTIONS]为可选参数选项，这些选项需要结合-T 选项使用。OPTIONS 常见的取值如下：

- --fields-terminated-by=value：设置字段之间的分隔字符，可以为单个或多个字符，默认情况下为制表符"\t"。
- --fields-enclosed-by=value：设置字段的包围字符。
- --fields-optionally-enclosed-by=value：设置字段的包围字符，只能为单个字符，只能包括CHAR和VERCHAR等字符数据字段。
- --fields-escaped-by=value：控制如何写入或读取特殊字符，只能为单个字符，即设置转义字符，默认值为反斜线"\"。
- --lines-terminated-by=value：设置每行数据结尾的字符，可以为单个或多个字符，默认值为"\n"。

提示：

与 SELECT…INTO OUTFILE 语句中的 OPTIONS 各个参数不同，这里 OPTIONS 各个选项等号后面的 value 值不要用引号引起来。

【例 14-13】使用 MySQLdump 将 db_library 数据库的 tb_branch 表中的记录导出到文本文件中。执行的命令如下：

```
mysqldump -T C:\backup\ -u root -P 3307 -p db_library tb_branch
```

语句执行成功，系统 C 盘目录下将会有两个文件，分别为 tb_branch.sql 和 tb_branch.txt。tb_branch.sql 包含创建 tb_branch 表的 CREATE 语句，其内容如下：

```
-- MySQL dump 10.13    Distrib 8.0.35, for Win64 (x86_64)
--
-- Host: localhost       Database: db_library
-- ------------------------------------------------------
-- Server version       8.0.35

/*!40101 SET @OLD_CHARACTER_SET_CLIENT=@@CHARACTER_SET_CLIENT */;
/*!40101 SET @OLD_CHARACTER_SET_RESULTS=@@CHARACTER_SET_RESULTS */;
/*!40101 SET @OLD_COLLATION_CONNECTION=@@COLLATION_CONNECTION */;
/*!50503 SET NAMES utf8mb4 */;
/*!40103 SET @OLD_TIME_ZONE=@@TIME_ZONE */;
/*!40103 SET TIME_ZONE='+00:00' */;
/*!40101 SET @OLD_SQL_MODE=@@SQL_MODE, SQL_MODE='' */;
/*!40111 SET @OLD_SQL_NOTES=@@SQL_NOTES, SQL_NOTES=0 */;

--
-- Table structure for table `tb_branch`
--

DROP TABLE IF EXISTS `tb_branch`;
/*!40101 SET @saved_cs_client     = @@character_set_client */;
/*!50503 SET character_set_client = utf8mb4 */;
CREATE TABLE `tb_branch` (
  `name` char(255) COLLATE utf8mb4_general_ci NOT NULL,
  `brcount` int NOT NULL
) ENGINE=InnoDB DEFAULT CHARSET=utf8mb4 COLLATE=utf8mb4_general_ci;
/*!40101 SET character_set_client = @saved_cs_client */;

/*!40103 SET TIME_ZONE=@OLD_TIME_ZONE */;

/*!40101 SET SQL_MODE=@OLD_SQL_MODE */;
/*!40101 SET CHARACTER_SET_CLIENT=@OLD_CHARACTER_SET_CLIENT */;
/*!40101 SET CHARACTER_SET_RESULTS=@OLD_CHARACTER_SET_RESULTS */;
/*!40101 SET COLLATION_CONNECTION=@OLD_COLLATION_CONNECTION */;
```

/*!40111 SET SQL_NOTES=@OLD_SQL_NOTES */;

-- Dump completed on 2024-03-23 11:22:04

Tb_branch.txt 包含数据包中的数据，其内容如下：

```
branch1    5
branch2    10
branch3    8
branch4    20
branch5    9
```

【例 14-14】使用 MySQLdump 命令将 db_library 数据库的 tb_branch 表中的记录导出到文本文件，使用 FIELDS 选项，要求字段之间使用逗号","间隔，所有字符类型字段值用双引号引起来，定义转义字符为问号"?"，每行记录以回车换行符"\r\n"结尾，执行的命令如下：

mysqldump -T C:\backup db_library tb_branch -u root -P 3307 -p --fields-terminated-by=, --fields-optionally-enclosed-by=\" --fields-escaped-by=? --lines-terminated-by=\r\n

上面的语句要在一行中输入，语句执行成功，系统 C 盘目录下将会有两个文件，分别为 tb_branch.sql 和 tb_branch.txt。tb_branch.sql 包含创建 tb_branch 表的 CREATE 语句，其内容与前面例子中的相同。tb_branch.txt 文件的内容与上一个例子不同，显示如下：

```
"branch1",5
"branch2",10
"branch3",8
"branch4",20
"branch5",9
```

可以看到，只有字符类型的值被双引号引了起来，而数值类型的值没有。

14.4.3 使用 MySQL 导出文本文件

MySQL 是一个功能丰富的工具命令，使用 MySQL 还可以在命令行模式下执行 SQL 指令，将查询结果导入文本文件中。相比 MySQLdump，MySQL 工具导出的结果可读性更强。

如果 MySQL 服务器是单独的机器，用户就是在一个 client 上进行操作。用户要把数据结果导入 client 机器上，可以使用 MySQL -e 语句。

使用 MySQL 导出数据文本文件语句的基本格式如下：

mysql -u root －P port -p --execute= "SELECT 语句" dbname > filename.txt

语句执行完毕之后，系统 D 盘目录下将会有名为 filename.txt 的文本文件。该文本文件中包含每个字段的名称和各条记录，该显示格式与 MySQL 命令行下的 SELECT 查询结果显示相同。

使用 MySQL 命令还可以指定查询结果的显示格式，如果某行记录字段很多，就可能会有一行不能完全显示，可以使用--vertical 参数将每条记录分为多行显示。

【例 14-15】使用 MySQL 命令导出 db_library 数据库 tb_member 表中的记录到文本文件 tb_member01.txt 中，使用--vertical 参数显示结果，输入语句如下：

mysql -u root -P 3307 -p --vertical --execute="SELECT * FROM tb_member;" db_library >C:\backup\tb_member01.txt

语句执行之后，C:\backup\tb_member01.txt 文件中的内容如下：

```
*************************** 1. row ***************************
    m_id: 1
    m_FN: Halen
    m_LN: Park
m_birth: 1970-06-29 00:00:00
 m_info: GoodMan
*************************** 2. row ***************************
    m_id: 2
    m_FN: Samuel
    m_LN: Green
m_birth: 2024-02-01 18:44:43
 m_info: NULL
```

可以看到，SELECT 的查询结果导出到文本文件之后，显示格式发生了变化，如果 tb_member 表中的记录内容很长，这样显示将会更加容易阅读。

MySQL 可以将查询结果导出到 HTML 文件中，使用--html 选项即可。

【例 14-16】使用 MySQL 命令导出 db_library 数据库 tb_member 表中的记录到 HTML 文件，输入语句如下：

mysql -u root -P 3307 -p --html --execute="SELECT * FROM tb_member;" db_library >C:\backup\tb_member01.html

语句执行成功，将在 C:\backup 目录下创建文件 tb_member01.html，该文件在浏览器中的显示如图 14-11 所示。

若要将表数据导出到 XML 文件中，则可使用--xml 选项。

【例 14-17】使用 MySQL 命令导出 db_library 数据库 tb_member 表中的记录到 XML 文件，输入语句如下：

图 14-11　使用 MySQL 导出数据到 HTML 文件

mysql -u root -P 3307 -p --xml --execute="SELECT * FROM tb_member;" db_library >C:\backup\tb_member01.xml

语句执行成功，将在 C:\backup 目录下创建文件 tb_member01.xml，该文件在编辑器中的显示如图 14-12 所示。

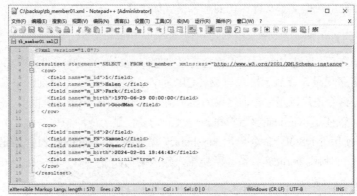

图 14-12　使用 MySQL 导出数据到 XML 文件

14.4.4 使用 LOAD DATA INFILE 方式导入文本文件

MySQL 允许将数据导出到外部文件，也可以从外部文件导入数据。MySQL 提供了一些导入数据的工具，这些工具有 LOAD DATA 语句、source 命令和 MySQL 命令。LOAD DATA INFILE 语句用于高速地从一个文本文件中读取行，并装入一个表中。文件名必须为文字字符串。本节将介绍 LOAD DATA 语句的用法。

LOAD DATA 语句的基本格式如下：

```
LOAD DATA INFILE 'filename.txt'INTO TABLE tablename [OPTIONS] [IGNORE number LINES]
--OPTIONS 选项
FIELDS TERMINATED BY 'value'
FIELDS [OPTIONALLY] ENCLOSED BY 'value'
FIELDS ESCAPED BY 'value
LINES STARTING BY 'value'
LINES TERMINATED BY 'value'
```

可以看到 LOAD DATA 语句中，关键字 INFILE 后面的 filename 文件为导入数据的来源；tablename 表示待导入的数据表名称；[OPTIONS]为可选参数选项，OPTIONS 部分的语法包括 FIELDS 和 LINES 子句，其可能的取值如下。

- FIELDS TERMINATED BY 'value'：设置字段之间的分隔字符，可以为单个或多个字符，默认情况下为制表符"\t"。
- FIELDS [OPTIONALLY] ENCLOSED BY 'value'：设置字段的包围字符，只能为单个字符。如果使用了 OPTIONALLY，就只有 CHAR 和 VERCHAR 等字符数据字段被包括。
- FIELDS ESCAPED BY 'value'：控制如何写入或读取特殊字符，只能为单个字符，即设置转义字符，默认值为"\"。
- LINES STARTING BY 'value'：设置每行数据开头的字符，可以为单个或多个字符，默认情况下不使用任何字符。
- LINES TERMINATED BY 'value'：设置每行数据结尾的字符，可以为单个或多个字符，默认值为"\n"。

IGNORE number LINES 选项表示忽略文件开始处的行数，number 表示忽略的行数。执行 LOAD DATA 语句需要 FILE 权限。

【例 14-18】使用 LOAD DATA 命令将 C:\backup\tb_member01.txt 文件中的数据导入 db_library 数据库的 tb_member 表中。

导入数据之前，需要将 tb_member 表中的数据全部删除。登录 MySQL，使用 DELETE 语句，语句如下：

```
USE db_library;
DELETE FROM tb_member;
```

从 tb_member01.txt 文件中导入数据，语句如下：

```
LOAD DATA LOCAL INFILE 'c:\\backup\\tb_member01.txt' INTO TABLE tb_member;
SELECT * FROM tb_member;
```

执行过程如图 14-13 所示。

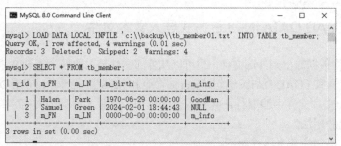

图 14-13 导入数据并查看表中记录

可以看到，语句执行成功之后，tb_member01 表中的数据导入到了 tb_member 表中。

注意：

如果导入时出现错误 ERROR 1290 (HY000): The MySQL server is running with the --secure-file-priv option so it cannot execute this statement，需要在 my.ini 文件的[client]、[mysql]和[mysqld]三节下分别添加 local_infile=ON。

【例 14-19】 使用 LOAD DATA 命令将例 14-11 导出的文件 tb_book02.txt 文件中的数据导入 db_library 数据库的 tb_book 表中，使用 FIELDS 选项和 LINES 选项，要求字段之间使用逗号 "，" 间隔，所有字段值用双引号引起来，定义转义字符为 "\"，每行记录以回车换行符 "\r\n" 结尾(与导出时一致)，输入语句如下：

```
LOAD DATA INFILE "C:\\backup\\tb_book02.txt" INTO TABLE tb_book
FIELDS
TERMINATED BY ','
ENCLOSED BY '\"'
ESCAPED BY '\"'
LINES
TERMINATED BY '\r\n';
```

和前面一样，导入数据之前，使用 DELETE 语句将 tb_book 表中的数据全部删除。执行命令后，使用 SELECT 语句查看 tb_book 表中的记录，如图 14-14 所示。

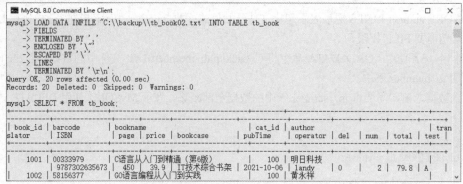

图 14-14 查看 tb_book 表中的记录

14.4.5 使用 MySQLimport 导入文本文件

使用 MySQLimport 可以导入文本文件，并且不需要登录 MySQL 客户端。MySQLimport 命令提供许多与 LOAD DATA INFILE 语句相同的功能，大多数选项直接对应 LOAD DATA INFILE 语句。

使用 MySQLimport 语句需要指定所需的选项、导入的数据库名称以及导入的数据文件的路径和名称。MySQLimport 命令的基本语法格式如下：

```
mysqlimport -u root -P port -p dbname filename.txt [OPTIONS]
--OPTIONS 选项
--fields-terminated-by=value
--fields-encloased-by=value
--fields-optionally-enclosed-by=value
--fields-escaped-by=value
--lines-terminated-by=value
--ignore-lines=n
```

dbname 为导入的表所在的数据库名称。注意，MySQLimport 命令不指定导入数据库的表名称，数据表的名称由导入文件的名称确定，即文件名作为表名，导入数据之前该表必须存在。[OPTIONS] 为可选参数选项，其常见的取值如下：

- --fields-terminated-by= value：设置字段之间的分隔字符，可以为单个或多个字符，默认情况下为制表符"\t"。
- --fields-enclosed-by= value：设置字段的包围字符。
- --fields-optionally-enclosed-by= value：设置字段的包围字符，只能为单个字符，包括 CHAR 和 VERCHAR 等字符数据字段。
- --fields-escaped-by= value：控制如何写入或读取特殊字符，只能为单个字符，即设置转义字符，默认值为反斜线"\"。
- --lines-terminated-by= value：设置每行数据结尾的字符，可以为单个或多个字符，默认值为"\n"。
- --ignore-lines=n：忽视数据文件的前 n 行。

【例 14-20】使用 MySQLimport 命令将 C 盘目录下的 tb_book01.txt 文件内容导入 db_library 数据库中，字段之间使用逗号","间隔，字符类型字段值用双引号引起来，将转义字符定义为问号"?"，每行记录以回车换行符"\r\n"结尾，执行的命令如下：

```
C:\>mysqlimport -u root -P 3307 -p db_library C:\backup\tb_book01.txt
--fields-terminated-by,-fields-optionally-enclosed-by\"--fields-escaped-by-?--lines-terminated-by\r\n
```

上面的语句要在一行中输入，语句执行成功，将把 tb_book01.txt 中的数据导入数据库。

14.5 本章实战

备份有助于保护数据库，通过备份可以完整保存 MySQL 中各个数据库的特定状态。在系统出现故障、数据丢失或者不合理操作对数据库造成灾难时，可以通过备份恢复数据库中的数据。作为 MySQL 的管理人员，应该定期备份所有活动的数据库，以免发生数据丢失。因此，无论怎样强调数据库的备份工作都不过分。本章的综合案例将向读者介绍数据库备份与恢复的方法与过程。

1. 示例目的

按照以下操作步骤完成对 db_library 数据库的备份和恢复。
(1) 使用 MySQLdump 命令将 tb_borrow 表备份到文件 C:\backup\tb_borrow_bk.sql。
(2) 使用 MySQL 命令将备份文件 tb_borrow_bk.sql 中的数据恢复到 tb_borrow 表。

(3) 使用 SELECT...INTO OUTFILE 语句导出 tb_borrow 表中的记录，导出文件位于目录 C:\backup 下，名称为 tb_borrow_out.txt。

(4) 使用 LOAD DATA INFILE 语句把 tb_borrow_out.txt 数据导入到 tb_borrow 表。

(5) 使用 MySQLdump 命令将 tb_borrow 表中的记录导出到文件 C:\backup\tb_borrow.html。

2. 操作过程

(1) 使用 MySQLdump 命令将 tb_borrow 表备份到文件 C:\backup\tb_borrow_bk.sql。前面已经在 C 盘下创建文件夹 backup，打开命令行窗口，输入语句如下：

C:\>mysqldump -u root -P 3307 -p db_library tb_borrow > C:\backup\tb_borrow_bk.sql

运行程序，结果如图 14-15 所示。

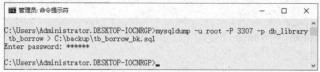

图 14-15　备份文件

语句执行完毕，打开目录 C:\backup，可以看到已经创建好的备份文件 tb_borrow_bk.sql，内容如下：

```
-- MySQL dump 10.13    Distrib 8.0.35, for Win64 (x86_64)
--
-- Host: localhost         Database: db_library
-- ------------------------------------------------------
-- Server version      8.0.35

/*!40101 SET @OLD_CHARACTER_SET_CLIENT=@@CHARACTER_SET_CLIENT */;
/*!40101 SET @OLD_CHARACTER_SET_RESULTS=@@CHARACTER_SET_RESULTS */;
/*!40101 SET @OLD_COLLATION_CONNECTION=@@COLLATION_CONNECTION */;
/*!50503 SET NAMES utf8mb4 */;
/*!40103 SET @OLD_TIME_ZONE=@@TIME_ZONE */;
/*!40103 SET TIME_ZONE='+00:00' */;
/*!40014 SET @OLD_UNIQUE_CHECKS=@@UNIQUE_CHECKS, UNIQUE_CHECKS=0 */;
/*!40014 SET @OLD_FOREIGN_KEY_CHECKS=@@FOREIGN_KEY_CHECKS, FOREIGN_KEY_CHECKS=0 */;
/*!40101 SET @OLD_SQL_MODE=@@SQL_MODE, SQL_MODE='NO_AUTO_VALUE_ON_ZERO' */;
/*!40111 SET @OLD_SQL_NOTES=@@SQL_NOTES, SQL_NOTES=0 */;

--
-- Table structure for table `tb_borrow`
--

DROP TABLE IF EXISTS `tb_borrow`;
/*!40101 SET @saved_cs_client     = @@character_set_client */;
/*!50503 SET character_set_client = utf8mb4 */;
CREATE TABLE `tb_borrow` (
  `borrow_id` int unsigned NOT NULL AUTO_INCREMENT,
  `reader_id` int unsigned DEFAULT NULL,
  `book_id` int DEFAULT NULL,
  `borrowTime` date DEFAULT NULL,
  `backTime` date DEFAULT NULL,
  `operator` varchar(30) DEFAULT NULL,
  `ifback` tinyint(1) DEFAULT '0',
```

```
    PRIMARY KEY (`borrow_id`)
  ) ENGINE=InnoDB AUTO_INCREMENT=1003 DEFAULT CHARSET=utf8mb3;
  /*!40101 SET character_set_client = @saved_cs_client */;

  --
  -- Dumping data for table `tb_borrow`
  --

  LOCK TABLES `tb_borrow` WRITE;
  /*!40000 ALTER TABLE `tb_borrow` DISABLE KEYS */;
  INSERT INTO `tb_borrow` VALUES
(1,1,1001,'2024-01-01','2024-02-01','landy',1),(2,2,1002,'2024-01-01','2024-02-01','landy',0),(3,2,1002,'2023-12-01','2024
-01-01','landy',1);
  /*!40000 ALTER TABLE `tb_borrow` ENABLE KEYS */;
  UNLOCK TABLES;
  /*!40103 SET TIME_ZONE=@OLD_TIME_ZONE */;

  /*!40101 SET SQL_MODE=@OLD_SQL_MODE */;
  /*!40014 SET FOREIGN_KEY_CHECKS=@OLD_FOREIGN_KEY_CHECKS */;
  /*!40014 SET UNIQUE_CHECKS=@OLD_UNIQUE_CHECKS */;
  /*!40101 SET CHARACTER_SET_CLIENT=@OLD_CHARACTER_SET_CLIENT */;
  /*!40101 SET CHARACTER_SET_RESULTS=@OLD_CHARACTER_SET_RESULTS */;
  /*!40101 SET COLLATION_CONNECTION=@OLD_COLLATION_CONNECTION */;
  /*!40111 SET SQL_NOTES=@OLD_SQL_NOTES */;

  -- Dump completed on 2024-03-23 22:19:17
```

(2) 使用 MySQL 命令将备份文件 tb_borrow_bk.sql 中的数据恢复到 tb_borrow 表。

为了验证恢复之后数据的正确性，删除 tb_borrow 表中的所有记录，登录 MySQL，输入语句：

```
USE db_library;
DELETE FROM tb_borrow;
```

此时，tb_borrow 表中不再有任何数据记录，在 MySQL 命令行输入恢复语句如下：

```
mysql> source C:\\backup\\tb_borrow_bk.sql;
```

语句执行过程中会出现多行提示信息，执行成功之后使用 SELECT 语句查询 tb_borrow 表，内容如图 14-16 所示。

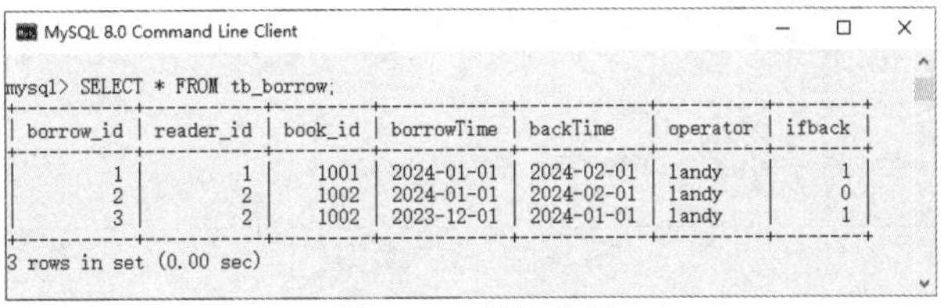

```
MySQL 8.0 Command Line Client
mysql> SELECT * FROM tb_borrow;
+-----------+-----------+---------+------------+------------+----------+--------+
| borrow_id | reader_id | book_id | borrowTime | backTime   | operator | ifback |
+-----------+-----------+---------+------------+------------+----------+--------+
|         1 |         1 |    1001 | 2024-01-01 | 2024-02-01 | landy    |      1 |
|         2 |         2 |    1002 | 2024-01-01 | 2024-02-01 | landy    |      0 |
|         3 |         2 |    1002 | 2023-12-01 | 2024-01-01 | landy    |      1 |
+-----------+-----------+---------+------------+------------+----------+--------+
3 rows in set (0.00 sec)
```

图 14-16　恢复数据

由查询结果可以看到，恢复操作成功。

(3) 使用 SELECT...INTO OUTFILE 语句导出 tb_borrow 表中的记录，导出文件位于目录 C:\backup 下，名称为 tb_borrow_out.txt。执行过程如下：

```
SELECT * FROM tb_borrow INTO OUTFILE 'C:/backup/tb_borrow_out.txt'
FIELDS
TERMINATED BY ','
ENCLOSED BY '\"'
LINES
```

```
STARTING BY '<'
TERMINATED BY '>\r\n';
```

运行程序，执行结果如图 14-17 所示。

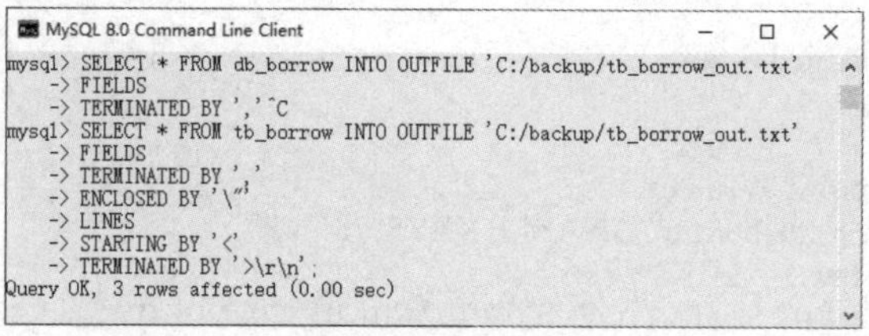

图 14-17 导出文件

TERMINATED BY ','指定不同字段之间使用逗号分隔开；ENCLOSED BY '\"'指定字段值使用双引号包括；STARTING BY '<'指定每行记录以左箭头符号开始；TERMINATED BY '>\r\n'指定每行记录以右箭头符号和回车换行符结束。语句执行完毕，在目录 C:\backup 目录下可以看到已经创建好的导出文件 tb_borrow_out.txt，内容如下：

```
<"1","1","1001","2024-01-01","2024-02-01","landy","1">
<"2","2","1002","2024-01-01","2024-02-01","landy","0">
<"3","2","1002","2023-12-01","2024-01-01","landy","1">
```

（4）使用 LOAD DATA INFILE 语句把 tb_borrow_out.txt 数据导入到 tb_borrow 表。

首先使用 DELETE 语句删除 tb_borrow 表中的所有记录，然后输入导入语句：

```
LOAD DATA INFILE "C:\\backup\\tb_borrow_out.txt" INTO TABLE tb_borrow
FIELDS
TERMINATED BY ','
ENCLOSED BY '\"'
LINES
STARTING BY '<'
TERMINATED BY '>\r\n';
```

运行程序，执行结果如图 14-18 所示。

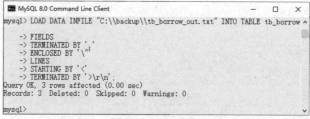

图 14-18 导入数据

语句执行之后，tb_borrow_out.txt 文件中的数据将导入 tb_borrow 表中，由于导出 TXT 文件时指定了一些特殊字符，因此恢复语句中也要指定这些字符，以确保恢复后数据的完整性和正确性。

（5）使用 MySQLdump 命令将 tb_borrow 表中的记录导出到文件 C:\tb_borrow.html。

导出表数据到 HTML 文件，使用 MySQL 命令时需要指定--html 选项，在 Windows 命令行窗口输入导出语句如下：

```
mysql -u root -P 3307 -p --html --execute="SELECT * FROM tb_borrow;" db_library >C:\backup\tb_borrow.html
```

语句执行完毕，打开目录 C:\backup，可以看到已经创建好的导出文件 tb_borrow.html。读者可以使用浏览器打开该文件，在浏览器中显示的内容如图 14-19 所示。

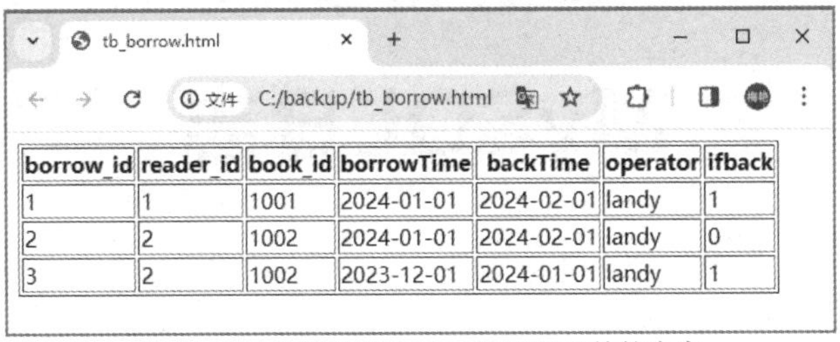

borrow_id	reader_id	book_id	borrowTime	backTime	operator	ifback
1	1	1001	2024-01-01	2024-02-01	landy	1
2	2	1002	2024-01-01	2024-02-01	landy	0
3	2	1002	2023-12-01	2024-01-01	landy	1

图 14-19　在浏览器中显示的导出文件的内容

14.6 本章小结

数据备份与恢复，是一种有效且必备的安全策略。对数据进行定期备份，当数据库中的数据丢失或者出现错误，可以使用备份的数据进行恢复，尽可能地降低了意外原因导致的数据丢失。MySQL 提供了多种方法对数据进行备份和恢复。本章详细介绍了数据备份、数据恢复、数据迁移和数据导入导出的相关知识，并通过一个综合示例来讲解如何对数据库数据进行备份与恢复操作。

14.7 思考与练习

1. MySQLdump 备份的文件只能在 MySQL 中使用吗？
2. 如何选择备份工具？
3. 使用 MySQLdump 备份整个数据库成功后，把表和数据库都删除了，然后使用备份文件却不能恢复数据库，是什么原因？
4. 同时备份 db_library 数据库中的 fruits 和 tb_borrow 表，然后删除两个表中的内容并恢复。
5. 将 db_library 数据库不同的数据表中的数据导出到 XML 文件或者 HTML 文件，并查看文件内容。
6. 使用 MySQL 命令导出 fruits 表中的记录，并将查询结果以垂直方式显式地写入导出文件。

第 15 章
MySQL 日志

MySQL 日志记录了 MySQL 数据库的日常操作和错误信息，从日志中可以查询到 MySQL 数据库的运行情况、用户操作、错误信息等，可以为 MySQL 管理和优化提供必要的信息。MySQL 有不同类型的日志文件，其各自存储了不同类型的日志。对于 MySQL 的管理工作而言，这些日志文件是不可缺少的。本章将介绍 MySQL 日志的作用、分类和管理的相关知识。

本章的学习目标：
- 了解什么是 MySQL 日志。
- 掌握二进制日志的用法。
- 掌握错误日志的用法。
- 掌握通用查询日志的方法。
- 掌握慢查询日志的方法。
- 熟练掌握综合案例中日志的操作方法和技巧。

15.1 日志简介

MySQL 日志主要分为以下 4 类，使用这些日志文件可以查看 MySQL 内部的运行情况。
- 二进制日志：记录所有更改数据的语句，可以用于数据复制。
- 错误日志：记录启动、运行或停止 MySQL 服务时出现的问题。
- 通用查询日志：记录建立的客户端连接和执行的语句。
- 慢查询日志：记录执行时间超过 long_query_time 的所有查询或不使用索引的查询。

默认情况下，所有日志创建于 MySQL 数据目录中。通过刷新日志，可以强制 MySQL 关闭和重新打开日志文件(或者在某些情况下切换到一个新的日志)。当执行一个 FLUSH LOGS 语句或执行 MySQLadmin flush-logs 或 MySQLadmin refresh 时，将刷新日志。

如果正使用 MySQL 复制功能，在复制服务器上就可以维护更多日志文件，这种日志称为接替日志。

启动日志功能会降低 MySQL 数据库的性能。例如，在查询非常频繁的 MySQL 数据库系统中，如果开启了通用查询日志和慢查询日志，MySQL 数据库就会花费很多时间记录日志。同时，日志会占用大量的磁盘空间。

15.2 二进制日志

二进制日志主要记录 MySQL 数据库的变化。二进制日志以一种有效的格式，并且是以事务安全的方式包含更新日志中可用的所有信息。二进制日志包含所有更新了数据或者已经潜在更新了数据(例如，没有匹配任何行的一个 DELETE)的语句。语句以"事件"的形式保存，描述数据更改。

二进制日志还包含关于每个更新数据库的语句的执行时间信息。它不包含没有修改任何数据的语句。如果想要记录所有语句(例如，为了识别有问题的查询)，就需要使用通用查询日志。使用二进制日志的主要目的是最大可能地恢复数据库，因为二进制日志包含备份后进行的所有更新。本节将介绍二进制日志相关的内容。

15.2.1 启动和设置二进制日志

默认情况下，二进制日志是开启的，可以通过修改 MySQL 的配置文件来启动和设置二进制日志。my.ini 的[mysqld]组中是关于二进制日志的设置选项：

```
log-bin[=path/ [filename]]
```

log-bin 定义开启二进制日志；path 是指日志文件所在的目录路径；filename 为日志文件名，如 filename.000001、filename.000002 等，除了上述文件，还有一个名为 filename.index 的文件，文件内容为所有日志的清单，可以使用记事本打开该文件。

在 my.ini 配置文件的[mysqld]组下添加以下几个参数与参数值：

```
[mysqld]
log-bin=mysql-bin
expire_logs_days = 10
max_binlog_size = 100M
```

expire_logs_days 定义了 MySQL 清除过期日志的时间，即二进制日志自动删除的天数，默认值为 0，表示"没有自动删除"。当 MySQL 启动或刷新二进制日志时，可能删除该文件。

max_binlog_size 定义了单个文件的大小限制，如果二进制日志写入的内容大小超出给定值，日志就会发生滚动(即关闭当前文件，重新打开一个新的日志文件)。不能将该变量设置为大于 1GB 或小于 4096B，默认值是 1GB。

如果正在使用大的事务，二进制日志文件大小还可能会超过 max_binlog_size 定义的大小。

添加完毕之后，重新启动 MySQL 服务进程，即可打开二进制日志，然后可以通过 SHOW VARIABLES 语句来查询日志设置。

【例 15-1】使用 SHOW VARIABLES 语句查询日志设置，语句如下：

```
SHOW VARIABLES LIKE 'log_%';
```

执行结果如图 15-1 所示。

通过查询结果可以看出，log_bin 变量的值为 ON，表明二进制日志已经打开。MySQL 重新启动之后，可以在日志目录下(默认为 MySQL 的数据文件夹 data 下)看到新生成的文件后缀为.000001 和.index 的两个文件，文件名称为默认主机名称。例如，在笔者的机器上的文件名称为 mysql-bin.xxxxxx 和 mysql-bin.index。

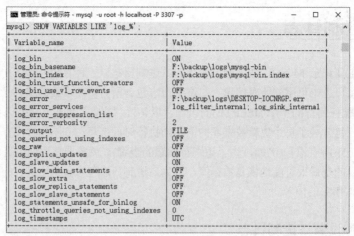

图 15-1 查询日志设置

提示：

数据库文件最好不要与日志文件放在同一个磁盘上，这样，当数据库文件所在的磁盘发生故障时，可以使用日志文件恢复数据。

15.2.2 查看二进制日志

MySQL 二进制日志存储了所有的变更信息，所以会经常用到。当 MySQL 创建二进制日志文件时，首先创建一个以"filename"为名、以".index"为后缀的文件；再创建一个以"filename"为名、以".000001"为后缀的文件。MySQL 服务重新启动一次，以".000001"为后缀的文件会增加一个，并且后缀名加 1 递增；如果日志长度超过了 max_binlog_size 的上限(默认是 1GB)，则会创建一个新的日志文件。

SHOW BINARY LOGS 语句可以查看当前的二进制日志文件个数及文件名。MySQL 二进制日志并不能直接查看，如果要查看日志内容，那么可以通过 MySQLbinlog 命令查看。

【例 15-2】使用 SHOW BINARY LOGS 语句查看二进制日志文件个数及文件名，执行命令如下：

SHOW BINARY LOGS;

执行结果如图 15-2 所示。

图 15-2 查询二进制日志文件个数及文件名

可以看到，当前有两个二进制日志文件。日志文件的个数与 MySQL 服务启动的次数相同。每启动一次 MySQL 服务，将会产生一个新的日志文件。

【例 15-3】使用 MySQLbinlog 查看二进制日志。

首先通过 cd 命令切换到日志目录下，然后执行以下命令：

F:\backup\logs>mysqlbinlog mysql-bin.000001

执行结果如图 15-3 所示。

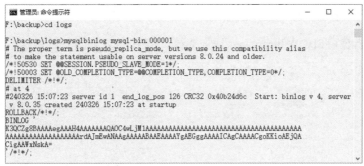

图 15-3　查看二进制日志

注意：

在使用日志分析工具 MYSQLbinlog 指定日志文件 MYSQL-bin.xxxxxx 时，需要指定日志文件的正确路径，或者通过 cd 命令切换到日志目录下再使用日志分析工具 MYSQLbinlog。另外，在执行 MYSQLbinlog 命令时，命令行不要误加分号";"，否则无法正确解析日志。

15.2.3　删除二进制日志

MySQL 的二进制文件可以设置自动删除，同时 MySQL 提供了安全的手动删除二进制文件的方法：RESET MASTER 删除所有的二进制日志文件；PURGE MASTER LOGS 只删除部分二进制日志文件。本小节将介绍这两种删除二进制日志的方法。

1. 使用 RESET MASTER 语句删除所有的二进制日志文件

RESTE MASTER 语法如下：

RESET MASTER;

执行完该语句后，所有二进制日志将被删除，MySQL 会重新创建二进制日志，新的日志文件扩展名将重新从 000001 开始编号。

2. 使用 PURGE MASTER LOGS 语句删除指定的日志文件

PURGE MASTER LOGS 语法如下：

PURGE {MASTER | BINARY} LOGS TO 'log_name'
PURGE {MASTER | BINARY} LOGS BEFORE 'date'

第一种方法指定文件名，执行该命令将删除文件名编号比指定文件名编号小的所有日志文件。第二种方法指定日期，执行该命令将删除指定日期以前的所有日志文件。

【例 15-4】使用 PURGE MASTER LOGS 删除创建时间比 mysql-bin.000003 早的所有日志文件。

首先，为了演示删除操作过程，准备多个日志文件，在这里登录 MySQL，然后执行 flush logs 命令生成日志：

mysql> flush logs;

生成的二进制日志如图 15-4 所示。

除了这个方法，也可以对 MySQL 服务进行多次重新启动产生多个日志文件。

下面我们来删除这个生成的二进制日志之前的日志。执行删除命令如下：

PURGE MASTER LOGS TO "mysql-bin.000003";

执行完成后，使用 SHOW binary logs 语句查看二进制日志，如图 15-5 所示。

图 15-4　生成的二进制日志

图 15-5　执行删除命令后的日志列表

可以看到，mysql-bin.000003 之前的两个日志 mysql-bin.000001、mysql-bin000002 文件被删除了。

如果要删除某个日期之前创建的所有日志，例如，要删除 2024 年 2 月 27 日前创建的所有日志文件，执行如下命令：

PURGE MASTER LOGS BEFORE "20240227";

执行该命令之后，2024 年 2 月 27 日之前创建的日志文件都将被删除。

15.2.4　使用二进制日志恢复数据库

如果 MySQL 服务器启用了二进制日志，在数据库出现意外，丢失数据时，就可以使用 MySQLbinlog 工具从指定的时间点开始(例如，最后一次备份)直到现在，或到另一个指定的时间点的日志中恢复数据。

要想从二进制日志恢复数据，需要知道当前二进制日志文件的路径和文件名。一般可以从配置文件(my.cnf 或者 my.ini，文件名取决于 MySQL 服务器的操作系统)中找到路径。

MySQLbinlog 恢复数据的语法如下：

mysqlbinlog [option] filename |mysql -uuser -ppass

option 是一些可选的选项，filename 是日志文件名。比较重要的两对 option 参数是--start-date、--stop-date 和--start-position、--stop-position。--start-date、--stop-date 可以指定恢复数据库的起始时间点和结束时间点。--start-position、--stop-position 可以指定恢复数据的开始位置和结束位置。

例如，如果有一个名为 mysql-bin.000001 的二进制日志文件，想要导入该文件中的所有操作到名为 mydb 的数据库，可以使用以下命令：

mysqlbinlog mysql-bin.000001 | mysql -uuser -ppass mydb

以上命令假设已经以正确的权限登录到 MySQL 服务器，并且 MySQL 服务器允许从命令行进行连接。如果 MySQL 服务器配置了特殊的权限设置，可能需要先登录到 MySQL 服务器，然后再执行导入操作。

15.2.5 暂时停止二进制日志功能

如果在 MySQL 的配置文件中配置启动了二进制日志，MySQL 就会一直记录二进制日志。修改配置文件，可以停止二进制日志，但是需要重启 MySQL 数据库。MySQL 提供了暂时停止二进制日志的功能。可以通过 SET SQL_LOG_BIN 语句暂停或者启动二进制日志。

SET SQL_LOG_BIN 的语法如下：

SET sql_log_bin ={0|1}

执行如下语句将暂停记录二进制日志：

SET sql_log_bin=0;

执行如下语句将恢复记录二进制日志：

SET sql_log_bin=1;

查看变量 sql_log_bin 的值，执行以下命令：

SHOW VARIABLES LIKE 'sql_log%';

命令执行结果如图 15-6 所示。

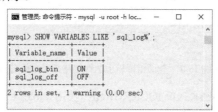

图 15-6　查看变量 sql_log_bin 的值

15.3　错误日志

在 MySQL 中，错误日志是非常有用的，MySQL 会将启动、停止及运行过程中发生的错误信息记录到错误日志文件中。

15.3.1　启动和设置错误日志

在默认情况下，错误日志会记录到数据库的数据目录下。如果没有在配置文件中指定文件名，文件名就默认为 hostname.err。例如，MySQL 所在的服务器主机名为 DESKTOP-IOCNRGP，记录错误信息的文件名为 DESKTOP-IOCNRGP.err。如果执行了 FLUSH LOGS，错误日志文件就会重新加载。

错误日志的启动和停止以及指定日志文件名都可以通过修改 my.ini(或者 my.cnf)来配置。错误日志的配置项是 log-error。若在[mysqld]下配置 log-error，则启动错误日志。若需要指定文件名，则配置项如下：

[mysqld]
Log-error=[path / [file_name]]

path 为日志文件所在的目录路径，file_name 为日志文件名。修改配置项后，需要重启 MySQL 服务以生效。

15.3.2 查看错误日志

通过错误日志可以监视系统的运行状态，便于及时发现故障、修复故障。MySQL 错误日志是以文本文件形式存储的，可以使用文本编辑器直接查看 MySQL 错误日志。

如果不知道日志文件的存储路径，可以使用 SHOW VARIABLES 语句查询错误日志的存储路径。SHOW VARIABLES 语句如下：

```
SHOW VARIABLES LIKE 'log_error';
```

【例 15-5】使用记事本查看 MySQL 错误日志。

首先，通过 SHOW VARIABLES 语句查询错误日志的存储路径和文件名，命令如下：

```
SHOW VARIABLES LIKE 'log_error';
```

命令执行结果如图 15-7 所示。

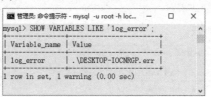

图 15-7 查询错误日志的存储路径和文件名

可以看到错误的文件是 DESKTOP-IOCNRGP.err，使用 Notepad++或记事本打开该文件，可以看到 MySQL 的错误日志如图 15-8 所示。

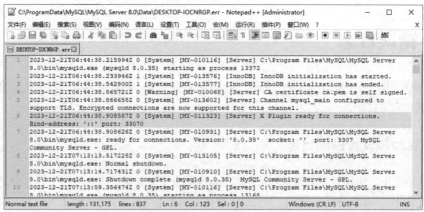

图 15-8 MySQL 错误日志内容展示

以上是错误日志文件的一部分，这里面记载了系统的一些错误。

15.3.3 删除错误日志

MySQL 的错误日志是以文本文件的形式存储在文件系统中的，可以直接删除。

对于 MySQL 5.5.7 以前的版本，flush logs 可以将错误日志文件重命名为 filename.err_old，并创建新的日志文件。但是从 MySQL 5.5.7 开始，flush logs 只是重新打开日志文件，并不做日志备份和创建的操作。如果日志文件不存在，MySQL 启动或者执行 flush logs 时就会创建新的日志文件。

在运行状态下删除错误日志文件后，MySQL 并不会自动创建日志文件。flush logs 在重新加载日志的时候，如果文件不存在，就会自动创建。所以在删除错误日志之后，如果需要重建日志文件，就需要在服务器端执行以下命令：

mysqladmin -u root -P port -p flush-logs

或者在客户端登录 MySQL 数据库，执行 flush logs 语句：

flush logs;

15.4 通用查询日志

通用查询日志记录 MySQL 的所有用户操作，包括启动和关闭服务、执行查询和更新语句等。本节将详细介绍通用查询日志的启动、查看、删除等操作。

15.4.1 启动通用查询日志

MySQL 服务器默认情况下并没有开启通用查询日志。通过 SHOW VARIABLES LIKE '%general%'语句可以查询当前通用查询日志的状态，如图 15-9 所示。

从结果可以看出，通用查询日志的状态为 OFF，表示通用查询日志是关闭的。

开启通用查询日志的命令如下：

SET @@global.general_log=1;

执行该命令后，使用 SHOW VARIABLES 命令再次查询通用查询日志的状态，如图 15-10 所示。

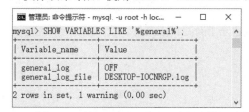

图 15-9　查询当前通用查询日志的状态

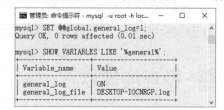

图 15-10　通用查询日志为开启状态

从结果可以看出，通用查询日志的状态为 ON，表示通用查询日志已经开启了。

如果想关闭通用查询日志，执行以下语句即可：

SET @@global.general_log=0;

15.4.2 查看通用查询日志

通用查询日志中记录了用户的所有操作。通过查看通用查询日志，可以了解用户对 MySQL 进行的操作。通用查询日志是以文本文件的形式存储在文件系统中的，可以使用文本编辑器直接打开通用日志文件进行查看，Windows 下可以使用记事本，Linux 下可以使用 Vim、Gedit 等。

【例 15-6】使用 Notepad++或记事本查看 MySQL 通用查询日志。

使用 Notepad++或记事本打开 DESKTOP-IOCNRGP.log，可以看到当前机器的通用查询日志内容如图 15-11 所示。

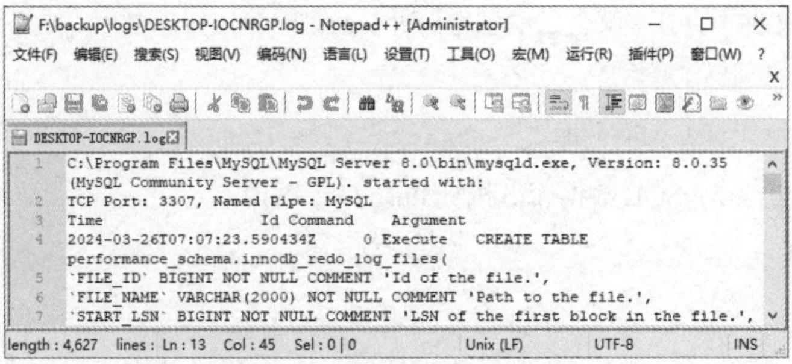

图 15-11 通用查询日志文件内容

从日志文件中可以看到 MySQL 启动信息和 root 用户连接服务器与执行查询语句的记录。

15.4.3 删除通用查询日志

通用查询日志是以文本文件的形式存储在文件系统中的。通用查询日志记录用户的所有操作，因此在用户查询、更新频繁的情况下，通用查询日志会增长得很快。数据库管理员可以定期删除比较早的通用查询日志，以节省磁盘空间。本小节将介绍通用查询日志的删除方法。

可以用直接删除日志文件的方式删除通用查询日志。要重新建立新的日志文件，可使用语句 MySQLadmin -flush logs。

【例 15-7】直接删除 MySQL 通用查询日志，执行步骤如下：

(1) 在数据目录中找到日志文件，删除后缀为.log 的文件。

(2) 通过 MySQLadmin -flush logs 命令建立新的日志文件，执行命令如下：

C:\> mysqladmin –u root –p flush-logs

(3) 执行完该命令，可以看到，日志目录下已经建立了新的日志文件。

15.5 慢查询日志

慢查询日志是记录查询时长超过指定时间的日志。慢查询日志主要用来记录执行时间较长的查询语句。通过慢查询日志可以找出执行时间较长、执行效率较低的语句，然后进行优化。本节将讲解慢查询日志相关的内容。

15.5.1 启动和设置慢查询日志

MySQL 中的慢查询日志默认是关闭的，可以通过配置文件 my.ini 或者 my.cnf 中的 log-slow-queries 选项打开，也可以在 MySQL 服务启动的时候使用--log-slow-queries[=file_name]启动慢查询日志。启动慢查询日志时，需要在 my.ini 或者 my.cnf 文件中配置 long_query_time 选项指定记录阈值，如果某条查询语句的查询时间超过了这个值，这个查询过程就会被记录到慢查询日志文件中。

在 my.ini 或者 my.cnf 开启慢查询日志的语句如下：

[mysqld]
log-slow-queries[=path/[filename]]
long_query_time=n

path 为日志文件所在的目录路径，filename 为日志文件名。如果不指定目录和文件名称，就默认存储在数据目录中，文件为 hostname-slow.log，hostname 是 MySQL 服务器的主机名。参数 n 是时间值，单位是秒。如果没有设置 long_query_time 选项，默认时间就为 10 秒。

15.5.2　查看慢查询日志

MySQL 的慢查询日志是以文本形式存储的，可以直接使用文本编辑器查看。在慢查询日志中记录着执行时间较长的查询语句，用户可以从慢查询日志中获取执行效率较低的查询语句，为查询优化提供重要的依据。

【例 15-8】查看慢查询日志，使用文本编辑器打开数据目录下的 DESKTOP-IOCNRGP-slow.log 文件，如图 15-12 所示。

图 15-12　查看慢查询日志

可以看到，该文件中记录了一些慢查询日志。当所执行的命令语句时间大大超过了默认值 10 秒钟时，就会被记录在慢查询日志文件中。

15.5.3　删除慢查询日志

和通用查询日志一样，慢查询日志也可以直接删除。删除后在不重启服务器的情况下，需要执行 MySQLadmin -u root -P port -p flush-logs 重新生成日志文件，或者在客户端登录服务器执行 flush logs 语句重建日志文件。

15.6　本章实战

本章详细介绍了 MySQL 日志的管理。MySQL 日志包括二进制日志、错误日志、通用查询日志和慢查询日志等类型。通过本章的学习，读者将学会如何启动、查看和删除各类日志，以及如何使用二进制日志恢复数据库。下面的综合案例将帮助读者培养执行这些操作的能力。

1. 示例目的

掌握各种日志的设置、查看、删除的方法，以及使用二进制日志恢复数据的方法。

2. 操作过程

(1) 本章在 F:\backup 下新建了 logs 文件夹，作为保存日志的位置，如图 15-13 所示。这里先将 logs 文件夹下的日志文件全部删除。

图 15-13 新建 logs 文件夹

(2) 修改日志文件存储路径。修改方法如下：在 C:\ProgramData\MySQL\MySQL Server 8.0 下找到 my.ini 文件并打开(Linux 下通常位于/etc/mysql/、/etc)。编辑配置文件，找到相关的日志路径设置，并修改为相关选项的路径。例如：

```
[mysqld]
# General and Slow logging.
log-output=FILE
general-log=1
general_log_file="F:/backup/logs/DESKTOP-IOCNRGP.log"
slow-query-log=1
slow_query_log_file="F:/backup/logs/DESKTOP-IOCNRGP-slow.log"
long_query_time=10
# Error Logging.
log-error="F:/backup/logs/DESKTOP-IOCNRGP.err"
# ***** Group Replication Related *****
# Specifies the base name to use for binary log files. With binary logging
# enabled, the server logs all statements that change data to the binary
# log, which is used for backup and replication.
log-bin="F:/backup/logs/mysql-bin"
```

在命令提示符窗口下执行如下命令，重新启动 MySQL 服务。也可以在【此电脑】|【管理】|【服务和应用程序】|【服务】下找到 MySQL 服务，然后直接重启服务，如图 15-14 所示。

```
net stop mysql
net start mysq
```

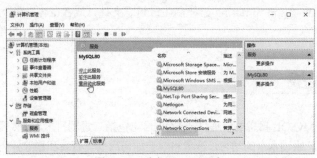

图 15-14 重启 MySQL 服务

执行完上面的命令，MySQL 服务将重新启动，打开 logs 日志目录 F:\backup\logs，可以看到生成的日志文件，如图 15-15 所示。

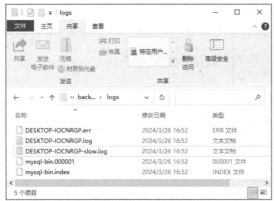

图 15-15 生成的日志文件

可以看到生成的日志文件有：错误日志 DESKTOP-IOCNRGP.err，通用查询日志 DESKTOP-IOCNRGP.log，二进制日志 mysql-bin.000001 和二进制日志索引 mysql-bin.index，慢查询日志 DESKTOP-IOCNRGP-slow.log。

(3) 查看 flush logs 对二进制日志的影响。

方法一，在命令提示符下执行如下命令：

mysqladmin -u root -P port -p flush-logs

执行完该命令后，可以看到二进制日志文件增加了一个。

方法二，登录 MySQL 服务器，执行如下语句：

mysql>flush logs;

执行完该语句后，可以看到二进制日志文件增加了一个，如图 15-16 所示。

图 15-16 增加的日志文件

(4) 查看二进制日志。执行下面的命令，打开并查看 MySQL 二进制日志，如图 15-17 所示。

从分析结果来看，日志分析报错 mysqlbinlog: File 'mysql-bin.000002;' not found (OS errno 2 - No such file or directory)，说的是找不到这个文件，然后仔细看发现是多加了一个分号。假如我们把分号去掉，会不会正确了呢？如图 15-18 所示。

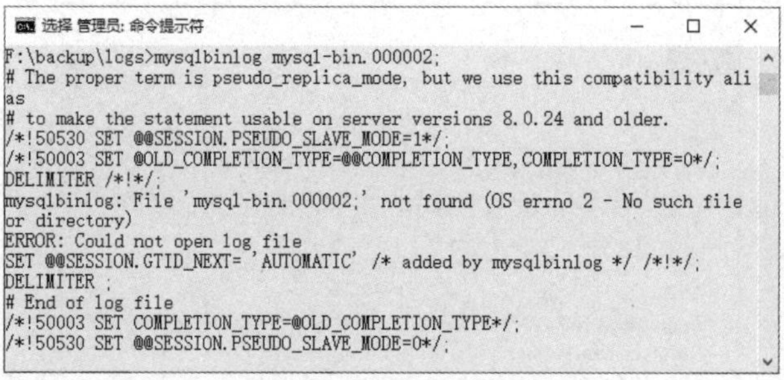

图 15-17　查看二进制日志

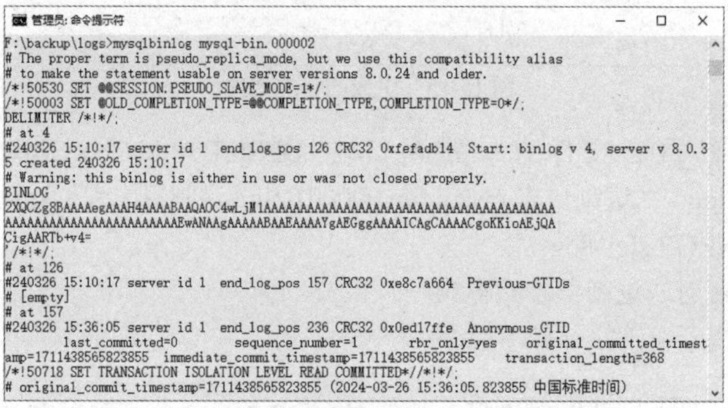

图 15-18　正确解析的二进制日志

(5) 下面来练习使用二进制日志恢复数据。首先登录 MySQL，如图 15-19 所示。

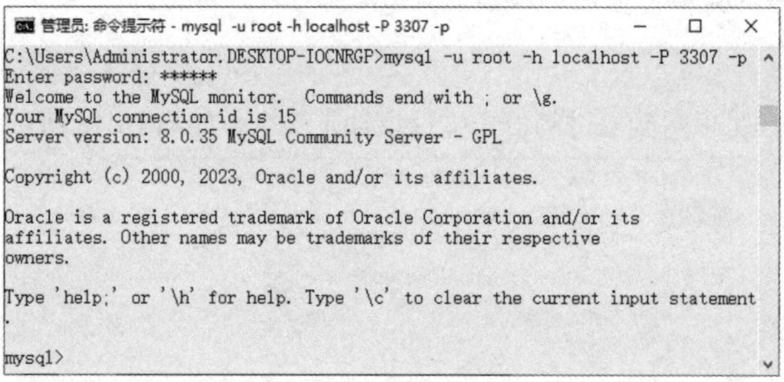

图 15-19　登录 MySQL

向数据库的 tb_member 表中插入两条记录，输入语句如下：

```
USE db_library;
INSERT INTO tb_member(m_FN,m_LN,m_birth,m_info) VALUES('Carry','YELLOW','2024-02-01 00:00:00','note message');
INSERT INTO tb_member(m_FN,m_LN,m_birth,m_info) VALUES('Hi','BLUE','2024-02-01 00:00:00','note message');
```

运行程序，结果如图 15-20 所示。

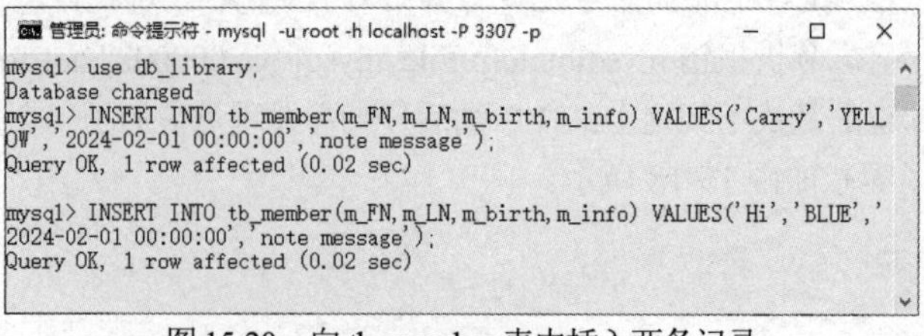

图 15-20　向 tb_member 表中插入两条记录

然后在 F:\backup\logs 下找到 DESKTOP-IOCNRGP.log，用 MYSQLbinlog 工具打开二进制日志 mysql-bin.000002，如图 15-21 所示，可以看到刚才插入数据时生成的日志。

图 15-21　插入数据时生成的日志

可以看到，二进制日志文件中记录了 db_library.tb_member 表的创建和插入记录的过程信息。打开通用查询日志 DESKTOP-IOCNRGP.log，可以查看刚才执行的插入语句，如图 15-22 所示。

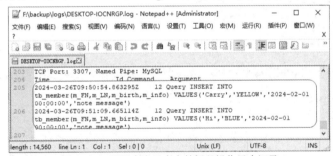

图 15-22　通用查询日志中的插入操作日志记录

接下来，暂停 MySQL 的二进制日志功能，查询 tb_member 表，输入语句如下：

SET SQL_LOG_BIN=0;
SELECT * FROM tb_member;

执行结果如图 15-23 所示。

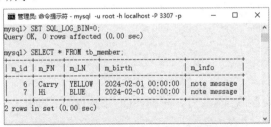

图 15-23　暂停二进制日志功能并查询数据表

删除表中的数据，然后查询验证，如图 15-24 所示。可以看到，tb_member 表已经被删除。

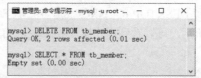

图 15-24　删除数据记录并查询验证删除结果

接下来使用 MySQLbinlog 工具恢复 tb_member 表以及表中的记录。首先打开二进制日志功能，然后查询当前主日志，输入语句如下：

SET SQL_LOG_BIN=1;
SHOW MASTER LOGS;

运行结果如图 15-25 所示。

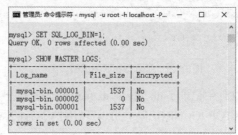

图 15-25　开启日志功能与查询主日志

在 Windows 命令行下输入如下恢复语句：

mysqlbinlog mysql-bin.000001 | mysql -u root -h localhost -P 3307 -p

执行结果如图 15-26 所示。

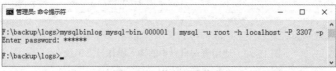

图 15-26　执行日志恢复

密码输入正确之后，tb_member 数据表将被恢复到 db_library 数据库中。登录 MySQL 可以再次查看 tb_member 表，结果如图 15-27 所示。从图中可知，数据恢复成功。

图 15-27　恢复的数据

(6) 删除二进制日志。删除日志文件，在 MySQL 下执行如下语句：

RESET MASTER;

执行成功后，查看 F:\log 目录，日志文件虽然还存在，但文件内容已经发生了变化，前面的 tb_member 表的创建和插入操作语句已经没有了。

提示：

若日志目录下有多个日志文件，例如 mysql-bin.000002、mysql-bin.000003 等，则执行 RESET MASTER 命令之后，除了 mysql-bin.000001 文件，其他所有文件都将被删除。

（7）暂停和重新启动二进制日志。

暂停二进制日志，在 MySQL 下执行的语句如下：

SET SQL_LOG_BIN=0;

执行完成后，MySQL 服务器暂停记录二进制日志。

重新启动二进制日志，在 MySQL 下执行的语句如下：

SET SQL_LOG_BIN=1;

执行完成后，MySQL 服务器重新开始记录二进制日志。

15.7 本章小结

MySQL 日志功能提供了记录 MySQL 数据库日常操作和错误的信息，从日志中可以查询到 MySQL 数据库的运行情况、用户操作、错误信息等，可以为 MySQL 管理和优化提供必要的信息。MySQL 有不同类型的日志文件，常用的日志有二进制日志、错误日志、通用查询日志和慢查询日志。

- 二进制日志：记录所有更改数据的语句，可以用于数据恢复。
- 错误日志：记录启动、运行或停止 MySQL 服务时出现的错误问题。
- 查询日志：记录建立的客户端连接和执行的语句。
- 慢查询日志：记录执行时间超过 long_query_time 的所有查询或不使用索引的查询。

本章详细介绍了各种日志类型的目录配置，日志的启动、查看、删除和使用的相关操作，并通过一个综合示例介绍了如何通过二进制日志恢复数据。通过本章所学，希望读者能对 MySQL 日志体系及其操作有全面的了解。

15.8 思考与练习

1. MySQL 中主要有哪些日志？
2. 如何使用慢查询日志？
3. 练习开启和设置二进制日志，查看、暂停和恢复二进制日志等操作。
4. 练习使用二进制日志恢复数据。
5. 练习使用 3 种方法删除二进制日志。
6. 练习设置错误日志、查看错误日志、删除错误日志。
7. 练习开启和设置通用查询日志、查看通用查询日志、删除通用查询日志。
8. 练习开启和设置慢查询日志、查看慢查询日志、删除慢查询日志。

第 16 章 性能优化

MySQL 性能优化就是通过合理安排资源、调整系统参数，使 MySQL 运行得更快、更节省资源。MySQL 性能优化包括查询速度优化、数据库结构优化、MySQL 服务器优化等。本章将为读者讲解性能优化、查询优化、数据库结构优化、MySQL 服务器优化。

本章的学习目标：
- 了解什么是数据库性能优化。
- 掌握常用的优化查询的方法。
- 掌握常用的优化数据库结构的方法。
- 掌握常用的优化 MySQL 服务器的方法。
- 熟练掌握综合案例中性能优化的方法和技巧。

16.1 优化简介

优化 MySQL 数据库是数据库管理员和数据库开发人员的必备技能。一方面，MySQL 优化能够找出系统的瓶颈，提高 MySQL 数据库整体的性能；另一方面，需要进行合理的结构设计和参数调整，以提高用户操作响应的速度；同时还要尽可能节省系统资源，以便系统可以提供更大负荷的服务。

MySQL 数据库优化是多方面的，原则是减少系统的瓶颈，减少资源的占用，增加系统的反应速度。例如，通过优化文件系统提高磁盘 I/O 的读写速度，通过优化操作系统调度策略提高 MySQL 在高负荷情况下的负载能力，优化表结构、索引、查询语句等使查询响应更快。

在 MySQL 中，可以使用 SHOW STATUS 语句查询一些 MySQL 数据库的性能参数。SHOW STATUS 语句语法如下：

```
SHOW STATUS LIKE 'value';
```

其中，value 是要查询的参数值，一些常用的性能参数如下。
- Connections：连接 MySQL 服务器的次数。
- Uptime：MySQL 服务器的上线时间。
- Slow_queries：慢查询的次数。
- Com_select：查询操作的次数。
- Com_insert：插入操作的次数。
- Com_update：更新操作的次数。
- Com_delete：删除操作的次数。

若查询 MySQL 服务器的连接次数，则可以执行如下语句：

SHOW STATUS LIKE 'Connections';

若查询 MySQL 服务器的慢查询次数，则可以执行如下语句：

SHOW STATUS LIKE 'Slow_queries';

其他参数的查询方法和这两个参数的查询方法相同。慢查询次数参数可以结合慢查询日志找出慢查询语句，然后针对慢查询语句进行表结构优化或者查询语句优化。

16.2 优化查询

查询是数据库中最频繁的操作，提高查询速度可以有效地提高 MySQL 数据库的性能。本节将为读者介绍优化查询的方法。

16.2.1 分析查询语句

通过对查询语句的分析可以了解查询语句的执行情况，找出查询语句执行的瓶颈，从而优化查询语句。MySQL 中提供了 EXPLAIN 语句和 DESCRIBE 语句，用来分析查询语句。本节将详细介绍使用 EXPLAIN 语句和 DESCRIBE 语句分析查询语句的方法。

EXPLAIN 语句的基本语法如下：

EXPLAIN [EXTENDED] SELECT select_options

使用 EXTENED 关键字，EXPLAIN 语句将产生附加信息。select_options 是 SELECT 语句的查询选项，包括 FROM WHERE 子句等。

执行该语句可以分析 EXPLAIN 后面的 SELECT 语句的执行情况，并且能够分析出所查询的表的一些特征。

【例 16-1】使用 EXPLAIN 语句分析一个查询语句，执行如下命令：

EXPLAIN SELECT * FROM tb_book;

执行结果如图 16-1 所示。

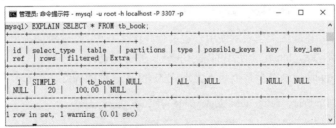

图 16-1 分析查询语句

下面对查询结果进行解释。

(1) id：SELECT 识别符。这是 SELECT 的查询序列号。

(2) select_type：表示 SELECT 语句的类型，它有以下几种取值。SIMPLE 表示简单查询，其中不包括连接查询和子查询；PRIMARY 表示主查询，或者最外层的查询语句；UNION 表示连接查询的第 2 个或后面的查询语句。

(3) table：表示查询的表。

(4) type：表示表的连接类型。下面按照从最佳类型到最差类型的顺序给出各种连接类型。

- const：数据表最多只有一个匹配行，它将在查询开始时被读取，并在余下的查询优化中作为常量对待。const 表查询速度很快，因为它们只读取一次。const 用于使用常数值比较 PRIMARY KEY 或 UNIQUE 索引的所有部分的场合。

在下面的查询中，tbl_name 可用于 const 表：

```
SELECT * FROM tbl_name WHERE PRIMARY_KEY=1;
SELECT * FROM tbl_name WHERE PRIMARY_KEY_PARTL=1 AND PRIMARY_KEY_PART2=2;
```

- system：该表是仅有一行的系统表。这是 const 连接类型的一个特例。
- eq_ref：对于每个来自前面的表的行组合，从该表中读取一行。当一个索引的所有部分都在查询中使用并且索引是 UNIQUE 或 PRIMARY KEY 时，即可使用这种类型。

eq_ref 可以用于使用"="操作符比较带索引的列。比较值可以为常量或一个在该表前面所读取的表的列的表达式。在下面的例子中，MySQL 可以使用 eq_ref 连接来处理 ref_tables：

```
SELECT * FROM ref_table,other_table WHERE ref_table.key_column=other_table.column;
SELECT * FROM ref_table,other_table WHERE ref_table.key_column_part1=other_table.column AND
ref_table.key_column_part2=1;
```

- ref：对于来自前面的表的任意行组合，将从该表中读取所有匹配的行。这种类型用于索引既不是 UNIQUE 又不是 PRIMARY KEY 的情况，或者查询中使用了索引列的左子集，即索引中左边的部分列组合。ref 可以用于使用"="或"<=>"操作符比较带索引的列。

在下面的例子中，MySQL 可以使用 ref 连接来处理 ref_tables：

```
SELECT * FROM ref_table WHERE key_column=expr;
SELECT * FROM ref_table,other_table WHERE ref_table,key_column=other_table.column;
SELECT * FROM ref_table,other_table WHERE ref_table.key_column_part1=other_table.column AND
ref_table.key_column_part2=1;
```

- ref_or_null：该连接类型如同 ref，但是添加了 MySQL 可以专门搜索包含 NULL 值的行。在解决子查询中经常使用该连接类型的优化。

在下面的例子中，MySQL 可以使用 ref_or_null 连接来处理 ref_tables：

```
SELECT * FROM ref_table
WHERE key_column=expr OR key_column IS NULL;
```

- index_merge：该连接类型表示使用了索引合并优化方法。在这种情况下，key 列包含使用的索引的清单，key_len 包含使用的索引的最长关键元素。
- unique_subquery：该类型替换了下面形式的 IN 子查询的 ref。

```
value IN (SELECT primary_key FROM single_table WHERE some_expr)
```

unique_subquery 是一个索引查找函数，可以完全替换子查询，效率更高。

- index_subquery：该连接类型类似于 unique_subquery，可以替换 IN 子查询，但只适合下列形式的子查询中的非唯一索引。

```
value IN (SELECT key_column FROM single_table WHERE some_expr)
```

- range：只检索给定范围的行，使用一个索引来选择行。key 列显示使用了哪个索引，key_len

包含所使用索引的最长关键元素。

当使用=、<>、>、>=、<、<=、IS NULL、<=>、BETWEEN 或者 IN 操作符，用常量比较关键字列时，类型为 range。

下面介绍几种检索指定行的情况：

```
SELECT * FROM tbl_nameWHERE key_column=10;
SELECT * FROM tbl_nameWHERE key_colmn BETWEEN 10 and 20;
SELECT * FROM tbl_name WHERE key_column IN(10,20,30);
SELECT *FROM tbl_name WHERE key_partl=0 AND key_part2 IN(10,20,30);
```

- index：该连接类型与 ALL 相同，除了只扫描索引树，它通常比 ALL 快，因为索引文件通常比数据文件小。
- ALL：对于前面的表的任意行组合，进行完整的表扫描。如果数据表太大，在查询时进行完整的表扫描，用时就会加长。通常的做法是为表格建立索引来避免全表扫描。

(5) possible_keys：指出 MySQL 能使用哪个索引在该表中找到行。若该列是 NULL，则没有相关的索引。在这种情况下，可以通过检查 WHERE 子句，看它是否引用某些列或适合索引的列来提高查询性能。如果是这样，就可以创建适合的索引来提高查询的性能。

(6) key：表示查询实际使用到的索引，如果没有选择索引，该列的值就是 NULL。要想强制 MySQL 使用或忽视 possible_keys 列中的索引，在查询中使用 FORCE INDEX、USE INDEX 或者 IGNORE INDEX。

(7) key_len：表示 MySQL 选择的索引字段按字节计算的长度，如果键是 NULL，长度就为 NULL。注意，通过 key_len 值可以确定 MySQL 将实际使用一个多列索引中的几个字段。

(8) ref：表示使用哪个列或常数与索引一起来查询记录。

(9) rows：显示 MySQL 在表中进行查询时必须检查的行数。

(10) filtered：表示存储引擎返回的数据在 server 层过滤后，剩下多少满足查询的记录数量的比例，注意是百分比，不是具体记录数。

(11) Extra：表示 MySQL 在处理查询时的详细信息。

DESCRIBE 语句的使用方法与 EXPLAIN 语句是一样的，并且分析结果也是一样的。DESCRIBE 语句的语法形式如下：

```
DESCRIBE SELECT select_options
```

DESCRIBE 可以缩写成 DESC。

16.2.2 索引对查询速度的影响

MySQL 中提高性能的一个最有效的方式是对数据表设计合理的索引。索引提供了高效访问数据的方法，并且可以加快查询的速度，因此索引对查询的速度有着至关重要的影响。使用索引可以快速地定位表中的某条记录，从而提高数据库查询的速度，提高数据库的性能。

如果查询时没有使用索引，查询语句就会扫描表中的所有记录。在数据量大的情况下，这样查询的速度会很慢。如果使用索引进行查询，查询语句就可以根据索引快速定位到待查询的记录，从而减少查询的记录数，达到提高查询速度的目的。

【例 16-2】下面是查询语句中不使用索引和使用索引的对比。

首先，分析未使用索引时的查询情况，EXPLAIN 语句如下：

EXPLAIN SELECT * FROM tb_book WHERE author="明日科技";

执行结果如图 16-2 所示。

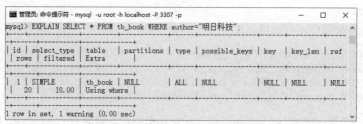

图 16-2　执行 EXPLAIN 语句的结果

可以看到，rows 列的值是 20，说明"SELECT * FROM tb_book WHERE author="明日科技";"这个查询语句扫描了表中的 20 条记录。

然后，在 tb_book 表的 author 字段上加上索引，命令如下：

CREATE INDEX index_author ON tb_book(author);

命令执行结果如图 16-3 所示。

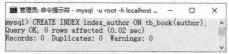

图 16-3　命令执行结果

再次执行 EXPLAIN 语句，其结果如图 16-4 所示。

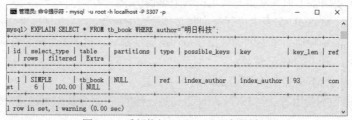

图 16-4　重新执行 EXPLAIN 语句的结果

结果显示，rows 列的值为 6，表示这个查询语句只扫描了表中的 6 条记录，其查询速度自然比扫描 20 条记录快。而且 possible_keys 和 key 的值都是 index_author，这说明查询时使用了 index_author 索引。

16.2.3　使用索引查询

索引可以提高查询的速度，但并不是使用带有索引的字段查询时，索引都会起作用。本小节将向读者介绍索引的使用。

使用索引有几种特殊情况，在这些情况下，有可能使用带有索引的字段查询时，索引并没有起作用，下面重点介绍这几种特殊情况。

1．使用 LIKE 关键字的查询语句

在使用 LIKE 关键字进行查询的查询语句中，如果匹配字符串的第一个字符为"%"，索引就不会起作用。只有"%"不在第一个位置，索引才会起作用。下面将举例说明。

【例 16-3】查询语句中使用 LIKE 关键字，并且匹配的字符串中含有“%”字符，EXPLAIN 语句执行如下：

```
EXPLAIN SELECT * FROM tb_book WHERE bookname LIKE '%G';
EXPLAIN SELECT * FROM tb_book WHERE bookname LIKE 'G%';
```

运行程序，结果如图 16-5 所示。

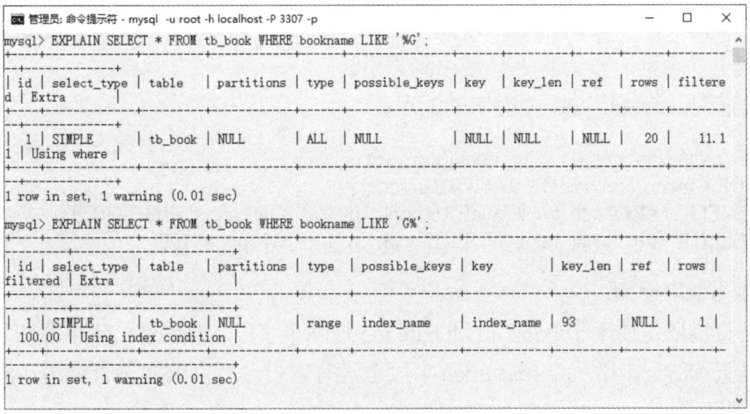

```
管理员: 命令提示符 - mysql  -u root -h localhost -P 3307 -p
mysql> EXPLAIN SELECT * FROM tb_book WHERE bookname LIKE '%G';
+----+-------------+---------+------------+------+---------------+------+---------+------+------+--------
--+-------------+
| id | select_type | table   | partitions | type | possible_keys | key  | key_len | ref  | rows | filtere
d | Extra       |
+----+-------------+---------+------------+------+---------------+------+---------+------+------+--------
--+-------------+
|  1 | SIMPLE      | tb_book | NULL       | ALL  | NULL          | NULL | NULL    | NULL |   20 |    11.1
1 | Using where |
+----+-------------+---------+------------+------+---------------+------+---------+------+------+--------
--+-------------+
1 row in set, 1 warning (0.01 sec)

mysql> EXPLAIN SELECT * FROM tb_book WHERE bookname LIKE 'G%';
+----+-------------+---------+------------+-------+---------------+------------+---------+------+------+-
---------+-----------------------+
| id | select_type | table   | partitions | type  | possible_keys | key        | key_len | ref  | rows |
filtered | Extra                 |
+----+-------------+---------+------------+-------+---------------+------------+---------+------+------+-
---------+-----------------------+
|  1 | SIMPLE      | tb_book | NULL       | range | index_name    | index_name | 93      | NULL |    1 |
  100.00 | Using index condition |
+----+-------------+---------+------------+-------+---------------+------------+---------+------+------+-
---------+-----------------------+
1 row in set, 1 warning (0.01 sec)
```

图 16-5　运行结果

已知 bookname 字段上有索引 index_name。第 1 个查询语句执行后，rows 列的值为 20，表示这次查询过程中扫描了表中所有的 20 条记录；第 2 个查询语句执行后，rows 列的值为 1，表示这次查询过程扫描了 1 条记录。第 1 个查询语句的索引没有起作用，因为第 1 个查询语句的 LIKE 关键字后的字符串以“%”开头，而第 2 个查询语句使用了索引 index_name。

2. 使用多列索引的查询语句

MySQL 可以为多个字段创建索引，一个索引可以包括 16 个字段。对于多列索引，只有查询条件中使用了这些字段中第 1 个字段时，索引才会被使用。

【例 16-4】本例在表 fruits 的 f_id、price 字段创建多列索引，验证多列索引的使用情况。

```
CREATE INDEX index_id_price ON tb_fruits(f_id,price);
EXPLAIN SELECT * FROM tb_fruits WHERE f_id='2';
EXPLAIN SELECT * FROM tb_fruits WHERE price=13;
```

运行结果如图 16-6 所示。

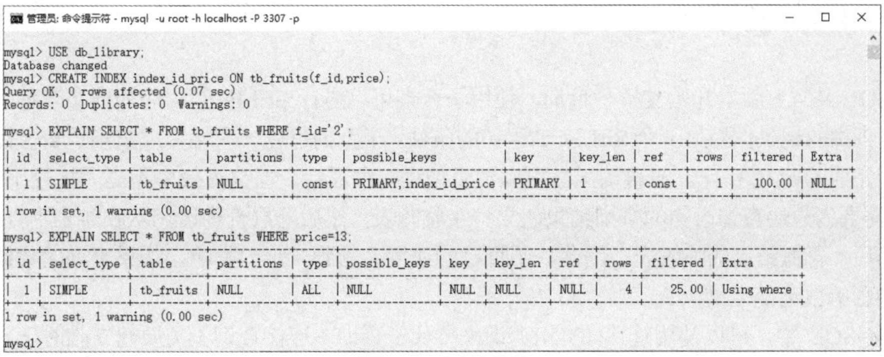

```
管理员: 命令提示符 - mysql  -u root -h localhost -P 3307 -p
mysql> USE db_library;
Database changed
mysql> CREATE INDEX index_id_price ON tb_fruits(f_id,price);
Query OK, 0 rows affected (0.07 sec)
Records: 0  Duplicates: 0  Warnings: 0

mysql> EXPLAIN SELECT * FROM tb_fruits WHERE f_id='2';
+----+-------------+-----------+------------+-------+----------------------+---------+---------+-------+------+----------+-------+
| id | select_type | table     | partitions | type  | possible_keys        | key     | key_len | ref   | rows | filtered | Extra |
+----+-------------+-----------+------------+-------+----------------------+---------+---------+-------+------+----------+-------+
|  1 | SIMPLE      | tb_fruits | NULL       | const | PRIMARY,index_id_price | PRIMARY | 1     | const |    1 |   100.00 | NULL  |
+----+-------------+-----------+------------+-------+----------------------+---------+---------+-------+------+----------+-------+
1 row in set, 1 warning (0.00 sec)

mysql> EXPLAIN SELECT * FROM tb_fruits WHERE price=13;
+----+-------------+-----------+------------+------+---------------+------+---------+------+------+----------+-------------+
| id | select_type | table     | partitions | type | possible_keys | key  | key_len | ref  | rows | filtered | Extra       |
+----+-------------+-----------+------------+------+---------------+------+---------+------+------+----------+-------------+
|  1 | SIMPLE      | tb_fruits | NULL       | ALL  | NULL          | NULL | NULL    | NULL |    4 |    25.00 | Using where |
+----+-------------+-----------+------------+------+---------------+------+---------+------+------+----------+-------------+
1 row in set, 1 warning (0.00 sec)

mysql>
```

图 16-6　运行结果

从第 1 条语句的查询结果可以看出，“f_id='2'”的记录有 1 条。第 1 条语句共扫描了 1 条记录，并且使用了索引 index_id_price。从第 2 条语句的查询结果可以看出,rows 列的值是 4,说明查询语句共扫描了 4 条记录,并且 key 列值为 NULL,说明"SELECT * FROM tb_fruits WHERE f_price=13;"语句并没有使用索引。因为 price 字段是多列索引的第 2 个字段,只有查询条件中使用了 f_id 字段才会使 index_id_price 索引起作用。

3. 使用 OR 关键字的查询语句

查询语句的查询条件中只有 OR 关键字,且 OR 前后的两个条件中其中一列使用了索引时,查询中就会用到索引。否则,查询将不会使用到索引。

【例 16-5】查询语句使用 OR 关键字的情况。

```
CREATE INDEX index_bookid ON tb_book(book_id);
CREATE INDEX index_barcode ON tb_book(barcode);
EXPLAIN SELECT * FROM tb_book WHERE book_id=1001 OR barcode='00333979';
EXPLAIN SELECT * FROM tb_book WHERE book_id=1001 OR price<100;
```

运行结果如图 16-7 所示。

因为第 1 条查询语句使用了 book_id 和 barcode 这两个字段,且 book_id 字段和 barcode 字段上都有索引,所以查询的记录数为 2 条;price 字段上没有索引,所以第 2 条查询语句没有使用索引,总共查询了 20 条记录。

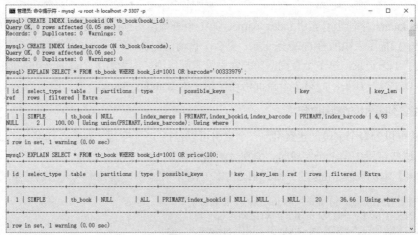

图 16-7 运行结果

16.2.4 优化子查询

MySQL 从 4.1 版本开始支持子查询,使用子查询可以进行 SELECT 语句的嵌套查询,即一个 SELECT 查询的结果作为另一个 SELECT 语句的条件。子查询可以一次性完成很多逻辑上需要多个步骤才能完成的 SQL 操作。子查询虽然可以使查询语句很灵活,但执行效率不高。执行子查询时,MySQL 需要为内层查询语句的查询结果建立一个临时表,然后外层查询语句从临时表中查询记录。查询完毕后,再撤销这些临时表。因此,子查询的速度会受到一定的影响。如果查询的数据量比较大,这种影响就会随之增大。

在 MySQL 中,可以使用连接(JOIN)查询来替代子查询。连接查询不需要建立临时表,其速度比子查询要快,如果查询中使用索引的话,性能就会更好。连接之所以更有效率,是因为 MySQL 不需要在内存中创建临时表来完成查询工作。

16.3 优化数据库结构

一个好的数据库设计方案对于数据库的性能常常会起到事半功倍的效果。合理的数据库结构不仅可以使数据库占用更小的磁盘空间，而且能够使查询速度更快。数据库结构的设计需要考虑数据冗余、查询和更新的速度、字段的数据类型是否合理等多方面的内容。本节将为读者介绍优化数据库结构的方法。

16.3.1 将字段很多的表分解成多个表

对于字段较多的表，如果有些字段的使用频率很低，那么可以将这些字段分离出来形成新表。当一个表的数据量很大时，会由于使用频率低的字段的存在而变慢。本小节将介绍这种优化表的方法。

【例 16-6】假设 VIP 会员表存储会员登录认证信息，该表中有很多字段，如 id、姓名、密码、地址、电话、个人描述字段。其中，地址、电话、个人描述等字段并不常用，可以将这些不常用的字段分解出另一个表。将这个表取名为 tb_vip_detail，表中有 vip_id、address、tel、description 等字段。其中，vip_id 是会员编号，address 字段存储地址信息，tel 字段存储电话信息，description 字段存储会员个人描述信息。这样就把会员表分成了两个表，分别为 tb_vip_users 表和 tb_vip_detail 表。

创建这两个表的 SQL 语句如下：

```
CREATE TABLE tb_vip_users(
    id int(11) NOT NULL AUTO_INCREMENT,
    username varchar(100) DEFAULT NULL,
    password varchar(100) DEFAULT NULL,
    last_login_time datetime DEFAULT NULL,
    last_ip varchar(100) DEFAULT NULL,
    PRIMARY KEY(id)
);
CREATE TABLE tb_vip_detail(
    vip_id int(11) NOT NULL DEFAULT 0,
    address varchar(100) DEFAULT NULL,
    tel varchar(20) DEFAULT NULL,
    description text
);
```

这两个表的结构如图 16-8 所示。

```
管理员: 命令提示符 - mysql -u root -h localhost -P 3307 -p
mysql> DESC tb_vip_users;
+-----------------+--------------+------+-----+---------+----------------+
| Field           | Type         | Null | Key | Default | Extra          |
+-----------------+--------------+------+-----+---------+----------------+
| id              | int          | NO   | PRI | NULL    | auto_increment |
| username        | varchar(100) | YES  |     | NULL    |                |
| password        | varchar(100) | YES  |     | NULL    |                |
| last_login_time | datetime     | YES  |     | NULL    |                |
| last_ip         | varchar(100) | YES  |     | NULL    |                |
+-----------------+--------------+------+-----+---------+----------------+
5 rows in set (0.00 sec)

mysql> DESC tb_vip_detail;
+-------------+--------------+------+-----+---------+-------+
| Field       | Type         | Null | Key | Default | Extra |
+-------------+--------------+------+-----+---------+-------+
| vip_id      | int          | NO   |     | 0       |       |
| address     | varchar(100) | YES  |     | NULL    |       |
| tel         | varchar(20)  | YES  |     | NULL    |       |
| description | text         | YES  |     | NULL    |       |
+-------------+--------------+------+-----+---------+-------+
4 rows in set (0.00 sec)
```

图 16-8 tb_vip_users 表和 tb_vip_detail 表的结构

如果需要查询会员的详细信息，那么可以用会员的id来查询。如果需要将会员的基本信息和详细信息同时显示，那么可以将tb_vip_users表和tb_vip_detail表进行联合查询，查询语句如下：

```
SELECT * FROM tb_vip_users LEFT JOIN tb_vip_detail ON tb_vip_users.id=tb_vip_detail.vip_id;
```

通过这种分解可以提高表的查询效率。对于字段很多且有些字段使用不频繁的表，可以通过这种分解的方式来优化数据库的性能。

16.3.2 增加中间表

对于需要经常联合查询的表，可以建立中间表以提高查询效率。通过建立中间表，把需要经常联合查询的数据插入中间表中，然后将原来的联合查询改为对中间表的查询，以此来提高查询效率。操作方法如下：首先，分析经常联合查询的表中的字段；然后，使用这些字段建立一个中间表，并将原来联合查询的表的数据插入中间表中；最后，使用中间表来进行查询。

【例16-7】通过增加中间表来优化查询。

首先，创建会员信息表tb_vip_users2和会员组信息表tb_vip_group如下：

```
CREATE TABLE tb_vip_users2(
    id int(11) NOT NULL AUTO_INCREMENT,
    username varchar(100) DEFAULT NULL,
    password varchar(100) DEFAULT NULL,
    groupId INT(11) DEFAULT 0,
    PRIMARY KEY(id)
);
CREATE TABLE tb_vip_group (
    Id int(11) NOT NULL AUTO_INCREMENT,
    name varchar(100) DEFAULT NULL,
    remark varchar(100) DEFAULT NULL,
    PRIMARY KEY(id)
);
```

查看表结构，如图16-9所示。

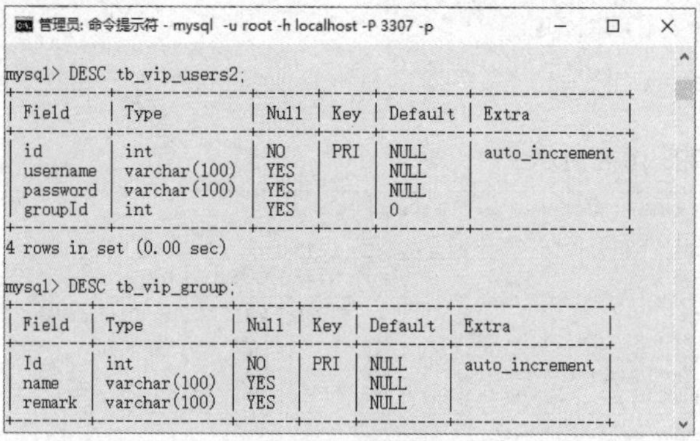

```
管理员: 命令提示符 - mysql  -u root -h localhost -P 3307 -p

mysql> DESC tb_vip_users2;
+----------+--------------+------+-----+---------+----------------+
| Field    | Type         | Null | Key | Default | Extra          |
+----------+--------------+------+-----+---------+----------------+
| id       | int          | NO   | PRI | NULL    | auto_increment |
| username | varchar(100) | YES  |     | NULL    |                |
| password | varchar(100) | YES  |     | NULL    |                |
| groupId  | int          | YES  |     | 0       |                |
+----------+--------------+------+-----+---------+----------------+
4 rows in set (0.00 sec)

mysql> DESC tb_vip_group;
+--------+--------------+------+-----+---------+----------------+
| Field  | Type         | Null | Key | Default | Extra          |
+--------+--------------+------+-----+---------+----------------+
| Id     | int          | NO   | PRI | NULL    | auto_increment |
| name   | varchar(100) | YES  |     | NULL    |                |
| remark | varchar(100) | YES  |     | NULL    |                |
+--------+--------------+------+-----+---------+----------------+
```

图16-9 查看表结构

已知现在有一个模块需要经常查询带有会员组名称、会员组备注(remark)、会员用户名的会员信息。根据这种情况可以创建一个tb_temp_vip表。tb_temp_vip表中存储用户名(user_name)、会员组名称(group_name)和会员组备注(group_remark)信息。创建表的语句如下：

```
CREATE TABLE tb_temp_vip(
    id int(11) NOT NULL AUTO_INCREMENT,
```

```
    user_name varchar(100) DEFAULT NULL,
    group_name varchar(100) DEFAULT NULL,
    group_remark varchar(100) DEFAULT NULL,
    PRIMARY KEY(id)
);
```

接下来，从会员信息表和会员组表中查询相关信息存储到临时表中：

```
INSERT INTO tb_temp_vip(user_name,group_name,group_remark)
SELECT v.username,g.name,g.remark
FROM tb_vip_users2 AS v,tb_vip_group AS g
WHERE v.groupId=g.Id;
```

执行结果如图 16-10 所示。

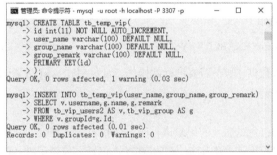

图 16-10　命令执行结果

之后，可以直接从 tb_temp_vip 表中查询会员用户名、会员组名称和会员组备注，而不用每次都进行联合查询，这样可以提高数据库的查询速度。

16.3.3　增加冗余字段

设计数据库表时应尽量遵循范式理论的规约，尽可能减少冗余字段，让数据库设计看起来精致、优雅。但是，合理地加入冗余字段可以提高查询速度。

表的规范化程度越高，表与表之间的关系就越多，需要连接查询的情况也就越多。例如，员工的信息存储在 tb_staff 表中，部门信息存储在 tb_department 表中。通过 tb_staff 表中的 department_id 字段与 tb_department 表建立关联关系。如果要查询一个员工所在部门的名称，就必须从 tb_staff 表中查找员工所在部门的编号(department_id)，然后根据这个编号去 tb_department 表查找部门的名称。如果经常需要进行这个操作，连接查询就会浪费很多时间。可以在 tb_staff 表中增加一个冗余字段 department_name，该字段用来存储员工所在部门的名称，这样就不用每次都进行连接操作了。

提示：

冗余字段会导致一些问题。比如，冗余字段的值在一个表中被修改了，就要想办法在其他表中更新该字段，否则就会使原本一致的数据变得不一致。分解表、增加中间表和增加冗余字段，都浪费了一定的磁盘空间。从数据库性能来看，为了提高查询速度而增加少量的冗余，大部分时候是可以接受的。是否通过增加冗余来提高数据库性能，这要根据实际需求综合分析。

16.3.4　优化插入记录的速度

插入记录时，影响插入速度的主要是索引、唯一性校验、一次插入记录条数等，根据这些情况可以分别进行优化。本小节将为读者介绍优化插入记录速度的几种方法。

1. 针对 MyISAM 引擎的表的优化方法

对于 MyISAM 引擎的表，常见的优化方法如下。

1) 禁用索引

对于非空表，插入记录时，MySQL 会根据表的索引对插入的记录建立索引。如果插入大量数据，建立索引就会降低插入记录的速度。为了解决这种情况，可以在插入记录之前禁用索引，数据插入完毕后再开启索引。禁用索引的语句如下：

```
ALTER TABLE table_name DISABLE KEYS;
```

其中，table_name 是禁用索引的表的表名。

重新开启索引的语句如下：

```
ALTER TABLE table_name ENABLE KEYS;
```

若对于空表批量导入数据，则不需要进行此操作，因为 MyISAM 引擎的表是在导入数据之后才建立索引的。

2) 禁用唯一性检查

插入数据时，MySQL 会对插入的记录进行唯一性检查。这种唯一性检查会降低插入记录的速度。为了降低这种情况对查询速度的影响，可以在插入记录之前禁用唯一性检查，等到记录插入完毕后再开启。禁用唯一性检查的语句如下：

```
SET UNIQUE_CHECKS=0;
```

开启唯一性检查的语句如下：

```
SET UNIQUE_CHECKS=1;
```

3) 使用 INSERT 语句批量插入

插入记录时，可以使用一条 INSERT 语句插入一条记录，也可以使用一条 INSERT 语句插入多条记录。插入一条记录的 INSERT 语句情形如下：

```
INSERT INTO tb_fruits VALUES(6,'loquat','10.8');
INSERT INTO tb_fruits VALUES(7,' starfruit','6');
INSERT INTO tb_fruits VALUES(8,' pitaya','7.8');
```

使用一条 INSERT 语句插入多条记录的情形如下：

```
INSERT INTO tb_fruits VALUES
(6,'loquat','10.8'), (7,' starfruit','6'), (8,' pitaya','7.8');
```

第二种情形的插入速度要比第一种情形快。

4) 使用 LOAD DATA INFILE 批量导入

当需要批量导入数据时，推荐用 LOAD DATA INFILE 语句，因为 LOAD DATA INFILE 语句导入数据的速度比 INSERT 语句快。

2. 针对 InnoDB 引擎的表的优化方法

对于 InnoDB 引擎的表，常见的优化方法如下。

(1) 禁用唯一性检查。插入数据之前执行 SET UNIQUE_CHECKS=0 语句来禁止对唯一性索引的检查，数据导入完成之后，再运行 SET UNIQUE_CHECKS=1 语句重新开启唯一性检查。这和 MyISAM 引擎的优化方法一样。

(2) 禁用外键检查。插入数据之前禁止对外键的检查，数据插入完成之后，再恢复对外键的检查。禁用外键检查的语句如下：

SET foreign_key_checks=0;

恢复对外键检查的语句如下：

SET foreign_key_checks=1;

(3) 禁止自动提交。插入数据之前禁止事务的自动提交，数据导入完成之后，执行恢复自动提交操作。禁止自动提交的语句如下：

set autocommit=0;

恢复自动提交的语句如下：

set autocommit=1;

16.3.5 分析表、检查表和优化表

MySQL 提供了分析表、检查表和优化表的语句。分析表主要是分析关键字的分布；检查表主要是检查表是否存在错误；优化表主要是消除删除或者更新造成的空间浪费。

1. 分析表

MySQL 中提供了 ANALYZE TABLE 语句来分析表，ANALYZE TABLE 语句的基本语法如下：

ANALYZE [LOCAL | NO_WRITE_TO_BINLOG] TABLE tbl_name[,tbl_name]…

LOCAL 关键字是 NO_WRITE_TO_BINLOG 关键字的别名，二者都是执行过程中不写入二进制日志的；tbl_name 为分析的表的表名，可以有一个或多个。

使用 ANALYZE TABLE 语句分析表的过程中，数据库系统会自动对表加一个只读锁。在分析期间，只能读取表中的记录，不能更新和插入记录。ANALYZE TABLE 语句能够分析 InnoDB、BDB 和 MyISAM 类型的表。

【例 16-8】使用 ANALYZE TABLE 语句来分析 tb_vip_users 表，语句如下：

ANALYZE TABLE tb_vip_users;

执行结果如图 16-11 所示。

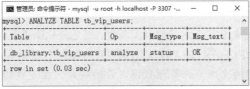

图 16-11 执行结果

上面结果显示的信息说明如下。

- Table：表示分析的表的名称。
- Op：表示执行的操作。analyze 表示进行分析操作。

- Msg_type：表示信息类型，其值通常是状态(status)、信息(info)、注意(note)、警告(warning)和错误(error)之一。
- Msg_text：显示信息。

2. 检查表

MySQL 中可以使用 CHECK TABLE 语句来检查表。CHECK TABLE 语句能够检查 InnoDB 和 MyISAM 类型的表是否存在错误。对于 MyISAM 类型的表，CHECK TABLE 语句还会更新关键字统计数据。而且，CHECK TABLE 也可以检查视图是否有错误，比如在视图定义中被引用的表已不存在。该语句的基本语法如下：

```
CHECK TABLE tbl_name [,tbl_name]…[option]…
option = { QUICK | FAST | MEDIUM | EXTENDED | CHANGED }
```

其中，tbl_name 是表名；option 参数有 5 个取值，分别是 QUICK、FAST、MEDIUM、EXTENDED 和 CHANGED。各选项的含义如下。

- QUICK：不扫描行，不检查错误的连接。
- FAST：只检查没有被正确关闭的表。
- MEDIUM：扫描行，以验证被删除的连接是有效的。也可以计算各行的关键字校验和，并使用计算出的校验和验证这一点。
- EXTENDED：对每行的所有关键字进行一个全面的关键字查找。这可以确保表百分之百是一致的，但是花的时间较长。
- CHANGED：只检查上次检查后被更改的表和没有被正确关闭的表。

option 只对 MyISAM 类型的表有效，对 InnoDB 类型的表无效。CHECK TABLE 语句在执行过程中也会给表加上只读锁。

3. 优化表

MySQL 中使用 OPTIMIZE TABLE 语句来优化表。该语句对 InnoDB 和 MyISAM 类型的表都有效。但是，OPTILMIZE TABLE 语句只能优化表中的 VARCHAR、BLOB 或 TEXT 类型的字段。OPTILMIZE TABLE 语句的基本语法如下：

```
OPTIMIZE [LOCAL | NO_WRITE_TO_BINLOG] TABLE tbl_name [, tbl_name] ...
```

LOCAL | NO_WRITE_TO_BINLOG 关键字的意义和分析表相同，都是指定不写入二进制日志；tbl_name 是表名。

通过 OPTIMIZE TABLE 语句可以消除删除和更新造成的文件碎片。OPTIMIZE TABLE 语句在执行过程中也会给表加上只读锁。

提示：

一个表使用了 TEXT 或者 BLOB 这样的数据类型，若已经删除了表的一大部分，或者已经对含有可变长度行的表(含有 VARCHAR、BLOB 或 TEXT 列的表)进行了很多更新，则应使用 OPTIMIZE TABLE 来重新利用未使用的空间，并整理数据文件的碎片。在多数的设置中，根本不需要运行 OPTIMIZE TABLE。即使对可变长度的行进行了大量的更新，也不需要经常运行，每周一次或每月一次即可，并且只需要对特定的表运行。

16.4 优化 MySQL 服务器

优化 MySQL 服务器主要从两个方面来优化，一方面是对硬件进行优化，另一方面是对 MySQL 服务的参数进行优化。这部分的内容需要较全面的知识，一般只有专业的数据库管理员才能进行这一类的优化。对于可以定制参数的操作系统，也可以针对 MySQL 进行操作系统优化。

16.4.1 优化服务器硬件

服务器的硬件性能直接决定着 MySQL 数据库的性能。硬件的性能瓶颈直接决定 MySQL 数据库的运行速度和效率。针对性能瓶颈提高硬件配置，可以提高 MySQL 数据库查询、更新的速度。具体做法有以下几种。

(1) 配置较大的内存。足够大的内存是提高 MySQL 数据库性能的方法之一。内存的速度比磁盘 I/O 快得多，可以通过增加系统的缓冲区容量使数据在内存中停留的时间更长，以减少磁盘 I/O。

(2) 配置高速磁盘系统，以减少读盘的等待时间，提高响应速度。

(3) 合理分布磁盘 I/O。把磁盘 I/O 分散在多个设备上，以减少资源竞争，提高并行操作能力。

(4) 配置多处理器。MySQL 是多线程的数据库，多处理器可同时执行多个线程。

16.4.2 优化 MySQL 的参数

通过优化 MySQL 的参数可以提高资源利用率，从而达到提高 MySQL 服务器性能的目的。MySQL 服务的配置参数都在 my.cnf 或者 my.ini 文件的[mysqld]组中。下面是对性能影响较大的参数。

- key_buffer_size：表示索引缓冲区的大小。所有的线程共享索引缓冲区。增加索引缓冲区可以得到更好处理的索引(对所有读和多重写)。当然，这个值不是越大越好，它的大小取决于内存的大小。如果这个值太大，就会导致操作系统频繁换页，也会降低系统性能。
- table_cache：表示同时打开的表的个数。值越大，能够同时打开的表数越多。但这个值也不是越大越好，因为同时打开的表太多会影响操作系统的性能。
- query_cache_size：表示查询缓冲区的大小。该参数需要和 query_cache_type 配合使用。当 query_cache_type 的值是 0 时，所有的查询都不使用查询缓冲区。但是 query_cache_type=0 并不会导致 MySQL 释放 query_cache_size 所配置的缓冲区内存。当 query_cache_type=1 时，所有的查询都将使用查询缓冲区，除非在查询语句中指定 SQL_NO_CACHE，如 SELECT SQL_NO_CACHE * FROM tbl_name。当 query_cache_type=2 时，只有在查询语句中使用 SQL_CACHE 关键字时，查询才会使用查询缓冲区。使用查询缓冲区可以提高查询的速度，这种方式只适用于修改操作少且经常执行相同的查询操作的情况。
- sort_buffer_size：表示排序缓存区的大小。值越大，进行排序的速度越快。
- read_buffer_size：表示每个线程连续扫描时为扫描的每个表分配的缓冲区的大小(字节)。当线程从表中连续读取记录时需要用到这个缓冲区。SET SESSION read_buffer_size=n 可以临时设置该参数的值。
- read_rnd_buffer_size：表示为每个线程保留的缓冲区的大小，与 read_buffer_size 相似，但主要用于存储按特定顺序读取出来的记录。也可以用 SET SESSION read_rnd_buffer_size=n 来临时设置该参数的值。如果频繁进行多次连续扫描，就可以增加该值。

- innodb_buffer_pool_size：表示 InnoDB 类型的表和索引的最大缓存。这个值越大，查询的速度就会越快。但是这个值太大会影响操作系统的性能。
- max_connections：表示数据库的最大连接数。这个连接数不是越大越好，因为这些连接会浪费内存的资源。过多的连接可能会导致 MySQL 服务器僵死。
- innodb_flush_log_at_trx_commit：表示何时将缓冲区的数据写入日志文件，并且将日志文件写入磁盘中。该参数对于 innoDB 引擎非常重要。该参数有 3 个值，分别为 0、1 和 2。值为 0 时，表示每隔 1 秒将数据写入日志文件并将日志文件写入磁盘；值为 1 时，表示每次提交事务时将数据写入日志文件并将日志文件写入磁盘；值为 2 时，表示每次提交事务时将数据写入日志文件，每隔 1 秒将日志文件写入磁盘。该参数的默认值为 1。默认值为 1，其安全性最高，但是每次事务提交或事务外的指令都需要把日志写入(flush)硬盘，是比较费时的；参数值设置为 0 时，速度更快一点，但安全方面比较差；参数值设置为 2 时，日志仍然会每秒写入硬盘，所以即使出现故障，一般也不会丢失超过 1~2 秒的更新。
- back_log：表示在 MySQL 暂时停止回答新请求之前的短时间内，多少个请求可以被存储在堆栈中。换句话说，该值表示对到来的 TCP/IP 连接的侦听队列的大小。只有期望在一个短时间内有很多连接，才需要增加该参数的值。操作系统在这个队列大小上也有限制。设定 back_log 高于操作系统的限制将是无效的。
- interactive_timeout：表示服务器在关闭连接前等待行动的秒数。
- sort_buffer_size：表示每个需要进行排序的线程分配的缓冲区的大小。增加这个参数的值可以提高 ORDER BY 或 GROUP BY 操作的速度。默认数值是 2097 144 字节(约 2MB)。
- thread_cache_size：表示可以复用的线程的数量。如果有很多新的线程，那么为了提高性能可以增大该参数的值。
- wait_timeout：表示服务器在关闭一个连接时等待行动的秒数，默认数值是 28 800。

合理地配置这些参数可以提高 MySQL 服务器的性能。除上述参数以外，还有 innodb_log_buffer_size、innodb_log_file_size 等参数。配置完参数以后，需要重新启动 MySQL 服务才会生效。

16.5 临时表性能优化

在 MySQL 8.0 中，用户可以把数据库和表归组到逻辑和物理表空间中，这样可以提高资源的利用率。

MySQL 8.0 使用 CREATE TABLESPACE 语句来创建一个通用表空间。这个功能可以让用户自由地选择表和表空间之间的映射，例如，创建表空间和设置这个表空间应该含有什么样的表。这也让在同一个表空间的用户对所有的表分组，因此在文件系统的一个单独的文件内持有其所有的数据，同时为通用表空间实现了元数据锁。

优化普通 SQL 临时表的性能是 MySQL 8.0 的目标之一。通过优化临时表，可以减少临时表的创建和移除过程中的不必要步骤，从而使其成为一个轻量级的操作。将临时表移动到一个单独的表空间中，恢复临时表的过程就变得非常简单，就是在启动时重新创建临时表的单一过程。

MySQL 8.0 去掉了临时表中不必要的持久化。临时表仅仅在连接和会话内被创建，然后通过服务的生命周期绑定它们。通过移除不必要的 UNDO 和 REDO 日志，改变缓冲和锁，从而为临时表进行优化操作。

MySQL 8.0 增加了 UNDO 日志的一个额外的类型，这个类型的日志被保存在一个单独的临时表空间中，在恢复期间不会被调用，而是在回滚操作中才会被调用。

MySQL 8.0 为临时表设定了一个特别类型，称为“内在临时表”。内在临时表和普通临时表很像，只是内在临时表使用宽松的 ACID 和 MVCC 语义。例如，优化器为了中间操作而要求轻型和超快速的表，就让优化器使用 InnoDB 的“内在临时表”作为内部存储的方式。

MySQL 8.0 为了提高临时表相关的性能，对临时表相关的部分进行了大幅修改，包括：引入新的临时表空间(ibtmp1)；对于临时表的 DDL，不持久化相关表定义；对于临时表的 DML，不写 redo，关闭 change buffer 等。

InnoDB 临时表元数据不再存储于 InnoDB 系统表，而是存储于 INNODB_TEMP_TABLE_INFO，包含所有用户和系统创建的临时表信息。该表在第一次运行 SELECT 时被创建。下面举例说明。

```
SELECT * FROM information_schema.innodb_temp_table_info;
CREATE TEMPORARY TABLE tb_temp_test1(id int,name varchar(100));
SELECT * FROM information_schema.innodb_temp_table_info;
```

运行结果如图 16-12 所示。

```
管理员: 命令提示符 - mysql  -u root -h localhost -P 3307 -p
mysql> CREATE TEMPORARY TABLE tb_temp_test1(id int,name varchar(100));
Query OK, 0 rows affected (0.00 sec)

mysql> SELECT * FROM information_schema.innodb_temp_table_info;
+----------+--------------+--------+------------+
| TABLE_ID | NAME         | N_COLS | SPACE      |
+----------+--------------+--------+------------+
|     1164 | #sql1610_15_6 |      5 | 4243767290 |
+----------+--------------+--------+------------+
1 row in set (0.00 sec)
```

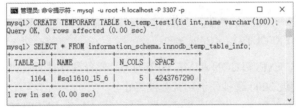

图 16-12　创建并查看临时表

MySQL 8.0 使用了独立的临时表空间来存储临时表数据，但不能是压缩表。临时表空间在实例启动的时候创建，关闭的时候删除，即为所有非压缩的 InnoDB 临时表提供一个独立的表空间，默认的临时表空间文件为 ibtmp1，位于数据目录。通过 innodb_temp_data_file_path 参数指定临时表空间的路径和大小，默认为 12MB。只有重启实例才能回收临时表空间文件 ibtmp1 的大小。CREATE TEMPORARY TABLE 和 USING TEMPORARY TABLE 将共用这个临时表空间，如图 16-13 所示。

```
管理员: 命令提示符 - mysql  -u root -h localhost -P ...
mysql> SHOW VARIABLES LIKE 'innodb_temp_data_file_path';
+----------------------------+-----------------------+
| Variable_name              | Value                 |
+----------------------------+-----------------------+
| innodb_temp_data_file_path | ibtmp1:12M:autoextend |
+----------------------------+-----------------------+
1 row in set, 1 warning (0.00 sec)
```

图 16-13　查看变量

在 MySQL 8.0 中，临时表在连接断开或者数据库实例关闭的时候，会进行删除，从而提高性能。临时表的元数据使用了 REDO 保护，可以保护元数据的完整性，以便异常启动后进行清理工作。

临时表的元数据在 MySQL 8.0 之后使用了一个独立的表(innodb_temp_table_info)进行保存，这样就不再需要 REDO 保护，元数据也只保存在内存中。但这有一个前提，必须使用共享的临时表空间，如果使用 file-per-table，那么仍然需要持久化元数据，以便异常恢复清理。临时表需要 undo log，用于 MySQL 运行时的回滚。

在 MySQL 8.0 中，新增一个系统选项 internal_tmp_disk_storage_engine，可定义磁盘临时表的引擎类型，默认为 InnoDB，可选 MyISAM。而在这以前，只能使用 MyISAM。而在 MySQL 5.6.3 以后新增的参数 default_tmp_storage_engine 用于控制 create temporary table 创建的临时表的存储引擎，

在以前默认是 MEMORY。查看结果如图 16-14 所示。

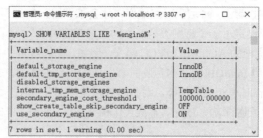

图 16-14　查看引擎变量结果

16.6　服务器语句超时处理

在 MySQL 8.0 中可以设置服务器语句超时的限制，单位可以达到毫秒级别。当中断的执行语句超过设置的毫秒数后，服务器将终止查询影响不大的事务或连接，然后将错误报给客户端。设置服务器语句超时的限制，可以通过设置系统变量 MAX_EXECUTION_TIME 来实现。例如：

SET GLOBAL MAX_EXECUTION_TIME=2000;

默认情况下，MAX_EXECUTION_TIME 的值为 0，代表没有时间限制。通过上述设置后，如果 SELECT 语句执行超过 2000 毫秒，语句就会被终止。

设置服务器语句超时的限制，也可以通过设置系统变量 MAX_EXECUTION_TIME 来实现。该变量用于设置 SELECT 语句运行在一个特定的会话里，指定该会话的超时时间。例如：

SET SESSION MAX_EXECUTION_TIME=2000;

通过上述设置后，如果 SELECT 语句执行超过 2000 毫秒，会话就会被终止。

16.7　创建全局通用表空间

MySQL 8.0 支持创建全局通用表空间，全局表空间可以被所有的数据库的表共享，而且相比于独享表空间，手动创建共享表空间可以节约元数据方面的内存。可以在创建表的时候，指定属于哪个表空间，也可以对已有表进行表空间的修改，具体的信息可以查看官方文档。

下面创建名为 abc 的共享表空间，SQL 语句如下：

CREATE TABLESPACE abc ADD datafile 'abc.ibd' file_block_size=16k;

指定表空间，SQL 语句如下：

CREATE TABLE t1(id int,name varchar(20))ENGINE=INNODB DEFAULT CHARSET UTF8MB4 TABLESPACE abc;

也可以通过 ALTER TABLE 语句指定表空间，SQL 语句如下：

mysql> alter table t1 tablespace abc;

如何删除创建的共享表空间？因为是共享表空间，所以不能直接通过 DROP TABLE tbname 语句删除，也不能回收空间。当确定共享表空间的数据都不再使用，并且依赖该表空间的表均已经删除时，可以通过 DROP TABLESPACE 语句删除共享表空间来释放空间，如果依赖该共享表空间的表存在，就会删除失败。

首先删除依赖该表空间的数据表，SQL 语句如下：

DROP TABLE t1;

然后删除表空间即可，SQL 语句如下：

DROP TABLESPACE abc;

16.8 本章实战

本章详细介绍了 MySQL 性能优化的各个方面，主要包括查询语句优化、数据结构优化和 MySQL 服务器优化。查询语句优化的主要方法有分析查询语句、使用索引优化查询、优化子查询等。数据结构优化的主要方法有分解表、增加中间表、增加冗余字段等。优化 MySQL 服务器主要包括优化服务器硬件、优化 MySQL 服务的参数。本章的综合案例将帮助读者加深理解 MySQL 优化的方法，以及培养执行这些优化操作的能力。

1. 示例目的

掌握 MySQL 查询语句优化、数据结构优化、MySQL 服务器优化等性能优化的方法。

2. 操作过程

(1) 分析查询语句。

下面首先来分析查询语句，理解索引对查询速度的影响，操作步骤如下：

① 使用 EXPLAIN 语句分析以下查询语句：

EXPLAIN SELECT * FROM tb_fruits WHERE f_id=1;

执行结果如图 16-15 所示。

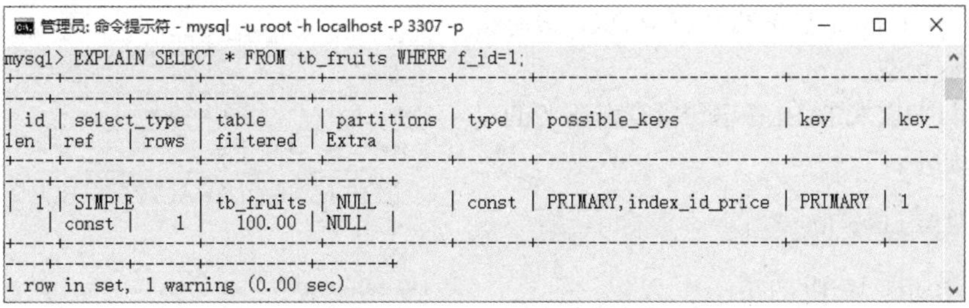

图 16-15 使用 EXPLAIN 语句分析查询语句(1)

由上面的分析结果可以看到，使用了索引，只扫描了表中 1 条记录。

② 使用 EXPLAIN 分析以下查询语句：

EXPLAIN SELECT * FROM tb_fruits WHERE name like '%ne';

执行结果如图 16-16 所示。

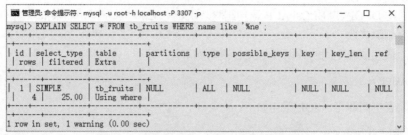

图 16-16 使用 EXPLAIN 语句分析查询语句(2)

从上面的分析结果可以看出,该查询语句没有使用索引,扫描了表中 4 条记录。

③ 使用 EXPLAIN 分析查询语句如下:

EXPLAIN SELECT * FROM tb_fruits WHERE name like 'ta%';

执行结果如图 16-17 所示。

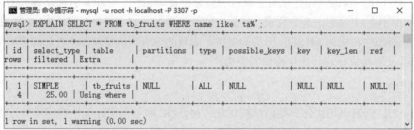

图 16-17 使用 EXPLAIN 语句分析查询语句(3)

从上面的分析结果可以看到,使用了索引,只扫描了表中 4 条记录。

(2) 分析表、检查表、优化表。

① 使用 ANALYZE TABLE 语句分析 tb_fruits 表,执行的语句如下:

ANALYZE TABLE tb_fruits;

执行结果如图 16-18 所示。

可以看出,fruits 表的分析状态是 OK,没有错误状态和警告状态。

② 使用 CHECK TABLE 语句检查表 tb_fruits,执行的语句如下:

CHECK TABLE tb_fruits;

执行结果如图 16-19 所示。

可以看出,fruits 表的检查状态是 OK,没有错误状态和警告状态。

③ 使用 OPTIMIZE TABLE 语句优化表 fruits,执行的语句如下:

OPTIMIZE TABLE tb_fruits;

执行结果如图 16-20 所示。

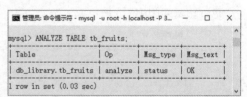

图 16-18 使用 ANALYZE TABLE 语句分析表

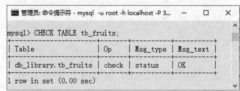

图 16-19 使用 CHECK TABLE 语句检查表

```
管理员: 命令提示符 - mysql -u root -h localhost -P 3307 -p
mysql> OPTIMIZE TABLE tb_fruits;
+-----------------------+----------+----------+---------------------
-----------------------------------------+
| Table                 | Op       | Msg_type | Msg_text
+-----------------------+----------+----------+---------------------
-----------------------------------------+
| db_library.tb_fruits  | optimize | note     | Table does not suppor
t optimize, doing recreate + analyze instead
| db_library.tb_fruits  | optimize | status   | OK
+-----------------------+----------+----------+---------------------
```

图 16-20 使用 OPTIMIZE TABLE 优化表

可以看出，fruits 表的优化状态是 OK，没有错误状态和警告状态。但是多了一串 note 提示“Table does not support optimize, doing recreate + analyze instead”，原因是，对于 MyISAM 可以直接使用 OPTIMIZE TABLE table_name，当前是 InnoDB 引擎时，会提示“Table does not support optimize, doing recreate + analyze instead”。一般情况下，由 MyISAM 转换成 InnoDB，会用 ALTER TABLE table.name engine='innodb'进行转换，优化也可以用这一语句。所以当前是 InnoDB 引擎时，我们就用 ALTER TABLE tablename engine='innodb'来代替 optimize 做优化即可。

16.9 本章小结

MySQL 性能优化就是通过合理安排资源、调整系统参数，使 MySQL 运行得更快、更节省资源。用户可以从查询速度、数据库结构、MySQL 服务器等方面来进行优化，以提高系统运行性能。本章首先详细介绍了查询的优化，包括分析查询语句、索引对查询速度的提升、子查询优化；然后介绍了如何从数据库结构上来进行优化，包括将多字段表进行分解、增加中间表、增加冗余字段、优化插入记录的速度，以及分析表、检查表和优化表的操作；还介绍了 MySQL 服务器的优化，包括优化服务器硬件和优化 MySQL 参数；接着介绍了临时表的优化、服务器语句超时处理、全局通用表空间的使用。本章的后面使用了一个综合示例，综合本章所学知识，进行服务器性能检查与优化操作。通过本章的学习，读者能够对数据库的优化有一个全面的理解及实践能力。

16.10 思考与练习

1. 是不是索引建立得越多越好？
2. 为什么查询语句中的索引没有起作用？
3. 如何使用查询缓冲区？
4. 练习查询连接 MySQL 服务器的次数、MySQL 服务器的上线时间、慢查询的次数、查询操作的次数、插入操作的次数、更新操作的次数、删除操作的次数等。
5. 练习优化子查询。
6. 练习分析查询语句中是否使用了索引，以及索引对查询的影响。
7. 练习将很大的表分解成多个表，并观察分解表对性能的影响。
8. 练习使用中间表优化查询。
9. 练习分析表、检查表、优化表。
10. 练习优化 MySQL 服务器的配置参数。

第 17 章 综合项目

本章的综合项目提供了两个综合案例，即图书管理系统和网上购物系统。图书管理系统主要是为图书管理设计一个数据库系统，其中包括需求管理、创建数据库、图书管理、用户信息管理、图书借阅管理、视图管理。通过图书管理系统的开发，读者可以了解到如何从需求分析开始，为一个实际应用设计数据库和数据库对象，为前端应用系统提供存储支撑。而在网上购物系统项目中，更深入地介绍了后端数据库如何与前端应用系统进行交互。通过网上购物系统项目，读者除了可以深入了解数据库如何与前端应用进行交互，还能了解前后端开发人员如何进行交流。

本章的学习目标：
- 掌握现实问题抽象与需求分析过程，以确定要建立哪些数据表。
- 掌握数据库及数据表的建立操作。
- 掌握数据查询与其他数据库对象的使用。
- 掌握根据需求分析导出系统功能的方法。
- 掌握数据库系统与前端应用系统如何在代码层面上实现交互。

17.1 图书管理系统

图书管理系统是所有大学图书馆和公共图书馆中最常见的一类系统，主要作用是：管理图书馆的藏书；方便图书管理员的管理操作；方便借阅者的借阅与浏览。因此，图书管理系统能使借书人借书更加方便，同时减轻图书管理员的负担，使图书信息管理、图书查询、图书统计、图书借还等操作更加方便、系统化、规范化。本节将从图书管理系统的需求出发，分析出需要建立的数据库对象。

17.1.1 需求管理

图书管理系统一般涉及三类角色：普通用户、图书管理员和系统管理员。这三类角色的需求如下。

(1) 普通用户：即普通读者，需要通过系统进行的操作包括查询图书、浏览图书、借阅图书、归还图书、查看个人信息、修改个人信息。

(2) 图书管理员：主要指图书馆的管理员，需要通过系统进行的操作包括图书登记、图书查询与统计、图书预约查询、图书借阅查询、借阅图书登记、还书登记、图书遗失登记。

(3) 系统管理员：主要对系统进行运维管理，包括管理用户、分配角色权限、系统设置、定期备份与安全维护等。

第 17 章 综合项目

图书管理系统涉及的业务流程如下。

(1) 当普通用户来到图书馆，可以直接在书架浏览图书，也可以通过终端电脑浏览，然后将需要借阅的图书拿到图书管理员处，告知图书管理员是否有预约。如果有预约，可以直接登记借出图书；如果没有预约，将图书给到图书管理员，管理员再进行查询、登记等操作。

(2) 普通用户来到图书管理员处还书时，将图书还给图书管理员，图书管理员在系统中操作还书登记。

图书管理系统主要是围绕图书、普通用户、图书管理员、系统管理员进行操作的，为了满足各个角色的数据存储与操作需要，需要为图书管理系统建立图书管理系统数据库 db_lib，然后再建立数据表，包括图书表 tb_book、图书分类表 tb_classify、用户表 tb_user、部门表 tb_dept、角色表 tb_role、图书借阅表 tb_borrow、图书还书表 tb_return、借阅预约表 tb_appoint、图书遗失表 tb_lose。各表包含的信息如下。

(1) 图书表 tb_book：包含图书编号、图书名称、作者、图书定价、是否有光盘、出版社、图书分类编号、图书总数量、图书 ISBN 编号、图书创建时间、备注信息，如表 17-1 所示。

表 17-1 图书表 tb_book

字段	字段名称	字段类型	备注
id	图书编号	int	主键
book_name	图书名称	varchar(100)	
author	作者	varchar(100)	
price	图书定价	decimal	q
cd	是否有光盘	int	0：有；1：无
publish	出版社	varchar(50)	出版社
classify_id	图书分类编号	int	与图书分类表关联
account	图书总数量	int	
isbn	图书 ISBN 编号	varchar(100)	
create_time	图书创建日期	date_time	yyyy-mm-dd HH:mm:ss
note	备注	varchar(100)	

(2) 图书分类表 tb_classify：包含编号、图书分类名称、父分类编号、创建时间信息，如表 17-2 所示。

表 17-2 图书分类表 tb_classify

字段	字段名称	字段类型	备注
id	编号	int	主键
classify_name	图书分类名称	varchar(100)	
father_id	父分类编号	int	顶级父类编号为 0
create_time	创建时间	datetime	yyyy-mm-dd HH:mm:ss

(3) 用户表 tb_user：包含用户编号、姓名、出生日期、身份证号、登录名称、登录密码、手机号、电子邮箱、部门编号、角色编号信息，如表 17-3 所示。

表 17-3 用户表 tb_user

字段	字段名称	字段类型	备注
id	用户编号	int	
user_name	姓名	varchar(100)	
birth_date	出生日期	date	yyyy-MM-dd
id_card	身份证号	varchar(100)	
login_name	登录名称	varchar(100)	
password	登录密码	varchar(100)	
mobile	手机号	varchar(100)	
email	电子邮箱	varchar(100)	
dept_id	部门编号	int	与部门表关联
role_id	角色编号	int	与角色表关联，0 表示普通用户，1 表示图书管理员，2 表示系统管理员

(4) 部门表 tb_dept：包含部门编号、部门名称、创建日期信息，如表 17-4 所示。

表 17-4 部门表 tb_dept

字段	字段名称	字段类型	备注
id	部门编号	int	主键
dept_name	部门名称	varchar(100)	
create_date	创建日期	Date	yyyy-MM-dd

(5) 角色表 tb_role：包含角色编号、角色名称、备注信息，如表 17-5 所示。

表 17-5 角色表 tb_role

字段	字段名称	字段类型	备注
id	角色名称	int	主键
role_name	角色名称	varchar(100)	
note	备注	varchar(100)	

(6) 图书借阅表 tb_borrow：包含图书借阅编号、图书编号、用户编号、借阅时间、归还时间、创建时间、备注信息，如表 17-6 所示。

表 17-6 图书借阅表 tb_borrow

字段	字段名称	字段类型	备注
id	图书借阅编号	int	主键
book_id	图书编号	int	
user_id	用户编号	int	顶级父类编号为 0
borrow_time	借阅时间	date	yyyy-mm-dd
return_time	归还时间	date	yyyy-mm-dd
create_time	创建时间	datetime	yyyy-mm-dd HH:mm:ss
note	备注	varchar(100)	

(7) 图书还书表 tb_return：包含还书流水编号、图书借阅编号、归还时间、创建时间、备注信息，如表 17-7 所示。

表 17-7　图书还书表 tb_return

字段	字段名称	字段类型	备注
id	还书流水编号	int	主键
borrow_id	图书借阅编号	int	
return_time	归还时间	date	yyyy-mm-dd
create_time	创建时间	datetime	yyyy-mm-dd HH:mm:ss
note	备注	varchar(100)	

(8) 借阅预约表 tb_appoint：包含预约流水编号、图书编号、用户编号、预约时间、创建时间、备注信息，如表 17-8 所示。

表 17-8　借阅预约表 tb_appoint

字段	字段名称	字段类型	备注
id	预约流水编号	int	主键
book_id	图书编号	int	
user_id	用户编号	int	
appoint_time	预约时间	date	yyyy-mm-dd
create_time	创建时间	datetime	yyyy-mm-dd HH:mm:ss
note	备注	varchar(100)	

(9) 图书遗失表 tb_lose：包含遗失流水编号、图书借阅流水编号、登记时间、备注信息，如表 17-9 所示。

表 17-9　图书遗失表 tb_lose

字段	字段名称	字段类型	备注
id	遗失流水编号	int	主键
borrow_id	图书借阅流水编号	int	
create_time	登记时间	datetime	yyyy-mm-dd HH:mm:ss
note	备注	varchar(100)	

17.1.2　创建数据库

在图书管理系统数据库 db_lib 中，建立图书表 tb_book、图书分类表 tb_classify、用户表 tb_user、部门表 tb_dept、角色表 tb_role、图书借阅表 tb_borrow、图书还书表 tb_return、借阅预约表 tb_appoint、图书遗失表 tb_lose。

1. 创建语句

(1) 创建图书管理系统数据库 db_lib。

```
create database db_lib;
```

(2) 创建图书表 tb_book。

```
DROP TABLE IF EXISTS `tb_book`;
CREATE TABLE `tb_book` (
    `id` int(11) NOT NULL,
    `book_name` varchar(100) DEFAULT NULL,
    `author` varchar(100) DEFAULT NULL,
    `price` decimal(10,0) DEFAULT NULL,
    `cd` int(11) DEFAULT NULL,
    `publish` varchar(50) DEFAULT NULL,
    `classify_id` int(11) DEFAULT NULL,
    `account` int(11) DEFAULT NULL,
    `isbn` varchar(100) DEFAULT NULL,
    `create_time` datetime DEFAULT NULL,
    `note` varchar(100) DEFAULT NULL,
    PRIMARY KEY (`id`)
) ENGINE=InnoDB DEFAULT CHARSET=utf8;
```

(3) 创建图书分类表 tb_classify。

```
DROP TABLE IF EXISTS `tb_classify`;
CREATE TABLE `tb_classify` (
    `id` int(11) NOT NULL,
    `classify_name` varchar(100) DEFAULT NULL,
    `father_id` int(11) DEFAULT NULL,
    `create_time` datetime DEFAULT NULL,
    PRIMARY KEY (`id`)
) ENGINE=InnoDB DEFAULT CHARSET=utf8;
```

(4) 创建用户表 tb_user。

```
DROP TABLE IF EXISTS `tb_user`;
CREATE TABLE `tb_user` (
    `id` int(11) NOT NULL,
    `user_name` varchar(100) DEFAULT NULL,
    `birth_date` date DEFAULT NULL,
    `id_card` varchar(100) DEFAULT NULL,
    `login_name` varchar(100) DEFAULT NULL,
    `password` varchar(100) DEFAULT NULL,
    `mobile` varchar(100) DEFAULT NULL,
    `email` varchar(100) DEFAULT NULL,
    `dept_id` int(11) DEFAULT NULL,
    `role_id` int(11) DEFAULT NULL,
    PRIMARY KEY (`id`)
) ENGINE=InnoDB DEFAULT CHARSET=utf8;
```

(5) 创建部门表 tb_dept。

```
DROP TABLE IF EXISTS `tb_dept`;
CREATE TABLE `tb_dept` (
    `id` int(11) NOT NULL,
    `dept_name` varchar(100) DEFAULT NULL,
    `create_date` date DEFAULT NULL,
    PRIMARY KEY (`id`)
) ENGINE=InnoDB DEFAULT CHARSET=utf8;
```

(6) 创建角色表 tb_role。

```
DROP TABLE IF EXISTS `tb_role`;
```

```sql
CREATE TABLE `tb_role` (
    `id` int(11) NOT NULL,
    `role_name` varchar(100) DEFAULT NULL,
    `note` varchar(100) DEFAULT NULL,
    PRIMARY KEY (`id`)
) ENGINE=InnoDB DEFAULT CHARSET=utf8;
```

(7) 创建图书借阅表 tb_borrow。

```sql
DROP TABLE IF EXISTS `tb_borrow`;
CREATE TABLE `tb_borrow` (
    `id` int(11) NOT NULL,
    `book_id` int(11) DEFAULT NULL,
    `user_id` int(11) DEFAULT NULL,
    `borrow_time` date DEFAULT NULL,
    `return_time` date DEFAULT NULL,
    `create_time` datetime DEFAULT NULL,
    `note` varchar(100) DEFAULT NULL,
    PRIMARY KEY (`id`)
) ENGINE=InnoDB DEFAULT CHARSET=utf8;
```

(8) 创建还书表 tb_return。

```sql
DROP TABLE IF EXISTS `tb_return`;
CREATE TABLE `tb_return` (
    `id` int(11) NOT NULL,
    `borrow_id` int(11) DEFAULT NULL,
    `return_time` date DEFAULT NULL,
    `create_time` datetime DEFAULT NULL,
    `note` varchar(100) DEFAULT NULL,
    PRIMARY KEY (`id`)
) ENGINE=InnoDB DEFAULT CHARSET=utf8;
```

(9) 创建借阅预约表 tb_appoint。

```sql
DROP TABLE IF EXISTS `tb_appoint`;
CREATE TABLE `tb_appoint` (
    `id` int(11) NOT NULL,
    `book_id` int(11) DEFAULT NULL,
    `user_id` int(11) DEFAULT NULL,
    `appoint_time` date DEFAULT NULL,
    `create_time` datetime DEFAULT NULL,
    `note` varchar(100) DEFAULT NULL,
    PRIMARY KEY (`id`)
) ENGINE=InnoDB DEFAULT CHARSET=utf8;
```

(10) 创建图书遗失表 tb_lose。

```sql
DROP TABLE IF EXISTS `tb_lose`;
CREATE TABLE `tb_lose` (
    `id` int(11) NOT NULL,
    `borrow_id` int(11) DEFAULT NULL,
    `create_time` datetime DEFAULT NULL,
    `note` varchar(100) DEFAULT NULL,
    PRIMARY KEY (`id`)
) ENGINE=InnoDB DEFAULT CHARSET=utf8;
```

2. 初始化数据

(1) 插入数据到图书表 tb_book。

INSERT INTO `tb_book` VALUES ('1', 'python 编程从入门到精通', '天明教育', '29', '0', '辽宁大学出版社', '1', '2', '9787569804270', '2024-03-30 21:19:01', '翰宇图书专营店');
INSERT INTO `tb_book` VALUES ('2', '学习 JavaScript 数据结构与算法', '吴双', '63', '0', '人民邮电出版社', '1', '2', '9787115295149', '2024-03-30 21:21:53', '牛子旦图书专营店');
INSERT INTO `tb_book` VALUES ('3', '零基础轻松学 C++ 青少年趣味编程', '快乐学习教育', '47', '1', '机械工业出版社', '1', '2', '9787111644422', '2024-03-30 21:23:05', '机械工业出版社官方旗舰店');
INSERT INTO `tb_book` VALUES ('4', 'MyBatis 核心技术全解与项目实战', '赖帆', '58', '1', '人民邮电出版社', '1', '2', '9787115635655', '2024-03-30 21:24:41', '人民邮电出版社图书专营店');

(2) 插入数据到图书分类表 tb_classify。

INSERT INTO `tb_classify` VALUES ('1', 'IT 科技', '0', '2024-03-30 21:13:06');
INSERT INTO `tb_classify` VALUES ('2', '文娱商城', '0', '2024-03-30 21:13:38');
INSERT INTO `tb_classify` VALUES ('3', '经管投资', '0', '2024-03-30 21:13:56');
INSERT INTO `tb_classify` VALUES ('4', '进口原版', '0', '2024-03-30 21:14:13');

(3) 插入数据到用户表 tb_user。

INSERT INTO `tb_user` VALUES ('1', 'landy', '1989-01-30', '450205198103061069', 'landy', '123456', '13811571452', 'landy@pku.edu.cn', '1', '1');
INSERT INTO `tb_user` VALUES ('2', 'system', '1983-01-30', '110205198103061069', '系统管理员', '123456', '13652146325', 'system@edu.cn', '1', '1');
INSERT INTO `tb_user` VALUES ('3', 'libadmin', '2019-01-01', '110205198103061023', '小白', '123456', '17845617894', 'libadmin@admin.com', '2', '2');
INSERT INTO `tb_user` VALUES ('4', 'zhangsan', '2000-03-04', '210205198103061023', '张三', '123456', '18511446633', 'zhangsan@163.com', '3', '3');

(4) 插入数据到角色表 tb_role。

INSERT INTO `tb_role` VALUES ('1', '系统管理员', '维护系统用');
INSERT INTO `tb_role` VALUES ('2', '图书管理员', '维护图书管理系统内容');
INSERT INTO `tb_role` VALUES ('3', '普通用户', '普通用户');

(5) 插入数据到部门表 tb_dept。

INSERT INTO `tb_dept` VALUES ('1', '技术部', '2024-03-20');
INSERT INTO `tb_dept` VALUES ('2', '综合管理部', '2024-03-20');
INSERT INTO `tb_dept` VALUES ('3', '读者部', '2024-03-30');

(6) 插入数据到图书借阅表 tb_borrow。

INSERT INTO `tb_borrow` VALUES ('1', '1', '4', '2024-03-20', '2024-04-04', '2024-03-20 21:35:30', '普通借阅');
INSERT INTO `tb_borrow` VALUES ('2', '2', '4', '2024-03-20', '2024-04-04', '2024-03-20 21:36:24', '普通借阅');
INSERT INTO `tb_borrow` VALUES ('3', '3', '4', '2024-03-20', '2024-04-04', '2024-03-20 21:36:57', '普通借阅');

(7) 插入数据到借阅预约表 tb_appoint。

INSERT INTO `tb_appoint` VALUES ('1', '4', '4', '2024-03-30', '2024-03-30 21:39:18', '预约图书');
INSERT INTO `tb_appoint` VALUES ('2', '4', '3', '2024-03-30', '2024-03-30 21:40:16', '预约图书');

(8) 插入数据到图书还书表 tb_return。

INSERT INTO `tb_return` VALUES ('1', '1', '2024-04-04', '2024-04-04 21:41:41', null);

INSERT INTO `tb_return` VALUES ('2', '2', '2024-04-04', '2024-04-04 21:42:05', null);

(9) 插入数据到图书遗失表 tb_lose。

INSERT INTO `tb_lose` VALUES ('1', '3', '2024-03-30 21:43:16', '遗失图书');

17.1.3 图书管理

图书管理包括图书分类管理、图书信息管理、图书查询、图书统计。其中，对于图书分类管理，可以进行图书分类的增加、删除、修改、查询操作；对于图书信息管理，可以进行图书信息的增加、删除、修改、查询、统计操作。

1. 新增图书分类

下面来简要介绍新增图书分类的部分功能。在图书分类里面，新增一类图书分类"农学"，把分类信息插入到图书分类表 tb_classify 中。

INSERT INTO `tb_classify` VALUES ('5', '农学', '0', '2024-03-31 21:50:21');

查询所有的图书分类信息。

SELECT * FROM tb_classify;

查询结果如图 17-1 所示。

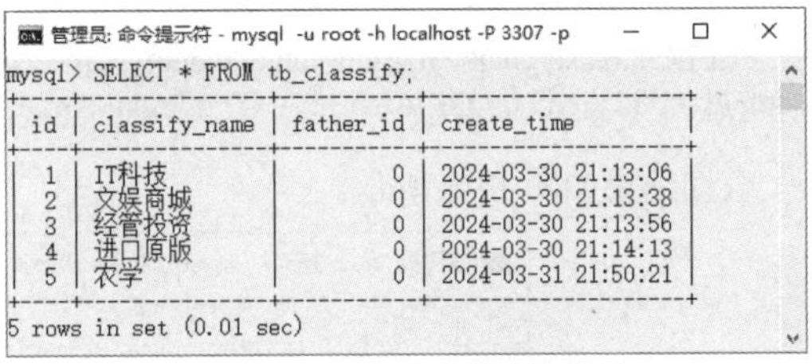

图 17-1 图书分类表查询结果

2. 新增图书

下面来简要介绍新增图书的部分功能。

图书管理系统里需要新增一本刚采购的农学方面的书籍：书名为《农学概论(第二版)》、作者为杨文钰、定价为 45 元、出版社为中国农业出版社、ISBN 编号为 9787109127937。要把它添加到图书表 tb_book 里，图书分类选择"农学"。

INSERT INTO `tb_book` VALUES ('5', '农学概论(第二版)', '杨文钰', '45', '0', '中国农业出版社', '5', '2', '9787109127937', '2024-03-30 21:54:49', '娅娜文学专营店');

查询所有图书的名称、作者、定价、出版社、分类名称、总数量。

SELECT a.book_name,a.author,a.price,a.publish,b.classify_name,a.account FROM tb_book a,tb_classify b WHERE a.classify_id = b.id;

查询结果如图 17-2 所示。

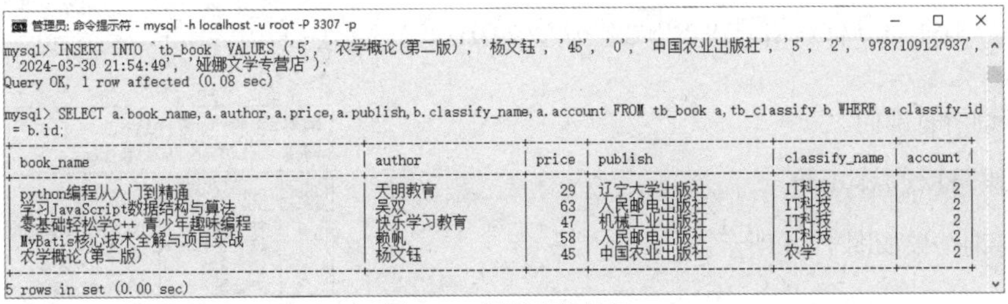

图 17-2 图书查询结果

17.1.4 用户信息管理

用户信息管理包括对用户、部门的管理。用户管理包括新增用户、删除用户、修改用户；部门管理包括新增部门、修改部门、删除部门。

1. 用户管理

下面来简要介绍用户管理的部分功能。

(1) 新增一个负责借阅图书的用户兰世仁，隶属于综合管理部，角色是系统管理员。

INSERT INTO `tb_user` VALUES ('5', '兰世仁', '1988-01-02', '101201111122221069', 'lanshiren', '123456', '15211115463', null, '1', '1');

(2) 修改用户兰世仁的部门，修改成读者部。

UPDATE tb_user SET dept_id =3 WHERE login_name='lanshiren';

(3) 查询用户兰世仁的姓名、登录名、部门名称、角色名称。

SELECT u.user_name,u.login_name,d.dept_name,r.role_name FROM tb_user u, tb_dept d, tb_role r WHERE u.dept_id = d.id AND u.role_id = r.id AND u.login_name = 'lanshiren';

查询结果如图 17-3 所示。

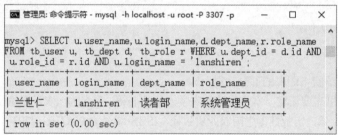

图 17-3 用户信息查询结果

(4) 删除用户兰世仁，SQL 语句如下：

DELETE FROM tb_user WHERE login_name = 'lanshiren';

2. 部门管理

下面来简要介绍部门管理的部分功能。

(1) 新增一个"办公室"部门。

INSERT INTO `tb_dept` VALUES ('4', '办公室', '2024-03-30');

(2) 查询所有部门。

SELECT * FROM tb_dept;

部门查询结果如图 17-4 所示。

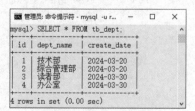

图 17-4 部门查询结果

17.1.5 图书借阅管理

图书借阅管理是图书管理系统的核心，可以进行借书预约管理、借书登记管理、还书管理、图书遗失登记管理等。

1. 借书预约管理

用户张三要借一本《农学概论(第二版)》，在借书前，通过图书管理系统进行借书预约登记。

(1) 借书预约登记。

INSERT INTO `tb_appoint` VALUES ('3', '5', '4', '2024-03-30', '2024-03-30 22:10:37', '预约图书');

(2) 查询用户张三的借书预约记录，包括用户姓名、借阅图书名称、作者、图书总数量、预约登记时间。

SELECT tb_user.user_name,tb_book.book_name,tb_book.author,tb_book.account,tb_appoint.appoint_time FROM tb_user,tb_book,tb_appoint WHERE tb_book.id IN (SELECT book_id FROM tb_appoint WHERE user_id=4) AND tb_user.id=4 ORDER BY tb_user.user_name LIMIT 1;

查询结果如图 17-5 所示。

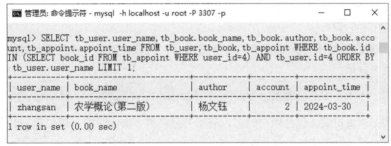

图 17-5　借书预约记录的查询结果

2. 借书登记管理

用户小白要借一本《农学概论(第二版)》，要进行借书登记。

(1) 借书登记。

INSERT INTO `tb_borrow` VALUES ('4', '5', '3', '2024-03-30', '2024-04-07', '2024-03-30 22:41:44', '普通借阅');

(2) 查询用户小白的借书记录，包括用户登录名、借阅图书名称、出版社、借书时间、归还时间。

SELECT u.user_name,b.book_name,b.publish,w.borrow_time,w.return_time from tb_user u,tb_book b, tb_borrow w where w.book_id = b.id AND w.user_id = u.id AND u.login_name = '小白';

查询结果如图 17-6 所示。

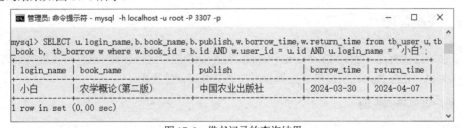

图 17-6　借书记录的查询结果

3. 还书管理

用户小白要归还《农学概论(第二版)》，需要进行还书登记。

(1) 还书登记。

```
INSERT INTO `tb_return` VALUES ('3', '4', '2024-04-07', '2024-04-07 22:47:21', null);
```

(2) 查询用户小白的还书记录，包括用户姓名、借阅图书名称、借书时间、还书时间。

```
SELECT u.user_name,b.book_name,w.borrow_time,r.return_time FROM tb_user u,tb_book b,tb_borrow w,tb_return r WHERE w.book_id = b.id AND w.user_id = u.id AND w.id = r.borrow_id AND u.login_name = '小白';
```

查询结果如图 17-7 所示。

```
管理员: 命令提示符 - mysql  -h localhost -u root -P 3307 -p
mysql> SELECT u.user_name, b.book_name, w.borrow_time, r.return_time FROM tb_user u,
tb_book b, tb_borrow w, tb_return r WHERE w.book_id = b.id AND w.user_id = u.id AND
 w.id = r.borrow_id AND u.login_name = '小白';
+-----------+----------------------------+-------------+-------------+
| user_name | book_name                  | borrow_time | return_time |
+-----------+----------------------------+-------------+-------------+
| libadmin  | 农学概论(第二版)           | 2024-03-30  | 2024-04-07  |
+-----------+----------------------------+-------------+-------------+
1 row in set (0.00 sec)
```

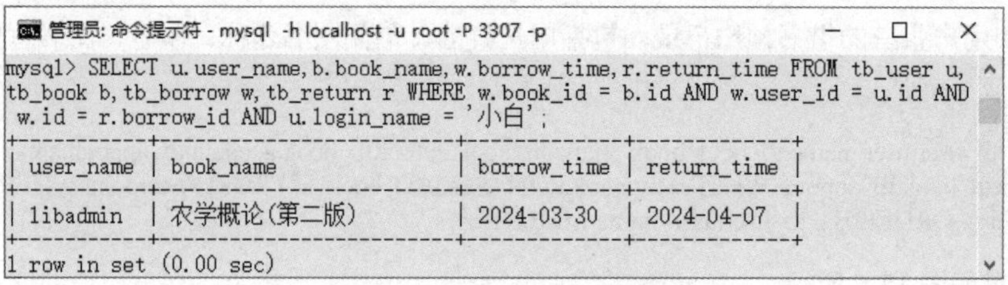

图 17-7　还书记录的查询结果

4. 图书遗失登记管理

用户小白借阅的图书《农学概论(第二版)》遗失了，对遗失的图书要进行图书遗失登记。

(1) 图书遗失登记。

```
INSERT INTO `tb_lose` VALUES ('2', '5', '2024-03-30 22:58:03', '遗失图书');
```

(2) 查询图书遗失记录，包括用户姓名、借阅书籍名称、借阅时间、遗失登记时间。

```
SELECT u.user_name,b.book_name,b.author,b.account,a.appoint_time FROM tb_user u,tb_book b,tb_appoint a WHERE a.book_id = b.id AND a.user_id = u.id AND u.login_name = '小白';
```

查询结果如图 17-8 所示。

```
管理员: 命令提示符 - mysql  -u root -h localhost -P 3307 -p
mysql> SELECT u.user_name, b.book_name, b.author, b.account, a.appoint_time FROM tb_user
u, tb_book b, tb_appoint a WHERE a.book_id = b.id AND a.user_id = u.id AND u.login_name
 = '小白';
+-----------+----------------------------+--------+---------+--------------+
| user_name | book_name                  | author | account | appoint_time |
+-----------+----------------------------+--------+---------+--------------+
| libadmin  | 农学概论(第二版)           | 杨文钰 |       2 | 2024-03-30   |
+-----------+----------------------------+--------+---------+--------------+
1 row in set (0.00 sec)
```

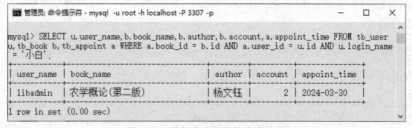

图 17-8　图书遗失记录的查询结果

17.1.6　视图管理

对于多表连接查询，可以为多个表创建视图，然后从视图中进行查询，这样可以提高查询速度。我们可以为用户信息查询、用户借书查询和用户还书查询创建视图。

1. 用户信息查询视图

针对用户表 tb_user、部门表 tb_dept、角色表 tb_role 建立一个用户信息查询视图 user_info_view，查询用户编号、姓名、登录名称、部门名称、角色名称。

```
CREATE OR REPLACE VIEW user_info_view
AS
SELECT u.id,u.user_name,u.login_name,d.dept_name,r.role_name
FROM tb_user u,tb_dept d,tb_role r
WHERE u.dept_id = d.id AND u.role_id = r.id ;
```

视图查询结果如图 17-9 所示。

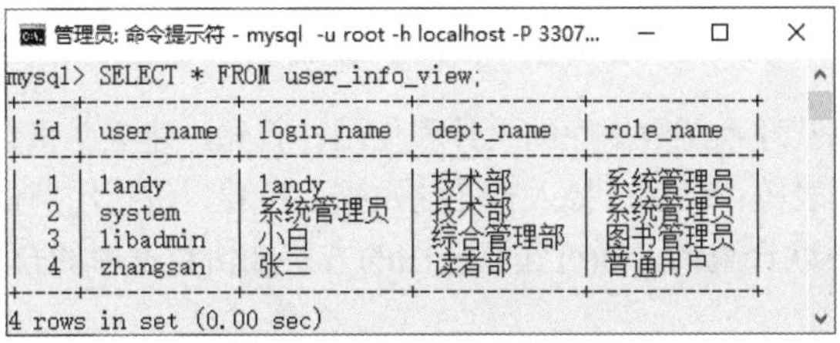
管理员: 命令提示符 - mysql -u root -h localhost -P 3307...

mysql> SELECT * FROM user_info_view;

id	user_name	login_name	dept_name	role_name
1	landy	landy	技术部	系统管理员
2	system	系统管理员	技术部	系统管理员
3	libadmin	小白	综合管理部	图书管理员
4	zhangsan	张三	读者部	普通用户

4 rows in set (0.00 sec)

图 17-9 用户信息查询视图

2. 用户借阅图书查询视图

针对用户表 tb_user、图书表 tb_book、图书借阅表 tb_borrow 建立一个用户借阅图书查询视图 user_book_borrow_view，查询用户编号、登录名称、姓名、图书名称、出版社、借阅时间、归还时间。

```
CREATE OR REPLACE VIEW user_book_borrow_view
AS
SELECT u.id,u.login_name,u.user_name,b.book_name,b.publish,w.borrow_time,w.return_time
from tb_user u, tb_book b, tb_borrow w
where w.book_id = b.id AND w.user_id = u.id ;
```

视图查询结果如图 17-10 所示。

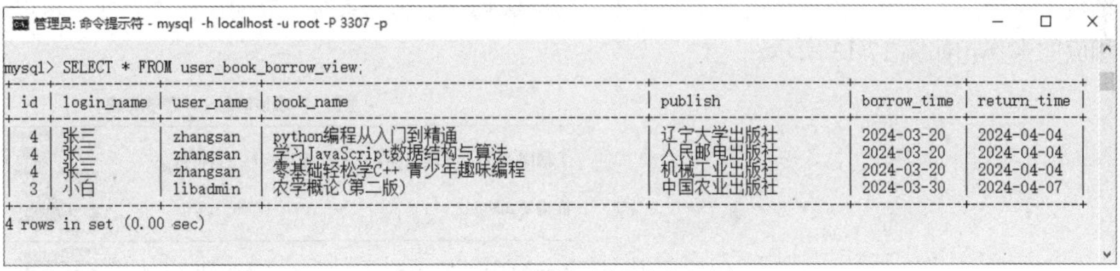
管理员: 命令提示符 - mysql -h localhost -u root -P 3307 -p

mysql> SELECT * FROM user_book_borrow_view;

id	login_name	user_name	book_name	publish	borrow_time	return_time
4	张三	zhangsan	python编程从入门到精通	辽宁大学出版社	2024-03-20	2024-04-04
4	张三	zhangsan	学习JavaScript数据结构与算法	人民邮电出版社	2024-03-20	2024-04-04
4	张三	zhangsan	零基础轻松学C++ 青少年趣味编程	机械工业出版社	2024-03-20	2024-04-04
3	小白	libadmin	农学概论(第二版)	中国农业出版社	2024-03-30	2024-04-07

4 rows in set (0.00 sec)

图 17-10 用户借阅图书查询视图

3. 用户还书查询视图

针对用户表 tb_user、图书表 tb_book、图书借阅表 tb_borrow、还书表 tb_return 建立一个用户还书查询视图 user_book_return_view，查询用户编号、登录名称、姓名、图书名称、借阅时间、归还时间。

```
CREATE OR REPLACE VIEW user_book_return_view
AS
SELECT u.id,u.login_name,u.user_name,b.book_name,w.borrow_time,r.return_time
FROM tb_user u,tb_book b,tb_borrow w,tb_return r
WHERE w.book_id = b.id AND w.user_id = u.id AND w.id = r.borrow_id ;
```

视图查询结果如图 17-11 所示。

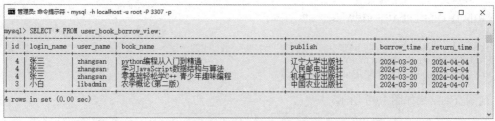

图 17-11　用户还书查询视图

到此为止，完成图书管理系统数据库的设计和使用。首先，建立 9 张数据表，包括用户表、部门表、图书表、图书借阅表等；然后，插入初始化数据；接着，进行用户信息管理、图书管理、借书管理等操作；对于多表联合查询，通过建立视图的方式加快数据库的查询。

17.2　网上购物系统

PHP 是广泛用于开发 Web 应用的后端编程语言，可以方便地处理前端业务逻辑，并与后端数据库进行交互。本节就以一个网上购物系统为例，介绍如何基于数据库使用 PHP 建立一个应用系统。

17.2.1　系统功能描述

该案例介绍一个基于 MySQL+PHP 的网上购物系统。该系统功能主要包括用户登录、商品管理、删除商品、订单管理、修改订单状态等功能。

首先需要登录购物系统，如图 17-12 所示，输入用户名和密码后，单击"登录"按钮，系统将查询数据库中的用户表，验证该用户是否存在。验证成功，则进入系统主界面，在主界面中可以进行相应的操作，如图 17-13 所示。

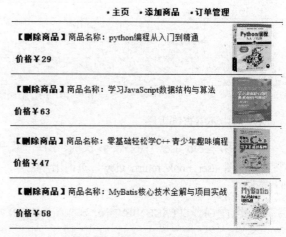

图 17-12　登录界面　　　　　　　　　图 17-13　网上购物系统主界面

17.2.2 系统功能分析

一个简单的网上购物系统包括用户登录、商品管理、删除商品、添加商品、订单管理、修改订单状态等功能。本节就来介绍这些功能的实现方法。

1. 系统功能分析

整个系统的功能模块如图 17-14 所示。

整个项目包含以下 6 个功能模块。

(1) 用户登录：在登录界面中，用户输入用户名和密码，然后单击"登录"按钮，系统查询数据库，查看是否存在该用户，密码是否正确，如果用户存在且密码正确，则打开商品管

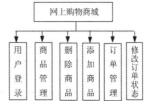

图 17-14　系统的功能模块

理界面，否则提示"无效的账号或密码"，拒绝用户进入商品管理界面，返回用户登录界面。

(2) 商品管理：用户成功登录网上购物系统后，进入商品管理界面，此时可以浏览所有的商品。

(3) 删除商品：在商品管理界面中，用户可以选择需要删除的商品，然后单击"删除"链接，系统将会删除该商品，并提示删除成功的消息，然后返回到商品管理界面。

(4) 添加商品：在商品管理界面中，用户可以单击"添加商品"链接，进入商品添加界面，添加商品的基本信息、商品图片后，单击"提交"按钮，系统将在数据库中增加一条商品记录。

(5) 订单管理：用户登录系统后，可以单击"订单管理"链接，进入订单管理界面，查看所有订单。

(6) 修改订单状态：在订单管理界面，用户单击"修改状态"链接后，进入订单状态修改界面，选择订单状态，单击"提交"按钮，系统会更新该条记录的订单状态。

2. 数据库设计

(1) 创建数据库。根据系统功能和数据库设计原则，设计数据库 goods。SQL 语句如下：

CREATE DATABASE IF NOT EXISTS `db_goods`;

(2) 数据库的数据表设计。根据需求分析和系统功能，为网上购物商城设计 4 张表，分别是：管理员表 tb_admin、会员表 tb_vip、商品表 tb_good、订单表 tb_form。各个表的结构如表 17-10~ 表 17-13 所示。

表 17-10　管理员表 tb_admin

字段名	数据类型	字段说明
id	int	用户编号，主键，自增
username	varchar(100)	用户名
password	varchar(100)	密码

表 17-11　会员表 tb_vip

字段名	数据类型	字段说明
id	int	会员编号，主键，自增
username	varchar(100)	用户名
password	varchar(100)	密码

表 17-12 商品表 tb_good

字段名	数据类型	字段说明
gid	int	商品编号，主键，自增
gname	varchar(100)	商品名称
gprice	decimal(10)	价格
gspic	varchar(255)	图片
gpicpath	varchar(255)	图片路径

表 17-13 订单表 tb_form

字段名	数据类型	字段说明
oid	int	订单编号，主键，自增
username	varchar(100)	用户昵称
category	varchar(20)	种类
product_name	varchar(100)	商品名称
price	decimal(10)	价格
num	int(10)	数量
phone	varchar(100)	电话
address	varchar(255)	地址
ip	varchar(100)	IP 地址
btime	datetime	下单时间
notes	varchar(255)	备注
state	tinyint	订单状态

(3) 创建管理员表 tb_admin，并插入用户数据。

创建管理员表 tb_admin，SQL 语句如下：

```
CREATE TABLE IF NOT EXISTS tb_admin(
    id int(3) unsigned NOT NULL,
    username varchar(100) NOT NULL,
    password varchar(100) NOT NULL,
    PRIMARY KEY(id)
);
```

插入用户数据，SQL 语句如下：

```
INSERT INTO `tb_admin` VALUES ('1', 'sysadmin', '123456');
INSERT INTO `tb_admin` VALUES ('2', 'shopadmin', '123456');
INSERT INTO `tb_admin` VALUES ('3', 'landy', '123456');
```

(4) 创建用户表 tb_vip，并插入会员数据。

创建会员用户表 tb_vip，SQL 语句如下：

```
CREATE TABLE `tb_vip` (
  `id` int unsigned NOT NULL,
  `username` varchar(100) NOT NULL,
  `password` varchar(100) NOT NULL,
  PRIMARY KEY (`id`)
)
```

插入会员数据，SQL 语句如下：

```sql
INSERT INTO `tb_vip` VALUES ('1', 'vip1', '123456');
INSERT INTO `tb_vip` VALUES ('2', 'vip2', '123456');
INSERT INTO `tb_vip` VALUES ('3', 'vip3', '123456');
```

(5) 创建商品表 tb_good，并插入商品数据。

创建商品表 tb_good，SQL 语句如下：

```sql
CREATE TABLE IF NOT EXISTS tb_good (
    gid int unsigned NOT NULL AUTO_INCREMENT,
    gname varchar(100) NOT NULL,
    gprice decimal(10) unsigned NOT NULL,
    gspic varchar(255) NOT NULL,
    gpicpath varchar(255) NOT NULL,
    PRIMARY KEY(gid)
);
```

插入商品数据，SQL 语句如下：

```sql
INSERT INTO `tb_good` VALUES ('1', 'python 编程从入门到精通', '29', 'aa', '100.jpg');
INSERT INTO `tb_good` VALUES ('2', '学习 JavaScript 数据结构与算法', '63', 'vv', '101.jpg');
INSERT INTO `tb_good` VALUES ('3', '零基础轻松学 C++ 青少年趣味编程', '47', 'tt', '102.jpg');
INSERT INTO `tb_good` VALUES ('4', 'MyBatis 核心技术全解与项目实战', '58', 'zz', '103.jpg');
```

(6) 创建订单表 tb_form，并插入订单数据。

创建订单表 tb_form，SQL 语句如下：

```sql
CREATE TABLE `tb_form` (
    `oid` int NOT NULL,
    `username` varchar(100) NOT NULL,
    `category` varchar(20) NOT NULL,
    `product_name` varchar(100) NOT NULL,
    `price` decimal(10) NOT NULL,
    `num` int NOT NULL,
    `phone` varchar(100) NOT NULL,
    `address` varchar(255) NOT NULL,
    `ip` varchar(100) NULL,
    `btime` datetime NOT NULL,
    `notes` varchar(255) NULL,
    `state` tinyint NOT NULL,
    PRIMARY KEY (`oid`)
)
```

插入订单数据，SQL 语句如下：

```sql
INSERT INTO `tb_from` VALUES ('1', 'vip1', '图书', 'python 编程从入门到精通', '29', '1', '13811447788', '北京市通州区物资学院路甲一号', '127.0.0.1', '2024-03-31 21:52:00', '无', '0');
INSERT INTO `tb_from` VALUES ('2', 'vip2', '图书', '学习 JavaScript 数据结构与算法', '63', '1', '13622554411', '北京市西二旗甲一号', '127.0.0.1', '2024-03-31 21:52:56', '无', null);
```

17.2.3 代码实现

该案例的代码清单包含 9 个 php 文件和 2 个文件夹，实现了网上购物系统的用户登录及验证、商品管理、删除商品、订单管理、修改订单状态等主要功能。网上购物系统中 php 文件的含义和代码如下。

(1) index.php 文件是用户的登录界面，也是 Web 访问入口，具体代码如下：

```html
<html>
<head>
<title>用户登录</title>
</head>
<body>
<h1 align="center">网上购物商城</h1>
<table width="100%" style="text-align:center">
<tr>
<form action="login.php" method="post">
<td width="60%" class="sub1">
<p class="sub">用户名：<input type="text" id="username" name="username" align="center" class="txttop"></p>
<p class="sub">密码：<input type="password" id="password" name="password" align="center" class="txtbot"></p>
<button name="button" class="button" type="submit">登录</button>
</form>
</td>
</tr>
</table>
</body>
</html>
```

(2) conn.php 文件为数据库连接页面，代码如下：

```php
<?php
$servername = "localhost"; // 服务器地址
$username = "root"; // 数据库用户名
$password = "123456"; // 数据库密码
$database = "db_goods"; // 数据库名
$port = 3307; // MySQL 服务运行的端口，默认是 3306

// 创建连接
$conn = new mysqli($servername, $username, $password, $database, $port);

// 检查连接
if ($conn->connect_error) {
    die("连接失败: " . $conn->connect_error);
}
echo "连接成功";
$conn->close();
?>
```

注意：

若此处连接数据库报错 "The server requested authentication method unknown to the client"，是由于 MySQL 8 默认使用了新的密码验证插件：caching_sha2_password，而之前的 PHP 版本中所带的 mysqlnd 无法支持这种验证。修改方法为：找到 mysql 配置文件 my.ini，并加入配置项 default_authentication_plugin=mysql_native_password，然后重启 MySQL 服务器尝试进行连接。

(3) login.php 文件对用户登录进行验证，代码如下：

```php
<html>
<head>
<title></title>
<link rel="stylesheet" type="text/css" href="css/main.css">
</head>
<body>
<h1 align="center">网上购物商城</h1></body>
<p align="center">
<?php
//连接数据库
require_once("conn.php");
//账号
$username=$_POST['username'];
//密码
$password=$_POST['password'];
//查询数据库
$qry=mysqli_query($con,"SELECT * FROM tb_admin WHERE username='$username'");
$row=mysqli_fetch_array($qry,MYSQLI_ASSOC);
//验证用户
if($username==$row['username'] && $password==$row['password']&&username!=null&&password!=null)
{
    session_start();
    $_SESSION['login']=$username;
    header("location:menu.php");
}else{
    echo "无效的账号或密码";
    header('refresh:1;url=index.php');
}
?>
</p>
</body>
</html>
```

(4) menu.php 文件为系统的主界面，具体代码如下：

```php
<?php
// 连接数据库
$host = 'localhost';
$username = 'root';
$password = '123456';
$database = 'db_goods';
$port=3307;
$mysqli = new mysqli($host, $username, $password, $database,$port);
// 检查连接是否成功
if ($mysqli->connect_error) {
    die('连接失败: ' . $mysqli->connect_error);
}
// 查询 SQL
$query = "SELECT * FROM tb_good";
// 执行查询
$result = $mysqli->query($query);
?>
<html>
<head>
<meta http-equiv="Content-Type" content="text/html; charset=utf-8" />
```

```php
<link type="text/css" rel="stylesheet" href="css/main.css" media="screen" />
<title>网上购物商城</title>
</head>
<body>
<h1 align="center">网上购物商城</h1>
<div style="margin-left:30%;margin-top:20px;">
<ul style="float:left;margin-left:30px;font-size:20px;">
<li><a href="#">首页</a></li>
</ul>
<ul style="float:left;margin-left:30px;font-size:20px;">
<li><a href="add.php">添加商品</a></li>
</ul>
<ul style="float:left;margin-left:30px;font-size:20px;">
<li><a href="search.php">订单管理</a></li>
</ul>
</div></div>
<div id="contain">
<div id="contain-left">
<div>
<?php
// 检查查询结果
if ($result) {
    // 获取结果
    while ($row = $result->fetch_assoc()) {
        // 处理每一行数据
?>
<table class="intable" align="center" width="540" border="0">
<tr>
<td class="td1">
【商品名称】:<?=$row['gname']?></td>
<td class="showimg" width="170" rowspan="2">
<img src='upload/<?=$row['gpicpath']?>' width="120" height="90" border="0"/>
<span>
<!-- <img src='upload/<?=$row['gpicpath']?>' alt="big"/> -->
</span>
</td>
</tr>
<tr>
<td class="td2">
【价格】:￥<font color="#FF0000"><?=$row['gprice']?></font>
<a href="#" onclick="showAlert(<?=$row['gid']?>);">删除</a>
</td>
</tr>
</table>
<td bgColor="#ffffff"><br></td>
</div>
</div>
</body>
</html>
<?php
    }
    // 释放结果
    $result->free();
} else {
    echo '查询失败: ' . $mysqli->error;
}
// 关闭连接
```

```
$mysqli->close();
?>
<script>
function showAlert(var gid) {
    alert('确定要删除该商品吗？');
    window.location.href = 'del.php?id=gid';
}
</script>
```

(5) add.php 文件为添加商品页面，具体代码如下：

```
<?php
session_start();
//设置中国时区
date_default_timezone_set("PRC");
$gname =$_POST["gname"];
$gprice=$_POST["gprice"];
if(is_uploaded_file($_FILES['upfile']['tmp_name']))
{
$upfile=$_FILES["upfile"];
}
$type = $upfile["type"];
$size = $upfile["size"];
$tmp_name = $upfile["tmp_name"];
switch($type){
    case 'image/jpg':
        $tp='.jpg';
        break;
    case 'image/jpeg':
        $tp='.jpeg';
        break;
    case 'image/qif':
        $tp='.gif';
        break;
    case 'image/png':
        $tp='.png';
        break;
}
$path=md5(date("Ymdhms").$name).$tp;
$res=move_uploaded_file($tmp_name,'upload/'.$path);
include("conn.php");
if($res){
    $sql="INSERT INTO tb_good('gid','gname','gprice','gspic','gpicpath') VALUES(null,'$gname','$gprice','','$path')";
    $result=mysqli_query($con,$sql);
    $id=mysqli_insert_id($con);
    echo "<script>location.href='menu.php'</script>";
}
?>
<!DOCTYPE html>
<html>
<head>
<meta http-equiv="Content-Type" content="text/html;charset=utf-8" />
<link type="text/css" rel="stylesheet" href="css/main.css" media="screen" />
<title>网上购物商城</title>
</head>
<body>
<h1 align="center">网上购物商城</h1>
```

```html
<div align="center">
<form action="add.php" method="post" enctype="muitipart/form-data" name="add">
商品名称：<input name="gname" type="text" size="50"/><br /><br />
价      格：<input name="gprice" type="text" size="50"/><br/><br />
缩略图上传：<input name="upfile" type="file"/><br /><br />
<input type="submit" value="添加商品" style="margin-left:10%;font-size:16px"/>
</form>
</div>
</body>
</html>
```

(6) del.php 文件为删除订单页面，代码如下：

```php
<?php
session_start();
include("conn.php");
$gid=$_GET['id'];
$sql="DELETE FROM tb_good WHERE gid='$gid'";
$result=mysqli_query($con,$sql);
$rows =mysqli_affected_rows($con);
if($rows>=1){
    alert("删除成功");
    }else{
    alert("删除失败");
    }
//跳转到首页
href("menu.php");
funetion alert($title){
    echo "<script type='text/javascript'>alert('$title');</script>";
}
    function href($ur1){
        echo "<script type='text/javascript'> window.location.href='$url'</script>";
    }
?>
<!DOCTYPE html>
<html>
<head>
<meta http-equiv="Content-Type" content="text/html;charset=utf-8"/>
<link type="text/css" rel="stylesheet" href="css/main.css" media="screen"/>
<title>网上购物商城</title>
</head>
<body>
<h1 align="center">网上购物商城</h1>
<div id="contain"><div align="center"></div></div>
</body>
</html>
```

(7) editDo.php 文件为修改订单页面，具体代码如下：

```php
<?php
//打开 session
session_start();
include("conn.php");
$state=$_POST['state'];
?>
<html>
<head>
<meta http-equiv="Content-Type" content="text/html;charset=utf-8" />
```

```
<style type="text/css">
table.gridtable{
    font-family:verdana,arial,sans-serif;
    font-size:11px;
    color:#333333;
    border-width:1px;
    border-color:#666666;
    border-collapse:collapse;
}
table.qridtable th{
    border-width:1px;
    padding:8px;
    border-style:solid;
    border-color:#666666;
    background-color:#dedede;
}
</style>
<link type="text/css" rel="stylesheet" href="css/main.css" media="screen" />
<title>网上购物商城</title>
</head>
<body>
<h1 align="center">网上购物商城</h1>
<div style="margin-left:30%;margin-top:20px;">
<ul style="float:left;margin-left:30px;font-size:20px;">
<li><a href="menu.php">首页</a></li>
</ul>
<ul style="float:left;margin-left:30px;font-size:20px;">
<li><a href="add.php">添加商品</a></li>
</ul>
<ul style="float:left;margin-left:30px;font-size:20px;">
<li><a href="search.php">订单查询</a></li>
</ul>
</div>
<div id="contain">
<div id="contain-left">
<?php
if(""==$state or null==$state)
{
    echo "请选择订单状态！";
    header('refresh:1;url=edit.php');
}else{
    $old=$_GET['id'];
    $sql="UPDATE tb_form SET state='$state' WHERE old='$old'";
    $result=mysqli_query($conn,$sql);
    echo "订单状态修改成功.";
    header('refresh:1;url=search.php');
}
?>
</div>
</div>
</body>
</html>
```

(8) edit.php 文件为修改订单状态页面，具体代码如下：

```
<?php
//打开 session
session_start();
```

```
include("conn.php");
$id=$_GET('id');
?>
<html>
<head>
<meta http-equiv="Content-Type" content="text/html;charset=utf-8" />
<style type="text/css">
table.gridtable {
    font-family:verdana,arial,sans-serif;
    font-size:11px;
    color:#333333;
    border-width:1px;
    border-color:#666666;
    border-collapse:collapse;
}
table.gridtable th{
    border-width:1px;
    padding:8px;
    border-style:solid;
    border-color:#666666;
    background-color:#dedede;
}
table.gridtable td{
    border-width:1px;
    padding:8px;
    border-style:solid;
    border-color:#666666;
    background-color:#ffffff;
}
</style>
<link type="text/css" rel="stylesheet" href="css/main.css" media="screen" />
<title>网上购物商城</title>
</head>
<body>
<h1 align="center">网上购物商城</h1>
<div style="margin-left:30s;margin-top:20px;">
<ul style="float:left;margin-left:30px;font-size:20px;">
<li>首页</li>
</ul>
<ul style="float:left;margin-loft:30px;font-size:20px;">
<li><a href="add.php">添加商品</a></li>
</ul>
<ul style="float:left;margin-left:30px;font-size:20px;">
<li>订单管理</li>
</ul>
</div>
<div id="contain">
<div id="contain-left">
<form name="input" method="post" action="editDo.php?id=<?=$id?>"><p>修改状志:<br/>
<input name="state" type="radio" value="0"/>
已经提交!<br/>
<input name="state" type="radio" value="1"/>
已经接收!<br/>
<input name="state" type="radio" value="2"/>
正在派送!<br/>
<input name="state" type="radio" value="3"/>
已经签收! <br/>
```

```
<input name="state" type="radio" value="4"/>
无法供应！</p>
</p>
<button name="button" class="button" type="submit">提交</button>
</form>
</div>
</body>
</html>
```

(9) search.php 页面为订单搜索页面，代码如下：

```
<?php
//打开session
session_start();
include("conn.php");
?>
<html>
<head>
<meta http-equiv="Content-Type" content="text/html;charset-utf=8"/>
<style type="text/css">
table.gridtable{
    font-family:verdana,arial,sans-serif;
    font-size:11px;
    color:#333333;
    border-width:1px;
    border-color:#666666;
    border-collapse:collapse;
}
table.gridtable th{
    border-width:1px;
    padding:8px;
    border-style:solid;
    border-color:#666666;
    background-color:#dedede;
}
table.gridtable td{
    border-width:1px;
    padding:8px;
    border-style:solid;
    border-color:#666666;
    background-color:#ffffff;
}
</style>
<link type="text/css" rel="stylesheet" href="css/main.css" media="screen" />
<title>网上购物商城</title>
</head>
<body>
<h1 align="center">网上购物商城</h1>
<div style="margin-left:30%;margin-top:20px;">
<ul style="float:left;margin-left:30px;font-size:20px;">
<li>首页</li>
</ul>
<ul style="float:left;margin-left:30px;font-size:20px;">
<li><a href="add.php">添加商品</a></li>
</ul>
<ul style="float:left;margin-left:30px;font-size:20px;">
<li><a href="#">订单管理</li>
</ul>
```

```php
</div>
<div id="contain">
<div id="contain-left">
<?php
#$result=mysqli_query($conn,"SELECT * FROM tb_form ORDER BY oid DESC");
$result = $conn->query("SELECT * FROM tb_form ORDER BY oid DESC");
$x=0;
while($row = $result->fetch_assoc())
{
      $x = $row['oid'];
?>

<table width="640" border="1" cellspacing="0" cellpadding="3" class="gridtable">
<tr>
<td width="120">编号：<?=$row['oid']?></td>
<td width="80">昵称：<?=$row['username']?></td>
<td width="140">商品种类：<?=$row['category']?></td>
<td width="160">下单时间：<?=$row['btime']?></td>
</tr>
<tr>
<td colspan="2">商品名称:<?=$row['product_name']?></td>
<td>价格：<?=$row['price']?>元</td>
<td>数量：<?=$row['num']?></td>
</tr>
<tr>
<td>总价：<?=$row['price']*$row['num']?></td>
<td>联系电话：<?=$row['phone']?></td>
<td colspan="3" bgcolox="#eeeeee">下单 ip：<?=$row['ip']?></td>
</tr>
<tr><td colspan="4" bgcolox="#eeeeee">附加说明：<?=$row['notes']?></td></tr>
<tr><td colspan="4" bgcolor="#eeeeee">地址:<?=$row['address']?></td></tr>
<tr><td bgcolor="#eeeeee">下单状态：
<?php
switch($row['state']){
     case'0':
          echo '已经下单';
          break;
     case'1':
          echo '已经接收';
          break;
     case'2':
          echo '正在派送';
          break;
     case '3':
          echo '已经签收';
          break;
     case '4':
          echo '无法供应';
          break;
}
?>
</td>
<td><?php echo "<a href=edit.php?id=".$x.">修改状态</a>";}?></td>
</tr>
</table>
<hr/>
```

```
<?php
mysqli_free_result($result);
?>
</div>
</div>
</body>
</html>
```

另外，upload 文件夹用来存放上传的商品图片，css/main.css 文件夹用来存放整个系统通用的样式。

17.2.4 程序运行

(1) 用户登录及验证：在数据库中，默认初始化了一个账号为 sysadmin、密码为 123456 的账户，如图 17-15 所示。

图 17-15 用户登录

(2) 商品管理界面：用户登录成功后，进入商品管理界面，显示商品列表，如图 17-16 所示。

图 17-16 商品管理界面

(3) 增加商品功能：用户登录系统后，可以单击"添加商品"链接，进入添加商品界面，如图 17-17 所示。

(4) 删除商品功能：在商品管理界面，单击"删除"链接后，系统弹出警告对话框，单击"确定"按钮后，系统会从数据库中删除该条商品记录，如图 17-18 所示。

图 17-17　添加商品界面

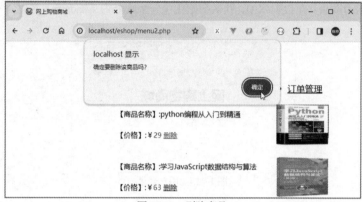

图 17-18　删除商品

（5）订单管理功能：用户登录系统后，可以单击"订单管理"链接，进入订单管理界面，如图 17-19 所示。

图 17-19　订单管理界面

17.3 本章小结

本章通过两个综合案例——图书管理系统和网上购物系统，全面介绍了如何从需求分析出发，设计数据库系统，以及如何使应用系统与数据库系统进行交互。本章首先通过图书管理系统介绍了如何设计一个数据库系统，其中包括需求分析、数据库创建、图书管理、用户管理、借书管理、视图管理；然后通过网上购物系统项目，介绍了前端应用如何与后端数据库进行交互。通过本章的学习，读者应能全面掌握数据库设计流程，并了解应用开发过程中前后端开发人员如何配合进行开发。

17.4 思考与练习

1. 尝试总结如何从实际需求出发，进行数据库设计的过程。
2. 尝试为图书管理系统的数据表设计一些常用的视图对象。
3. 尝试将图书管理系统中的数据表结构及数据进行备份操作。
4. 若要为图书管理系统设计一个后台管理系统，大致包括哪些功能模块？
5. 对于网上购物系统，有什么更好的优化意见？

参考文献

[1] 宋金玉,等. 数据库原理与应用[M]. 3 版. 北京:清华大学出版社,2022.
[2] 黄雪华,徐述,曹步文,黄静. 数据库原理及应用[M]. 北京:清华大学出版社,2018.
[3] 秦昳,罗晓霞,刘颖. 数据库原理与应用(MySQL 8.0)[M]. 北京:清华大学出版社,2022.
[4] 陶宏才,等. 数据库原理及设计[M]. 3 版. 北京:清华大学出版社,2014.
[5] 明日科技. MySQL 从入门到精通[M]. 3 版. 北京:清华大学出版社,2023.
[6] 明日科技. SQL 语言从入门到精通[M]. 北京:清华大学出版社,2023.
[7] 本·福达. SQL 必知必会:第 5 版[M]. 钟鸣,刘晓霞,译. 北京:人民邮电出版社,2020.
[8] 鸟哥. 鸟哥的 Linux 私房菜:基础学习篇[M]. 4 版. 北京:人民邮电出版社,2018.
[9] 霍伯曼. 数据建模经典教程:第 2 版[M]. 丁永军,译. 北京:人民邮电出版社,2017.
[10] 莫振杰. 从 0 到 1 SQL 即学即用[M]. 北京:人民邮电出版社,2023.
[11] 王英英. MySQL 8 从入门到精通[M]. 北京:清华大学出版社,2019.
[12] 西尔维亚·博特罗斯,杰里米·廷利. 高性能 MySQL:第 4 版[M]. 宁海元,周振兴,张新铭,译. 北京:电子工业出版社,2022.
[13] 姜承尧. MySQL 技术内幕:InnoDB 存储引擎[M]. 2 版. 北京:机械工业出版社,2022.
[14] Baron Schwartz, Peter Zaitsev, Vadim Tkachenko、高性能 MySQL:第 3 版[M]. 宁海元,周振兴,彭立勋,翟卫祥,译. 北京:电子工业出版社,2013.
[15] 陈臣. MySQL 实战[M]. 北京:人民邮电出版社,2023.
[16] 林富荣. 零基础学 MYSQL 数据库管理[M]. 北京:电子工业出版社,2023.
[17] 明日科技. PHP 从入门到精通[M]. 6 版. 北京:清华大学出版社,2022.
[18] 李艳恩,付红杰. PHP+MySQL 动态网站开发[M]. 北京:清华大学出版社,2021.
[19] 于荷云. PHP 7.0+MySQL 网站开发全程实例[M]. 北京:清华大学出版社,2018.
[20] 杰斯帕·威斯堡·克罗. MySQL 8 查询性能优化[M]. 史跃东,杨欣,殷海英,译. 北京:清华大学出版社,2021.
[21] 胡同夫. MySQL 8 从零开始学[M]. 北京:清华大学出版社,2019.
[22] 郑阿奇. MySQL 8 开发及实例[M]. 北京:电子工业出版社,2021.
[23] 张工厂. PHP 7+MySQL 8 动态网站开发从入门到精通[M]. 北京:清华大学出版社,2020.
[24] 未来科技. HTML5+CSS3+JavaScript 从入门到精通[M]. 北京:中国水利水电出版社,2019.
[25] 黑马程序员. MySQL 数据库原理、设计与应用[M]. 2 版. 北京:清华大学出版社,2023.
[26] 邓文达,邓河. MySQL 数据库运维与管理[M]. 北京:人民邮电出版社,2023.

[27] 翟振兴，等. 深入浅出 MySQL 数据库开发、优化与管理维护[M]. 3 版. 北京：人民邮电出版社，2019.

[28] 张巧荣，王娟，邵超. MySQL 数据库管理与应用[M]. 北京：人民邮电出版社，2022.

[29] 郑小蓉. MySQL 数据库项目化教程[M]. 2 版. 北京：中国水利水电出版社，2021.